Wild · Pflanzenphysiologische Versuche in der Schule

Biologische Arbeitsbücher _____ 56

Aloysius Wild

Pflanzenphysiologische Versuche in der Schule

Quelle & Meyer Verlag Wiebelsheim

Prof. Dr. Aloysius Wild
Institut für Allgemeine Botanik
Johannes Gutenberg-Universität Mainz
Saarstr. 21
D-55099 Mainz

Die Deutsche Bibliothek – CIP-Einheitsaufnahme

Wild, Aloysius:
Pflanzenphysiologische Versuche in der Schule / Aloysius Wild. –
Wiebelsheim : Quelle und Meyer, 1999
(Biologische Arbeitsbücher ; 56)
ISBN 3-494-01266-0

Einbandgestaltung: Klaus Neumann, Wiesbaden
Druck und Verarbeitung: Elektra, Niedernhausen
Printed in Germany/Imprimé en Allemagne
ISBN 3-494-01266-0

Vorwort

Die in diesem Buch vorgestellte umfangreiche Sammlung pflanzenphysiologischer Versuche soll als Anleitung und Ansporn für die Durchführung schulischer Experimente sowohl für die Lehrer als auch für die Schüler dienen. Hierbei liegt der Schwerpunkt auf Themen der gymnasialen Oberstufe, die gewisse elementare biologische und chemische Grundkenntnisse voraussetzen. Es werden aber durchaus auch zahlreiche Versuche vorgestellt, die für den Unterricht in den Klassen 5-10 geeignet sind, wie z.B. im Rahmen des Wasserhaushalts der Pflanzen oder einfache Versuche zur Photosynthese, Atmung und Samenkeimung.

Dem Lehrer soll hiermit der Einsatz von Experimenten im Unterricht erleichtert werden, da er auf exakt beschriebene Versuche zurückgreifen kann, die auf ihre Durchführbarkeit und Tauglichkeit für die Schule sorgfältig getestet wurden. Bei der Auswahl der Versuche wurden folgende Gesichtspunkte berücksichtigt: Der Versuch muss entsprechend robust sein, sodass auch bei geringer oder fehlender experimenteller Übung eine sehr hohe Wahrscheinlichkeit des Gelingens gegeben ist; das Versuchsergebnis muss einen deutlich erkennbaren Effekt aufweisen; bei den verwendeten Geräten, Materialien und Chemikalien für die Duchführung eines Versuches ist die durchschnittliche Ausstattung einer Schule zu Grunde zu legen; die Richtlinien zur Sicherheit im naturwissenschaftlichen Unterricht sind einzuhalten.

Die vorliegende Sammlung von Schulversuchen basiert auf Referaten des fachdidaktischen Seminars „Pflanzenphysiologische Versuche in der Schule", das seit 1983 am Institut für Allgemeine Botanik der Johannes Gutenberg-Universität in Mainz unter meiner Leitung stattfindet. Im Rahmen des Seminars wurden die Versuche von den Studenten in der Literatur ausgesucht, getestet, optimiert und den Teilnehmern des Seminars unter Berücksichtigung fachdidaktischer Gesichtspunkte vermittelt. Darüber hinaus wurden die Versuche in Staatsexamensarbeiten überprüft und, wenn notwendig, für den Einsatz in der Schule verändert und vereinfacht.

Der Schwerpunkt des Buches liegt auf dem praktischen Teil. Da sich der Wissensstand in der Pflanzenphysiologie jedoch stürmisch weiterentwickelt, wird jedem Themenbereich eine knappe theoretische Einführung vorangestellt. Es soll damit eine rasche Auffrischung und Orientierung über den derzeitigen Stand der wissenschaftlichen Erkenntnisse ermöglicht werden.

Bei den StudentInnen, die bei der Erprobung der Versuche engagiert mitgeholfen haben, möchte ich mich herzlich bedanken. Mein Dank gilt auch meinem Mitarbeiter Dr. C. Engel, der die Computerschreibarbeiten und die Gestaltung der Abbildungen durchführte. Meiner Frau danke ich herzlich für ihre verständnisvolle Einstellung und stetige Geduld hinsichtlich meiner „Überstundenarbeit". Dem Quelle & Meyer Verlag danke ich für die gute Zusammenarbeit.

Mainz, im Mai 1999   Aloysius Wild

VI

Inhaltsverzeichnis

Kapitel 5 Ernährung und stoffliche Zusammensetzung der Pflanzen

X

Kapitel 6 Wasserhaushalt der Pflanzen   **134**

Kapitel 7   Photosynthese I: Energieumwandlung   157

Kapitel 8   Photosynthese II: Substanzumwandlung und Ökologie der Photosynthese   201

Kapitel 9   Dissimilation I: Glykolyse und Gärung (anaerobe Dissimilation)   251

Kapitel 10 Dissimilation II: Atmung (aerobe Dissimilation)   284

Kapitel 11 Phytohormone   318

Kapitel 12 Same und Samenkeimung   **348**

Kapitel 13 Physiologie der Bewegungen   **372**

Einleitung

I   Zur Geschichte des Biologieunterrichts in Deutschland

Der Pfarrer und Lehrer der böhmischen Brüderunität in Prerov und Fulnek, Johann Amos COMENIUS (1592-1670), gilt als herausragender Wegbereiter des Naturkundeunterrichts in den Schulen. In seinem Werk „Didacta magna" (1632) fordert er u. a. die Aufnahme eines „Realienunterrichts" in den Lehrplan der Schulen. Sprach- und Sachunterricht sind aufeinander zu beziehen. Das Wissen über die Natur soll nach COMENIUS nicht durch bloßes Erzählen oder Zitieren von Texten und Autoritäten, sondern durch Vorführung, direkte Beobachtung und Schlußfolgerung gelehrt werden. Unter dem Einfluß von COMENIUS wurde bereits 1662 der naturkundliche Unterricht in die Gothaer Schulordnung eingeführt.

Die eigentliche Einführung des Naturkundeunterrichts in den Schulen begann um die Mitte des 18. Jahrhunderts, erlebte um 1800 einen beachtlichen Zwischenimpuls und etablierte sich dann allgemein und endgültig erst in der zweiten Hälfte des 19. Jahrhunderts (vgl. FREYER und KEIL, 1997).

Die Forderung von COMENIUS nach unmittelbarer Anschauung und nach Beobachtung von Naturobjekten im Unterricht wurde zunächst nur von wenigen befolgt. Die Einführung naturkundlicher Themen in den Schulunterricht erfolgte weitgehend unter dem Gesichtspunkt des „nützlichen Wissens", d. h. die Inhalte betrafen z. B. Nutzpflanzen und Nutztiere, Heilkräuter und Landwirtschaft. Der Nützlichkeitsaspekt blieb lange Zeit beherrschend. Die Preußischen Regularien von 1854 machten die praktische Bedeutung des Naturkundeunterrichts zur Norm.

Einen weitreichenden Einfluß auf den Naturkundeunterricht übten im 19. Jahrhundert die taxonomisch-systematischen Arbeiten des Schweden Carl VON LINNÉ (1707-1778) aus. Er ordnete die seinerzeit bekannten Lebewesen in Gruppen zusammen, klassifizierte nach Arten, Gattungen, Familien etc. In seinen Werken „Species plantarum" (1753) und in der 10. Auflage von „Systema naturae" (Bd. 1, 1758, Bd. 2, 1759) verwendete er die binäre lateinische Bezeichnung für Pflanzen und Tiere. Diese binäre Nomenklatur besteht in der stabilen Benennung einer Art durch einen Doppelnamen, dem der Gattung und einem charakteristischen Beiwort, dem Artnamen. Sie setzte sich schnell durch und blieb bis zur Gegenwart als Grundprinzip der Taxonomie erhalten. Unter dem Einfluß von LINNÉ standen an den Hochschulen systematische und morphologische Forschungen im Vordergrund. Mit einem gewissen Zeitabstand wurde dann auch im naturkundlichen Unterricht der Schulen vor allem Systematik betrieben. Verbunden damit war das genaue Beschreiben der Lebewesen, das Erfassen ihrer Gestalt (beschreibend-morphologische Betrachtungsweise). Im 19. Jahrhundert wurde August LÜBEN (1804-1873) zum wichtigsten Vertreter dieser Richtung. In den Preußischen Richtlinien von 1892 für Realschulen,

Realoberschulen und Gymnasien wurden schwerpunktmäßig Kenntnisse in botanischer und zoologischer Systematik gefordert, während übergreifende Aspekte ökologischer oder allgemeinbiologischer Art nur in sehr geringem Ausmaß berücksichtigt wurden.

Gegen die Vorherrschaft des Nützlichen und der Systematik bildeten sich auch andere Standpunkte und Strömungen aus. Unter dem Einfluß dichterischer Naturbeschreibungen wurde der Unterricht auf das „Erleben von Natur" ausgerichtet. Im Gegensatz zur Nüchternheit und Kargheit der beschreibend-morphologischen Richtung stand hier eine lebendige Darstellung von Pflanzen und Tieren im Vordergrund (sinnig-gemüthafte Betrachtungsweise). Diese geistige Haltung findet sich z.B. in den eindrucks- und gemütvollen Erzählungen im illustrierten „Tierleben" (6 Bde., 1864-1869) von Alfred BREHM (1829-1884).

Ende des 19. Jahrhunderts gingen von dem Lehrer Friedrich JUNGE (1832-1903) neue Impulse aus. Er stellte die Lebensgemeinschaft und ökologische Beziehungen des Organismus unter allgemeinbiologischen Gesichtspunkten in den Mittelpunkt des Unterrichts (ökologische Betrachtungsweise). Die Reformbemühungen JUNGES blieben jedoch erfolglos.

Die revolutionären Theorien von Charles DARWIN (1809-1882) über die Entstehung der Arten (On the origin of species, 1859) wurden im Biologieunterricht zunächst nicht berücksichtigt (in dem gedanklichen System von DARWIN sind mehrere Theorien verbunden: Evolutionstheorie als solche, Theorie der gemeinsamen Abstammung der Organismen, natürliche Variabilität der Organismen, Prinzip der natürlichen Auslese, gradueller Charakter der Evolution, Theorie der Vervielfältigung der Arten). Der Versuch, die DARWINschen Theorien im Unterricht zu behandeln, scheiterte am Widerstand der Öffentlichkeit. Die Vermittlung der Evolutionslehre wurde 1883 in Preußen für den gesamten Schulunterricht verboten.

Bis zur Wende vom 18. zum 19. Jahrhundert waren die Botanik und die Zoologie als Teile der Naturgeschichte mit der Erforschung anderer Naturbereiche eng verbunden. Die Naturgeschichte oder Naturkunde umfaßte die lebende und nichtlebende Natur. Eine eigenständige Wissenschaft der Lebewesen konnte erst entstehen, als die Gemeinsamkeiten von Pflanzen und Tieren (und schließlich auch des Menschen) als Lebewesen gegenüber der nichtlebenden Natur stärker in den Blick kamen. Der französische Anatom und Physiologe Xavier BICHAT (1771-1802) stellte den sogenannten physischen Wissenschaften (Physik, Chemie, Geologie) die physiologischen Wissenschaften (Biologie, Medizin) gegenüber. Im Verlaufe des 19. Jahrhunderts etablierte sich die Biologie als die umfassende „Wissenschaft von den Lebewesen" inhaltlich und institutionell als autonome Disziplin. Den Begriff „Biologie" als die „Wissenschaft vom Leben" haben zwei Naturforscher gleichzeitig 1802 in seiner heutigen Bedeutung geprägt: der Bremer Mediziner Gottfried Reinhold TREVIRANUS (1776-1837) sowie der französische Zoologe und Naturphilosoph Jean Baptiste DE LAMARCK (1744-1829); allerdings konnte sich der Begriff erst in der zweiten Hälfte des 19. Jahrhunderts als übergeordneter Begriff für botanische und zoologische Disziplinen allgemein durchsetzen. Ende des 19. Jahrhunderts waren Botanik und Zoologie wissenschaftlich nicht mehr vorwiegend morphologisch-taxonomischentwicklungsgeschichtlich ausgerichtet, sondern versuchten in zunehmendem Maße durch das Experiment in die kausalen Abhängigkeiten der Lebensfunktionen vorzudringen. Schließlich entwickelte sich im 19. Jahrhundert mit Hilfe der mikroskopischen Technik die Cytologie zu einer zentralen Disziplin innerhalb der Biologie und bildete eine wesentliche Grundlage zur Herausbildung der „Allgemeinen Biologie". Zugleich wurde die Sonderentwicklung biologischer Disziplinen eingeleitet, die sich im 20. Jahrhundert in weitere Richtungen differenzierten. Der Augustinermönch und Naturforscher Gregor MENDEL (1822-1884) publizierte 1865 seine genialen „Versuche über Pflanzenhybriden", in denen er die – später nach ihm benannten – Gesetzmäßigkeiten bei der Weitergabe von Erbmerkmalen beschrieb. 1900 erfolgte die Wiederentdeckung der MENDELschen Vererbungsregeln und es entstand die moderne Vererbungswissenschaft.

Aufgrund des wissenschaftlichen Fortschritts in den biologischen Teildisziplinen und dem gleichzeitigen Bemühen um eine Zusammenführung im Rahmen einer „Allgemeinen Biologie" kam es um die Jahrhundertwende zu entsprechenden Reformbewegungen auf dem Gebiet des Biologieunterrichts. Hierbei gewann das Reformkonzept des Biologen und Pädagogen Otto SCHMEIL (1860-1943) einen großen Einfluß. SCHMEIL bemühte sich darum, eine allgemeinbiologisch ausgerichtete, experimentell arbeitende Biologie in den Schulen durchzusetzen. Im gesamten Unterricht sollten Bau und Funktion der Lebewesen miteinander verknüpft werden (funktionell-morphologische Betrachtungsweise). Die Ideen SCHMEILs förderten die Orientierung des Biologieunterrichts an der Entwicklung der Wissenschaft; sie hatten in der Folge eine bedeutende Wirkung und erfaßten fast alle Schulen.

Nach der dauerhaften Etablierung des Naturkundeunterrichts in der zweiten Hälfte des 19. Jahrhunderts setzte mit Beginn des 20. Jahrhunderts eine allmähliche inhaltliche und methodische Umstrukturierung ein. Das Fach konnte sich stärker differenzieren und es begann der Umbau der primär Sichtbares beschreibenden „Schul-Naturgeschichte" in einen auf die Erklärung von Lebensprozessen abzielenden „Biologieunterricht". Diese Entwicklung zeigt sich u.a. in den Preußischen Richtlinien von 1924/25. In den allgemeinen Bestimmungen wurden nun die Gesetzmäßigkeiten des Lebendigen betont und in den Stoffplan die Evolutionslehre und die MENDELsche Genetik eingeführt. Am Prinzip der Stoffanordnung nach dem System der Lebewesen änderte sich allerdings wenig.

In den Jahren 1933-1945 wurde der Biologieunterricht in den Dienst der weltanschaulichen Ideen und politischen Absichten der nationalsozialistischen Machthaber gestellt. Dies geschah hauptsächlich in den Bereichen der Eugenik (Lehre von der Erbgesundheit), der Rassenlehre und in der Überbewertung der Funktion von Systemen (Lebensgemeinschaft, Rasse, Volk, Lebensraum), die das Individuum übergrei-

4

fen. Eine genauere Beschreibung des Biologieunterrichts im Nationalsozialismus findet sich bei ESCHENHAGEN und Mitarbeiter (1999).

In der zweiten Hälfte des 20. Jahrhunderts erfolgte eine stürmische Entwicklung allgemeinbiologischer Teildisziplinen wie Physiologie, Biochemie, Biophysik, Verhaltensbiologie, Ökologie, Neurobiologie, Mikrobiologie, molekulare Genetik, molekulare Entwicklungsbiologie, Biotechnologie. Die Entwicklung wurde stimuliert durch neue methodische Zugänge, eine günstige wirtschaftliche Entwicklung der Industrienationen sowie durch interdisziplinäre und internationale Kooperation der Forschergruppen. Dementsprechend wuchs das Wissen in allen Teilbereichen der Biologie rasch an. Für den Unterricht wurde damit die Stoffauswahl zu einem zentralen Problem. In der begrenzt zur Verfügung stehenden Zeit konnte nicht mehr alles wichtig Erscheinende unterrichtet werden. Das Prinzip des exemplarischen Unterrichts gewann zunehmend an Bedeutung. Mit der Aufnahme neuer Ergebnisse und Forschungsrichtungen wurde zugleich das taxonomische Strukturierungsprinzip aufgegeben zugunsten einer Orientierung an den neuen Teildisziplinen und den damit betonten allgemeinbiologischen Phänomenen, sodass nun die Gefahr besteht, dass die Schüler die im Unterricht besprochenen Prozesse nicht mit konkreten Lebensformen in Verbindung bringen können und kaum mehr Artenkenntnisse erwerben.

Die in der Bundesrepublik Deutschland Ende der 60er Jahre einsetzende Aufarbeitung des Bildungswesens führte auch im Unterrichtsfach Biologie zu Beginn der 70er Jahre zu einer Neukonzeption der Unterrichtsinhalte und Unterrichtsmethodik. Die Neugestaltung des Biologieunterrichts betraf neben der Auswahl und Anordnung von Inhalten auch die angestrebten Unterrichtsformen und Lernprozesse. Neben der Orientierung an der Entwicklung der Bezugswissenschaft Biologie (Wissenschaftsrelevanz) spielten bei der Wahl allgemeinbiologischer Strukturierungsprinzipien auch Überlegungen zur individualen und sozialen Bedeutung der biologischen Inhalte eine Rolle (Schülerrelevanz und Gesellschaftsrelevanz). In diesen Zusammenhang ist z.B. der Rahmenplan des Verbandes Deutscher Biologen (1973) zu stellen. Die Aufgabe des Biologieunterrichts besteht nicht nur in der Vermittlung wissenschaftlicher Fakten, vielmehr soll der Schüler zugleich einen Einblick erhalten, wie biologische Erkenntnisse gewonnen werden und auf welchen Voraussetzungen sie beruhen. In methodischer Hinsicht werden demgemäß wissenschaftliche Verfahrensweisen und eine experimentelle Ausrichtung des Unterrichts zur Förderung des entdeckenden Lernens empfohlen. Neben traditionellen fachgemäßen Arbeitsweisen (Beobachten, Vergleichen, Untersuchen, Mikroskopieren) wird dem Experimentieren eine elementare Bedeutung für das Verstehen und Beurteilen biologischer Erkenntnisse zugemessen. Experimentieren gehört zum unverzichtbaren Bestandteil des biologischen Unterrichts.

Der Verband Deutscher Biologen legte 1987 einen neuen „Rahmenplan für das Schulfach Biologie" vor. Er stellt eine Fortsetzung des Planes von 1973 dar und integriert neuere schulpraktische Erfahrungen und wissenschaftliche Sachverhalte. Dieser Rahmenplan soll u.a. dafür sorgen, dass zumindest ein begrenzter Katalog von einzelnen biologischen Themen in den Lehrplänen aller Bundesländer vorhanden ist. Im Zusammenhang mit der Konzeption einer stärkeren Schülerorientierung und der Kritik an manchen Auswüchsen lernzielorientierter Lehrpläne erfolgte in den 80er und 90er Jahren eine Modifizierung der überwiegend allgemeinbiologischen oder gesellschaftsbezogenen Strukturierung der Lehrpläne (vgl. KILLERMANN, 1995). Insgesamt soll neben der Vermittlung grundlegender biologischer Sachverhalte zugleich auch die erlebnishafte Begegnung des Schülers mit Tieren und Pflanzen gefördert werden, um ihn nicht nur kognitiv, sondern auch emotional anzusprechen (affektiv-emotionale Seite des Biologieunterrichts). In der gymnasialen Oberstufe ist die Strukturierung des Lehrstoffes nach wie vor an Teildisziplinen der Biologie ausgerichtet. Ein größeres Gewicht wird u.a. der Ökologie und Umweltfragen zugemessen.

II   Die experimentelle Erkenntnismethode

Die experimentelle Methode ist keine Erfindung der Neuzeit; die Neuzeit ist jedoch ohne ihre konsequente und folgenreiche Anwendung nicht denkbar. Das fragende, prüfende Experiment (Experiment als Frage an die Natur) wurde insbesondere von Galileo GALILEI (1564-1642) in die Naturforschung eingeführt. Das Wichtige und Neue ist der methodische Stellenwert, den er dem Experiment im Erkenntnisprozess einräumt. Einen großen Einfluss auf die experimentelle Erkenntnismethode in der Naturforschung hatten die Philosophien von Francis BACON (1561-1626) und von René DESCARTES (1596-1650). Immanuel KANT (1724-1804) beschreibt die experimentelle Methode der Naturforschung anhand des Bildes eines Gerichtsverfahrens (Kritik der reinen Vernunft, Vorrede zur 2. Auflage, 1787): Der Mensch setzt sich in einem Prozess mit der Natur auseinander. Gesucht wird das bisher Unbekannte, noch nicht Wahrgenommene, aber schon Vermutete. Unterstellt wird, dass die Natur das Gesuchte nicht freiwillig offenbart, sondern dass sie dazu „genötigt" werden muss (vgl. PUTHZ, 1988).

In den biologischen Wissenschaften erlangten Experimente als Erkenntnismethode bereits im 17. und 18. Jahrhundert große Bedeutung für grundlegende Entdeckungen, so z.b. bei der Aufklärung des großen Blutkreislaufs (1628) durch William HARVEY (1578-1657), den Erkenntnissen von Francesco REDI (1626-1697) über die Entstehung der Insekten aus Eiern (1668) und nicht durch Urzeugung aus Fäulnis und Schlamm, dem Nachweis der geschlechtlichen Fortpflanzung der Pflanzen (1694) durch Rudolf Jacob CAMERARIUS (1665-1721), der Erforschung des Pflanzensaftstromes (1727) durch Stephen HALES (1677-1761) sowie bei der Entdeckung der Photosynthese (1779) durch Ian INGENHOUSZ (1730-1799).

Das Experiment wird häufig als eine gezielte Frage an die Natur verstanden, wobei oft ein geplanter Eingriff in den natürlich ablaufenden Prozess stattfindet, oder auch als Fortführung von Beobachtungen unter künstlich veränderten Bedingungen bezeichnet (ESCHENHAGEN et al., 1999). Ein Experiment ist ein Eingriff in die Natur unter genau definierten Bedingungen zum Zweck der Gewinnung wissenschaftlicher Erkenntnisse (KREMER und KEIL, 1993). Während die Untersuchung (Beobachten mit Hilfsmitteln) mehr die statischen Elemente einer Erscheinung betrifft, richtet sich das Experiment stärker auf die Dynamik der Phänomene, auf Prozesse und Funktionen. Im Unterschied zum Untersucher – der zwar die Gegenstände in ihre Bestandteile zerlegt und die Zustandsformen dieser Teile registriert – verändert, kontrolliert und variiert der Experimentator die Bedingungen, unter denen die Organismen existieren. Er isoliert und variiert z.B. einen Faktor – bei Konstanthaltung der übrigen – und untersucht damit seine Wirksamkeit auf einen bestimmten Vorgang. Experimente müssen unter kontrollierbaren Bedingungen ablaufen; sie müssen, wie ihre Ergebnisse, reproduzierbar sein. Mit ihrer Hilfe kann Kausalforschung betrieben werden; ursächliche Zusammenhänge werden erschlossen. Wichtige Prinzipien des Experimentierens sind Beobachtung unter künstlich hergestellten Bedingungen, Variation, Isolation und Reduktion.

Eine potente Strategie des Experimentierens bildet der Reduktionismus – das Zurückführen komplexer Systeme auf einfachere Komponenten, die leichter der experimentellen Analyse zugänglich sind. Man untersucht dann jede einzelne Komponente für sich und setzt die Teilergebnisse wieder zusammen (Prinzip der kleinen Schritte). Auf Grund dieser Synthese erhofft man sich Einblicke in komplexere Organisationsbereiche (vgl. NACHTIGALL, 1978). Die Organisation biologischer Systeme gründet sich auf eine Hierarchie von Strukturebenen, wobei jede Ebene auf der darunter liegenden aufbaut. Die experimentelle Forschung findet heute auf allen Organisationsebenen statt. Um Strukturen und Funktionen messtechisch erfassbar zu machen, wird ein Verlust sog. emergenter Eigenschaften (Eigenschaften, die auf den einfacheren Ebenen noch nicht vorhanden sind, sondern aus Wechselwirkungen zwischen den Komponenten resultieren; lat.: emergere = auftauchen) zunächst in Kauf genommen.

Das Forschungsexperiment umfasst eine bestimmte Folge von Schritten: Beobachtung oder Frage, Hypothese, Durchführung des Versuchs (auch Experiment im engeren Sinn), Verifikation (Bestätigung) resp. Falsifikation (Widerlegung) der Hypothese. Ausgehend von einem Phänomen, das der Beobachter näher untersuchen will, werden zur Aufklärung Hypothesen spekulativ aufgestellt und dann mit Hilfe von Experimenten überprüft. Im Experiment gibt die Natur ihren Gesetzen folgend Auskunft, ob die aus der Hypothese abgeleiteten Folgerungen richtig oder falsch sind. Widersprechen die Ergebnisse den Vorhersagen einer Hypothese, so wird diese entweder verworfen oder aber so abgewandelt, dass ihre Vorhersagen mit den Ergebnissen in Einklang stehen und durch weitere Experimente geprüft werden können.

Zum Wesen eines wissenschaftlichen Experiments gehört, dass es zur Bestätigung bzw. Widerlegung einer Vorannahme (Hypothese) dient. Wissenschaftliche Hypothesen sind vorläufige Annahmen (versuchsweise Erklärungen) über einen unbekannten Zusammenhang, mit deren Hilfe bestimmte Ergebnisse von Beobachtungen und Experimenten vorhergesagt und erklärt werden können. Da die möglichen Versuchsergebnisse aus der Hypothese direkt hergeleitet werden, wird dieser Prozess der Erkenntnisgewinnung heute als „hypothetisch-deduktives Denken" bezeichnet. Bei der Deduktion schließt man vom Allgemeinen auf das Spezielle. Dabei gelangt man von allgemeinen Voraussetzungen zu speziellen Ergebnissen, die man, wenn die Prämisse korrekt ist, erwartet. Naturwissenschaftliche Deduktionen sind Voraussagen. Vorhergesagt wird in der Regel der Ausgang eines Experiments oder ein zu beobachtendes Ereignis (vgl. CAMPBELL, 1997).

Beim hypothetisch-deduktiven Verfahren spielt das Experiment als Mittel der Prüfung eine dominierende Rolle. Die aus der Hypothese hergeleiteten Voraussagen sind überprüfbar. Mit Beobachtung und Experiment kann überprüft werden, ob vorhergesagte Ereignisse eintreten oder nicht. Diese Prüfung wird zum Maßstab für die Berechtigung und Bewährung der Hypothese. Im Experiment können die Rahmenbedingungen verwirklicht werden, unter denen ein bestimmter, in den Deduktionen der Hypothese vorausgesagter Sachverhalt beobachtbar sein sollte. Manchmal liefert die Natur selbst die nötigen Bedingungen. Viel häufiger muss man sie aus der Hypothese erschließen und entwickeln und dann als geeignete experimentelle Rahmenbedingungen setzen.

III   Die Bedeutung schulischer Experimente

Zu den wesentlichen Grundlagen des Biologieunterrichts gehört es – neben der Vermittlung von Kenntnissen und Erkenntnissen sowie der Initiierung sozialer Einstellungen – , den Schülern praktische Erfahrungen zu ermöglichen (STAECK, 1998). Die Schüler sollen biologische Erkenntnisse nicht nur als feststehende Fakten erfahren, sondern auch die Wege kennenlernen, wie man zu solchen Ergebnissen gelangt. Das Verstehen biologischer Erkenntnisse setzt die Einsicht in die Voraussetzungen und Bedingungen sowie in den Weg der Erkenntnisgewinnung voraus. Hierzu ist es erforderlich, die Schüler mit bestimmten Arbeitsweisen des Faches vertraut zu machen. Die Kenntnis und Anwendung fachgemäßer Arbeitsweisen ist deshalb ein wichtiges Unterrichtsziel. Im Rahmen des Biologieunterrichts handelt es sich hierbei um Arbeitsweisen und -techniken, die sich zum einen aus der Fachforderung ableiten und zum anderen vom Lernprozess her begründet sind. Den fachspezifischen Arbeitsweisen kommt folgende Bedeutung zu: Die Schüler sollen Einblicke in die Methoden des naturwissenschaftlich-biologischen Arbeitens erhalten sowie die Leistungsfähigkeit und Grenzen der Arbeitstechniken kennenlernen; zur kritischen Urteilsbildung über biologische Arbeitsergebnisse befähigt werden; vertraut werden im Umgang mit Geräten; eine Arbeitshaltung entwickeln, die durch Genauigkeit und Sorgfalt gekennzeichnet ist sowie Interesse und Fähigkeiten für die Erforschung biologischer Probleme und Aufgaben gewinnen.

Die Biologie ist auch heute keine rein experimentelle Wissenschaft, aber ihre experimentellen Anteile sind im Laufe ihrer Geschichte immer stärker in den Vordergrund getreten. Die wichtigsten Erkenntnisse der letzten Jahrzehnte sind auf experimentellem Wege gewonnen worden. Daraus ergibt sich für den Biologieunterricht die Aufgabe, den Schülern ein Verständnis von der Eigenart und der Bedeutung des Experimentes zu vermitteln. Diese Aufgabe ist nur dadurch zu erfüllen, dass die Schüler selbst biologische Versuche durchführen (vgl. ESCHENHAGEN et al., 1999).

Aus der Komplexität und der Eigenartigkeit der Organismen und ihrer Wechselwirkungen mit der Umwelt ergibt sich die Besonderheit biologischer Experimente. Ein experimenteller Chemie- und Physikunterricht kann zwar eine allgemeine Wertschätzung des experimentellen Vorgehens, einen Einblick in den formalen Ablauf eines Experiments sowie gewisse grundlegende Handfertigkeiten und Techniken vermitteln, er wird aber nie das Experiment im biologischen Bereich ersetzen können. Die Organisation biologischer Systeme auf vielen Strukturebenen und ihr Beziehungsgefüge, die Struktur-Funktionszusammenhänge und die vielfältigen Wechselwirkungen zwischen Organismen und ihrer Umwelt, erfordern eine eigenständige biologisch-experimentelle Erfahrung. Die Gegenstände der Biologie sind nicht nur komplexer als diejenigen der Physik und Chemie, sondern sie gehören auch anderen Systemebenen an. Die Organisationsebene des Organismus (wie die Ebenen von Populationen und Ökosystemen) besitzt ihre eigenen emergenten Systemgesetzmäßigkeiten, die aus den Wechselwirkungen zwischen den Komponenten resultieren, und die demgemäß als solche besonders zu erfassen und zu beschreiben sind. Ein Organismus ist ein lebendes Ganzes, das die Summe der Fähigkeiten seiner Organe übersteigt (Prinzip der Ganzheit).

Das Experimentieren stellt das anspruchsvollste und zugleich interessanteste Arbeitsverfahren des Biologieunterrichts dar. Schulversuche können vertiefte Erkenntnisse von biologischen Erscheinungen und praktische Erfahrungen vermitteln sowie den Weg der hypothetisch-deduktiven Erkenntnisgewinnung aufzeigen. Die experimentelle Arbeitsform umschließt zugleich eine Reihe weiterer Arbeitsweisen in sinnvoller Reihenfolge, z.B. Beobachten, Vergleichen, Beschreiben, Protokollieren, Zeichnen, Verwendung von Diagrammen, Statistik. Schließlich bewirken Schulversuche Lernfortschritte in den verschiedenen Lernzieldimensionen, d.h. in der kognitiven, affektiven und psychomotorischen Dimension.

Im kognitiven Bereich schult die Planung, Durchführung und Auswertung von Versuchen Wahrnehmungs-, Denk- und Gedächtnisfunktionen. Exaktes Beobachten, Vergleichen und sachliche Wiedergabe der Ergebnisdaten fördern das Wahrnehmungsvermögen. Sorgfältiges und kritisches Einüben der Stufenfolge und Separierung der Teilschritte des Experiments (Problemstellung / Hypothesenbildung, Versuchsentwicklung und Durchführung mit geeigneten Objekten, Beschreibung und Dokumentation, Interpretation, kritische Bewertung und Verbindung zur Ausgangsfrage) schulen das Denk- und Urteilsvermögen. Die Schüler erfahren eine Lernstrategie, die zu einem zielgerichteten und analytischen Denken erzieht. Durch eigenes Überlegen und Handeln erlangen die Schüler vertiefte Kenntnisse von biologischen Phänomenen und Prozessen. Neben Einsichten in naturgesetzliche Zusammenhänge gewinnen sie Einzelkenntnisse über Objekte und Versuchstechniken. Empirische Untersuchungen zeigen, dass diese durch intensive Auseinandersetzung gewonnenen Kenntnisse länger im Gedächtnis bleiben.

Auf der affektiven, emotionalen Ebene werden durch einen experimentellen Unterricht Interessen und Einstellungen entwickelt. Experimentieren regt die Schüleraktivität an und fördert die Selbständigkeit. Schulversuche können den vorhandenen Spieltrieb in geordnete, zielgerichtete und produktive Bahnen lenken. Versuche stellen den direkten Objektbezug her und bringen somit sowohl Anschaulichkeit als auch emotionale Bindung. Das Interesse an der Natur und die Freude an den Lebewesen kann dadurch geweckt werden. Die Schüler erfahren, dass sorgfältiges und zielstrebiges Arbeiten wichtige Voraussetzungen für die erfolgreiche Durchführung von Versuchen sind. Experimentieren fördert das Vertrauen in die eigenen Fähigkeiten genauso wie die Einsicht in die Begrenztheit des eigenen Wissens und Könnens. Schülerversuche werden oft in Partner- oder auch Gruppenarbeit durchgeführt. Dabei kann gemeinsames Planen und Handeln eingeübt werden. Die Partner lernen nämlich, ihre gemeinsame Arbeit zu gliedern und aufzuteilen und die geforderte Aufgabe durch gegenseitiges Helfen gemeinsam zu erschließen. Partner- und Gruppenarbeit kann einen wichtigen Sozialisationseffekt erzielen.

Experimenteller Unterricht kann schließlich dazu beitragen, Lernfortschritte in der psychomotorisch-pragmatischen Dimension zu erzielen. Er spricht die praktischen und manuellen Fertigkeiten des Schülers an. Die Durchführung der Versuche erfordert oft den Einsatz besonderer Hilfsmittel und Techniken. Hierbei erlernen die Schüler die Handhabung von Arbeitsgeräten eines Biologen (Reagenzglas, Pipette, Waage, Lupe, Mikroskop etc.). Es bieten sich somit vielfältige Möglichkeiten der technischen Erziehung.

In der Schule muss – wie in der wissenschaftlichen Biologie – zwischen qualitativen und quantitativen Experimenten unterschieden werden. Qualitative Fragen sind relativ leicht stellbar, der messtechnische Aufwand ist geringer, oft reichen zur Registrierung die Sinnesorgane. In vielen Fällen wird für den Unterricht das qualitative, leichter durchführbare Experiment genügen. Während das qualitative Experiment vor allem Ja-Nein-Antworten zuläßt, wird im quantitativen Experiment darüber hinaus ein Mehr oder Weniger des Ergebnisses, eine zahlenmäßig erfassbare Abstufung, eine mathematische Präzisierung möglich gemacht. Quantitative Versuche stellen höhere Anforderungen an das Versuchsmaterial und die Exaktheit des Arbeitens. Da in biologischen Systemen in der Regel komplexe Kausalbeziehungen herrschen und außerdem eine Konstanz aller Messbedingungen selten wirklich gegeben ist, sind die Aussagen einzelner Versuche oft nur eingeschränkt aussagefähig; hier muss dann ein statistisches Mittel aus einer Reihe gleichartiger Versuche gezogen werden. Komplexe Kausalbeziehungen sind quantitativ nicht mehr nur durch **ein** Experiment fassbar, sondern es bedarf statistisch abgesicherter Versuchsreihen. Überall, wo Streuungen eine Rolle spielen, muss man in der Biologie statistisch arbeiten, um zuverlässige Daten zu erhalten.

Nach dem Zeitaufwand kann zwischen Kurzzeit- und Langzeitversuchen unterschieden werden. Erstere können im Verlauf einer Stunde oder Doppelstunde abgeschlossen werden, während Langzeitversuche sich über einige Tage oder Wochen erstrecken. Viele biologische Vorgänge verlaufen relativ langsam, sodass häufig eine längere Beobachtungs- oder Wartezeit (Standzeit) erforderlich ist. Im Vergleich zur Chemie und Physik besitzt die Biologie einen hohen Anteil an Langzeitversuchen.

Nach den ausführenden Personen lassen sich Lehrer- und Schülerversuche unterscheiden. Der Lehrerversuch ist vor allem dann angebracht, wenn er als Motivation an den Anfang des Unterrichts gestellt wird (Einführungsversuch), oder wenn er der Demonstration eines Phänomens dient (Demonstrationsversuch). Die Berechtigung oder Notwendigkeit für den Lehrerversuch kann weiterhin gegeben sein, wenn: der Versuch einen großen Arbeitsaufwand erfordert; der Versuchsaufbau schwierig ist oder teure Apparaturen eingesetzt werden; der Versuch gefährlich ist; Versuche an lebenden Tieren gemacht werden. Ansonsten sollte jedoch der Schwerpunkt des Experimentierens möglichst beim Schülerversuch liegen. Hier ist noch eine Einteilung nach Einzelarbeit und Gruppenarbeit vorzunehmen.

Nach Aufgabe und Stellung im Unterricht können Versuche Einführungs-, Entdeckungs- oder Bestätigungs-Charakter besitzen. Der einführende Versuch dient dem Einstieg in eine neue Fragestellung. Er ist als Denkanstoß und Motivation für das später zu behandelnde Problem gedacht und soll als Ausgangspunkt der weiteren Arbeit dienen. Beim Einführungsversuch handelt es sich in den meisten Fällen um eine Demonstration durch den Lehrer, wobei allerdings auch einfache Schülerversuche in Frage kommen. Das entdeckende Experiment folgt im Idealfalle den Schritten, wie sie zur Kennzeichnung des Forschungsexperiments dienen. Hier soll der Versuch Antwort geben auf eine Hypothese, die gedanklich nicht geklärt werden kann, d.h. das Ergebnis kann nur per Experiment gewonnen werden. Das bestätigende Experiment kann sowohl zur Bestätigung von Sachverhalten, die den Schülern bereits bekannt sind, als auch zur vertiefenden, veranschaulichenden Wiederholung dienen. Der bestätigende Versuch soll eine Vermutung oder Überlegung bekräftigen. Der Schüler prüft die Richtigkeit einer bekannten Schlussfolgerung. Ein schon geläufiger Sachverhalt wird bestätigt, eine Erkenntnis nochmals bekräftigt. Qualitative Schulversuche haben in der Regel bestätigenden Charakter.

Von grundsätzlicher Bedeutung ist das Protokollieren des Versuches. Das experimentelle Vorgehen muss schriftlich festgehalten werden. Zum Versuch gehört notwendigerweise die Dokumentation der Voraussetzungen, Vorgänge und Erfahrungen. Gefordert sind Eindeutigkeit, Kürze, Verständlichkeit und Nachvollziehbarkeit der Mitteilungen. Die Dokumentation sollte nicht nur ein bloßes Protokoll der jeweiligen Resultate sein, sondern sich prinzipiell in Einführung, Material und Methoden, Ergebnisse, Diskussion und Literaturverzeichnis gliedern.

In der Einleitung folgt die thematische Hinführung zur Fragestellung. Sie sollte auf keinen Fall methodische Einzelheiten oder Ergebnisse vorwegnehmen. Unter Material und Methoden werden zunächst die verwendeten biologischen Objekte vorgestellt (Artzugehörigkeit, Herkunft, Gewinnung des Versuchsmaterials). Den weiteren versuchstechnischen Ablauf schildert man nur dann ausführlicher, wenn der Versuch von einer bestehenden Arbeitsvorschrift, die zitiert wird, abweicht; diese vielleicht in Teilschritten vereinfacht, verbessert oder erweitert. Im Ergebnisteil werden die qualitativen und quantitativen Befunde dargestellt. Die Einzeldaten können entweder verbal oder grafisch verarbeitet werden. Einfache Sachverhalte werden in knapper Form verbal beschrieben. Für komplexere Datengefüge sind Tabelle oder Diagramm, die zugleich mit einer Erklärung (Legende) versehen sind, das bevorzugte Darstellungsmittel. Besonders auffällige Ergebnisse tauchen sowohl im Text als auch in der bildlichen Dokumentation auf. Die Diskussion befasst sich mit der Deutung der Daten und ihrer Einordnung in den Rahmen des bereits etablierten Wissens. Hier sollte der Bezug zur aktuellen Literatur aufgenommen werden.

Kapitel 1   Biologisch wichtige Makromoleküle und ihre Bausteine I: Mono-, Di- und Polysaccharide

A   Theoretische Grundlagen

1.1   Einleitung

Kohlenhydrate oder Saccharide (griech.: sakcharon = Zucker) sind die am häufigsten vorkommenden organischen Moleküle auf der Erde, wobei unter den zahlreichen Verbindungen die Cellulose den ersten Platz einnimmt. Als Energiespeicher dient den Pflanzen die Stärke, den Tieren das Glykogen, die beide zum zentralen Brennstoff des Stoffwechsels, der Glucose, abgebaut werden können. Die Zellwände der Pflanzen werden aus Cellulose, das Exoskelett der Arthropoden und die Zellwand der Pilze aus Chitin aufgebaut; hier dienen diese Kohlenhydrate als Bau- und Gerüstsubstanzen. Weiterhin sind sie in Form der Desoxyribose und Ribose am Aufbau der Nucleinsäuren (DNA, RNA) und damit an der Speicherung der genetischen Information beteiligt. Daneben treten Kohlenhydrate in vielen Strukturen im chemischen Verbund mit Proteinen (Glykoproteine) und Lipiden (Glykolipide) auf.

Der Name Kohlenhydrat leitet sich von der einfachen Summenformel $C_n(H_2O)_n$ ab, mit der sich die Einfachzucker (Monosaccharide) charakterisieren lassen; er besagte ursprünglich wirklich Hydrat des Kohlenstoffs. Für die exakte Umgrenzung der Stoffklasse ist die einfache Summenformel $C_n(H_2O)_n$ heute allerdings ohne weitere Bedeutung. Zur Stoffklasse der Kohlenhydrate zählen neben den Monosacchariden auch einfache Derivate wie Aminozucker oder Zuckersäuren, ferner die polymeren Oligo- und Polysaccharide. Andererseits gibt es biochemisch wichtige Verbindungen, auf die die Summenformel zwar zutrifft, wie Essigsäure ($C_2H_4O_2$) oder Milchsäure ($C_3H_6O_3$), die jedoch eine völlig andersartige Struktur besitzen und folglich keine Kohlenhydrate sind.

1.2 Monosaccharide (einfache Zucker)

Monosaccharide oder Einfachzucker entstehen aus Polyalkoholen dadurch, dass eine der Alkoholgruppen (>C–OH) zur Carbonylgruppe (>C=O) dehydriert wird. Als einfaches Beispiel wählen wir das Glycerin. Hierbei sind, wie die Formeln zeigen, zwei Dehydrierungsprodukte möglich, ein Aldehyd und ein Keton. Man nennt die Zucker, die nach der oben gegebenen Ableitung eine Ketogruppe aufweisen, Ketosen (z.B. Dihydroxyaceton), die mit der Aldehydgruppe Aldosen (z.B. Glycerinaldehyd).

$$
\begin{array}{ccccccc}
& \text{H} & & \text{H} & & \text{H}\diagup\!\!{}^{\text{O}} & & \text{H}\diagup\!\!{}^{\text{O}} & \\
& | & & | & & \diagdown\!\!\diagup & & \diagdown\!\!\diagup & \\
\text{H–C–OH} & & \text{H–C–OH} & & \text{C} & & \text{C} & \text{(C-1)} \\
| & \xleftarrow{-2H} & | & \xrightarrow{-2H} & | & & | & \\
\text{C=O} & & \text{H–C–OH} & & \text{H–C–OH} & \text{bzw.} & \text{HO–C–H} & \text{(C-2)} \\
| & & | & & | & & | & \\
\text{H–C–OH} & & \text{H–C–OH} & & \text{H–C–OH} & & \text{H–C–OH} & \text{(C-3)} \\
\text{H} & & \text{H} & & \text{H} & & \text{H} &
\end{array}
$$

| Dihydroxy-aceton | Glycerin | D-Glycerin-aldehyd | L-Glycerin-aldehyd |

Im Glycerinaldehyd trägt das C-2 vier verschiedene Reste (-H, -OH, -CHO, CH$_2$OH) und wird deswegen als asymmetrisches C-Atom bezeichnet. Die Betrachtung der FISCHER-Projektionsformel von Glycerinaldehyd zeigt, dass für die Anordnung der OH-Gruppe am C-2 zwei Alternativen bestehen. Diese funktionelle Gruppe kann im Formelbild entweder nach links (L) oder nach rechts (D) weisen. D- und L-Glycerinaldehyd verhalten sich spiegelbildlich zueinander und sind - ebenso wie die rechte und linke Hand - durch einfache Drehung oder Verschiebung in der Ebene nicht zur Deckung zu bringen (Händigkeit oder Chiralität). Spiegelbildlich aufgebaute Moleküle gleicher Summenformel bezeichnet man auch als Enantiomere. Für die Zuweisung der Monosaccharide zur D- oder L-Reihe ist die Stellung der OH-Gruppe an demjenigen asymmetrischen C-Atom maßgebend, das am weitesten von der Aldehyd- bzw. Ketogruppe entfernt ist. Die weitaus meisten natürlich vorkommenden Kohlenhydrate gehören der D-Konfiguration an.

Kohlenstoffverbindungen mit asymmetrischem Kohlenstoffatom können in wässriger Lösung die Schwingungsebene von linear polarisiertem Licht drehen und sind folglich optisch aktiv. Dreht die betreffende Verbindung die Schwingungsebene im Uhrzeigersinn, erhält sie in Klammern ein positives Vorzeichen, bei Drehung im Gegenuhrzeigersinn ein negatives. Für die beiden optisch aktiven Triosemoleküle wäre demgemäß vollständig D(+)-Glycerinaldehyd sowie L(-)-Glycerinaldehyd zu schreiben.

14

Je nachdem, ob die Monosaccharide aus 3, 4, 5, 6 usw. Kohlenstoffatomen bestehen, werden sie als Triosen, Tetrosen, Pentosen, Hexosen usw. bezeichnet. Die wichtigsten Vertreter der Monosaccharide sind die Glucose (Traubenzucker) und die Fructose (Fruchtzucker). Glucose ist eine Aldohexose, während Fructose eine Ketohexose ist (Abb. 1.1). In der D-Glucose sind vier asymmetrische Kohlenstoffatome (C-2 bis C-5) vorhanden. Folglich beträgt die Anzahl der optischen Isomeren (Epimeren) $2^4 = 16$. Davon kommen in der Natur jedoch nur wenige vor, darunter die Mannose (zur Glucose epimer am C-2) sowie die Galactose (zur Glucose epimer am C-4). Monosaccharide, die sich in der Konfiguration nur an einem C-Atom unterscheiden, werden Epimere genannt.

$$H_3C-C{\overset{O}{\underset{H}{}}} \;+\; HO-C_2H_5 \;\rightleftharpoons\; H_3C-\underset{H}{\overset{OH}{C}}-OC_2H_5$$

Ethanal Ethanol   Halbacetal

Aldehyde (z.B. Ethanal) und Ketone gehen durch Addition von einem Molekül Alkohol (z.B. Ethanol) sehr leicht in die entsprechenden Halbacetale über. Bei den Monosacchariden erfolgt die Bildung der entsprechenden Halbacetale in wässriger Lösung intramolekular durch Verknüpfung der jeweiligen Carbonylgruppe mit einer alkoholischen OH-Gruppe. Dabei entstehen heterocyclische, sauerstoffhaltige Ringe, die man als Furanosen (Fünfring: 4 C + 1 O) oder als Pyranosen (Sechsring: 5 C + 1 O) bezeichnet. Bei der Ringbildung entsteht ein neues asymmetrisches C-Atom; wo vorher die C=O Doppelbindung war, sind jetzt vier verschiedene Substituenten. Daher sind zwei verschiedene „anomere" Formen möglich, die man als α-Form und β-Form bezeichnet (Abb. 1.1). Sie gehen leicht ineinander über, wahrscheinlich über die Aldehydform, die allerdings nur in verschwindender Konzentration am Gleichgewicht beteiligt ist.

Die Ringbildung der Monosaccharide kann unter Verwendung der FISCHERschen Projek-

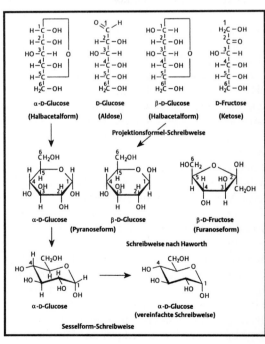

Abb. 1.1: Verschiedene Schreibweisen am Beispiel von Glucose und Fructose (NULTSCH, 1996).

tionsformel nur sehr unbefriedigend dargestellt werden; man muss für die Sauerstoffbrücke überlange Bindungsstriche verwenden. Die HAWORTH-Ringformeln berücksichtigen die Raumdarstellung eines Monosaccharids erheblich besser (Abb. 1.1). Bei dieser Formeldarstellung sind die Fünf- oder Sechsringe als ebene Fünf- bzw. Sechsecke zu zeichnen, deren Ebene man senkrecht zur Schreibebene anzunehmen hat. Auch diese Schreibweise ist noch ein Kompromiss, da die Sechsringe planar gezeichnet werden, während in Wirklichkeit eine sogenannte Sesselform bevorzugt wird (Abb. 1.1).

1.3 Glykoside, Di- und Oligosaccharide

Wie im vorigen Abschnitt besprochen, liegen die meisten Monosaccharide als Halbacetale vor. Halbacetale können mit Alkoholen zu (Voll-)Acetalen reagieren, wobei Wasser abgespalten wird. Solche Acetale werden Glykoside genannt und die Bindung zwischen einem Saccharid und einem Alkohol heißt glykosidische Bindung. In Analogie zur Isomerie am anomeren Kohlenstoffatom (α- und β-Form) spricht man von α-glykosidischer und von β-glykosidischer Bindung.

Eine Glykosidbindung ist ganz allgemein mit Alkoholen, mit phenolischen Hydroxygruppen und schließlich mit Carbonsäuren (zu sog. Esterglykosiden) möglich. Besonders bei den glykosidischen Naturstoffen nennt man die alkoholische (oder phenolische) Komponente das Aglykon (zuckerfreier Rest). Neben den O-Glykosiden kennen wir noch die N-Glykoside, die dadurch entstehen, dass die Wasserabspaltung zwischen der halbacetalischen Hydroxy- und einer HN-Gruppe erfolgt. Hierzu gehören vor allem die Nucleotide und die Polynucleotide (Nucleinsäuren). Die Glykoside sind vor allem im Pflanzenreich verbreitet.

Wenn die halbacetalische Hydroxygruppe eines Monosaccharids mit einer der Hydroxygruppen eines zweiten Monosaccharidmoleküls reagiert, dann erhalten wir ein Disaccharid. Die Reaktion kann sich mit weiteren Zuckern fortsetzen; so entstehen Trisaccharide, Tetrasaccharide und so fort. Man nennt diese höheren Zucker Oligosaccharide. Oligosaccharide können bis zu 50 und mehr Einheiten enthalten. Die Grenze zu den Polysacchariden (s. u.) ist nicht scharf zu ziehen. In der Acetalform wirken Glykoside nur dann reduzierend, wenn an einem endständigen Bindungspartner eine freie Carbonylgruppe erhalten bleibt. Solche Oligosaccharide gehören dem Maltose-Typ an, denn ihr Prototyp ist die Maltose; sie wirken bei der FEHLINGschen Probe reduzierend. Ganz andere Eigenschaften haben diejenigen Disaccharide, bei denen beide halbacetalischen Hydroxyle miteinander reagiert haben. Beide Zucker liegen jetzt als Vollacetale vor. Diese Oligosaccharide reduzieren nicht. Der einfachste natürliche Vertreter ist die Trehalose; man spricht deshalb vom Trehalose-Typ.

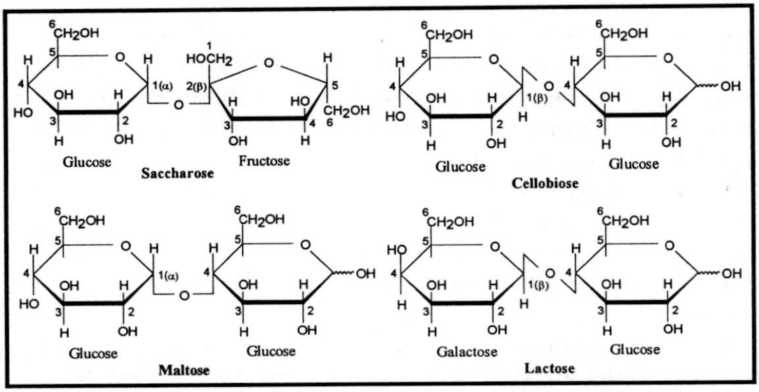

Abb. 1.2: Disaccharide: Saccharose, Maltose, Cellobiose und Lactose.

Saccharose, das am häufigsten vorkommende Disaccharid, ist der von Pflanzen synthetisierte handelsübliche Tafelzucker. Zur industriellen Gewinnung werden Zuckerrohr und Zuckerrüben verwendet. Saccharose ist ein O-α-D-Glucopyranosyl-(1$\rightarrow$2)-β-D-Fructofuranosid, wobei (1$\rightarrow$2) für die glykosidische Bindung zwischen dem C-1 der Glucose und dem C-2 der Fructose steht. Da die beiden Monosaccharide jeweils mit ihrem anomeren C-Atom reagiert haben, ist Saccharose ein nichtreduzierender Zucker vom Trehalose-Typ (auch am Suffix -id erkennbar). Da die Fructose in der furanoiden, weniger beständigen Ringform vorliegt, kann Saccharose schon durch sehr verdünnte Säuren in Glucose und Fructose gespalten werden. Dieser Vorgang wird auch Inversion genannt, weil sich dabei die optische Drehung von polarisiertem Licht ändert: Rechts (dextro) drehende Saccharose wird zu links (laevo) drehendem Invertzucker. Die Trehalose (α-D-Glucopyranosyl-(1$\rightarrow$1) α-D-Gluco-pyranosid) kommt in Pflanzen vor und ist der Blutzucker der Insekten.

Wichtig sind auch einige reduzierende Glucosyl-Glucose-Disaccharide. Maltose (α-D-Glucopyranosyl-(1$\rightarrow$4)-D-Glucopyranose) ist ein enzymatisches Hydrolyseprodukt der Stärke und kommt im Malz vor (Malzzucker). Die Cellobiose (β-D-Glucopyranosyl-(1$\rightarrow$4)-D-Glucopyranose) ist die Baueinheit der Cellulose. Lactose (β-D-Galactopyranosyl-(1$\rightarrow$4)-D-Glucopyranose) oder Milchzucker, der bei Hydrolyse D-Galactose und D-Glucose ergibt, kommt nur in Milch natürlich vor.

1.4 Polysaccharide

Die Moleküle der Polysaccharide bestehen aus Ketten von Monosaccharideinheiten - Pentosen, Hexosen -, die durch Glykosidbindungen verknüpft sind. Ihre molekularen Bausteine entstammen somit nur einer Stoffklasse. Nach ihrem chemischen Aufbau kann man die Polysaccharide in Homoglycane und Heteroglycane einteilen. Homoglycane enthalten nur ein bestimmtes Monosaccharid als Baustein. Heteroglycane sind aus mehreren (meist jedoch nur zwei oder drei) verschiedenen Monosacchariden aufgebaut. In einer dritten Guppe werden die Verbindungen vereinigt, die aus einem Polysaccharid und einer andersartigen chemischen Komponente (Protein, Lipid) bestehen: Glykoproteide und Glykolipide (zusammengesetzte Polysaccharidverbindungen).

Im Pflanzenreich findet man eine große Vielfalt von Polysacchariden. Sie erfüllen hier insbesondere zwei Funktionen. Zum einen sind sie als Gerüstsubstanzen am Aufbau der pflanzlichen Zellwand beteiligt (Pektinverbindungen, Hemicellulosen, Cellulosen) und zum anderen sind sie in Form von Stärke und Inulin Reserve- oder Speicherstoffe.

Wichtigstes Reservepolysaccharid der Pflanzenwelt ist die Stärke. Sie ist besonders reichlich in Samen (z. B. Getreidekörner) und Knollen (Kartoffeln u. a.) abgelagert, und zwar in Form der Stärkekörner. Als Organellen ihrer Synthese fungieren in photosynthetisch aktiven Zellen die Chloroplasten, in Zellen der Speichergewebe die Amyloplasten. Die Stärkekörner der Amyloplasten sind oft in Form, Größe und Schichtung artspezifisch ausgebildet, sodass man daran ihre Herkunft im Mikroskop feststellen kann. In den meisten Fällen liegen in der Stärke zwei Molekülformen vor: Amylose und Amylopektin. Der Anteil des Letzteren liegt zwischen 70 und 90 % bei den einzelnen Stärkearten. Bei der Amylose sind etwa 200 bis 1000 Glucoseeinheiten kettenförmig durch (α1→4) Glykosidbindungen zu einem Makromolekül verknüpft (Abb. 1.3). Jedes Molekül trägt an einem Ende ein glykosidisches C-Atom (reduzierendes Ende). Seitliche Verzweigungen an der Hauptkette sind bei der Amylose relativ selten. Die Molekülkette ist zu einer Schraube (Helix) aufgewunden. Bei der charakteristischen Farbreaktion mit Iodkaliumiodidlösung (LUGOLsche Lösung) wird molekulares Iod innerhalb der Umgänge eingelagert und festgehalten. Hieraus resultiert eine starke Absorption langwelliger Strahlungsanteile: blauviolette Färbung des Iod-Stärke-Komplexes. Das Molekül des Amylopektins besteht aus 2000 bis 22000 Glucose-Einheiten. Im Gegensatz zur Amylose ist es reich verzweigt, da Seitenketten unterschiedlicher Länge durch (α1→6)-glykosidische Bindungen an der Hauptkette (α1→4) angeheftet sind (Abb. 1.3). Seitenketten haben demgemäß kein reduzierendes Ende. Durchschnittlich kommt auf 25 Glucoseeinheiten eine Verzweigung. Möglicherweise sind Haupt- und Seitenketten ebenfalls schraubig aufgewunden. Mit Iodkaliumiodidlösung zeigt Amylopektin eine schwach violette bis rosa Färbung.

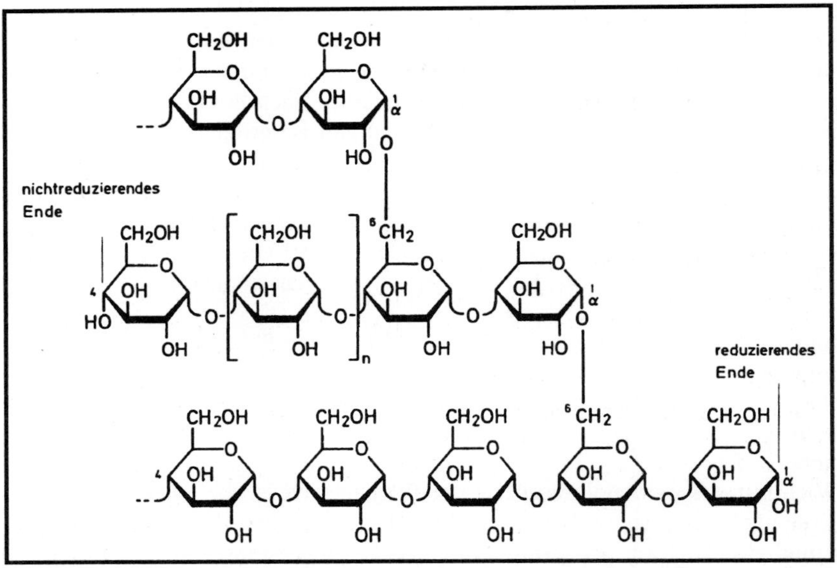

Abb. 1.3: Molekülaufbau von Amylopektin (Ausschnitt).

Wichtigster Bestandteil der Zellwand ist die Cellulose. Sie ist zumeist vergesellschaftet mit anderen Gerüstsubstanzen (Hemicellulosen, Lignin). Fast reine Cellulose findet sich z. B. in der Zellwand der Baumwollhaare. Technische Cellulose wird meist aus Holz gewonnen und durch verschiedene Methoden vom Lignin und anderen Begleitstoffen befreit. In der Cellulose sind die Glucosemoleküle zwischen C-1 und C-4 β-glykosidisch verknüpft ($\beta 1 \rightarrow 4$). Grundbaustein ist somit Cellobiose. Cellulose ist ein lineares Polymer aus bis zu 15000 Glucoseeinheiten (Abb. 1.4). Wie bei den meisten Polysacchariden lässt sich die Molekülgröße nicht exakt definieren, da sie im Gegensatz zu Proteinen und Nucleinsäuren ohne genetisch fixierte Matrix synthetisiert werden. In dem unverzweigten Makromolekül treten zusätzlich Wasserstoffbindungen auf, welche zur Stabilität der Kette beitragen.

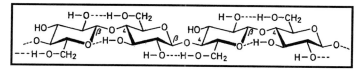

Abb. 1.4: Molekülausschnitt von Cellulose.

Die genaue Anordnung der Cellulosemoleküle in der Zellwand ist zwar noch nicht klar, doch gibt es gut begründete Modellvorstellungen. Danach ist Cellulose in einer speziellen Grundstruktur am Zellwandbau beteiligt, welche auf einer Zusammenlagerung vieler linearer Cellulosemoleküle (40-100) beruht: die Elementarfibrille, die einen Durchmesser von 3,5-5 nm hat. Charakteristisch für diese sind Micellarbereiche, in denen die Makromoleküle parallel und gleichsinnig (reduzierende Molekülenden alle auf einer Seite) angeordnet sind. Den Zusammenhalt besorgen Wasserstoffbindungen zwischen dem Ringsauerstoff einer Glucoseeinheit und einer Hydroxygruppe des benachbarten Glucosemoleküls. An diese hochgeordneten Bereiche sollen sich solche mit einer gelockerten oder parakristallinen Parallelanordnung der Makromoleküle anschließen. Mehrere Elementarfibrillen sind zu einer Mikrofibrille (10-30 nm) vereint, die die Grundeinheit für die Konstruktion von fibrillären Bauelementen höherer Ordnung, den Makrofibrillen (etwa 0,5 µm), darstellt. Die Bündelung der Elementarfibrillen zur Makrofibrille ist nicht kompakt; vielmehr bleiben kleine Bereiche ausgespart, die intermicellären und die interfibrillären Räume (∅ 1-10 nm).

Im Wesentlichen sind es drei Gruppen von Kohlenhydraten, die im typischen Falle als Bausteine pflanzlicher Zellwände dienen: die Pektine in Form des Protopektins, die Cellulosane (Hemicellulosen) und die Cellulose. Außerdem enthalten die Zellwände Proteine, deren Anteil in der Größenordnung von 1-13 % liegt. Nachträgliche (sekundäre) Veränderungen der Zellwand führen zu einer Änderung der chemischen und physikalischen Eigenschaften. Dies trifft vor allem für die Verholzung zu, bei der bereits vorhandene und verdickte Zellwände durch Einlagerungen von Ligninen (Holzstoffen) in die interfibrillären Räume der Zellwand verfestigt werden. Auf Einzelheiten kann hier nicht eingegangen werden; sie finden sich in Lehrbüchern der Botanik.

B   Versuche

V 1.1   Kohlenhydrate

V 1.1.1   Verkohlung von Zuckern: Zersetzung von Zucker mit Schwefelsäure

Kurz und knapp:
Dieser Versuch eignet sich gut als Einstieg in die Thematik der Kohlenhydrate, da anhand des Versuchsergebnisses Rückschlüsse auf die allgemeine elementare Zusammensetzung von Zuckern gezogen werden können.

Zeitaufwand:
Die Zeitangaben zu den einzelnen Versuchen sind als ungefähre Anhaltswerte zu verstehen. Es wird davon ausgegangen, dass alle benötigten Utensilien, die im Kasten aufgeführt sind, zur Verfügung stehen. Wenn die unter „Chemikalien" aufgeführten Lösungen noch angesetzt werden müssen, verlängert sich die Vorbereitungszeit entsprechend.

Vorbereitung: 10 min, Durchführung: 5 min

Geräte:	Filterpapier, 2 Bechergläser (150 mL), Trichter, Messzylinder (50 mL), Haartrockner, Pinzette
Chemikalien:	Rohrzucker (Saccharose), 5 %ige Cobaltchloridlösung ($CoCl_2$), konz. Schwefelsäure (H_2SO_4)

Durchführung:
Herstellung von Cobaltchloridpapier: Man tränkt ein Stück Filterpapier in einer 5 %igen Cobaltchloridlösung, lässt abtropfen und trocknet das Filterpapier mit einem Haartrockner. Hierbei kommt es zu einem Farbumschlag von rot nach blau. Falls das Papier nicht direkt verwendet wird, kann es in einem Exsikkator aufbewahrt werden.
Versuch: Der Boden eines Becherglases wird etwa 0,5 cm hoch mit Rohrzucker bedeckt. Anschließend gibt man 40 mL konz. H_2SO_4 auf den Rohrzucker. Das Cobaltchloridpapier, in dessen Mitte ein kleines Loch geschnitten wurde, wird auf das Becherglas gelegt und mit einem Trichter bedeckt.

Beobachtung:
Der Zucker wird zunächst gelb, dann zu einer schwarzen, porösen Masse, die sich unter Gasentwicklung ausdehnt. Je nach Heftigkeit der Reaktion ist eine Ausdehnung der schwarzen Masse über den Becherglasrand möglich. Im Trichter kondensiert Wasserdampf, tropft auf das Cobaltchloridpapier und färbt es rot.

Erklärung:
Die Schwefelsäure wirkt hygroskopisch. Sie entzieht dem Zucker Wasser, das als Wasserdampf freigesetzt wird. Im Trichter kondensiert der Wasserdampf und hydratisiert das Cobaltchlorid (hydratisiertes Cobaltchlorid: rot; dehydratisiertes Cobaltchlorid: blau). Bei der zurückbleibenden schwarzen, porösen Masse handelt es sich um elementaren Kohlenstoff. Der Name Kohlenhydrat besagte ursprünglich wirklich Hydrat des Kohlenstoffs (s. 1.1 Einleitung).

Bemerkung:
Es dauert einige Zeit (bis zu 5 Minuten) bis zur Entstehung der schwarzen, aufquellenden Masse. Nicht nervös werden! Die Reaktion läuft auf jeden Fall ab. Erwärmt man das Becherglas etwas, läuft die Reaktion schneller an.
   Vorsicht beim Spülen! Im unteren Teil des Becherglases kann sich evtl. noch konz. H_2SO_4 befinden.

V 1.1.2 Verkohlung von Zuckern: Pharaoschlangen

Kurz und knapp:
Bei der Einführung in die Thematik Kohlenhydrate kann dieser Versuch als schöne Ergänzung zur herkömmlichen Zuckerverkohlung herangezogen werden. Er kann diesen als Eingangsversuch jedoch nicht ersetzen, da die Emser Pastillen nicht ausschließlich aus Zucker bestehen, und so kein Rückschluss auf die elementare Zusammensetzung von Zuckern möglich ist.

Zeitaufwand:
Vorbereitung: 5 min, Durchführung: 5 min

Geräte:	Sand, feuerfeste Unterlage (Ceranplatte), Messzylinder (50 mL) , Feuerzeug
Chemikalien:	Emser Pastillen, Ethanol

Durchführung:
Auf der feuerfesten Unterlage wird der Sand zu einem Kegel aufgeschüttet und an seiner Spitze etwas eben gestrichen. Man legt nun vier kleine Stapel Emser Pastillen - jeweils zwei Pastillen übereinander - im Abstand von etwa 3 cm auf diese Ebene. Anschließend tränkt man den Sand mit Ethanol (50 mL) und entzündet den Alkohol.

Beobachtung:
Der Alkohol brennt und die Pastillen schwärzen sich. Nach kurzer Zeit bilden sich schlangenähnliche, schwarz poröse Gebilde von unterschiedlicher Länge.

Erklärung:
Emser Pastillen enthalten Saccharose, Natriumhydrogencarbonat und weitere Be-standteile, die in diesem Zusammenhang vernachlässigt werden können. Die Etha-nolflamme liefert ausreichend Wärme, damit der in den Pastillen enthaltene Zucker unter Verkohlung verbrennt. Das bei der Zersetzung von Natriumhydrogencarbonat entstehende CO_2 (gleicher Effekt wie bei der Zersetzung von Backpulver) bewirkt, dass sich die verkohlten Pastillen zu einem voluminösen Schaum in Form von „Pharaoschlangen" aufblähen.

Bemerkung:
Der Versuch ist wegen des erstaunlichen Effektes als reiner Schauversuch geeignet.

V 1.1.3 Allgemein qualitativer Kohlenhydratnachweis nach MOLISCH

Kurz und knapp:
Mit Hilfe des Nachweises nach MOLISCH lassen sich alle Kohlenhydrate sehr emp-findlich nachweisen. Von daher eignet sich der MOLISCH-Nachweis gut, Lebensmit-tel auf Kohlenhydrate zu prüfen.

Zeitaufwand:
Vorbereitung: 5 min, Durchführung: 5 min

Material:	Lebensmittelproben (Apfel, Wein, Fruchtsäfte etc.)
Geräte:	Demonstrationsreagenzgläser mit Ständer, Spatel, Pasteurpipette
Chemikalien:	Glucose, Saccharose, lösliche Stärke, konz. Schwefelsäure (H_2SO_4), dest. Wasser, 3 %ige α-Naphthol-Lösung (300 mg α-Naphthol in 10 mL Ethanol)

Durchführung:
Die Lebensmittel werden in dest. Wasser gelöst oder aufgeschwemmt. Man füllt die Reagenzgläser 5 cm hoch mit den verdünnten Lebensmittelproben. In drei weitere Reagenzgläser gibt man je eine Mikrospatelspitze der Kohlenhydrate (Glucose, Saccharose, Stärke) und füllt 5 cm hoch mit dest. Wasser auf. Nun gibt man in jedes Reagenzglas 10 Tropfen Naphthol-Lösung, schüttelt das Reagenzglas und unterschichtet vorsichtig mit konz. H_2SO_4. Dest. Wasser dient als Vergleichsprobe.

Beobachtung:
Es bilden sich zwei Schichten, an deren Grenzfläche sich bei Anwesenheit von Kohlenhydraten ein braun-violetter Ring bildet. In der Vergleichsprobe mit dest. Wasser bildet sich ein gelblich brauner Ring.

Erklärung:
Die MOLISCH-Reaktion ist zwar unspezifisch, aber dennoch als Gruppenreaktion geeignet. Di- und Polysacchride werden durch die konz. Schwefelsäure zunächst in Monosaccharide gespalten. Es entstehen Aldehyde des Furans, die mit phenolischen Substanzen wie α-Naphthol zu charakteristischen Farbstoffen kondensieren:

Pentose $\xrightarrow{\text{konz. Schwefelsäure}}$ 2-Furaldehyd (Furfural)

Hexose $\xrightarrow{\text{konz. Schwefelsäure}}$ 5-Hydroxymethyl-2-furaldehyd

5-Hydroxymethyl-2-furaldehyd + 2 α-Naphthol → „Triphenylmethan"-Farbstoff :

5-Hydroxymethyl-2-furaldehyd   1-Naphthol   „Triphenylmethan"-Farbstoff

Bemerkung:
Alle Lösungen, die man auf Kohlenhydrate prüfen will, sind sehr verdünnt anzusetzen, da die Violettfärbung sonst zu intensiv wird und schwarz erscheint. Sollte die Ringbildung nicht gelingen, so kann man das Reagenzglas schütteln und es ergibt sich bei Anwesenheit von Kohlenhydraten eine rosa violette Färbung der Lösung. Im Falle eines negativen Nachweises färbt sich die Lösung nach dem Schütteln gelblich.

V 1.2   Mono- und Disaccharide

V 1.2.1 Nachweis von reduzierenden Zuckern: Die FEHLINGsche Probe

Kurz und knapp:
Mit der FEHLINGschen Probe kann man reduzierende von nicht reduzierenden Zukkern unterscheiden. Monosaccharide und Disaccharide, mit einer freien halbacetalischen Hydroxylgruppe, wirken reduzierend. Polysaccharide und Disaccharide ohne freie halbacetalische OH-Gruppe besitzen keine reduzierende Eigenschaften.

Zeitaufwand:
Vorbereitung: 10 min, Durchführung: 10 min

Geräte:	4 Demonstrationsreagenzgläser mit Ständer, Becherglas (1000 mL) als Wasserbad, Bunsenbrenner, Ceranplatte mit Vierfuß, Feuerzeug, Spatel, Becherglas, Messzylinder (10 mL)
Chemikalien:	FEHLING I (7g $CuSO_4 \cdot 5\ H_2O$ in 100 mL dest. Wasser), FEHLING II (35 g Na-K-Tartrat $\cdot$ 4 H_2O und 12 g NaOH in 100 mL dest. Wasser), Glucose, Lactose, Saccharose, lösliche Stärke, dest. Wasser

Durchführung:
In die 4 Reagenzgläser gibt man jeweils eine große Spatelspitze Glucose, Lactose, Saccharose oder lösliche Stärke und füllt sie etwa 3 cm hoch mit dest. Wasser. Nun mischt man in einem Becherglas FEHLING I und II in gleichen Teilen, fügt jedem Reagenzglas 10 mL des frischen Reagenzes hinzu und erhitzt im Wasserbad bei 100 °C.

Beobachtung:
In den Reagenzgläsern mit Glucose- und Lactoselösung ist ein Farbumschlag von tiefblau (Farbe des FEHLING-Gemisches) nach rot zu erkennen. Die Saccharose- wie auch die Stärkelösung bleiben auch nach längerem Erhitzen tiefblau.

Erklärung:
Der positive Verlauf der FEHLINGschen Probe für Glucose und Lactose ist auf die freie, reduzierend wirkende halbacetalische OH-Gruppe zurückzuführen. Die halbacetalische OH-Gruppe reduziert Cu^{2+} zu Cu^+ und wird dabei selbst unter Aufbrechen der Ringstruktur zur Carboxylgruppe oxidiert. Es bildet sich ein roter Niederschlag von Kupfer(I)oxid:

$$\text{Zucker (red.)} + 2\,Cu^{2+} + 4\,OH^- \rightarrow \text{Zuckersäure} + Cu_2O\downarrow + 2\,H_2O$$

Bei der Saccharose sind ihre Bausteine Fructose und Glucose mit ihren beiden halb-acetalischen Hydroxylgruppen acetalartig verknüpft, sodass dieses Disaccharid keine reduzierende Eigenschaften mehr hat. Das Polysaccharid Amylose (lösliche Stärke) besteht aus unverzweigten Ketten von Glucosemolekülen, die $\alpha(1,4)$-glycosidisch miteinander verknüpft sind und so keine reduzierend wirkende OH-Gruppen aufweisen (außer dem „letzten Molekül" der Kette, was aber für einen Farbumschlag nicht ausreichend ist).

Bemerkung:
Die Reagenzgläser können auch direkt über dem Bunsenbrenner erhitzt werden. Allerdings kann die Reaktion so nicht parallel für die 4 Ansätze verfolgt werden.

V 1.2.2 Nachweis von reduzierenden Zuckern: Reduktion von Methylenblau

Kurz und knapp:
Methylenblau ist ein blauer Farbstoff, der durch Reduktion in seine farblose Leuko-form überführt wird. Dies macht man sich zunutze, um zwischen reduzierenden und nichtreduzierenden Zuckern zu unterscheiden.

Zeitaufwand:
Vorbereitung: 5 min, Durchführung: 10 min

Geräte:	4 Demonstrationsreagenzgläser mit Ständer, Pasteurpipette, Spatel
Chemikalien:	Glucose, Saccharose, Lactose, lösliche Stärke, Methylenblaulösung (10 mg/ 200 mL), 2 mol/L Natriumhydroxid (NaOH)

Durchführung:
Man gibt eine Spatelspitze der Zucker in je ein Reagenzglas und füllt die Reagenz-gläser etwa 5 cm hoch mit 2 mol/L NaOH. Zu allen Ansätzen gibt man nun mit einer Pasteurpipette Methylenblaulösung bis zu einer deutlichen Blaufärbung der Lösun-gen.

Beobachtung:
Bei Glucose und Lactose ist eine Entfärbung zu beobachten, während bei Saccharose und Stärke die blaue Färbung des Methylenblaus erhalten bleibt. Schüttelt man die

Reagenzgläser, in denen sich eine Entfärbung eingestellt hat, so tritt die Blaufärbung wieder auf und nach wenigen Augenblicken ist die Lösung wieder farblos.

Erkärung:
Glucose und Lactose bestitzen aufgrund ihrer freien halbacetalischen Hydroxylgruppen reduzierende Wirkung und können somit Methylenblau zu seiner farblosen Leukoform reduzieren. Saccharose wirkt nicht reduzierend, da ihre Bestandteile Fructose und Glucose über ihre beiden halbacetalischen Hydroxylgruppen verknüpft sind. Die Amylose besteht aus 200-1000 Glucoseeinheiten, wobei nur am Ende der Kette eine halbacetalische Hydroxylgruppe vorliegt. Dies ist für einen Farbumschlag nicht ausreichend.

Die erneute Blaufärbung nach dem Schütteln des Reagenzglases erklärt sich dadurch, dass Leukomethylenblau durch Sauerstoff zu Methylenblau oxidiert wird.

Bemerkung:
Dieser Versuch besitzt gegenüber der FEHLINGschen Probe den Vorteil, dass nicht erwärmt werden muss. Weiterhin kann die reduzierende Eigenschaft der Zucker durch Schütteln des Reagenzglases wiederholt gezeigt werden. Die Entfärbung des Methylenblaus lässt sich solange wiederholen, bis der reduzierende Zucker verbraucht ist.

Die Geschwindigkeit der Entfärbung des Methylenblaus ist von der NaOH-Konzentration abhängig. Sollte die Entfärbung des Methylenblaus direkt bei der Zugabe einsetzen, sodass sich die Zuckerlösung erst gar nicht blau färbt, so ist die Zuckerlösung mit dest. Wasser zu verdünnen.

V 1.2.3 Enzymatischer Glucosenachweis

Kurz und knapp:
In der medizinischen Diagnostik dienen Glucoseteststäbchen zum spezifischen Nachweis der Glucose im Harn. Die Glucose kann aufgrund einer enzymatischen Reaktion sowohl qualitativ als auch quantitativ bestimmt werden.

Zeitaufwand:
Vorbereitung: 10 min, Durchführung: 10 min

Geräte:	5 Bechergläser
Chemikalien:	Glucoseteststäbchen (z.b.: Diabur-Test 5000, Boehringer Mannheim), Fructose, Saccharose, Amylose (lösliche Stärke), Glucoselösungen unterschiedlicher Konzentration (z.b.: 0,5 g/ 100 mL; 2 g/ 100 mL)

Durchführung:

Man gibt eine Spatelspitze Fructose, Saccharose und Amylose jeweils in ein eigenes Becherglas und löst die Zucker mit dest. Wasser auf. Die Glucoselösungen unterschiedlicher Konzentration gibt man ebenfalls in Bechergläser. Für jede Lösung verwendet man ein neues Teststäbchen. Dieses hält man maximal für eine Sekunde in die Lösung. Nach 2 Minuten werden die beiden Testbezirke mit der Farbskala auf dem Etikett verglichen. Verfärbungen, die nach mehr als 3 Minuten oder nur an den Rändern der Testbezirke auftreten, sind ohne Bedeutung.

Beobachtung:

Bei den Fructose-, Saccharose- und Amyloselösungen ist keine Verfärbung der Glucoseteststäbchen zu beobachten. Bei den Glucoselösungen verfärben sich die Teststäbchen. Aufgrund der unterschiedlichen Verfärbung kann die Konzentration der Glucoselösungen bestimmt werden.

Erklärung:

Der enzymatische Glucosenachweis beruht auf der Substratspezifität der Glucoseoxidase, sodass spezifisch nur Glucose umgesetzt wird. Der Glucose-Peroxidase-Methode liegen folgende Reaktionen zugrunde:

$$\text{Glucose} + O_2 \xrightarrow{\text{Glucoseoxidase}} \text{Gluconolacton} + H_2O_2$$

$$2\ H_2O_2 \xrightarrow{\text{Peroxidase}} 2\ H_2O + O_2$$

$$\text{Toluidin (farblos)} + O_2 \longrightarrow \text{Toluidin (blau)}$$

Je nach Glucosemenge ergeben sich unterschiedliche Farbabstufungen des Teststreifens.

    Bei der Zuckerkrankheit ist die Regulation des Glucose-Stoffwechsels gestört. In vielen Fällen liegt ein Insulinmangel vor. Das Hormon Insulin steuert Abbau, Speicherung und Freisetzung der Glucose aus Glykogen so, dass der Blutzuckergehalt bei etwa 100 mg pro 100 mL Blut gehalten wird. Bei einem Glucosespiegel von mehr als 140 mg-180 mg pro 100 mL Blut wird Glucose auch mit dem Harn ausgeschieden.

Bemerkung:

Die Versuchsdurchführung variiert in Abhängigkeit von den verwendeten Glucoseteststäbchen. Es eignen sich auch nicht alle in Apotheken erhältliche Teststreifen für eine quantitative Glucosebestimmung (auf Farbskala mit Konzentrationsangaben achten!).

Dieser Versuch eignet sich ebenso innerhalb des Themenkomplexes Enzyme zur Erläuterung der Substratspezifität oder aber auch zur Erläuterung von Stoffwechsel-krankheiten.

V 1.2.4 Nachweis von Pentosen

Kurz und knapp:
Die Pentosen ($C_5H_{10}O_5$) und die Hexosen ($C_6H_{12}O_6$) bilden die wichtigsten Mono-saccharide. Die Pentosen können durch diesen Nachweis von den Hexosen unter-schieden werden.

Zeitaufwand:
Vorbereitung: 5 min, Durchführung: 5 min

Geräte:	2 Demonstrations-Reagenzgläser mit Ständer, Spatel, Becherglas (1000 mL) als Wasserbad, Bunsenbrenner, Ceranplatte mit Vierfuß, Feuerzeug, Mikrospatel
Chemikalien:	Pentose (z.B.: Arabinose), Glucose, halbkonz. Salzsäure (HCl), Phloroglucin

Durchführung:
Eine Spatelspitze Glucose und eine Spatelspitze einer Pentose werden jeweils in ein Reagenzglas gegeben und 5 cm hoch mit halbkonz. HCl gefüllt. Zu beiden Ansätzen gibt man eine Mikrospatelspitze Phloroglucin und erwärmt im siedenden Wasserbad.

Beobachtung:
In Gegenwart von Pentosen färbt sich die Lösung rot-violett. Der Ansatz mit Glucose ist gelb gefärbt.

Erklärung:
Dieser Nachweis beruht darauf, dass Hexosen erst bei längerer Hitzeeinwirkung eine positive Reaktion zeigen. In der halbkonz. HCl wird aus der Pentose 2-Furaldehyd gebildet (s. Versuch V 1.1.3), das mit Phloroglucin zu einem charakteristischen Farbstoff kondensiert:

Phloroglucin

2-Furaldehyd

Benzpyran- oder Xanthen-Farbstoff

Bemerkung:
Anstelle von Phloroglucin kann auch Orcin eingesetzt werden. In Gegenwart von Pentosen ergibt sich eine blaugrüne Färbung.

V 1.2.5 Nachweis von Ketohexosen (SELIWANOFF-Probe)

Kurz und knapp:
Die Fructose gehört wie die Glucose zu den Hexosen ($C_6H_{12}O_6$), wird allerdings nicht zu den Aldosen, sondern aufgrund der vorhandenen Ketogruppe zu den Ketosen gezählt. Die Ketogruppe geht mit der Hydroxylgruppe am 6. Kohlenstoffatom intramolekular eine Additionsreaktion ein. Die Fructose liegt in wässriger Lösung als Sechsring vor.

Zeitaufwand:
Vorbereitung: 5 min, Durchführung: 5 min

Geräte:	2 Demonstrationsreagenzgläser mit Ständer, Bunsenbrenner, Vierfuß mit Ceranplatte, Feuerzeug, Becherglas (1000 mL) als Wasserbad
Chemikalien:	Fructose, Glucose, Resorcin, 10 %ige Salzsäure (HCl)

Durchführung:
Eine Spatelspitze Glucose und Fructose wird in je ein Reagenzglas gegeben. Beide Reagenzgläser füllt man 5 cm hoch mit 10 %iger HCl. Anschließend gibt man noch jeweils eine Mikrospatelspitze Resorcin hinzu und erwärmt beide Ansätze im kochenden Wasserbad.

Beobachtung:
Nur in dem Ansatz mit Fructose stellt sich eine Rotfärbung ein.

Erklärung:
Fructose wird in Gegenwart von Salzsäure zu 5-Hydroxymethylfurfural dehydratisiert, das dann mit Resorcin zu einem rot gefärbten Farbstoff kondensiert. Diese Reaktion ist im Prinzip nicht charakteristisch für Fructose, da sämtliche Hexosen in Gegenwart von Säure dehydratisiert werden. Die Bildungsgeschwindigkeit des 5-Hydroxymethylfurfural aus Fructose ist jedoch signifikant größer als die aus Glucose. So ist es noch möglich, Fructose neben der 100-fachen Menge an Glucose nachzuweisen.

Bemerkung:
Es empfiehlt sich, ein bereits siedendes Wasserbad zu verwenden.

V 1.3   Polysaccharide

V 1.3.1   Makromolekulare Struktur der Polysaccharide (FARADAY-TYNDALL-Effekt)

Kurz und knapp:
Mit diesem Versuch können Polysaccharide aufgrund ihrer physikalischen Eigenschaften von den Mono- und Disacchariden unterschieden werden.

Zeitaufwand:
Vorbereitung: 5 min, Durchführung: 5 min

Geräte:	Waage, 3 Bechergläser (150 mL), Spatel, Messzylinder (100 mL), Bunsenbrenner, Ceranplatte mit Vierfuß, Feuerzeug, Diaprojektor, kleines Stück Karton
Chemikalien:	Glucose, Saccharose, lösliche Stärke, dest. Wasser

Durchführung:
Man wiegt 10 mg Glucose, Saccharose und lösliche Stärke in je einem Becherglas ab und löst die Zucker in 100 mL dest. Wasser (Stärkelösung kurz aufkochen). Man verdunkelt nun den Raum und stellt die drei Bechergläser nacheinander in den Lichtstrahl eines Diaprojektors. Dabei empfiehlt es sich, vor der Linse des Diaprojektors

ein kleines Stück Pappkarton mit einem kleinen Loch zu befestigen, um den Lichtstrahl zu bündeln. Die 3 Lösungen werden seitlich betrachtet.

Beobachtung:
Bei seitlicher Betrachtung ist in der Glucose- wie auch in der Saccharoselösung der Lichtstrahl nicht zu sehen. In der Stärkelösung lässt sich der Lichtstrahl als breites helles Band verfolgen.

Erklärung:
In der Stärkelösung wird das Licht diffus gestreut, während die Glucose- und Saccharoselösung optisch leer sind. Trifft Licht auf ein Hindernis von der Größenordnung seiner Wellenlänge (390-760 nm), so wird es diffus gestreut. Die Glucose- und Saccharosemoleküle sind viel zu klein, um eine merkliche Streuung zu bewirken. Die Stärkemoleküle verursachen dagegen eine Streuung, da sie im Größenordnungsbereich von 10000 Å liegen. Die Stärkemoleküle sind in etwa um den Faktor 10^3 grösser als die Glucose- und Saccharosemoleküle.

Bemerkung:
Die Lösungen sollten unbedingt klar erscheinen, bevor man sie in den Lichtstrahl des Diaprojektors stellt. Dies gilt vor allem für die Stärkelösung, da diese sich schlecht im Wasser löst.

V 1.3.2 Nachweis von Stärke

Kurz und knapp:
Dieser Versuch zeigt auf sehr einfache und anschauliche Weise, in welchen Lebensmitteln Stärke enthalten ist. Die mikroskopische Untersuchung von Kartoffelbrei verdeutlicht den Aufbau von Stärkekörnern.

Zeitaufwand:
Vorbereitung: 10 min, Durchführung: 5 min

Material:	Brot, Kartoffel, Banane, Karotte, Zwiebel, Apfel, Maiskörner etc.
Geräte:	Petrischalen, Messer, Pasteurpipette, Mikroskop, Objektträger, Deckgläschen
Chemikalien:	0,25 %ige Iodkaliumiodidlösung (500 mg KI in 3-4 mL dest. Wasser lösen, 250 mg Iod zugeben und mit dest. Wasser auf 100 mL auffüllen)

Durchführung:
Man schneidet die zu untersuchenden Lebensmittel in Scheiben und legt sie jeweils in Petrischalen. Auf die Schnittflächen gibt man wenige Tropfen der Iodkaliumiodidlösung und beobachtet die Verfärbung der Lebensmittel.
Von der frischen Schnittfläche einer Kartoffel schabt man etwas Material ab, gibt dies mit einem Tropfen dest. Wasser auf einen Objektträger und legt ein Deckgläschen darüber. Durch leichten Druck auf das Deckgläschen lässt sich der Kartoffelbrei fein verteilen. Es wird mikroskopiert. Nun färbt man mit Iodkaliumiodidlösung, indem man einen Tropfen der Lösung mit Filterpapier unter dem Deckgläschen durchsaugt und mikroskopiert erneut.

Beobachtung:
Bei Brot, Mais, Kartoffel, Karotte und Banane ist eine dunkle blaue Färbung zu beobachten. Apfel und Zwiebel zeigen die Farbe der Iodkaliumiodidlösung. Die einzelnen Stärkekörner sind unter dem Mikroskop deutlich zu erkennen. Durch Spielen an der Mikrometerschraube werden die Anlagerungsschichten der Stärkekörner sichtbar. Nach der Färbung mit Iodkaliumiodidlösung sind die Stärkekörner blau-violett gefärbt.

Erklärung:
Die Lebensmittel, die Stärke enthalten, zeigen eine blau-violette Färbung. Stärke besteht zu ca. 20 % aus wasserlöslicher Amylose und zu ca. 80 % aus wasserunlöslichem Amylopektin. Die Iodmoleküle werden als Einschlussverbindungen in die spiralförmige Schraube der Amylose eingelagert. Die Blaufärbung beruht auf der Bildung eines Charge-Transfer-Komplexes von Iod mit Stärkemolekülen.
Die Stärkekörner werden von Amyloplasten gebildet. Im Fall der Kartoffel werden den Körnchen täglich zwei bis drei Schichten Stärke aufgelagert. Die Lamellenstruktur der Körner erklärt sich durch Dichteunterschiede.

Bemerkung:
Dieser Versuch eignet sich gut als Schülerversuch. Die Schüler können selbst mitgebrachte Lebensmittel auf ihren Stärkegehalt untersuchen und evtl. auch mikroskopieren.

V 1.3.3 Nachweis von Cellulose

Kurz und knapp:
Mit diesem Versuch lässt sich demonstrieren, in welchen Gegenständen des Alltags
Cellulose enthalten ist.

Zeitaufwand:
Vorbereitung: 5 min, Durchführung: 5 min

Material:	unverholzter Blattstiel einer Pflanze, z.b. Fleißiges Lieschen
Geräte:	Watte, Serviette, Papiertaschentücher, Petrischalen, Pasteurpipette, Mikroskop, Rasierklinge, Objektträger mit Deckgläschen
Chemikalien:	Chlorzinkiodlösung (20 g $ZnCl_2$ 10 mL dest. Wasser lösen, dazu eine Lösung aus 2 g KI und 0,1 g I in 5 mL Wasser; umrühren, ca. 1h stehenlassen; Lösung vom Bodensatz abdekantieren und noch einen Iodkristall hinzugeben), dest. Wasser

Durchführung:
Man gibt die unterschiedlichen Materialien in je eine Petrischale und gibt einige
Tropfen Chlorzinkiodlösung darauf. Von *Impatiens walleriana* fertigt man zwei
dünne Querschnitte des Blattstiels an und legt sie auf zwei Objektträger. Zu dem
einen Querschnitt gibt man einen Tropfen dest. Wasser, zu dem anderen einen Tropfen Chlorzinkiodlösung, deckt beide mit einem Deckgläschen ab und mikroskopiert.

Beobachtung:
Die cellulosehaltigen Materialien verfärben sich dunkelviolett. Beim Querschnitt des
Blattstiels färben sich vor allem die Zellwände dunkelviolett.

Erklärung:
Die dunkelviolette Verfärbung beruht auf einer Einschlussverbindung der Iodmoleküle in den unverzweigten Celluloseketten, die sich zu Fibrillen zusammenlagern. Im
Gegensatz zur Stärke reagiert Cellulose mit Iod nur in Gegenwart gewisser quellend
wirkender Chemikalien, wie z.B. Zinkchlorid.

Bemerkungen:
Es ist unbedingt darauf zu achten, dass der Blattstiel noch nicht verholzt ist. Zum
einen ist es bei einem verholzten Blattstiel schwieriger einen dünnen Querschnitt
anzufertigen und zum anderen gelingt keine eindeutige Färbung mit Chlorzinkiodlösung. Lignin „maskiert" die Cellulose.

Kapitel 2 Biologisch wichtige Makromoleküle und ihre Bausteine II: Aminosäuren, Peptide, Proteine

A Theoretische Grundlagen

2.1 Einleitung

Der Name Protein leitet sich vom griechischen „proteios" ab, was soviel wie „an erster Stelle" bedeutet. Bereits 1836 erkannte damit Jens Jakob BERZELIUS (1779-1848), der den Namen einführte, die besondere Bedeutung dieser Stoffklasse für das Leben. Die Proteine tragen ihren Namen zu Recht und es ist bemerkenswert, mit welcher klugen Voraussicht BERZELIUS diesen Namen gewählt hat.

Proteine spielen in jeder Zelle eine zentrale und herausragende Rolle. Eine einzige Zelle enthält Tausende verschiedener Proteine, wobei deren biologische Funktionen außerordentlich vielfältig sind. In gewissem Sinn sind Proteine die molekularen Instrumente, durch die genetische Information ausgedrückt wird. Alle Proteine sind aus demselben, ubiquitären Satz von 20 Aminosäuren aufgebaut. Proteine sind Ketten von Aminosäuren, wobei jede an ihren Nachbarn durch spezifische kovalente Bindungen gebunden ist. Zellen können aus den 20 Standard-Aminosäuren durch variable Kombination dieser Untereinheiten Proteine mit den unterschiedlichsten Eigenschaften und Funktionen aufbauen, wie Enzyme, Hormone, Transportproteine, Nährstoff- und Speicherproteine, kontraktile oder motile Proteine, Strukturproteine, Abwehrproteine, regulatorische Proteine und eine Vielzahl anderer Proteine, deren Funktionen nicht einfach zu klassifizieren sind.

Nach der Gestalt der Proteine, die als Konformation bezeichnet wird, kann man fibrilläre (Faser-) und globuläre (Sphäro-) Proteine unterscheiden. Die Ersteren sind unlöslich in Wasser, von langgestreckter Gestalt und finden meist als Gerüstsubstanzen bei Tieren Verwendung, weshalb sie auch den Namen Skleroproteine führen. Die globulären Sphäroproteine sind aufgeknäult und haben eine mehr oder weniger kugelige Gestalt. Enzyme und Membranproteine sind typischerweise globuläre Proteine. Als dritte Gruppe kann man die Proteinkomplexe (Proteide) abgrenzen, die außer einem Eiweißanteil auch nicht-eiweißartige prosthetische Gruppen enthalten. So liegen z. B. viele pflanzliche Pigmente als Chromoproteine vor. Entsprechendes gilt für die Verbindungen von Proteinen mit Lipiden (Lipoproteine), mit Zuckern

(Glykoproteine), mit Phosphorsäure (Phosphoproteine) und mit Metallen (Metalloproteine). Die Art der Bindung zwischen dem Proteinanteil und der prosthetischen Gruppe kann sehr unterschiedlich sein.

2.2 Aminosäuren — Die Bauelemente der Proteine

Bausteine (Monomere) der Proteine sind die Aminosäuren, die sich formal von Mono- oder Dicarbonsäuren ableiten lassen. Neben der Carboxy-Gruppe -COOH, die leicht ein Proton (H^+) durch Dissoziation abgibt und somit als Säure wirkt, enthalten Aminosäuren mindestens eine weitere funktionelle Gruppe, die namengebende Aminogruppe ($-NH_2$). Die einfachste biologisch relevante Aminosäure lässt sich von der Essigsäure ableiten. Die Einführung einer Aminogruppe am C-2 (bei Monocarbonsäuren bezeichnet man das der Carboxy-Gruppe unmittelbar benachbarte C-Atom auch als α-C) führt zur α-Amino-Essigsäure, für die auch der Trivialname Glycin üblich ist (s. Formelbild):

$$
\begin{array}{ccc}
\underset{\text{H}}{\overset{\text{COOH}}{\text{H}-\text{C}-\text{H}}} & \underset{\text{H}}{\overset{\text{COOH}}{\text{H}_2\text{N}-\text{C}-\text{H}}} & \underset{\text{R}}{\overset{\text{COOH}}{\text{H}_2\text{N}-\text{C}-\text{H}}} \\
\text{Essigsäure} & \text{Glycin} & \text{Allgemeinformel}
\end{array}
$$

Bei den in Proteinen vorkommenden Aminosäuren befindet sich die Aminogruppe an dem der Carboxy-Gruppe benachbarten C-Atom (α-Stellung). Der Rest R ist im Fall des Glycins ein H-Atom, bei allen anderen Aminosäuren dagegen eine unverzweigte oder verzweigte Kohlenstoffkette, welche die Individualität der einzelnen Aminosäure ausmacht. Beginnend mit der α-Amino-Propionsäure (Alanin) trägt das α-Atom vier verschiedene Reste (Carboxy-Gruppe, Aminogruppe, H-Atom und Rest R) und ist daher asymmetrisch substituiert; folglich müssen händige (chirale) Moleküle als D- und L-Formen auftreten. Konventionsgemäß steht bei den L-Aminosäuren die Aminogruppe in der Projektionsformel (Carboxy-Gruppe oben, Rest R unten) links, bei den D-Formen rechts. In den Proteinen kommen nur L-Aminosäuren vor.

In wässriger Lösung kann die saure Carboxy-Gruppe Protonen abgeben, während die basische Aminogruppe Protonen aufnehmen kann, sodass die typische Zwitterionen-Struktur entsteht. Wenn beide funktionellen Gruppen einer Aminosäure je eine elektrische Ladung tragen, reagiert das betreffende Molekül nach außen elektrisch neutral - man bezeichnet den pH-Wert, bei dem dieser Zustand vorliegt, als isoelektrischen Punkt (IEP). Verändert sich der pH-Wert (pH = potentia hydrogenii, = Konzentration der Wasserstoffionen einer Lösung, $= -\log[H^+]$) in Richtung größerer oder geringerer Wasserstoffionen-Konzentrationen (Zugabe von Säuren bzw. Basen), verschiebt sich entsprechend auch der Zwitterionen-Anteil in Richtung positiv bzw. negativ geladener Teilchen:

$$
\underset{\text{Kation}}{\overset{\displaystyle COOH}{H_3\overset{+}{N}-\underset{R}{\overset{|}{C}}-H}}
\quad\overset{H^+}{\underset{H^+}{\rightleftarrows}}\quad
\underset{\text{Zwitterion}}{\overset{\displaystyle COO^-}{H_3\overset{+}{N}-\underset{R}{\overset{|}{C}}-H}}
\quad\overset{H^+}{\underset{H^+}{\rightleftarrows}}\quad
\underset{\text{Anion}}{\overset{\displaystyle COO^-}{H_2N-\underset{R}{\overset{|}{C}}-H}}
$$

In der Natur bestehen die Proteine aus 20 verschiedenen L-Aminosäuren, die sich durch ihre Seitenkette in Größe, Gestalt, Reaktivität sowie der Fähigkeit, intermolekulare Bindungen eingehen zu können, unterscheiden und in vier bzw. fünf Gruppen einteilen lassen (Abb. 2.1):

(1) Aminosäuren mit unpolarer (hydrophober) Seitenkette (Rest R unpolar). Die Seitenkette besteht bei den Aminosäuren Alanin, Valin, Leucin, Isoleucin, Phenylalanin und Prolin aus einer unsubstituierten Kohlenwasserstoffkette oder einem Ring. Wegen ihrer besonderen Eigenschaften zählt man auch noch das Methionin dazu, welches sich durch eine Thioether-Gruppe ($-S-CH_3$) auszeichnet. Die Aminosäuren dieser 1. Gruppe bilden den hydrophoben Kern der Proteinmoleküle. Man findet sie auch bei Transmembranproteinen in den Abschnitten, die mit den Membranlipiden in Wechselwirkung treten.

Grundsätzlich würde auch Glycin hierher gehören. Da es jedoch im Unterschied zu den übrigen Angehörigen dieser Gruppe nicht an hydrophoben Wechselwirkungen teilnimmt, bildet es eine eigene Gruppe (Abb. 2.1, Gruppe 5).

(2) Aminosäuren mit polaren Gruppen in der Seitenkette. Dies sind Aminosäuren, die Wasserstoffbrückenbindungen eingehen können und deshalb für die Ausbildung der Tertiärstruktur von Bedeutung sind. Hierzu gehören die Hydroxygruppen von Serin und Threonin, die Iminogruppe des Tryptophan und die Amidgruppen von Asparagin und Glutamin. Bei physiologischen pH-Werten sind die polar wirkenden Gruppen dieser Aminosäuren ungeladen.

(3) Saure Aminosäuren. Die beiden Aminosäuren Asparaginsäure und Glutaminsäure sind Monoamino-dicarbonsäuren. In Abhängigkeit vom pH-Wert in der Zelle tragen die zusätzlichen Carboxylgruppen nach Dissoziieren eines Protons eine negative Ladung. Sie können in deprotonierter Form Ionenbindungen eingehen. Die ionisierten Formen heißen Aspartat und Glutamat.

(4) Basische Aminosäuren. Sie tragen eine weitere basische Gruppe in der Seitenkette und können in protonierter Form wie die sauren Aminosäuren zu Ionenbeziehungen beitragen. Arginin und Lysin tragen bei neutralem pH-Wert positive Ladungen und reagieren basisch. Die Seitenkette von Histidin ist ebenfalls positiv geladen, was sich im Neutralbereich jedoch kaum bemerkbar macht.

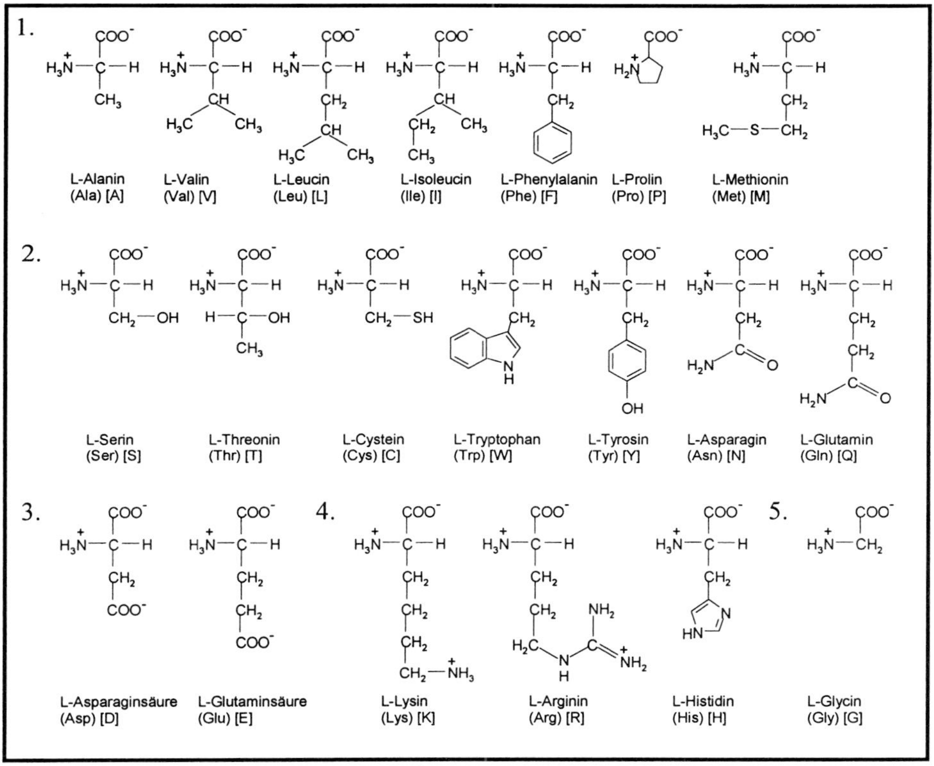

Abb. 2.1: Die proteinogenen Aminosäuren. In Klammern sind die Abkürzungen angegeben.

Pflanzliche Organismen sind die Lieferanten der für den Menschen und viele Tiere essentiellen Aminosäuren: Valin, Leucin, Isoleucin, Phenylalanin, Tryptophan, Methionin, Threonin, Lysin, welche von diesen Organismen nicht selbst synthetisiert werden können.

2.3 Die Primärstruktur der Proteine

Die Makromoleküle der Proteine sind aus Aminosäuremolekülen aufgebaut, die durch Peptidbindungen miteinander verknüpft sind. Einzelne Aminosäuren lassen sich durch eine Kondensationsreaktion untereinander verbinden. Formal erfolgt die Verknüpfung durch Reaktion einer Carboxylgruppe der einen und der Aminogruppe der nächsten Aminosäure, dabei wird Wasser eliminiert. Die entstehende Säureamidbindung wird auch als Peptidbindung bezeichnet und die so verknüpften Monomere bilden ein Peptid (Dipeptid):

Dipeptid

Das Gleichgewicht dieser Reaktion liegt jedoch auf der Seite der Aminosäuren. Deshalb ist die Verknüpfung der Aminosäuren zu Peptiden und Proteinen nur unter Energieaufwand und Mitwirkung von Enzymen möglich. Mit Hilfe der Peptidbindungen sind die Aminosäuren zu Ketten verbunden, an denen als Seitenketten die Reste R der Aminosäuren stehen. Entsprechend der Zahl der Aminosäureglieder spricht man von Dipeptiden (2), Tripeptiden (3) usw., bis zu etwa 10 von Oligopeptiden und bei vielen von Polypeptiden. Diese leiten zu den Proteinen über, doch ist die Grenze nicht scharf zu ziehen. Die Molekülmassen der Proteine liegen zwischen 10000 und einigen Millionen Dalton (1 Dalton = 1/12 der Masse des Kohlenstoffisotops ^{12}C). Die Reihenfolge verschiedener Aminosäuren bezeichnet man als Aminosäuresequenz oder Primärstruktur eines Peptids (Proteins). Grundsätzlich beträgt die Anzahl unterschiedlicher Primärstrukturen einer Kette aus 20 verschiedenen Aminosäuren, die n Monomere lang ist, 20^n. Für ein Protein aus 1000 Aminosäuren ergibt sich somit die überaus erstaunliche Anzahl von 20^{1000} (oder rund 10^{1300}) alternativen Primärstrukturen - eine unerschöpfliche Vielfalt, die praktisch unbegrenzte Kettenvarianz zulässt. Somit erfüllen Proteine in geradezu vollkommener Weise die Bedingung höchster Spezifität bei geringem Aufwand, nämlich eine unbegrenzte Anzahl von Verbindungen bei nur etwa 20 Bausteinen. Im Hinblick darauf ist es nicht überraschend, dass jede Tier- und Pflanzenart ihre spezifischen Proteine besitzt.

2.4 Die Sekundärstruktur

In bestimmten Bereichen nehmen die Proteine unter Ausbildung von Wasserstoffbrückenbindungen zwischen benachbarten CO- und NH-Gruppen der Peptidbindungen die Gestalt eines Faltblattes oder einer Schraube, einer α-Helix, an. Man bezeichnet dies als Sekundärstruktur der Proteine. Zwischen dem Wasserstoff der in die Peptidbindung eingegangenen Aminogruppe und einer beliebigen C=O-Gruppe einer anderen besteht wegen der beachtlichen Elektronegativität des Sauerstoffs ein kleiner Ladungsunterschied. Daher bilden sich entweder zwischen verschiedenen Abschnitten der gleichen oder zwischen zwei verschiedenen Proteinketten Wasserstoffbrücken aus, die fallweise zwei bevorzugte Raumgebilde (Sekundärstrukturen) stabilisieren:

(1) Relativ gleichförmig aus ähnlichen Aminosäuren zusammengesetzte Polypeptidketten (Abschnitte) lagern sich in größerer Anzahl nebeneinander und bilden durch häufig einsetzende Wasserstoffbrücken die so genannte β-Faltblattstruktur aus, wobei die Seitenketten nahezu senkrecht nach oben oder nach unten von der Faltblattebene weg stehen. Durch die Abfaltung der einzelnen Ebenen wird es möglich, dass sich Wasserstoffbindungen nicht nur zwischen gegenläufigen, antiparallelen Ketten ausbilden, sondern auch zwischen gleichläufigen, parallelen Ketten.

(2) Kommt es innerhalb der gleichen Kette zur Ausbildung von Wasserstoffbrücken, ist eine Struktur begünstigt, bei der sich die reaktiven Gruppen bereits innerhalb der eigenen Sequenz absättigen. Dabei nimmt das Polypeptid eine schraubige Grundgestalt an, bei der sich die C=O- und NH-Gruppen zwischen aufeinander folgenden Windungen gegenüberstehen. Das Ergebnis ist eine Schraube oder α-Helix mit durchschnittlich etwa 3,6 Aminosäureresten je Umgang (Abb. 2.2). Die Wasserstoffbrückenbindungen

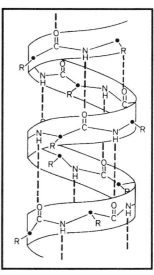

Abb. 2.2: Modell der α-Helix einer Peptidkette.

bilden sich zwischen den Windungen in Richtung der Schraubenachse aus; das gibt der α-Helix eine besondere Stabilität. Die Seitenketten stehen nach außen von der Schraubenachse weg. Sie können mit ihrer Umgebung - z. B. in Membranen mit Membranlipiden oder mit anderen Abschnitten der Polypeptidkette - in Wechselwirkung treten. Die Aminosäure Prolin lässt sich wegen ihrer Ringstruktur nicht in eine Helix einfügen, sie ist ein „Helixbrecher".

2.5 Tertiär- und Quartärstruktur, supramolekulare Strukturen

Die Wechselwirkungen der Seitenketten untereinander ermöglichen eine charakteristische Knäuelung oder Faltung der Peptidkette. Diese endgültige räumliche Anordnung bezeichnet man als Tertiärstruktur. Sie wird durch folgende intermolekulare Bindungen hervorgerufen und stabilisiert (Abb. 2.3):

(1) Wasserstoffbrückenbindungen. Sie kommen dadurch zustande, dass ein H-Atom zwischen zwei gleich starken elektronegativen Atomen, z. B. N und O, gewissermassen pendelt, obwohl es an eines der beiden kovalent gebunden ist. Eine Wasserstoffbrückenbindung kann dargestellt werden als D-H···A, wobei D-H eine schwach saure Donorgruppe wie N-H oder O-H ist und A ein schwach basisches Akzeptoratom mit einem einsamen Elektronenpaar, wie N oder O.

(2) Dipol-Dipol-Wechselwirkungen. Durch Wechselwirkungen von Dipolen mit Dipolen, induzierten Dipolen sowie ionischen Ladungen entstehen Bindungskräfte. Für Proteine sind die Wechselwirkungen zwischen permanenten Dipolen bedeutende Strukturdeterminanten, da viele dieser Gruppen wie die Carbonyl- und Amidgruppe des Peptidgerüstes permanente Dipolmomente besitzen.

(3) Disulfidbrücken. Diese kommen durch Dehydrierung, d. h. Abspaltung von Wasserstoff zwischen den SH-Gruppen zweier benachbarter Cysteinmoleküle zustande.

(4) Ionische Bindungen. Eine für die Proteinstruktur bedeutsame Ionenbindung ist die zwischen der NH_3^+- und der COO^--Gruppe. Eine weitere Ionenbindung ist die Brückenbildung zwischen zwei negativ geladenen Carboxylgruppen durch zweiwertige Kationen, etwa Calcium- oder Magnesiumionen.

(5) Hydrophobe Wechselwirkungen. Sie entstehen, wenn apolare Gruppen der Aminosäureseitenketten miteinander in Kontakt treten und sich auf diese Weise der wässrigen Phase gewissermaßen entziehen. Als hydrophoben Effekt bezeichnet man Phänomene, die den Kontakt unpolarer Substanzen mit Wasser minimieren.

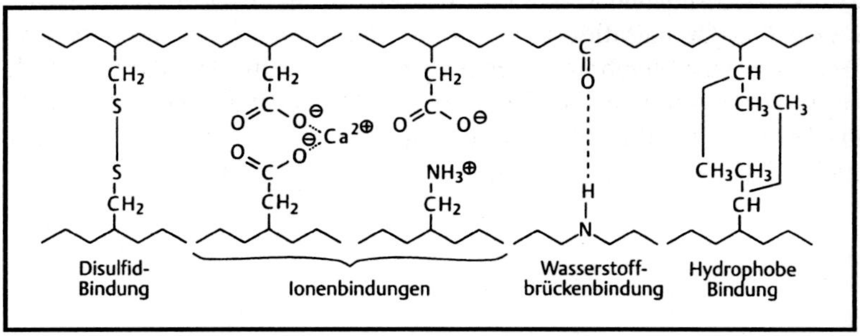

Abb. 2.3: Mögliche intermolekulare Bindungen bei Proteinmolekülen (NULTSCH, 1996).

Polypeptidketten, die aus mehr als 200 Resten bestehen, falten sich gewöhnlich in zwei oder mehr globuläre Gruppen, auch Domänen genannt, die diesen Proteinen eine zwei- oder mehrlappige Struktur verleihen. Die meisten Domänen umfassen 100 bis 200 Aminosäurereste. Oft haben Domänen eine spezifische Funktion, z. B. die Bindung kleiner Moleküle.

Zahlreiche funktionelle Proteine bestehen aus Aggregaten mehrerer Polypeptidketten. Dabei kann es sich um gleichartige, aber auch um verschiedene Ketten (Untereinheiten) handeln. Diese Organisationsform wird als Quartärstruktur bezeichnet.

Obwohl die Konformation, d. h. die Sekundär- und Tertiärstruktur der Proteine, bereits durch deren Primärstruktur festgelegt ist, erfolgt die Faltung der Peptidketten und somit die Ausbildung der räumlichen Gestalt bei den meisten Proteinen nicht spontan, sondern unter Mitwirkung von Hilfsproteinen. Diese werden auch als Chaperone (engl.: chaperon = Anstandsdame) bezeichnet.

Erhitzt man Proteine oder behandelt sie mit unpolaren Lösungsmitteln, so kommt es zu einer Änderung der Konformation, da bestehende Bindungen gelöst und zufällig neu geknüpft werden. Das Protein verliert dadurch seine ursprüngliche Funktion, man sagt es wird denaturiert. Bei Denaturierung eines Proteins wird seine hochgeordnete Raumstruktur in einen ungeordneten Zustand überführt, weil sich die stabilisierenden Bindungen lösen. Werden dabei Gruppen reaktiv, welche zuvor in der Faltungsstruktur neutralisiert oder „maskiert" waren, so verliert das Protein aufgrund neuer Bindungsverhältnisse meistens seine biologische Aktivität. Bei einigen Proteinen lassen sich die eingetretenen Veränderungen teilweise rückgängig machen: Renaturierung.

Gruppen von Enzymen, die zwei oder mehr Schritte einer metabolischen Kaskade katalysieren, bilden oft nichtkovalente Assoziate, so genannte Multienzymkomplexe. Diese hochgradig organisierten Assoziate erlauben einen effizienten Durchsatz der Substrate von einem Enzym des Stoffwechselweges zum nächsten.

Oligomere Proteine und Multienzymkomplexe repräsentieren das unterste Niveau der strukturellen Organisation von Makromolekülen. Supramolekulare Strukturen wie Ribosomen oder Membrankomponenten der Elektronentransportketten der Photosynthese und der Atmung sind Beispiele für höherrangige makromolekulare Organisation. Tatsächlich bildet die enorm komplexe, hierarchische Organisation von individuellen Molekülen die strukturelle Grundlage des Lebens.

B   Versuche

V 2.1   Aminosäuren

V 2.1.1   Nachweis von Kohlenstoff, Sauerstoff, Schwefel, Stickstoff und Wasserstoff in Aminosäuren

Kurz und knapp:
Mit diesem Experiment kann man die elementare Zusammensetzung von Aminosäuren veranschaulichen.

Zeitaufwand:
Vorbereitung: 10 min, Durchführung: 5 min

Geräte:	Demonstrationsreagenzglas, Spatel, Feuerzeug, Bunsenbrenner, Filterpapier, Haartrockner, Trichter, 2 Bechergläser, Stativ mit Muffe und Stativklammer
Chemikalien:	Cystein (alternativ: getrocknetes Eiklar), Bleiacetatlösung (500 mg $Pb(CH_3COO)_2$ in 20 mL dest. Wasser), 5 %ige Cobaltchlorid-Lösung ($CoCl_2 \cdot 6\ H_2O$), rotes Lackmuspapier

Durchführung:
Man tränkt ein Filterpapier in der Bleiacetatlösung und ein anderes in der Cobaltchloridlösung. Anschließend werden beide Filterpapiere mit einem Haartrockner getrocknet. In das Reagenzglas gibt man eine große Spatelspitze Cystein (alternativ: 2-3 Spatelspitzen getrocknetes Eiklar) und stülpt einen passenden Trichter über die Reagenzglasöffnung. Nun erhitzt man das Reagenzglas mit dem Bunsenbrenner und hält über den Trichter zunächst ein feuchtes Lackmuspapier und anschließend Bleiacetatpapier. Mit der im Trichter niedergeschlagenen Flüssigkeit benetzt man das Cobaltchloridpapier.

Beobachtung:
Die Aminosäure ist durch das Erhitzen zu einer schwarzen Masse verkohlt. Das rote Lackmuspapier färbt sich blau, das Bleiacetatpapier schwarz. Im Trichter kondensiert Wasserdampf, der das blaue Cobaltchloridpapier rot färbt.

Erklärung:
Die nach dem Erhitzen zurückbleibende schwarze Masse lässt auf die Anwesenheit von Kohlenstoff schließen. Die Blaufärbung des Lackmuspapiers spricht für das Vorhandensein von Stickstoff. Durch das Erhitzen der Aminosäure entsteht Ammoniak. Der Farbumschlag des Lackmuspapiers geht auf die entstehenden Hydroxidionen zurück:

$$NH_3 + H_2O \rightarrow NH_4^+ + OH^-$$

Die Schwarzfärbung des Bleiacetatpapiers zeigt an, dass in der Aminosäure Schwefel enthalten ist. Beim Erhitzen von Cystein entsteht Schwefelwasserstoff, der mit Bleiacetat zu schwarzem Bleisulfid reagiert:

$$H_2S + Pb(CH_3COO)_2 \rightarrow PbS\downarrow + 2\ CH_3COOH$$

Der im Trichter kondensierte Wasserdampf lässt auf die Anwesenheit von Sauerstoff und Wasserstoff in der Aminosäure schließen. Der Wasserdampf bewirkt eine Hydratisierung des Cobaltchlorids und so färbt sich das Cobaltchloridpapier von blau nach rot.

V 2.1.2 Farbreaktionen mit Ninhydrin

Kurz und knapp:
Aminosäuren können mit Ninhydrin sehr empfindlich nachgewiesen werden. Mit diesem Experiment lässt sich demonstrieren, in welchen Lebensmitteln Aminosäuren enthalten sind.

Zeitaufwand:
Vorbereitung: 10 min, Durchführung: 10 min

Material:	Eiweißlösung (Eiklar 1:10 mit dest. Wasser verdünnt), Zitrone (*Citrus limon*), Orange (*Citrus sinensis*), Tomate (*Lycopersicon esculentum*)
Geräte:	Bleistift, Haartrockner, Zitronenpresse, Filterpapier, Trockenschrank oder Backofen (100 °C), Glaskapillaren
Chemikalien:	Ninhydrin als Sprühreagenz (300 mg Ninhydrin in 95 mL Butanol und 5 mL 100 %iger Essigsäure lösen), 0,1 %ige Aminosäurelösungen

Durchführung:
Zunächst werden Zitrone, Orange und Tomate frisch gepresst. Auf einem Streifen Filterpapier markiert man mit einem Bleistift die Auftragungspunkte für die verschiedenen Lösungen. Nun trägt man die unterschiedlichen Lösungen mit jeweils einer neuen Glaskapillare auf. Man trocknet die Auftragungspunkte mit einem Haartrockner, besprüht das Filterpapier mit Ninhydrinlösung und trocknet es für etwa 5 Minuten im Trockenschrank.

Beobachtung:
Die aufgetragenen Aminosäurelösungen, die Eiweißlösung wie auch die frisch gepressten Fruchtsäfte erscheinen als violette Flecken.

Erklärung:
Beim Erhitzen von Aminosäuren und Proteinen mit Ninhydrin entsteht ein violetter Farbstoff. Der sehr empfindliche Nachweis beruht auf einer Reaktion der Aminogruppe mit Ninhydrin. Prolin färbt sich als einzige Aminosäure mit Ninhydrin nicht violett sondern gelb.

Ninhydrin

Bemerkung:
Durch die Verwendung von Glaskapillaren kann, in Hinblick auf die Chromatographie, das Auftragen möglichst kleiner Substanzflecken eingeübt werden (die Auftragungsflecken sollten nicht größer als ø 5 mm sein).

V 2.1.3 Xanthoproteinreaktion

Kurz und knapp:
Mit diesem Experiment lassen sich aromatische von nicht aromatischen Aminosäuren unterscheiden. Weiterhin kann man demonstrieren, dass Eiweiße aromatische Aminosäuren enthalten.

Zeitaufwand:
Vorbereitung: 10 min, Durchführung: 5 min

Material:	hart gekochtes Ei, Eiweißlösung (Eiklar 1:10 mit 0,9 %iger Natrium-chlorid-Lösung (NaCl) verdünnt)
Geräte:	3 Demonstrationsreagenzgläser mit Ständer, Petrischale, Pasteur-pipette
Chemikalien:	Tryptophan (alternativ: Penylalanin oder Tyrosin), Glycin, konz. Salpetersäure (HNO₃)

Durchführung:
Eine Scheibe eines hart gekochten Eies legt man in eine Petrischale und gibt 5 Trop-fen konz. HNO₃ auf das Eiweiß. Eine Spatelspitze Tryptophan und Glycin gibt man jeweils in ein separates Reagenzglas und füllt beide 2 cm hoch mit dest. Wasser auf. Ein drittes Reagenzglas füllt man 2 cm hoch mit Eiweißlösung. Das Volumen in den drei Reagenzgläsern wird nun durch die Zugabe von konz. HNO₃ in etwa verdoppelt.

Beobachtung:
Die Stellen des gekochten Eies, auf die konz. HNO₃ getropft wurde, erscheinen als gelbe Flecken. In dem Reagenzglas mit Tryptophan und Eiweißlösung ergibt sich eine deutliche Gelbfärbung. In dem Ansatz mit Eiweißlösung bildet sich ein gelbli-cher Niederschlag. Der Ansatz mit Glycin bleibt unverändert.

Erklärung:
Die Gelbfärbung tritt nur beim Vorhandensein von aromatischen Aminosäuren auf, da die Xanthoproteinreaktion auf einer Nitrierung des Benzolkerns beruht. Eiweiß enthält ein Ami-nosäurengemisch, in dem unter anderem auch aromatische Aminosäuren enthalten sind (s. Abb. 2.1). Die konz. HNO₃ bewirkt in der Ei-weißlösung neben der Nitrierung des Benzol-kerns auch eine Denaturierung des Eiweißes, worauf die Niederschlagsbildung zurückzufüh-ren ist.

Bemerkung:
Die Gelbfärbung kann auch auf den Händen beobachtet werden, wenn unachtsam mit konz. HNO₃ hantiert wird.

Es ist zu empfehlen, das Eiklar mit 0,9 %iger Kochsalzlösung zu verdünnen, da man so eine klare Eiweißlösung erhält. Bei der Verwendung von dest. Wasser ist die Eiweißlösung trüb und etwas Eiweiß flockt aus. 0,9 %ige Kochsalzlösung wird auch als physiologische Kochsalzlösung bezeichnet.

V 2.1.4 Bestimmung der pH-Werte von Aminosäuren

Kurz und knapp:
Mit diesem Experiment lässt sich die Unterteilung der Aminosäuren in saure, basische und neutrale Aminosäuren demonstrieren.

Zeitaufwand:
Vorbereitung: 5 min, Durchführung: 5 min

Geräte:	kleine Bechergläser, Spatel
Chemikalien:	Gruppe I+II+V (s. Abb. 2.1): Glycin, Alanin, Valin, Leucin, Isoleucin, Phenylalanin, Prolin, Serin, Threonin, Cystein, Methionin, Tryptophan, Tyrosin, Asparagin oder Glutamin
	Gruppe III: Glutaminsäure oder Asparaginsäure
	Gruppe IV: Lysin, Histidin oder Arginin,
	dest. Wasser, pH-Indikatorteststäbchen

Durchführung:
Von den ausgewählten Aminosäuren gibt man je eine Spatelspitze in ein Becherglas und löst sie in wenig dest. Wasser. Man bestimmt mit Hilfe der Indikatorteststäbchen den pH-Wert der Lösungen.

Beobachtung:
Die Aminosäuren der Gruppe I+II+V reagieren neutral, die der Gruppe III sauer und die der Gruppe IV basisch.

Erklärung:
Alle Aminosäuren besitzen die allgemeine Formel $R-CH(NH_2)-COOH$ (Ausnahme Prolin). Die Unterteilung der Aminosäuren ist von der Seitenkette R abhängig. Enthält R eine basische Gruppe, so spricht man von einer basischen Aminosäure. Enthält der Rest R eine weitere Carboxylgruppe, so liegt eine saure Aminosäure vor. Bei neutralen Aminosäuren trägt R keine Gruppe, die bei physiologischen pH-Werten merklich dissoziiert.

Bemerkung:
Es ist darauf zu achten, dass man für die Bestimmung der pH-Werte nicht die Säurechloride der Aminosäuren verwendet, da diese unabhängig von ihrer Gruppenzugehörigkeit saure pH-Werte aufweisen.

V 2.1.5 Pufferwirkung von Aminosäuren

Kurz und knapp:
Aufgrund der vorhandenen Carboxyl- und Aminogruppe ist jede Aminosäure in der Lage, geringe Mengen an Säure bzw. Base abzufangen. In diesem Experiment wird die Pufferwirkung der Aminosäuren exemplarisch an Glycin demonstriert.

Zeitaufwand:
Vorbereitung: 5 min, Durchführung: 5 min

Geräte:	4 Erlenmeyerkolben (200 mL), Spatel, 4 Pasteurpipetten
Chemikalien:	Glycin, Phenolphthalein (100 mg in 10 mL 96 %igem Ethanol), Methylorange (100 mg in 50 mL 60 %igem Ethanol), 0,1 mol/L Salzsäure HCl, 0,1 mol/L Natriumhydroxid (NaOH), dest. Wasser

Durchführung:
In 2 Erlenmeyerkolben gibt man jeweils 100 mL dest. Wasser, 5 Tropfen Methylorange und fügt 3 Tropfen 0,1 mol/L HCl hinzu. In einen der beiden Erlenmeyerkolben bringt man eine große Spatelspitze Glycin und schüttelt um. In 2 weitere Erlenmeyerkolben gibt man 100 mL dest. Wasser, 5 Tropfen Phenolphthalein und 3 Tropfen 0,1 mol/L NaOH. Nun gibt man in einen der Erlenmeyerkolben eine große Spatelspitze Glycin und schüttelt um.

Beobachtung:
Durch die 3 Tropfen Säure ergibt sich ein Farbumschlag von gelb nach rot. Nach Zugabe des Glycins ist die Lösung wieder gelb. Den 3 Tropfen Base folgt ein Farbumschlag von farblos nach rosa. Nach Zugabe des Glycins ist die Lösung wieder farblos.

Erklärung:
Glycin zeigt amphoteres Verhalten. Im Wasser bildet es Zwitterionen, die saure und basische Funktion besitzen. Diese geben sowohl mit Laugen, als auch mit Säuren Salze. Glycin kann in gewissem Maße sowohl Protonen als auch Hydroxidionen neutralisieren.

Bemerkung:
Anstelle von Phenolphthalein kann auch Bromthymolblau (gelb-blau-grün; 50 mg in 10 mL 60 %igem Ethanol), anstelle von Methylorange Bromphenolblau (violett-

gelb-violett; 10 mg in 10 mL 60 %igem Ethanol) als Indikator verwendet werden. Alternativ zu Glycin ist auch die Verwendung von Alanin möglich.

V 2.1.6 Chromatographische Trennung von Aminosäuren

Kurz und knapp:
Aminosäuren besitzen aufgrund ihrer verschiedenen Seitenketten unterschiedliche Polarität. Das Experiment demonstriert, wie man unter Ausnutzung dieser Eigenschaft Aminosäuren chromatographisch voneinander trennt.

Zeitaufwand:
Vorbereitung: 10 min, Durchführung: 40 min

Geräte:	Petrischale (2 Unterteile oder 2 Deckel, Durchmesser ca. 10 cm), Chromatographiepapier Schleicher und Schüll 2043b, Mikropipetten oder Glaskapillaren, 5 Pfennig-Stück, Bleistift, Haartrockner, Trockenschrank oder Backofen (100 °C), Messzylinder (25 mL)
Chemikalien:	Butanol/ Eisessig/ Wasser (16 mL/ 4 mL/ 4 mL), 0,1 %ige Aminosäurelösungen von Prolin, Leucin, Asparagin (5 mg in 5 mL dest. Wasser), Gemisch der 3 Aminosäuren (aus je 1 mL der 0,1 %igen AS-Lösungen), Ninhydrin als Sprühreagenz (s. V 2.1.2)

Durchführung:
Zunächst füllt man das Laufmittelgemisch in die Petrischale und verschließt sie. Man zeichnet auf das Chromatographiepapierstück (10 x 10 cm) mit Bleistift 2 Diagonalen so ein, dass man 4 gleichgroße Sektoren erhält. Um den Schnittpunkt der Diagonalen wird ein Kreis von ca. 2 cm Durchmesser (5 Pfennig-Stück) markiert. Auf diesem Kreis markiert man mit einem Kreuz in jedem Sektor einen Startpunkt. Auf diese Startpunkte trägt man nun mit jeweils einer neuen Glaskapillare die Aminosäurelösungen auf. Die Aminosäurelösungen trägt man einmal auf den Startpunkt auf, das AS-Gemisch dreimal. Vor jedem erneuten Auftragen des AS-Gemisches muss der Fleck getrocknet sein (gegebenenfalls Haartrockner benutzen). Die Auftragungsflecken dürfen einen Durchmesser von 5 mm nicht überschreiten. Nachdem die Flekken getrocknet sind (gegebenenfalls Haartrockner benutzen), durchbohrt man den Schnittpunkt der Diagonalen mit einem spitzen Bleistift und steckt ein fest zusammengedrehtes ca. 2 cm langes Röllchen aus Chromatographiepapier hindurch. Das Chromatographiepapierstück wird zwischen die beiden Petrischalenhälften gelegt,

sodass das hindurchgesteckte Röllchen in die mobile Phase taucht. Nach 30 Minuten bricht man die Chromatographie ab, entfernt das Papierröllchen und trocknet das Chromatographiepapier im warmen Luftstrom eines Haar-

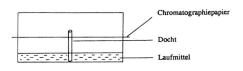

Chromatographiepapier

Docht

Laufmittel

trockners (oder im Trockenschrank bzw. Backofen). Das Chromatogramm wird bis zur guten Durchfeuchtung mit Ninhydrin besprüht und etwa 5 Minuten bei 100 °C getrocknet.

Beobachtung:
Die Aminosäuren sind als farbige Flecken sichtbar. Leucin erscheint violett, Asparagin braun-violett und Prolin gelb. Das Aminosäurengemisch wurde aufgetrennt und die einzelnen Aminosäuren können identifiziert werden.

Erklärung:
Die papierchromatographische Trennung der Aminosäuren beruht auf der Verteilungschromatographie. Die Trennung der Aminosäuren erfolgt zwischen zwei begrenzt miteinander mischbaren Phasen (alkoholische Phase — wässrige Phase). Die am Chromatographiepapier haftende Feuchtigkeit stellt die stationäre polare Phase dar. Die mobile Phase ist das mehr oder weniger unpolare Lösungsmittel Butanol. Aminosäuren, die in der polaren stationären Phase löslich sind, wandern nur sehr langsam. Aminosäuren, die in der unpolaren mobilen Phase löslich sind, bewegen sich hingegen schneller. Die polare Aminosäure Asparagin bleibt folglich dem Startpunkt am nächsten, während die unpolaren Aminosäuren Prolin und Leucin weiter wandern. Dabei ist Leucin wiederum unpolarer als Prolin.
Die Färbung der Aminosäuren beruht auf der Ninhydrinreaktion (s. V 2.1.2).

Bemerkung:
Die drei Aminosäuren wurden ausgewählt, da sie neben ihrer unterschiedlichen Wanderungsgeschwindigkeit auch farbliche Unterschiede bei der Färbung mit Ninhydrin zeigen. Andere günstige Kombinationen kann man sich je nach vorhandenen Aminosäuren mit der folgenden Tabelle zusammenstellen. Es ist darauf zu achten, dass sich die Aminosäuren von ihren Rf-Werten ausreichend unterscheiden. R_f-Werte von Aminosäuren für das Laufmittel Butanol/Eisessig/Wasser 4:1:1: Alanin 0,38; Arginin 0,20; Asparaginsäure 0,24; Glutaminsäure 0,30; Glycin 0,26; Histidin 0,20; Isoleucin 0,72; Leucin 0,73; Lysin 0,14; Methionin 0,55; Prolin 0,43; Serin 0,27; Threonin 0,35; Tyrosin 0,45; Valin 0,60.

V 2.1.7 Auftrennung von Aminosäuren im Fruchtsaft der Zitrone

Kurz und knapp:
Die im Fruchtsaft der Zitrone enthaltenen Aminosäuren können mit Hilfe der Papier-chromatographie aufgetrennt und durch Vergleichsaminosäuren identifiziert werden.

Zeitaufwand:
Vorbereitung: 20 min, Durchführung: Laufzeit über Nacht + 15 min zur Entwicklung

Material:	Zitrone (*Citrus limon*)
Geräte:	Bleistift, Lineal, Zitronenpresse, Hefter (Tacker), Heftklammern, Trennkammer, Messzylinder (100 mL), Mikropipetten oder Glas-kapillaren, Chromatographiepapier Schleicher und Schüll 2043b, Haartrockner, Trockenschrank oder Backofen (100 °C)
Chemikalien:	Butanol/ Eisessig/ Wasser (64 mL/ 16 mL/ 16 mL), Ninhydrin als Sprühreagenz (s. V 2.1.2), 0,1 %ige Aminosäurelösungen von Leucin, Lysin, Prolin, Asparaginsäure, Asparagin, Glutaminsäure, Valin, Methionin (5 mg in 5 mL dest. Wasser)

Durchführung:
Man füllt das Laufmittel etwa 1 cm hoch in die Trennkammer und verschließt diese. Auf das Chromatographiepapier (20 x 20 cm) zeichnet man mit Bleistift eine etwa 2 cm vom unteren Rand entfernte Linie. Auf dieser Linie markiert man im Abstand von 2 cm 9 Startpunkte. Die äußersten Startpunkte sind 2 cm vom senkrechten Rand des Papiers entfernt. Mit jeweils einer neuen Glaska-pillare werden Aminosäurelösungen und Zitronensaft aufgetragen. Es ist zu beachten, dass die Auftragungs-flecken einen Durchmesser von 5 mm nicht über-schreiten. Die Aminosäurelösungen trägt man einmal auf, den Zitronensaft zweimal. Vor erneutem Auftra-gen des Zitronensafts muss der Fleck getrocknet sein (gegebenenfalls Haartrockner benutzen). Nachdem die Auftragungsflecken getrocknet sind (gegebenenfalls Haartrockner benutzen), wird das Chromatographie-papier an den Rändern zu einem Zylinder zusammen-geheftet. Die Ränder des Chromatographiepapiers dürfen sich nicht berühren, damit das Laufmittel gleichmäßig aufsteigt. Berühren sich die Ecken, so schneidet man diese ab. Der Zylinder wird so in die

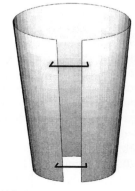

Abb. 2.4: Zusammenheftung des Chromatographiepapiers.

Trennkammer gestellt, dass er auf keinen Fall die Gefäßwand berührt!

Nach 10-20 Stunden (möglichst über Nacht) nimmt man den Zylinder aus der Trennkammer, entrollt das Chromatogramm und trocknet es im warmen Luftstrom eines Haartrockners (oder im Trockenschrank bzw. Backofen). Das Chromatographiepapier wird bis zur guten Durchfeuchtung gleichmäßig besprüht und etwa 10 Minuten bei 100 °C in den Trockenschrank gelegt. Die Aminosäureflecken werden mit Bleistift markiert, da sie unter Lichteinfluss verblassen.

Beobachtung:

Die Aminosäuren Methionin, Valin, Asparaginsäure, Glutaminsäure, Lysin und Leucin sind violett gefärbt. Prolin ist als gelber Fleck und Asparagin als braun-violetter Fleck sichtbar. Der Zitronensaft wird aufgetrennt und die in ihm enthaltenen Aminosäuren können durch Vergleich mit den reinen Aminosäuren identifiziert werden.

Erklärung:

Die papierchromatographische Trennung erfolgt nach dem Prinzip der Verteilungschromatographie (s. V 2.1.6).

Der Fruchtsaft einer Zitrone enthält freie Aminosäuren. Durch Vergleich mit den reinen Aminosäurelösungen können Prolin, Asparagin, Glutaminsäure und Asparaginsäure identifiziert werden.

Bemerkung:

Der gelbe Fleck der Aminosäure Prolin verblasst sehr schnell. Die Menge der im Fruchtsaft enthaltenen Aminosäuren variiert mit der Jahreszeit und der Reife der Zitrone. Zwei Tropfen Fruchtsaft können daher etwas zu viel oder zu wenig Substanzmenge sein (ausprobieren!).

Die Laufmittelfront ist über Nacht bis zum oberen Rand des Chromatographiepapiers gestiegen. Die Aminosäuren können nicht weiter wandern. Steht das Chromatogramm länger als 24 Stunden in der Trennkammer, so können die Flecken der Aminosäuren etwas verschwimmen.

V 2.2 Peptide/Proteine

V 2.2.1 Biuret-Reaktion

Kurz und knapp:
Mit der Biuret-Reaktion kann man die Peptidbindungen von Proteinen nachweisen.

Zeitaufwand:
Vorbereitung: 5 min, Durchführung: 5 min

Material:	Eiweißlösung (Eiklar mit 0,9 %iger NaCl-Lösung 1:10 verdünnt)
Geräte:	2 Demonstrationsreagenzgläser mit Ständer, Pasteurpipette, Messzylinder (10 mL)
Chemikalien:	Glycin, 1 mol/L Natriumhydroxid (NaOH), 5 %ige Kupfersulfat-Lösung (5 g $CuSO_4$ / 100 mL dest. Wasser)

Durchführung:
In ein Reagenzglas gibt man eine Spatelspitze Glycin und füllt dieses 4 cm hoch mit dest. Wasser. In das zweite Reagenzglas gibt man 4 cm hoch Eiweißlösung. Zu beiden Ansätzen gibt man nun 10 mL NaOH und 10 Tropfen $CuSO_4$-Lösung.

Beobachtung:
Das Reagenzglas mit der Eiweißlösung färbt sich violett, während der Ansatz mit Glycin durch die $CuSO_4$-Lösung blau gefärbt ist.

Erklärung:
Die violette Färbung geht auf die Bildung eines Komplexes der Cu^{2+}-Ionen mit der Peptidkette der Proteine zurück. Verbindungen mit mindestens 2 Peptidgruppen bilden mit Kupfer diesen violett gefärbten Komplex. Die Eiweißlösung enthält also Peptide bzw. Proteine. Die Aminosäure Glycin hingegen weist keine Peptidbindungen auf.

Bemerkung:
Die Bezeichnung „Biuret-Reaktion" ist insofern irreführend, als die Atomgruppierung des Biurets, H_2N-CO-NH-CO-NH_2, in Proteinen nicht vorhanden ist.

V 2.2.2 Kolloidaler Charakter von Proteinen (FARADAY-TYNDALL-Effekt)

Kurz und knapp:
Ebenso wie die Kohlenhydrate gehören auch die Proteine zu den Makromolekülen. Dies lässt sich mit Hilfe des FARADAY-TYNDALL-Effektes demonstrieren.

Zeitaufwand:
Vorbereitung: 5 min, Durchführung: 5 min

Material:	Eiweißlösung (Eiklar 1:100 mit 0,9 %iger NaCl-Lösung verdünnt)
Geräte:	kleines Stück Karton, 2 Bechergläser (150 mL), Spatel, Diaprojektor
Chemikalien:	Glycin, dest. Wasser

Durchführung:
Eine Spatelspitze Glycin wird in einem Becherglas in etwa 100 mL dest. Wasser gelöst. Ein zweites Becherglas füllt man mit etwa 100 mL Eiweißlösung. Man verdunkelt nun den Raum und stellt die beiden Bechergläser nacheinander in den Lichtstrahl eines Diaprojektors. Dabei empfiehlt es sich, vor der Linse des Diaprojektors ein kleines Stück Pappkarton mit einem kleinen Loch zu befestigen, um den Lichtstrahl zu bündeln. Die beiden Lösungen werden seitlich betrachtet.

Beobachtung:
Bei seitlicher Betrachtung ist in der Glycinlösung der Lichtstrahl nicht zu sehen. In der Eiweißlösung lässt sich der Lichtstrahl als breites helles Band verfolgen.

Erklärung;
In der Eiweißlösung wird das Licht diffus gestreut, die Glycinlösung ist optisch leer. Trifft Licht auf ein Hindernis von der Größenordnung seiner Wellenlänge (390-760 nm), so wird es diffus gestreut. Die Glycin-Moleküle sind viel zu klein um eine Streuung zu bewirken. Die relativen Molekülmassen von Proteinen liegen oberhalb von 10000, die relative Molekülmasse von Glycin bei 75. Die Proteinmoleküle sind also etwa um den Faktor 10^3 größer als die Glycin-Moleküle.

Bemerkung:
Die beiden Lösungen sollten unbedingt klar erscheinen, bevor man sie in den Lichtstrahl des Diaprojektors stellt. Dies gilt vor allem für die Eiweißlösung.

V 2.2.3 Bedeutung des Cysteins bei Tertiärstrukturen

Kurz und knapp:
Am Beispiel des Anfertigens von Dauerwellen lässt sich die Bedeutung des Cysteins bei der Ausbildung von Tertiärstrukturen von Proteinen veranschaulichen.

Zeitaufwand:
Einwirkzeit des Wellschaums: 15 min, Einwirkzeit des Fixierschaums: 10 min

Material:	2 Haarsträhnen
Geräte:	2 Lockenwickler, Haartrockner
Chemikalien:	Schaumdauerwelle (Well- und Fixiermittel)

Durchführung:
Die beiden Haarsträhnen werden jeweils auf einem Lockenwickler aufgewickelt. Die eine Haarsträhne wird mit Wasser befeuchtet auf die andere trägt man Wellschaum auf. Nach 15 Minuten wird der Wellschaum abgespühlt und der Fixierschaum aufgetragen. Nach weiteren 10 Minuten wird die Fixierung ausgespült. Beide Haarsträhnen werden nun mit dem Haartrockner etwas angetrocknet und von dem Lokkenwickler abgewickelt.

Beobachtung:
Die zuvor glatten Haarsträhnen sind beide gewellt. Die mit Dauerwellenflüssigkeit behandelte Haarsträhne ist stärker gewellt und behält im Gegensatz zur unbehandelten Haarsträhne nach mehrmaligem Strecken ihre Form. Auch bei erneutem Anfeuchten der behandelten Haarsträhne bleiben die Dauerwellen erhalten.

Erklärung:
Haar besteht aus α-Keratin, das eine α-Helixstruktur aufweist. Die einzelnen Helices sind durch Disulfidbrücken miteinander verbunden, die aus der Reaktion der SH-Gruppen zweier Cysteinbausteine der Polypeptidkette resultieren. Die Verknüpfung der einzelnen Helices ist mit dafür verantwortlich, ob das Haar glatt oder gelockt ist.

Das Wellmittel enthält Salze der Thioglykolsäure, die als Reduktionsmittel wirken. So werden die Cystin-Disulfidbrücken zwischen den Helices reduktiv gespalten. Das Fixierungsmittel enthält Wasserstoffperoxid als Oxidationsmittel. Durch die oxidative Wirkung des Fixierungsmittels werden neue Disulfidbrücken geknüpft. Auf diese Weise ist eine dauerhafte Formveränderung des Haares möglich.

Bemerkung:
Dieses Experiment kann noch erweitert werden, indem man eine dritte Haarsträhne nur mit Wellmittel behandelt. Nach dem Anfeuchten dieser Haarsträhne bleibt die Form nicht erhalten, da durch das Fehlen des Fixiermittels keine neuen formstabilisierenden Disulfidbrücken ausgebildet werden.

Thioglykolsäure kann allergieauslösende Wirkung haben. Von daher könnte Cystein alternativ als Reduktionsmittel eingesetzt werden. Cystein ist allerdings etwa fünfzehnmal teurer als Thioglycolsäure, sodass eine breite Anwendung zurzeit an den hohen Kosten scheitert.

V 2.2.4 Fällung von Proteinen

Kurz und knapp:
Dieses Experiment demonstriert, dass man Proteine reversibel und irreversibel fällen kann. Bei der Isolierung und Reinigung von Proteingemischen erfolgt eine erste Trennung verschiedener Proteine mit Hilfe einer reversiblen Fällung durch Aussalzen.

Zeitaufwand:
Vorbereitung: 5 min, Durchführung: 5 min

Material:	Eiweißlösung (Eiklar 1:10 mit 0,9 %iger NaCl-Lösung verdünnt)
Geräte:	3 Demonstrationsreagenzgläser mit Ständer, Becherglas als Wasserbad, Bunsenbrenner, Ceranplatte mit Vierfuß, Feuerzeug, Pasteurpipette, Spatel, kleines Becherglas
Chemikalien:	konz. Salzsäure (HCl), Ammoniumsulfat ((NH_4)$_2SO_4$), dest. Wasser

Durchführung:
Folgende Ansätze werden hergestellt:

Reagenzglas	Vorlage[1]	Behandlung
1	Eiweißlösung	Erhitzen im siedenden Wasserbad
2	Eiweißlösung	Zugabe von 20 Tropfen konz. HCl
3	Eiweißlösung	Zugabe von 2 g Ammoniumsulfat, Schütteln
4	dest. Wasser	Zugabe von 2 g Ammoniumsulfat, Schütteln

[1]: ca. 3 cm hoch

Anschließend füllt man alle Reagenzgläser mit dest. Wasser auf.

Beobachtung:
In den Reagenzgläsern 1-3 ist eine weißliche Trübung zu beobachten. Nach dem Auffüllen der Reagenzgläser mit dest. Wasser löst sich dieser nur im RG 3 wieder auf. Im vierten Reagenzglas löst sich das Ammoniumsulfat komplett auf.

Erklärung:
Sowohl Erhitzen als auch Säurezugabe bewirken eine Denaturierung der Proteine. Die Sekundär- und Tertiärstruktur werden angegriffen, die Proteine verlieren ihre Löslichkeit und es kommt zu einer irreversiblen Fällung der denaturierten Eiweiße. Die Aminosäuresequenz bleibt bei der Denaturierung unverändert. Das Ausfällen der Proteine durch Ammoniumsulfat beruht darauf, dass die zugegebenen Salzionen dem Protein für ihre eigene Hydratation Wassermoleküle entziehen. Entsprechend kann durch Wasserzugabe die Fällung wieder rückgängig gemacht werden. Die Proteine erhalten ihr Hydratationswasser zurück und gehen wieder in Lösung. Die Vergleichsprobe im vierten Reagenzglas verdeutlicht, dass die Trübung im RG 3 nicht auf ungelöstes Ammoniumsulfat zurückgeht.

Bemerkung:
Das Ammoniumsulfat sollte in feiner Form vorliegen (evtl. vorher mörsern).

Kapitel 3 Eigenschaften und Wirkungsweise von Enzymen

A Theoretische Grundlagen

3.1 Einleitung

Sämtliche Stoffwechselreaktionen laufen in den Organismen nur aufgrund der Wirkung von Enzymen ab. Der Name kommt aus dem Griechischen: „zýme" heißt Sauerteig. Enzyme sind die Katalysatoren biologischer Systeme. Unter Katalysatoren versteht man Stoffe, die in der Lage sind, die Geschwindigkeit chemischer Reaktionen zu beschleunigen. Die Geschwindigkeit enzymatisch katalysierter Reaktionen ist etwa 10^6-10^{12} mal größer als die unkatalysierter Reaktionen, sogar höher als bei vergleichbaren technischen Katalysatoren. Die Reaktionsbedingungen von enzymkatalysierten Reaktionen sind relativ milde, es genügen Temperaturen unter 100 °C, Atmosphärendruck und nahezu neutrale pH-Werte, Bedingungen also, unter denen die meisten biochemischen Reaktionen von selbst nur sehr langsam oder gar nicht ablaufen würden. Im Gegensatz dazu benötigt eine wirksame chemische Katalyse häufig erhöhte Temperatur und Druck sowie extreme pH-Werte. Neben ihrer katalytischen Aktivität ist die Spezifität der Enzyme von besonderer Bedeutung. Enzyme besitzen gegenüber den Molekülen, die sie umsetzen, den so genannten Substraten, eine ausgesprochene Substratspezifität, d. h. sie reagieren nur mit einem ganz bestimmten Molekül oder einer bestimmten Molekülklasse, während strukturell sehr ähnliche Verbindungen nicht umgesetzt werden. Zudem sind sie wirkungsspezifisch, indem nur eine von vielen möglichen Reaktionen des Substrats katalysiert wird. Infolge dieser generellen Spezifität treten bei biochemischen Reaktionen kaum überflüssige Nebenprodukte oder energie- und stoffverschwendende Nebenreaktionen auf. Enzyme besitzen weiterhin die Fähigkeit zu spezifischer Regulation. Diese ist in erster Linie notwendig, damit die Umsetzungen in der Zelle den jeweiligen Bedürfnissen des Stoffwechsels angepasst werden können. Sie erfolgt entweder durch Einflussnahme auf die Aktivität der beteiligten Enzyme oder auf ihre Menge. Danach unterscheidet man folgende Hauptmerkmale von Enzymen: (a) katalytische Effizienz, (b) Spezifität und (c) Regulationsfähigkeit.

3.2   Chemische Struktur der Enzyme

Bei den meisten Enzymen handelt es sich um globuläre Proteine mit Molekülmassen von mehr als 10 000 zu mehreren 100 000 Dalton. Oligomer strukturierte Enzyme (Quartärstruktur, s. Abschnitt 3.5) können auch höhere Molekülmassen erreichen. Verschiedene Formen eines Enzyms werden als Isoenzyme bezeichnet. Sie besitzen gleiche Substrat- und Wirkungsspezifität, sind jedoch von etwas unterschiedlicher Struktur und werden in der Regel von unterschiedlichen Genen determiniert. Isoenzyme können sich in der Sensitivität gegenüber regulatorischen Faktoren unterscheiden. Sind mehrere Enzyme, die verschiedene aufeinander folgende Schritte einer Reaktionskette katalysieren, zu einer strukturellen und funktionellen Einheit zusammengefasst, spricht man von einem Multienzymkomplex. Das Wirkungsprinzip besteht darin, die Zwischenprodukte einer Reaktionskette von Enzym zu Enzym weiterzureichen.

Viele Enzyme bestehen aus einem Proteinteil, dem Apoenzym, und einer niedermolekularen Wirkgruppe, dem Nichtprotein. Beide sind zu einer funktionellen Einheit, dem Holoenzym, zusammengefasst:

$$Apoenzym + Wirkgruppe = Holoenzym$$

Zahlreiche Wirkgruppen gehen auf die Struktur von Vitaminen zurück; hieraus erklärt sich deren essentielle biologische Funktion. Hauptproduzenten sind pflanzliche Organismen, über welche der Mensch und tierische Organismen ihren Bedarf decken. Die Bindung der Wirkgruppe an das Protein kann unterschiedlich stark sein. Ist die Wirkgruppe permanent mit dem Apoenzym verbunden, spricht man von einer prosthetischen Gruppe. Solche prosthetischen Gruppen besitzen z. B. die Flavoproteine und Cytochrome in den Elektronentransportketten der Atmung und Photosynthese. Werden die Wirkgruppen hingegen in reversibler Weise gebunden, handelt es sich um Coenzyme. Sie übernehmen insbesondere die Rolle eines Wasserstoff- oder Gruppendonators. Beispiele für Coenzyme sind das Adenosintriphosphat (ATP), das Coenzym A (CoA) und das Nicotinamid-adenin-dinucleotid(phosphat) (NAD bzw. NADP). Die Coenzyme sind als Reaktionspartner an der Enzymkatalyse beteiligt und werden durch sie verändert. Sie gehen im Unterschied zum eigentlichen Katalysator also nicht unverändert aus dem Ablauf hervor, sondern müssen in einer weiteren Reaktion, die durch ein anderes Enzymprotein katalysiert wird, wieder in ihren ursprünglichen Zustand zurückverwandelt werden. Aus diesem Grunde bevorzugt man anstelle der Bezeichnung Coenzym zunehmend den Begriff Cosubstrat. Gerade weil die Coenzyme zwischen verschiedenen Enzymsystemen vermitteln, kommt ihnen im Stoffwechsel eine besondere Bedeutung zu. Man nennt sie deshalb auch Transportmetabolite.

3.3 Enzyme erniedrigen die Aktivierungsenergie

Die meisten biologisch wichtigen Moleküle sind unter physiologischen Bedingungen extrem reaktionsträge (metastabil). Um sie zur Reaktion zu bringen, ist die Zufuhr eines bestimmten Mindestbetrages an Energie erforderlich. Ein Katalysator hat keinen Einfluss auf das Energieniveau der Ausgangsstoffe und der Endprodukte einer Reaktion; er vermindert nur die Energie des Übergangszustandes (oder der Übergangszustände). Tatsächlich laufen die wenigsten spontanen Reaktionen mit messbarer Intensität ab, wenn man die Reaktanten unter Standardbedingungen zusammenbringt. Für den Start jeder Reaktion ist nicht allein die freie Energie, sondern die sog. Aktivierungsenergie die entscheidende Größe, unabhängig davon, ob eine Reaktion endergon oder exergon verläuft (Abb. 3.1). Folgendes Beispiel macht dies deutlich: In Gegenwart von Luftsauerstoff liegt für die meisten organischen Verbindungen das Gleichgewicht aufseiten der Oxidation, bei CO_2 und H_2O. Wird die Reaktionsfähigkeit der Stoffe durch Erwärmen erhöht, dann verbrennen sie bekanntlich. Bei Zimmertemperatur hingegen sind sie metastabil; obwohl nicht im Gleichgewichtszustand, werden sie nicht verändert. Erst nach Zufuhr eines gewissen Energiebetrags, der Aktivierungsenergie, können sie mit Luftsauerstoff reagieren. Wäre keine Aktivierungenergie erforderlich, so könnten Lebewesen aus organischen Bausteinen in Gegenwart von Sauerstoff gar nicht existieren. Durch einen Katalysator kann die Aktivierungsenergie eines chemischen Systems stark herabgesetzt werden. Enzyme sind Katalysatoren, welche die Einstellung des thermodynamischen Gleichgewichts von biochemischen Reaktionen durch Reduktion der Aktivierungsenergie beschleunigen, ohne seine Lage (Gleichgewichtskonstante K) zu verändern.

Im Stoffwechsel laufen allerdings zahlreiche Synthesen ab, die endergonisch sind. Damit sie überhaupt stattfinden können, müssen sie mit exergonischen Reaktionen gekoppelt sein. Die exergonischen Vorgänge finden jedoch häufig nicht dort statt, wo die Synthesen erfolgen sollen. Daher ist eine energetische Kopplung notwendig, wobei als Binde-

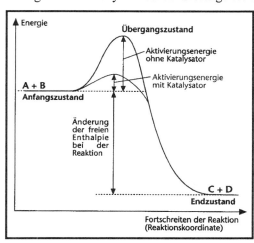

Abb. 3.1: Schema zur Enzym-Wirkung bei einer Stoffwechselreaktion A+B→C+D (Kull, 1993).

60

glied zwischen den energieliefernden und energieverbrauchenden Reaktionen der Zelle meistens das System von Adenosintriphosphat (ATP) und Adenosindiphosphat (ADP) fungiert. Das ATP dient bei vielen biochemischen Reaktionen als Energieträger (s. Kapitel 7, 9, 10).

3.4 Mechanismus der enzymatischen Katalyse

Die Wirkung von Enzymen als Katalysatoren wird verständlich durch die Zerlegung der Gesamtreaktion in mehrere Einzelschritte nach dem Prinzip der Zwischenstoffkatalyse (Abb. 3.2). Der 1. Schritt ist die Bildung eines Enzym-Substrat-Komplexes (ES). Der 2. Schritt ist die Reaktion vom Substrat zum Produkt. Die Reaktionspartner sind dabei immer im aktiven Zentrum des Enzyms gebunden (EP). Der 3. Schritt ist die Freisetzung des Produkts (E+P). Wichtig ist vor allem, dass die Aktivierungsenergie für jeden Einzelschritt gering ist und deshalb die Gesamtreaktion rasch ablaufen kann.

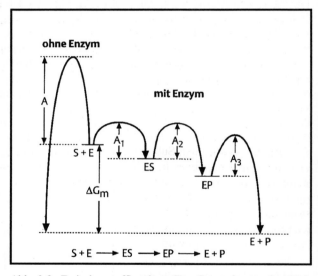

Abb. 3.2: Zwischenstoffkatalyse: Der Gesamtbetrag der Aktivierungsenergie (A) wird bei der enzymkatalysierten Reaktion in kleinere Teilbeträge zerlegt (A_1-A_3). S Substrat, E Enzym, P Produkt der katalysierten Umsetzung (S→P) (nach RICHTER, 1996).

Eine enzymatisch katalysierte Reaktion beginnt mit der reversiblen Bindung des Substratmoleküls an das aktive Zentrum des Enzyms, wobei ein Enzym-Substrat-Komplex gebildet wird. Die Substratbindung erfolgt gewöhnlich über nichtkovalente Bindungen (Ionen- und Wasserstoffbrücken), über hydrophobe Wechselwirkungen oder auch nur unter Vermittlung durch VAN-DER-WAALsche Kräfte. Das Substrat (bzw. die Substrate) wird aus der wässrigen Umgebung entfernt und in einer anderen chemischen Umgebung eingeschlossen. Mit dem Augenblick der Substrat-bindung wird ein weiterer Bereich aus der Aminosäuresequenz des Enzyms aktiv und katalysiert am gebundenen Substrat eine ganz bestimmte Reaktion. Substratbin-dungsstelle und katalytisch wirksamer Bereich liegen häufig eng benachbart in einer Kaverne oder einem Spalt des Proteins. Beide Wirkbereiche fasst man als aktives Zentrum des Enzyms zusammen.

3.5   Kinetik der Enzymreaktionen

Die Kinetik befasst sich mit den Geschwindigkeiten chemischer Reaktionen, mit der Zielsetzung einer detaillierten Beschreibung der einzelnen Reaktionsschritte sowie ihrer Abfolge in einem Gesamtprozess. Enzymreaktionen verlaufen über kurzlebige Zwischenstufen, die man zu einer Einheit, dem Enzym-Substrat-Komplex (ES), zusammenfassen kann, der entweder in Enzym (E) und Substrat (S) oder in Enzym und Produkt (P) zerfallen kann:

$$E + S \underset{k_2}{\overset{k_1}{\rightleftharpoons}} ES \overset{k_3}{\to} E + P$$

Die Bildung des Enzym-Substrat-Komplexes ist in der Regel reversibel; die Disso-ziation dieses Komplexes in freies Enzym und Produkt ist irreversibel und stellt den geschwindigkeitsbestimmenden Schritt für die Gesamtreaktion dar.

Zwischen der Substratkonzentration S und der Reaktionsgeschwindigkeit V lässt sich eine Beziehung herstellen, die sehr häufig in einer hyperbolischen Sättigungs-kurve zum Ausdruck kommt (Abb. 3.3 a)) und dann durch die MICHAELIS-MENTEN-Gleichung beschrieben wird:

$$V = V_{max} \cdot [S] / (K_M + [S])$$

V_{max} ist die maximale Reaktionsgeschwindigkeit, die bei vollständiger Sättigung des Enzyms mit Substrat erreicht wird. K_M nennt man MICHAELIS-Konstante. Sie ist definiert als diejenige Substratkonzentration (mol/l), bei der die Hälfte der Maximal-geschwindigkeit erreicht ist. Sie ist eine wichtige Kenngröße für die Affinität des Enzyms zum Substrat. Sie ist unabhängig von der Konzentration des Enzyms, kann aber durch Effektoren (Aktivatoren, Inhibitoren) beeinflusst werden. Je kleiner der K_M-Wert, desto größer ist die Affinität des Enzyms zum Substrat.

Zur Bestimmung des K_M-Wertes wird meist die doppelt reziproke Darstellung nach LINEWEAVER und BURK benutzt (Abb. 3.3 b). Dazu wird die MICHAELIS-MENTEN-Gleichung umgeformt in:

$$\frac{1}{V} = \frac{K_M + [S]}{V_{max} \cdot [S]} = \frac{K_M}{V_{max} \cdot [S]} + \frac{[S]}{V_{max} \cdot [S]} = \frac{K_M}{V_{max}} \cdot \frac{1}{[S]} + \frac{1}{V_{max}}$$

Mit den Variablen $1/V$ und $1/[S]$ ist das eine lineare Gleichung vom Typ $y = ax + b$, d. h. die graphische Auftragung ergibt eine Gerade mit der Steigung K_M/V_{max}. Aus ihren Schnittpunkten mit der Ordinate und der Abszisse sind die charakteristischen Konstanten K_M und V_{max} abzulesen. Der y-Achsenabschnitt des Graphen gibt den Wert $1/V_{max}$ an; der x-Achsenabschnitt entspricht dagegen dem Wert $-1/K_M$. Sobald K_M und V_{max} bekannt sind, kann man nach der MICHAELIS-MENTEN-Gleichung die Reaktionsgeschwindigkeit für beliebige Substratkonzentrationen berechnen.

Der MICHAELIS-MENTEN-Formalismus lässt sich auch auf viele komplexe physiologische Vorgänge anwenden (z. B. Aufnahme- und Transportprozesse), die einer hyperbolischen Sättigungskurve folgen. Dabei ergibt sich ein „apparenter K_M-Wert", der die kinetischen Eigenschaften des Gesamtprozesses reflektiert.

V_{max} ist keine enzymspezifische Konstante, da sie von der Enzymkonzentration abhängt. Ist diese bekannt (was Kenntnis des Molekulargewichtes des betreffenden Enzyms verlangt), dann lässt sich die katalytische Konstante $K_{cat} = V_{max}/E_T$ (E_T = totale Enzymkonzentration) bestimmen; sie wird auch als Wechselzahl bezeichnet und hat die Dimension s^{-1}.

Dank der spezifischen katalytischen Eigenschaften von Enzymen können Enzymaktivitäten *in vitro* sehr präzise gemessen werden, auch wenn sie, wie z. B. in einem Rohextrakt aus Pflanzenmaterial, mit anderen Zellinhaltsstoffen stark verunreinigt sind. Man misst in der Regel die Reaktionsintensität bei sättigender Substratkonzenration (V_{max}). Es ergibt sich eine Kinetik 0. Ordnung, deren linearer Anstieg proportional zur Enzymaktivität ist. Standardeinheiten der Enzymaktivität sind das Katal (Symbol: kat; Umsatz von 1 mol Sub-

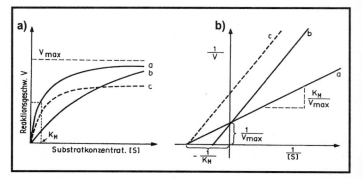

Abb. 3.3 a)+b): Abhängigkeit der Reaktionsgeschwindigkeit von der Substratkonzentration (bei konstanter Enzymkonzentration). a) in direkter Auftragung, b) in der Auftragung nach LINEWEAVER und BURK. a ohne Hemmstoff, b in Gegenwart eines kompetitiven, c in Gegenwart eines nichtkompetitiven Hemmstoffs (nach JACOB, JÄGER und OHMANN, 1994).

strat pro s bei definierter Temperatur, meist 25 °C, und optimalen Bedingungen, z.B. optimalem pH) und die „internationale Einheit" (engl.: International Unit IU oder kurz als Unit bezeichnet: Umsatz von 1 μmol Substrat pro min unter definierten Reaktionsbedingungen). Die spezifische Aktivität eines Enzyms ist die Gesamteinheit an Enzymaktivität in einer Probe dividiert durch das in der Probe vorhandene Gesamtprotein (IU/ mg Protein).

3.6   Beeinflussung und Regulation von Enzymen

Die Enzymaktivität wird nicht nur vom Substratangebot, sondern auch von der Temperatur, dem pH-Wert und dem Ionenmilieu des Mediums bestimmt. Die Geschwindigkeit chemischer Reaktionen nimmt mit steigender Temperatur zu. Als Faustregel gilt, dass eine Temperaturerhöhung um 10 °C eine Erhöhung der Reaktionsgeschwindigkeit um den Faktor 2 bis 3 bewirkt. Dieses Verhalten wird vielfach auch als RGT-Regel bezeichnet (RGT: Reaktions-Geschwindigkeit, Temperatur). Die Abhängigkeit von der Temperatur folgt einer Optimumskurve, wobei bei vielen Enzymen das Optimum zwischen 40 °C und 60 °C liegt. Bei höheren Temperaturen nimmt die Aktivität sehr schnell ab, was auf einer Änderung der Konformation der Proteinkette des Enzyms zurückzuführen ist. Änderungen des pH-Wertes führen zu Protonierungen oder Deprotonierungen ionisierbarer Gruppen des Substrats oder aber des Enzyms. Eine Ladungsänderung der Gruppen im aktiven Zentrum ist häufig die Ursache für die Aktivitätsänderung. Das pH-Optimum der Enzyme liegt meist im Bereich von 6,0 bis 8,5. Aufgrund individueller Unterschiede im pH-Optimum der einzelnen Enzyme können Veränderungen im pH-Milieu der Zelle oder auch Unterschiede im pH-Wert der einzelnen Zellkompartimente wesentlich zur Regulation der Enzymaktivität beitragen. Verschiedene andere Ionen (z. B. Na^+, K^+, Ca^{2+}, Mg^{2+}, Mn^{2+}) können ebenfalls sowohl als Aktivatoren wie als Inhibitoren (Hemmstoffe) von Enzymen fungieren.

Darüber hinaus kann die Aktivität von Enzymen sehr spezifisch durch Inhibitoren verringert und durch Aktivatoren gesteigert werden. Konkurriert ein Inhibitor mit einem der Substrate um einen Platz am aktiven Zentrum, dann liegt eine kompetitive Hemmung vor. Hierbei wird angenommen, dass der Inhibitor reversibel an das Enzym bindet. In diesem Fall nimmt die Hemmwirkung mit zunehmender Substratkonzentration ab. Bei der kompetitiven Hemmung ist V_{max} nicht beeinflusst, K_M ist dagegen erhöht. In diesem Falle schneiden die doppelt-reziproken Kurven (LINEWEAVER-BURK-Auftragung) mit verschiedenen Konzentrationen des Inhibitors alle die 1/V-Achse bei $1/V_{max}$ (Abb. 3.3 b); daran lässt sich die kompetitive Hemmung von anderen Arten der Hemmung unterscheiden. Bindet ein Inhibitor irreversibel an das Enzym, wird er als Inaktivator bezeichnet. Inaktivatoren senken bei allen Substratkonzentrationen das Wirkungsniveau der Enzymkonzentration. Nichtkompetitive Inhibitoren binden an einer anderen Stelle an das freie Enzym oder an den ES-Komplex.

Viele Enzyme sind oligomer aus mehreren Untereinheiten aufgebaut. Sie können daher auch mehrere katalytische Zentren besitzen. Sind diese hinsichtlich Substratbindung und kinetischem Verhalten voneinander unabhängig, so verhält sich ein solches Enzym entsprechend der MICHAELIS-MENTEN-Beziehung. In vielen Fällen folgt die Substratabhängigkeit jedoch einer sigmoiden Sättigungskurve, die dadurch ausgezeichnet ist, dass sich der Ordinatenwert innerhalb eines engen Bereiches von Abszissenwerten stark ändert. Die Aktivität von Enzymen dieses Typs kann häufig reversibel verändert werden, indem positive (Aktivatoren) oder negative (Inhibitoren) Effektoren die Affinität zum Substrat dramatisch erhöhen oder erniedrigen. Durch Bindung der niedermolekularen Effektoren am regulatorischen Zentrum (allosterisches Zentrum) des Enzyms wird eine Konformationsänderung des Proteins induziert, die zu veränderter Bindungsfähigkeit des Substrates an das katalytische Zentrum führt. Die Substratkonzentration, bei der die Geschwindigkeit einer durch ein allosterisches Enzym katalysierten Reaktion die Hälfte ihres Maximalwertes besitzt, bezeichnet man mit dem Symbol $[S]_{0,5}$ oder $K_{0,5}$.

Aktivitätskontrolle ist auch über chemische Veränderung am Enzymprotein möglich (kovalente Modifikationen von Proteinen). Die chemische Modifikation kann praktisch ein vollkommenes Ein- oder Ausschalten bewirken. Hier ist in erster Linie die Phosphorylierung bzw. Dephosphorylierung zu nennen; beide können hemmend oder fördernd auf die Aktivität wirken. Die verantwortlichen Kontrollenzyme, Kinase und Phosphatase, unterliegen ihrerseits einer übergeordneten Regulation.

Eingriffe zur Steuerung des Stoffwechsels durch Veränderungen der Aktivität von Enzymmolekülen ergeben sehr schnelle Effekte. Sie sind somit verwendbar für Anpassungen des Stoffwechsels an kurzfristige Veränderungen des inneren und äusseren Milieus der Zelle bzw. des Organismus. Daneben sind aber auch längerfristige Umstellungen des Stoffwechsels erforderlich, die über Veränderungen der Enzymkonzentrationen in der Zelle bewirkt werden.

3.7 Einteilung und Nomenklatur der Enzyme

Gewöhnlich werden Enzyme durch Anhängen der Nachsilbe „-ase" benannt, und zwar entweder an den Namen ihres Substrates oder an einen Begriff, der die katalytische Wirkung des Enzyms beschreibt. So katalysiert „Urease" die Hydrolyse von Harnstoff (Urea) und „Alkoholdehydrogenase" die Oxidation von Alkoholen zu den entsprechenden Aldehyden. Um Verwirrungen zu beseitigen, die aufgetreten waren, hat 1961 eine internationale Kommission bestimmte Regeln für die Nomenklatur und die Einteilung der Enzyme aufgestellt. Enzyme werden gemäß ihres empfohlenen Namens, ihres systematischen Namens und ihrer Klassifizierungsnummer systematisch geordnet. Nach der Art der katalysierten Reaktion werden 6 Hauptklassen unterschieden; innerhalb der Hauptklassen wird nach den chemischen Bindungen, die gelöst oder geknüpft werden, weiter aufgeteilt.

Tab. 3.1: Enzym-Klassifizierung nach dem Reaktionstyp

Klassifizierung	Typ der katalysierten Reaktion
1. Oxidoreduktasen	Oxidation / Reduktion
2. Transferasen	Transfer funktioneller Gruppen
3. Hydrolasen	Hydrolysereaktionen
4. Lyasen	Gruppeneliminierung zur Bildung von Doppelbindungen
5. Isomerasen	Isomerisierung
6. Ligasen	Kovalente Bindung, gekoppelt mit ATP-Hydrolyse

Aufgrund dieser Einteilung sind alle ausreichend charakterisierten Enzyme in einer Liste aufgeführt und erhalten eine Klassifizierungsnummer (EC-Nr; EC: Enzyme Commission); die ersten drei Ziffern geben die Haupt- und Unterklassen an, die vierte ist die Seriennummer innerhalb der zweiten Untergruppe. So umfasst etwa Gruppe 1 die Oxidoreduktasen, also alle Enzyme, die Redoxprozesse in Zellen katalysieren. Untergruppe 1.1 sind dann jene Oxidoreduktasen, die auf -CHOH-Gruppen wirken; zu 1.1.1 werden jene Enzyme gerechnet, die den Wasserstoff auf NAD^+ oder auf $NADP^+$ übertragen und 1.1.1.1 ist schließlich das Enzym Alkoholdehydrogenase, dessen Substrate Ethylalkohol und Acetaldehyd sind. Das Enzym, das die Reaktion

ATP + D-Glucose → ADP + D-Glucose-6-phosphat

katalysiert, heißt formal ATP-Glucose-Phosphotransferase, d.h. es katalysiert die Übertragung einer Phosphatgruppe von ATP auf Glucose. Seine Enzymklassifizierungsnummer (EC-Nummer) ist 2.7.1.1. Die erste Ziffer (2) bezeichnet den Klassennamen (Transferase), die zweite (7) die Unterklasse (Phosphotransferase), die dritte (1) besagt, dass es sich um eine Phosphotransferase mit einer Hydroxygruppe als Akzeptor handelt, und die vierte (1), dass D-Glucose als Phosphatgruppen-Akzeptor fungiert. Bei langen systematischen Namen kann ein Trivialname verwendet werden - in diesem Fall Hexokinase.

B   Versuche

V 3.1   Wirkungsweise von Enzymen

V 3.1.1 Katalytische und biokatalytische Zersetzung von Wasserstoffperoxid

Kurz und knapp:
Die Wirkungsweise der Katalase als Biokatalysator und ihre Bedeutung für lebende Systeme wird in diesem Versuch anhand eines Vergleiches mit dem anorganischen Katalysator Braunstein demonstriert. Das Enzym Katalase ermöglicht ebenso wie der anorganische Katalysator Braunstein die Zersetzung von Wasserstoffperoxid. H_2O_2 entsteht bei verschiedenen Stoffwechselreaktionen und ist als starkes Oxidationsmittel ein beachtliches Zellgift. Aus diesem Grunde muss es in der Zelle sofort unschädlich gemacht werden. Katalase ist in lebenden Geweben daher weit verbreitet.

Zeitaufwand:
Vorbereitung: 5 min, Durchführung: 5 min

Material:	Kartoffel (*Solanum tuberosum*; enthält Katalase)
Geräte:	3 Demonstrationsreagenzgläser mit Ständer, Kartoffelreibe (oder: Pistill mit Mörser), Glimmspan, Messer, Feuerzeug, Spatel, Messzylinder (50 mL)
Chemikalien:	30 %ige Wasserstoffperoxidlösung (H_2O_2), Braunstein (MnO_2), dest. Wasser, Octanol

Durchführung:
Zunächst gibt man in jedes der drei Reagenzgläser 10 mL 30 %ige Wasserstoffperoxidlösung und 20 mL dest. Wasser. Dann zerkleinert man eine kleine ungeschälte Kartoffel mit einer Reibe oder im Mörser mit Pistill, sodass man einen frischen Kartoffelbrei erhält. Anschließend gibt man in das erste Reagenzglas eine Spatelspitze Braunstein, in das zweite etwas Kartoffelbrei und Octanol. Das dritte Reagenzglas enthält nur 10 %ige Wasserstoffperoxidlösung und dient als Kontrollansatz. Mit allen drei Ansätzen führt man die Glimmspanprobe durch.

Beobachtung:
Nach kurzer Zeit setzt in den Reagenzgläsern 1 und 2 eine heftige Bläschenbildung ein. In dem Ansatz mit Kartoffelbrei kommt es zur Schaumbildung, die durch Zuga-

be einiger Tropfen Octanol unterdrückt wird. Ein in die Reagenzgläser gehaltener, glimmender Holzspan leuchtet in den Ansätzen 1 und 2 auf. Der Kontrollansatz bleibt unverändert und die Glimmspanprobe ist negativ.

Erklärung:
Die Bläschenbildung in den Reagenzgläsern 1 und 2 ist auf die Sauerstoffbildung bei der Zersetzung von H_2O_2 zurückzuführen. Der Sauerstoff wird durch den aufglimmenden Holzspan nachgewiesen. Das Wasserstoffperoxid zerfällt bei Zimmertemperatur nicht und so kann kein Sauerstoff nachgewiesen werden. Das im Kartoffelbrei enthaltene Enzym Katalase ist wie der anorganische Katalysator MnO_2 in der Lage, H_2O_2 zu zersetzen. Sowohl Katalase als auch MnO_2 setzen die für den Zerfall benötigte Aktivierungsenergie herab.

Die Reaktion der Katalase läuft folgendermaßen ab: Die Katalase arbeitet in einer Zweistufenreaktion. Die prosthetische Gruppe (Apoenzym-Fe^{3+}-OH) wird zunächst durch ein Molekül H_2O_2 oxidiert (A-Fe^{3+}-OOH). Das Wasserstoffperoxid wird dabei selbst zu Wasser reduziert. Dann wird ein zweites Molekül H_2O_2 unter der Einwirkung der oxidierten prosthetischen Gruppe zu Wasser und Sauerstoff disproportioniert.

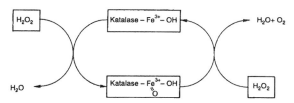

Abb.3.4: Wirkungsweise der Katalase (BANNWARTH et al., 1996).

Bemerkung:
Es empfiehlt sich, dem Ansatz mit Kartoffelbrei etwas Octanol zuzusetzen, da so die Schaumbildung unterdrückt wird und sich die Glimmspanprobe besser durchführen lässt.

Die O-O-Bindung im Wasserstoffperoxid (H-O-O-H) ist schwach und ihre Bindungsenergie klein. H_2O_2 ist daher eine metastabile Verbindung, die sich bei höherer Temperatur zersetzt. Auch bei Zimmertemperatur müsste normalerweise ein sehr langsamer Zerfall des Wasserstoffperoxids stattfinden. Dies wird jedoch bei handelsüblichen Wasserstoffperoxidlösungen durch den Zusatz von so genannten Stabilisatoren wie z.B. Phosphorsäure oder Natriumstannat unterbunden. Die Stabilisierung ist so effektiv, dass selbst durch Erhitzen der Lösung mit dem Bunsenbrenner keine Zersetzung des Wasserstoffperoxids festzustellen ist.

V 3.1.2 Erniedrigung der Aktvierungsenergie durch Urease

Kurz und knapp:
Viele chemische Reaktionen laufen nur dann ab, wenn ihnen für den Start die nötige Aktivierungsenergie zugeführt wird, da durch sie die Moleküle in einen reaktionsfähigen Zustand gebracht werden. Die Reaktion kann z.B. durch Hitzezufuhr aktiviert werden oder mittels eines Katalysators, der die Aktivierungsbarriere so weit herabsetzt, dass die Reaktion unter den gegebenen Bedingungen ablaufen kann. Das Enzym Urease ermöglicht die Harnstoffspaltung, indem es als Biokatalysator die erforderliche Aktivierungsenergie erniedrigen kann. Dadurch verläuft die Reaktion wesentlich energiesparender und schneller.

Zeitaufwand:
Vorbereitung: 5 min, Durchführung: 5 min

Material:	Sojabohnen (*Glycine max*; enthalten Urease)
Geräte:	3 Demonstrationsreagenzgläser mit Ständer, Bunsenbrenner, Becherglas, Spatel, Glasstab, Mörser mit Pistill, 2 Pasteurpipetten, Reagenzglasklammer, Messzylinder (25 mL)
Chemikalien:	1 %ige Harnstofflösung (1 g Harnstoff in 100 mL dest. Wasser), 0,5 %iges Bromthymolblau (50 mg in 10 mL 60 %igem Ethanol)

Durchführung:
Gewinnung der Urease aus Sojabohnen: 3 g Sojabohnen werden abgewogen und mit Pistill im Mörser zerkleinert. Von dem so erhaltenen Sojapulver gibt man 2 g in ein Becherglas mit 20 mL dest. Wasser und rührt kurz mit einem Glasstab um. Das Sojapulver setzt sich nach kurzer Zeit auf dem Boden des Becherglases ab, und die trübe Ureasesuspension kann ohne Filtrieren direkt eingesetzt werden.

Drei Demonstrationsreagenzgläser füllt man jeweils ca. 5 cm hoch mit 1 %iger Harnstofflösung und gibt 4 Tropfen Bromthymolblaulösung hinzu. Das erste Reagenzglas dient als Kontrolle. Das zweite Reagenzglas erhitzt man sehr stark bis zur ersten leichten Farbveränderung (darauf achten, dass es zu keinem Siedeverzug kommt!), zu dem dritten gibt man 10 Tropfen der Ureasesuspension.

Beobachtung:
Im ersten Reagenzglas bleibt die Harnstofflösung gelb gefärbt. Im zweiten verfärbt sich die Lösung nach längerem Erhitzen ins Grünliche. Im dritten Reagenzglas ist ein Farbumschlag ins Blaue zu beobachten.

Erklärung:
Bei Bromthymolblau handelt es sich um einen pH-Indikator, dessen Umschlagbereich zwischen pH 5,8-pH 7,6 liegt. Im Sauren ist der Indikator gelb gefärbt. Mit steigendem pH-Wert schlägt der Säure-Base-Indikator von gelb über grün nach blau um. Die unveränderte Gelbfärbung der Kontrolle zeigt, dass Harnstoff bei Zimmertemperatur stabil ist. Durch starkes Erhitzen der Harnstofflösung tritt eine langsame Zersetzung des Harnstoffs in Ammoniak und Kohlendioxid ein. Das entstehende Ammoniak reagiert in wässriger Lösung zu NH_4^+ und OH^-. Durch die entstehenden Hydroxidionen steigt der pH-Wert an und der Indikator schlägt von gelb nach grün um. Der sehr langsame Umschlag des Indikators ins Grünliche zeigt an, dass trotz der hohen Energiezufuhr durch Erhitzen nur geringe Mengen Harnstoff zersetzt werden. Durch die katalytisch wirksame Urease erfolgt dieselbe Reaktion wesentlich „energiesparender". Es entsteht mehr Ammoniak als bei der Zersetzung durch Erhitzen, und so schlägt der Indikator ins Blaue um.

$$O=C\begin{matrix} {}^{NH_2} \\ {}_{NH_2} \end{matrix} + H_2O \xrightarrow{\text{Urease/Hitze}} CO_2 + 2\,NH_3$$

$$NH_3 + H_2O \rightleftharpoons NH_4^+ + OH^-$$

Bemerkung:
Die Sojabohnen sollten auf keinen Fall in einem Braunmixer zerkleinert werden, da hierbei (vermutlich durch zu starke Wärmeentwicklung) die Urease zerstört wird. Eine durch Zerkleinerung mit Mörser und Pistill gewonnene Ureasesuspension zeigt größere Aktivität als eine, die durch Mahlen in einer Kaffemühle hergestellt wurde. Das starke Erhitzen der Harnstofflösung hat keinen Einfluss auf den Indikator. Bromthymolblau zersetzt sich nicht durch Hitzeeinwirkung, wie man durch Aufkochen von dest. Wasser mit einigen Tropfen Bromthymolblau zeigen kann.

V 3.1.3 Zersetzung von H_2O_2 durch Katalase bei verschiedenen Substratkonzentrationen

Kurz und knapp:
Am Beispiel der Zersetzung von Wasserstoffperoxid durch Katalase kann die Abhängigkeit der Enzymaktivität von der Substratkonzentration gezeigt werden. Die Messergebnisse zeigen in einem Michaelis-Menten-Diagramm die charakteristische

Kurve für die Abhängigkeit einer enzymatischen Reaktion von der Substratkonzentration.

Zeitaufwand:
Vorbereitung: 20 min, Durchführung: 10 min

Material:	Kartoffel (*Solanum tuberosum*)
Geräte:	5 Messzylinder (100 mL), Messzylinder (50 mL), Messzylinder (10 mL), 5 Reagenzgläser mit Ständer, Pipette (5 mL), Reibe, Tee- oder Küchensieb, 2 Bechergläser, Glasstab, Peleusball, Waage
Chemikalien:	8 %ige Wasserstoffperoxidlösung (27 mL 30 %iges H_2O_2 mit dest. Wasser auf 100 mL auffüllen), dest. Wasser, Phosphat-Puffer pH 7,5 (43 mL 0,1 mol/L K_2HPO_4, 7 mL 0,1 mol/L KH_2PO_4)

Durchführung:

Endkonzentration H_2O_2 [%]	0,5	1	2	4	8
8 %ige H_2O_2 [ml]	3	6	13	25	50
dest. H_2O [ml]	je auf 50 mL auffüllen				

Gewinnung der Katalase aus Kartoffeln: Eine gewaschene Kartoffel wird mit Schale (etwa 100g) mit einer Reibe zerkleinert. Zu dem Reibegut gibt man 50 mL Phosphatpuffer pH 7,5, rührt mit einem Glasstab um und filtriert anschließend die Aufschwemmung mit einem Sieb. Man pipettiert jeweils 5 mL der Katalaselösung in 5 Reagenzgläser.

Zu den 5 Messzylindern gibt man zügig hintereinander jeweils 5 mL Katalaselösung und notiert die entstandenen Schaummengen nach 5 Minuten. Dabei empfiehlt es sich, die Gesamtmilliliter abzulesen und vom Ausgangsvolumen (55 mL) abzuziehen.

Für die Erstellung eines Michaelis-Menten-Diagramms trägt man die gebildete Schaummenge gegen die Substratkonzentration auf.

Beobachtung:
Die entstandene Schaummenge steigt entsprechend der Konzentration an Substrat (H_2O_2). Beginnend mit der 2 %igen H_2O_2-Lösung steigt die Schaummenge nur noch sehr gering bzw. nicht mehr weiter an.

Erklärung:
Ein Katalaseextrakt, der aus einer geriebenen, rohen Kartoffel durch einfaches Abfiltrieren gewonnen wird, enthält viel Stärke und Eiweiß. Die bei der Einwirkung des Katalaseextraktes auf das Substrat Wasserstoffperoxid einsetzende Sauerstoffentwicklung ist daher durch große Schaumbildung gekennzeichnet. Die Schaumbildung ist der Sauerstoffentwicklung und somit der Katalaseaktivität proportional. Als ein Maß für die Reaktionsgeschwindigkeit (V) dient die gebildete Schaummenge in mL pro Zeiteinheit (5 Minuten).

Im Michaelis-Menten-Diagramm ist zu erkennen, dass mit zunehmender Substratkonzentration die Reaktionsgeschwindigkeit zunächst linear ansteigt und sich schließlich asymptotisch der maximalen Reaktionsgeschwindigkeit V_{max} annähert. Mit steigender Substratkonzentration sind zunehmend mehr aktive Zentren des Enzyms besetzt, bis schließlich bei voller Absättigung der aktiven Zentren die maximale Reaktionsgeschwindigkeit (V_{max}) erreicht ist. Da nun alle Enzymmoleküle besetzt sind, kann die Reaktionsgeschwindigkeit durch Erhöhung der Substratkonzentration nicht weiter gesteigert werden. Eine weitere Zufuhr von Substratmolekülen führt sogar zu einer Verringerung der Geschwindigkeit, da sich die Substratmoleküle gegenseitig behindern (Hemmung durch Substratüberschuss).

Bemerkung:
Es ist eine Braunfärbung des Kartoffelextraktes festzustellen. Sie geht auf die oxidative Wirkung der Phenoloxidasen zurück, die auch im Extrakt enthalten sind (Melaninbildung). Die Braunfärbung der Lösungen nimmt allerdings mit steigender Wasserstoffperoxidkonzentration ab. Dies ist damit zu erklären, dass mit steigender Wasserstoffperoxidkonzentration die Bleichwirkung des H_2O_2 zunimmt.

Da die Enzymmenge mit der Kartoffelsorte variiert, empfiehlt es sich, mit dem 4 %igen Ansatz einen Vorversuch durchzuführen, um zu sehen, wie stark die Schaumbildung nach 5 Minuten ist. Bei zu starker Schaumbildung (über 50 mL) ist die Menge an einzusetzender Kartoffel zu verringern, bei zu geringer Schaumbildung entsprechend zu erhöhen.

Bei der Erprobung dieses Versuches wurde getestet, inwieweit sich mit dieser Methode auch die Temperaturabhängigkeit von Enzymen und die Einwirkung von Schwermetallen demonstrieren lässt. Die Schwermetalle wie Kupfer und Blei, die eine hemmende Wirkung auf die Katalase haben, zersetzen gleichzeitig katalytisch Wasserstoffperoxid. Andere Schwermetalle, die H_2O_2 katalytisch nicht zersetzen, haben aber auch keine hemmende Wirkung auf die Katalase. Bei der Demonstration der Temperaturabhängigkeit, ergibt sich das Problem, dass bereits ab 40 °C fast keine Schaumbildung mehr festzustellen ist. Denaturierungseffekte sind bei diesen Temperaturen wohl noch auszuschließen. Es ist wohl eher zu vermuten, dass Proteasen, die in dem verwendeten Gesamtextrakt enthalten sind, die Katalase abbauen.

V 3.2 Eigenschaften von Enzymen

V 3.2.1 Substratspezifität und kompetitve Hemmung der Urease

Kurz und knapp:
Am Beispiel der Einwirkung von Urease auf Harnstoff und Thioharnstoff lassen sich Substratspezifität und kompetive Hemmung von Enzymen demonstrieren. Die Substratspezifität der Urease ist so groß, dass sie nur Harnstoff als Substrat erkennt. Der Thioharnstoff kann von der Urease zwar nicht umgesetzt werden, tritt aber mit dem aktiven Zentrum des Enzyms in Wechselwirkung. Dadurch wird die Urease kompetitiv gehemmt.

Zeitaufwand:
Vorbereitung: 10 min, Durchführung: 5 min

Material:	Sojabohnen (*Glycine max*)
Geräte:	2 Demonstrationsreagenzgläser mit Ständer, Becherglas, Spatel, Mörser mit Pistill, 3 Pasteurpipetten, Glasstab
Chemikalien:	1 %ige Harnstofflösung (1 g Harnstoff in 100 mL dest. Wasser), 10 %ige Harnstofflösung (1 g in 10 mL dest. Wasser), 1 %ige Thioharnstofflösung (1 g Thioharnstoff in 100 mL dest. Wasser), 0,5 %iges Bromthymolblau (50 mg in 10 mL 60 %igem Ethanol)

Durchführung:
Gewinnung der Urease aus Sojabohnen: siehe V 3.1.2. Demonstionsreagenzglas 1 wird etwa 5 cm hoch mit 1 %iger Harnstofflösung gefüllt, Reagenzglas 2 etwa 5 cm hoch mit 1 %iger Thioharnstofflösung. Zu beiden Reagenzgläsern gibt man 5 Tropfen Bromthymolblau und 5 Tropfen Urease. Nachdem man Reagenzglas 1 und 2 verglichen hat, gibt man zu Reagenzglas 2 zusätzlich 10 Tropfen 10 %iger Harnstofflösung.

Beobachtung:
Der Ansatz mit der Harnstofflösung verfärbt sich nach Zugabe der Urease blau. Der Ansatz mit der Thioharnstofflösung bleibt dagegen unverändert gelb. Nach der Zugabe von 10 Tropfen 10 %iger Harnstofflösung in den Ansatz mit Thioharnstofflösung kann man eine langsame Verfärbung von gelb über grün nach blau erkennen.

Erklärung:
Harnstoff und Thioharnstoff unterscheiden sich nur geringfügig. Das Sauerstoffatom des Harnstoffs ist beim Thioharnstoff durch Schwefel ersetzt. Trotzdem erkennt die Urease ganz spezifisch nur Harnstoff als Substrat.

$$O = C \Big\langle \begin{smallmatrix} NH_2 \\ NH_2 \end{smallmatrix} \qquad S = C \Big\langle \begin{smallmatrix} NH_2 \\ NH_2 \end{smallmatrix}$$

Harnstoff   Thioharnstoff

Bei der Zersetzung von Harnstoff entsteht Ammoniak, der mit Wasser folgendermaßen reagiert:

$$NH_3 + H_2O \rightleftharpoons NH_4^+ + OH^-$$

Den Anstieg des pH-Wertes, bedingt durch die entstandenen Hydroxidionen, kann man durch Bromthylolblau nachweisen. Der Indikator schlägt im schwach alkalischen Milieu von gelb nach blau um. Der Säure-Base-Indikator zeigt demnach die Aktivität des Enzyms Urease an.

Das Ausbleiben des Farbumschlages im Falle des Thioharnstoffs zeigt, dass die Urease diese Substanz nicht katalytisch zersetzen kann. Der Thioharnstoff kann zwar an das katalytische Zentrum der Urease gebunden werden, ohne jedoch katalytisch umgesetzt zu werden. Dies kann damit erklärt werden, dass der Atomradius des Schwefels größer als der des Sauerstoffs ist.

Die langsame Verfärbung des Thioharnstoff-Ansatzes nach Zusatz 10 %iger Harnstofflösung zeigt, dass der Thioharnstoff die Aktivität der Urease hemmt. Aufgrund des sehr ähnlichen Aufbaus von Harnstoff und Thioharnstoff konkurrieren beide Moleküle um das aktive Zentrum.

Bemerkung:
Als Indikator kann bei diesem Experiment anstelle von Bromthymolblau auch Phenolphthalein (100 mg in 10 mL 96 %igem Ethanol) verwendet werden. Phenolphthalein verändert im Umschlagintervall pH 8,2–10,0 seine Farbe von farblos nach rosa.

V 3.2.2 Enzymhemmung durch Schwermetalle

Kurz und knapp:
Der Versuch zeigt die schädigende Wirkung von Schwermetallionen auf Enzyme am Beispiel der Einwirkung von Zinkionen auf Urease.

Zeitaufwand:
Vorbereitung: 10 min, Durchführung: 5 min

Material:	Sojabohnen (*Glycine max*)
Geräte:	2 Demonstrationsreagenzgläser mit Ständer, 2 Pasteurpipetten, Spatel, Becherglas, Mörser mit Pistill, Glasstab
Chemikalien:	1 %ige Harnstofflösung (1 g Harnstoff in 100 mL dest. Wasser), Zinksulfat ($ZnSO_4$), 0,5 %iges Bromthymolblau (50 mg in 10 mL 60 %igem Ethanol)

Durchführung:
Gewinnung der Urease aus Sojabohnen: siehe V 3.1.2. Beide Reagenzgläser werden jeweils 5 cm hoch mit Harnstofflösung gefüllt und mit 5 Tropfen Bromthymolblau versetzt. In das erste Reagenzglas gibt man eine Spatelspitze $ZnSO_4$; das zweite Reagenzglas dient als Kontrolle. In beide Reagenzgläser gibt man nun 5 Tropfen Ureasesuspension.

Beobachtung:
Die Probe mit den Schwermetall-Kristallen bleibt gelblich gefärbt, während der Kontrollansatz eine blaue Färbung annimmt.

Erklärung:
Die Aktivität der Urease wurde durch das Zinksulfat gehemmt. Das Schwermetall bildet mit den SH-Gruppen der Proteinseitenketten Komplexe und verändert dadurch das aktive Zentrum des Enzyms. Eine Reaktion mit dem Substrat wird verhindert. Die Schwermetalle werden daher als Enzymgifte betrachtet. Die Blaufärbung im Kontrollansatz zeigt, dass Harnstoff in Ammoniak und Kohlendioxid zersetzt wurde.

Bemerkung:
Es kann auch Kupfersulfat ($CuSO_4$) als Schwermetallsalz verwendet werden, wobei die $CuSO_4$-Kristalle eine blaue Eigenfärbung aufweisen. Alternativ zu Bromthymolblau kann bei diesem Versuch auch Phenolphthalein (100 mg in 10 mL dest. Wasser) als Indikator verwendet werden.

V 3.2.3 pH-Abhängigkeit des Stärkeabbaus durch die Mundspeichel-Amylase

Kurz und knapp:
Das Polysaccharid Stärke wird von der Mundspeichel-Amylase in kleinere Grundbausteine gespalten. Dabei ist die Enzymaktivität wesentlich vom pH-Wert des Reaktionsmediums abhängig. Bei bestimmten pH-Werten erreicht die Enzymaktivität ein Wirkungsmaximum, in anderen pH-Bereichen sinkt sie auf ein Minimum oder erlischt völlig. Fast alle Enzyme zeigen ein charakteristisches pH-Optimum.

Zeitaufwand:
Vorbereitung: 10 min, Durchführung: 5 min

Material:	Mundspeichel-Amylase
Geräte:	4 Demonstrationsreagenzgäser mit Ständer, 4 Reagenzgläser mit Ständer, Messzylinder (25 mL), Messpipette (5 mL), Pasteurpipette, Peleusball
Chemikalien:	0,1 %ige Amyloselösung (0,1 g lösliche Stärke in 100 mL dest. Wasser; kurz aufkochen bis Lösung klar ist), 0,25 %ige Iodlösung (500 mg KI in 3-4 mL dest. Wasser lösen, 250 mg I zugeben und mit dest. Wasser auf 100 mL auffüllen), 0,5 mol/L Hydrogenphosphat (8,9 g $Na_2HPO_4 \cdot 2 H_2O$ auf 100 mL), 0,25 mol/L Zitronensäure (5,3 g Zitronensäure $\cdot H_2O$ auf 100 mL)

Durchführung:
Man stellt sich in einem geeigneten Messzylinder Pufferlösungen her, indem man das Volumen an Na_2HPO_4 vorlegt und dann die entsprechenden mL an Zitronensäure hinzu gibt:

End-pH	5	6	7	8
0,5 mol/L Na_2HPO_4 [ml]	20	18	14	11
0,25 mol/L Zitronensäure [ml]	-	2	6	9

Von der 0,1 %igen Amyloselösung pipettiert man je 5 mL in 4 Reagenzgläser. Man spuckt einmal in jedes Demonstrationsreagenzglas und gibt direkt im Anschluss die Pufferlösung hinzu. Zum Reaktionsstart gießt man zügig hintereinander die Amyloselösungs-Portionen in die Demonstrationsreagenzgläser und bricht die Reaktion nach 3 min mit 10 Tropfen 0,25 %iger Iodlösung ab.

Beobachtung:
pH 5: blaue Färbung; pH 6: leichte rosa Färbung; pH 7: Entfärbung (bzw. Eigenfarbe der Iodlösung); pH 8: blaue Färbung.

Erklärung:
Amylose, ein Polysaccharid, besteht aus 200-1000 Glucoseeinheiten, die glycosidisch miteinander verknüpft sind (s. Kapitel 1.4). Die unverzweigten Ketten bilden eine spiralförmige Helix (Schraube), in die sich die Iodmoleküle einlagern können und die blau-violette Iod-Amylose-Einschlussverbindung bilden. Die im Mundspeichel enthaltene Amylase (Ptyalin) kann die Amylose in kleinere Bruchstücke spalten, die dann weiter zu Maltose und Glucose zerlegt werden. Die Abbauprodukte weisen keine Helixstruktur mehr auf und zeigen somit keine Färbung mehr.

Die Aktivität der Amylase ist vom pH-Wert abhängig, da sich im aktiven Zentrum reversibel protonierbare Gruppen befinden. Durch die Änderung des Ladungszustandes dieser Gruppen kommt es zu Änderungen der Konformation und somit auch der katalytischen Aktivität des Enzyms. Die Aktivität der Mundspeichel-Amylase ist bei pH 6 und 7 am größten, da in diesem pH-Bereich keine oder nur sehr geringe Mengen Stärke nachgewiesen werden können. Bei den beiden anderen Ansätzen ist die Aktivität der Mundspeichel-Amylase deutlich geringer, wie durch den postitiven Stärkenachweis ersichtlich. Das exakte pH-Optimum der Amylase liegt bei pH 6,7.

Bemerkung:
Bei diesem Versuch handelt es sich durch die Verwendung der Mundspeichel-Amylase nicht um einen rein pflanzenphysiologischen Versuch. Er hat trotzdem seine Berechtigung, da das Enzym Amylase auch in Pflanzen vorkommt, wie z.B. in gekeimten Weizenkörnern und Darrmalz. Die Mundspeichel-Amylase ist gegenüber den pflanzlichen Enzymen für dieses Experiment einfacher verfügbar.

Bei diesem Versuch sollten keine weiter basischen Reaktionsmedien als pH 8 betrachtet werden, da die Iod-Stärke-Reaktion zum Nachweis von Amylose im Basischen nicht mehr funktioniert. Hier disproportioniert Iod nach folgender Reaktion:

$$I_2 + 2\,NaOH \longrightarrow NaI + NaOI + H_2O$$

Ohne die Kenntnis der Disproportionierung von Iod im basischen Milieu kann der Eindruck entstehen, dass das pH-Optimum der Mundspeichel-Amylase im hohen pH-Bereich liegt. Ab Pufferlösungen mit pH 9 müsste man durch Zugabe von Säure die Lösung erst für die Iod-Stärke-Reaktion neutralisieren. Die Verwendung einer sauren Iodlösung wäre ebenfalls denkbar. Diese müsste allerdings so sauer sein, dass bereits mit wenigen Tropfen eine Neutralisation der Pufferlösungen erfolgt. Weiterhin muss ab pH 9 ein anderes Puffersystem verwendet werden. Der Citrat-Phosphat-Puffer ist nur bis pH 8 geeignet.

Je nach gewünschter Intensität der blau-violetten Färbung kann man den Ansätzen auch mehr als 10 Tropfen 0,25 %iger Iodlösung zufügen.

Gibt man die Iodlösung direkt zu Beginn mit in die Reagenzgläser so sind alle 4 Ansätze blau gefärbt. Nach dem Reaktionsstart mit der Amyloselösung ist jedoch in keinem Ansatz eine Entfärbung zu beobachten. Die Zugabe der Iodlösung bewirkt also einen Reaktionsstop bzw. eine deutliche Herabsetzung der Amylase-Aktivität.

Die eingesetzte Amyloselösung muss für den Versuch abgekühlt sein, da die Mundspeichel-Amylase sonst denaturiert und das Versuchsergebnis verfälscht wird.

V 3.2.4 Abhängigkeit der Katalaseaktivität vom pH-Wert

Kurz und knapp:
Dieser Versuch zeigt ebenso wie V 3.2.3 den Einfluss des pH-Wertes auf die Enzymaktivität. Die Abhängigkeit der Enzymaktivität vom pH-Wert lässt sich bei diesem Versuchsansatz in Form einer Optimumkurve darstellen.

Zeitaufwand:
Vorbereitung: 20 min, Durchführung: 10 min

Material:	Kartoffel (*Solanum tuberosum*)
Geräte:	5 Messzylinder (100 mL), 1 Messzylinder (50 mL), 2 Messpipetten (5 mL), 2 Bechergläser (200 mL), Reibe, Küchen- oder Teesieb, 5 Reagenzgläser mit Ständer, langer Glasstab, kurzer Glasstab, Peleusball
Chemikalien:	30 %ige Wasserstoffperoxidlösung (H_2O_2), dest. Wasser, 0,25 mol/L Zitronensäure (5,3 g Zitronensäure $\cdot$ H_2O/ 100 ml), 0,5 mol/L Hydrogenphosphat (17,8 g $Na_2HPO_4 \cdot 2\ H_2O$/ 200 mL), 0,5 mol/L Glycin (3,8 g/ 100 mL), 0,5 mol/L Natriumhydroxid (2 g NaOH/ 100 mL)

Durchführung:
Gewinnung der Katalase aus Kartoffeln: siehe V 3.1.3. Man stellt die Pufferlösungen (pH 6, 7, 8, 9, 10) direkt in den Messzylindern her, indem man das Volumen der einen Komponente vorlegt und die mL der anderen hinzufügt. Die 5 mL H_2O_2 gibt man erst unmittelbar vor Reaktionsstart hinzu und mischt anschließend die Lösungen in den Messzylindern gut durch Rühren mit einem langen Glasstab.

pH-Wert	6	7	8	9	10
0,5 mol/L Na_2HPO_4 [mL]	31	41	45		
0, 25 mol/L Zitronensäure [mL]	14	4	-		
0,5 mol/L Glycin [mL]				35	25
0,5 mol/L NaOH [mL]				10	20
30 %iges H_2O_2	je 5 mL				

Man startet die Reaktion, indem man zu den 5 Messzylindern zügig hintereinander jeweils 5 mL Katalaselösung gibt. Nach 5 min notiert man die entstandenen Schaummengen. Dabei empfiehlt es sich, die Gesamtmilliliter abzulesen und vom Ausgangsvolumen (55 mL) abzuziehen. Die entstandenen Schaummengen [ml] trägt man in einem Diagramm gegen die pH-Werte auf.

Beobachtung:
Bei pH 8 ist die entstandene Schaummenge am größten. Die Auftragung der Messwerte ergibt die für die pH-Abhängigkeit von Enzymen typische Optimumkurve.

Erklärung:
Die Aktivität der Katalase ist vom pH-Wert abhängig, da sich im aktiven Zentrum reversibel protonierbare Gruppen befinden. Durch die Änderung der H^+- bzw. OH^--Konzentration wird der Ladungszustand dieser Gruppen verändert. Es kommt zur Konformationsänderung des Enzyms, und damit verändert sich auch seine katalytische Aktivität. Wie aus der Optimumkurve zu erkennen, ist die katalytische Aktivität der Katalase bei pH 8 am größten.

Bemerkung:
Bei längerem Stehen der 3 %igen H_2O_2-Lösung zersetzt sich bei pH 9 und pH 10 das Wasserstoffperoxid bereits ohne Einwirkung von Katalase. OH^--Ionen zersetzen Wasserstoffperoxid katalytisch. Gibt man die Wasserstoffperoxidlösung erst unmittelbar vor dem Reaktionsstart mit dem Katalaseextrakt zu den basischen Pufferlösungen, hat die katalytische Wirkung der OH^--Ionen keinen Einfluss auf das Versuchsergebnis. Um für alle Ansätze die gleichen Versuchsbedingungen zu haben, empfiehlt es sich, die 5 mL 30 %iges Wasserstoffperoxid erst unmittelbar vor Versuchsbeginn in die Messzylinder zu geben.
   Die verwendeten Pufferlösungen müssen eine ausreichende Pufferkapazität aufweisen, damit auch nach Zugabe der sauren Wasserstoffperoxidlösung der pH-Wert in etwa konstant bleibt. Dies ist bei den verwendeten Pufferlösungen der Fall.

**V 3.2.5 Einfluss der Temperatur auf die Enzymaktivität am Beispiel
der Urease**

Kurz und knapp:
Mit diesem Versuch lässt sich die Temperaturabhängigkeit der Enzyme am Beispiel
der Zersetzung von Harnstoff durch Urease zeigen. Eine Temperaturerhöhung führt
zunächst zu einer Erhöhung der Enzymaktivität und damit einer schnelleren Zersetzung des Harnstoffs. Bei höheren Temperaturen nimmt die Aktivität des Enzyms
aufgrund von Denaturierungsprozessen schnell ab.

Zeitaufwand:
Vorbereitung: 10 min, Durchführung: 10 min

Material:	Sojabohnen (*Glycine max*)
Geräte:	4 Demonstrationsreagenzgläser mit Ständer, 4 Reagenzgläser mit Ständer, 7 Bechergläser (1 x 2000 mL, 4 x 800 mL, 1 x 200 mL, 1 x 100 mL), Messzylinder (50 mL), Messpipette (5 mL), Mörser mit Pistill, Spatel, Glasstab, Bunsenbrenner, Vierfuß mit Ceranplatte, Feuerzeug, Thermometer, Waage, Peleusball
Chemikalien:	5 %ige Harnstofflösung (5 g Harnstoff in 100 mL), 0,5 %iges Bromthymolblau (50 mg in 10 mL 60 %igem Ethanol), Citrat-Phosphatpuffer pH 5 (13 mL 0,2 mol/L $Na_2HPO_4 \cdot 2\ H_2O$ und 12 mL 0,1 mol/L Zitronensäure $\cdot\ H_2O$)

Durchführung:
Gewinnung der Urease aus Sojabohnen: Man wiegt 6 g Sojabohnen ab, zerkleinert
sie mit dem Pistill im Mörser und gibt 5 g des Sojapulvers in ein Becherglas mit
50 mL dest. Wasser. Man rührt kurz mit einem Glasstab um. Nachdem sich das Sojapulver auf dem Boden des Becherglases abgesetzt hat, werden jeweils 5 mL des
Ureaseextraktes in 4 Reagenzgläser pipettiert.

Die 100 mL 5 %ige Harnstofflösung gibt man mit den 25 mL Pufferlösung in ein
200 mL Becherglas und gibt tropfenweise 0,5 %iges Bromthymolblau hinzu bis die
Lösung intensiv gelb gefärbt ist.

Nun bringt man im 2000 mL Becherglas etwa 1,5 l Wasser mit dem Bunsenbrenner auf der Ceranplatte mit Vierfuß zum Kochen. Mit dem kochenden Wasser
(100 °C) füllt man ein 800 mL Becherglas ganz und stellt dieses auf die Ceranplatte
mit Vierfuß, wobei das Wasser weiterhin durch den Bunsenbrenner am Kochen gehalten wird. In einem weiteren 800 mL Becherglas stellt man sich durch Mischen

von kochendem und kaltem Wasser ein Wasserbad von 50 °C her. Die beiden übrigen 800 mL Bechergläser füllt man mit Eis (0 °C) bzw. Leitungswasser (20 °C). Die durch Bromthymolblau gelb gefärbte Harnstofflösung teilt man gleichmäßig auf die 4 Demonstrationsreagenzgläser auf und stellt diese in die Wasserbäder mit 0 °C, 20 °C, 50 °C und 100 °C. Die 4 Reagenzgläser mit Ureaseextrakt stellt man nun ebenfalls in die Wasserbäder. Harnstofflösung und Ureaseextrakt sollen mindestens 3 min vorgewärmt werden. Dann füllt man das Ureaseextrakt zu der Harnstofflösung.

Beobachtung:
Der 50 °C-Ansatz zeigt den schnellsten Farbumschlag von gelb über grün nach blau. Nach etwa 10 min erhält man folgendes Ergebnis:

Temperatur [°C]	0	20	50	100
Färbung	gelb	grün	blau	hellgrün

Die unterschiedliche Farbabstufung lässt sich am besten im direkten Vergleich beobachten. Dazu nimmt man die Reagenzgläser aus den Wasserbädern und stellt sie nebeneinander in einen Ständer. Lässt man die Reagenzgläser bis zum Ende der Stunde stehen, so verfärben sich die Ansätze von 0 °C und 20 °C weiter ins Bläuliche, während der Ansatz von 100 °C unverändert hellgrün bleibt.

Erklärung:
Die Enzymkatalyse ist wie alle chemischen Reaktionen temperaturabhängig. Auch für sie gilt die so genannte RGT-Regel, nach der sich die Reaktionsgeschwindigkeit bei einer Temperaturzunahme um 10 °C in etwa verdoppelt. Neben der Beschleunigung der Reaktionsgeschwindigkeit bewirkt die steigende Temperatur eine abnehmende Enzymstabilität. Bei einer Temperatur von 100 °C wird die Urease thermisch denaturiert. Die Urease wird unwirksam, da es bei dieser Temperatur zur Konformationsänderung der Proteinkette des Enzyms kommt. Die Urease wird irreversibel zerstört. Der Ansatz zeigt auch nachdem er aus dem Wasserbad genommen wurde keine Ureaseaktivität mehr. Bei den Ansätzen von 0 °C bzw. 20 °C wurde die Konformation des Enzyms nicht verändert, und so ist die Urease weiterhin aktiv.

Bemerkung:
Es ist unbedingt notwendig, dass man zu der Harnstofflösung eine Pufferlösung vom pH 5 gibt, da sonst der Farbumschlag des Indikators Bromthymolblau schlagartig erfolgt und nicht langsam beobachtet werden kann. Der Ansatz von 100 °C muss ständig mit dem Bunsenbrenner erhitzt werden, da sonst die Temperatur des Wasserbads sehr schnell absinkt und das Versuchsergebnis verfälscht wird. Für den An-

satz von 50 °C kann man für die Versuchsdauer Temperaturkonstanz annehmen. Man kann mit diesem Versuch das Temperaturoptimum der Urease zwar „nur" rein qualitativ bestimmen, allerdings werden die Effekte der Temperaturabhängigkeit von Enzymen eindeutig veranschaulicht: Erhöhung der Enzymaktivität und Denaturierung des Enzyms. Die exakten Temperaturen des Temperaturoptimums oder der beginnenden Denaturierung zu kennen, sind für eine halbquantitative Betrachtung unbedeutend.

V 3.2.6 Todesringe und Todesstreifen

Kurz und knapp:
Mit diesem Versuch lassen sich sowohl die zelluläre Kompartimentierung von Enzymen als auch ihre Temperatursensitivität demonstrieren. Je nach dem Ausmaß der Hitzeeinwirkung werden die Enzyme denaturiert und die zelluläre Kompartimentierung aufgehoben, oder es wird nur die zelluläre Kompartimentierung aufgehoben. Sind die Enzyme noch intakt und die zelluläre Kompartimentierung aufgehoben, können die in der Vakuole gespeicherten Phenole mit den Phenoloxidasen in Kontakt treten. Es ist eine dunkle Färbung des Blattes zu beobachten.

Zeitaufwand:
Vorbereitung: 10 min, Durchführung: 5 min

Material:	Laubblätter (z.B. Efeublätter, *Hedera helix*)
Geräte:	großes Becherglas mit Wasser, Bunsenbrenner, Ceranplatte mit Vierfuß, Reagenzglasklammer, Glasstab

Durchführung:
Man erhitzt Wasser bis zum Kochen und taucht den unteren Teil eines Efeublattes, das man mit einer Holzzange am Becherglasrand fixiert, hinein.
Währenddessen erhitzt man einen Glasstab für ca. 30 Sekunden in der Bunsenbrennerflamme und drückt diesen anschließend sanft auf ein weiteres Efeublatt.

Beobachtung:
Bis zur Eintauchgrenze ist das Efeublatt hellgrün gefärbt. Über der Wasseroberfläche bildet sich ein braunschwarzer Streifen. Oberhalb dieses Streifens ist das Blatt unverändert.

Dort, wo der Glasstab auflag, beobachtet man eine grüne Kreisfläche, die von einem braunschwarzen Ring umrahmt ist.

Abb.3.5: Todesring (METZNER, 1982).

Erklärung:

In einem gesunden Gewebe befinden sich die Phenoloxidasen und ihr Substrat, die Phenole, in zwei unterschiedlichen Kompartimenten. In höheren Pflanzen sind die Enzyme an die Plastiden gebunden, während die Phenole in der Vakuole vorliegen. Sie können daher nicht miteinander reagieren, da sie räumlich voneinander getrennt sind.

Im vorliegenden Versuch werden nun aufgrund von Erhitzen Teile des Blattes geschädigt, und es kommt zu einer Farbveränderung. Die Farbveränderung des Efeublattes wird durch die Reaktion der Phenoloxidasen mit den Phenolen hervorgerufen. Die Enzyme oxidieren die Phenole und es entstehen über chinoide Zwischenprodukte Melanine, die die braunschwarze Färbung ausmachen. In der eingetauchten Blatthälfte sind sowohl die Blattzellen als auch die Enzyme vollständig durch Hitze zerstört worden. Deshalb bleibt die Fläche, die der größten Hitze ausgesetzt ist, grün. Oberhalb der Eintauchmarke reichte die Hitze zur Enzymdenaturierung nicht aus. Dort wurden nur die Membranen geschädigt. Die gespeicherten Polyphenole treten aus den Vakuolen aus und reagieren mit den Enzymen zu dem braunen Farbstoff Melanin. Über dem braunen Streifen findet man wieder intaktes Gewebe.

Die Entstehung der Todesringe durch sanftes Drücken eines heißen Glasstabes ist auf das gleiche Phänomen zurückzuführen.

Bemerkung:

Es ist darauf zu achten, dass der Glasstab nicht zu stark erhitzt wird, da das Efeublatt sonst an der Stelle, an der der Glasstab aufliegt, verkohlt.

Bei sehr heftig kochendem Wasser kann die Bildung des dunklen Streifens ausbleiben, da aufgrund der Einwirkung des Wasserdampfes im ganzen Blatt Enzyme und Zellen zerstört werden. Man sollte das Wasser also in moderater Weise zum Kochen bringen und zusätzlich immer nur die untere Spitze des Blattes in das kochende Wasser eintauchen.

V 3.2.7 Der Haushaltstipp: Die Braunfärbung aufgeschnittener Äpfel

Kurz und knapp:
Dieser Versuch demonstriert, wie die zelluläre Kompartimentierung von Enzym und Substrat durch die Verletzung von Gewebe aufgehoben wird. Beim Anschneiden von Äpfeln kommen die Phenoloxidasen der Plastiden mit ihren Substraten, den Phenolen, in Kontakt und es kommt zur Braunfärbung.

Zeitaufwand:
Vorbereitung: 5 min, Durchführung: 5 min

Material:	Apfel, Zitronensaft
Geräte:	4 Petrischalen, Pistill mit Mörser
Chemikalien:	Ascorbinsäure (1 Spatelspitze in 10 mL dest. Wasser), Zitronensäure (1 Spatelspitze in 10 mL dest. Wasser)

Durchführung:
Den Apfel schälen und in kleine Stücke schneiden und auf die vier Petrischalen verteilen. Zusätzlich gibt man in alle vier Petrischalen etwas frischen Apfelbrei, den man durch Zerreiben der Apfelstücke mit Pistill im Mörser herstellt. In einer Schale beträufelt man Apfelstücke wie auch Apfelbrei mit Zitronensaft, in der nächsten beträufelt man mit Ascorbinsäure und in der dritten mit Zitronensäure. Die vierte Schale dient als Kontrolle.

Beobachtung:
Der Apfelbrei verfärbt sich in den Schalen mit der Kontrolle und Zitronensäure direkt bräunlich. Bei den Ansätzen mit Zitronensaft und Ascorbinsäure bleibt die Braunfärbung aus. Bei den Apfelstücken ist dasselbe zu beobachten, jedoch mit einiger zeitlicher Verzögerung. Nach 10 min ist in dem Ansatz mit Zitronensäure und der Kontrolle eine leichte Braunfärbung zu erkennen. Nach 30 min ist bei der Kontrolle und der Schale mit Zitronensäure eine deutliche Braunfärbung zu erkennen, während in den Ansätzen mit Ascorbinsäure und Zitronensaft keine Verfärbung festzustellen ist.

Erklärung:
Durch die Zerkleinerung des Apfels in kleine Stücke bzw. Apfelbrei sind die Zellen zerstört worden. Dabei sind bei der Herstellung des Apfelbreis mehr Zellen beschädigt worden, als beim Schneiden des Apfels in kleine Stücke. Die zuvor räumlich voneinander getrennten Phenoloxidasen und die Substrate, die Polyphenole, können

miteinander in Kontakt treten. Die Enzyme oxidieren Mono- oder Diphenole zu Chinonen, die über eine Reihe weiterer Stoffwechselschritte schwärzliche Pigmente (Melanine) bilden. Auf ihre Bildung ist die Braunfärbung der Apfelscheiben und des Apfelbreis zurückzuführen. Die Phenoloxidasen benötigen aber nicht nur ihr Substrat zur Umsetzung, sondern auch Luftsauerstoff als Oxidationsmittel. Daher beginnt die Verfärbung an den Grenzflächen zur Luft.

Die im Zitronensaft enthaltene Ascorbinsäure und nicht die Zitronensäure, wie man vermuten könnte, unterbindet die Melaninbildung. Die Ascorbinsäure kann aufgrund des relativ niedrigen Redoxpotentials ($E_0' = + 0,08$ V) leicht zur Dehydroascorbinsäure oxidiert werden. Anstelle der Phenole wird in diesem Ansatz die Ascorbinsäure oxidiert und so bleibt die Braunfärbung der Apfelscheiben und des Apfelbreis aus. Diese Eigenschaft der Ascorbinsäure macht man sich bei der Konservierung von Nahrungsmitteln zunutze.

Bemerkung:
Dieses Experiment ist sehr anschaulich und hat Alltagsbezug, da die Braunfärbung von Apfelscheiben beim Schälen eines Apfels oder auch bei Apfelstücken im Obstsalat zu beobachten ist. Da auch beim Obstsalat das Auge mißt, sollte man die Apfelstücke mit Zitronensaft beträufeln, um ihre Braunfärbung zu verhindern. In dem Experiment wird Apfelbrei neben den Apfelstücken nur deshalb verwendet, weil sich die Braunfärbung bei diesem schneller einstellt.

Kapitel 4 Bau, Eigenschaften und Funktionen von Biomembranen
Die pflanzliche Zelle als osmotisches System

A Theoretische Grundlagen

4.1 Einleitung

Alle Zellen sind von einer Membran umgeben, die ihnen lebenswichtige Individualität verleiht. Die Zell- oder Plasmamembran, das Plasmalemma, trennt das Cytoplasma von der extrazellulären Außenwelt, während sich die Organellen durch ihre Membranen gegen das Cytoplasma abgrenzen. Membranen sind sehr selektive Permeabilitätsschranken (Permeabilität = Durchlässigkeit), die einerseits aufgrund ihrer physikalisch-chemischen Struktur, andererseits über spezifische Kanäle und Pumpen einen kontrollierten Stoffaustausch mit ihrer Umgebung ermöglichen. Sie trennen damit zahlreiche Reaktionsräume voneinander. Diese Kompartimentierung ermöglicht eine Aufgabenteilung, sodass viele unterschiedliche Stoffwechselprozesse, ohne sich gegenseitig zu stören, in den Organellen ablaufen können. Damit eine sinnvolle Kompartimentierung erreicht wird, sind Membranen nie als Lamellen ausgebildet, sondern stets in sich geschlossen, d. h. sie sind immer als Vesikel, allerdings recht variabler Geometrie, ausgebildet. Membran-Biogenese beruht auf Flächenwachstum vorhandener Membranen durch Einbau neuer Moleküle und schließlich Zerlegung von Kompartimenten durch Membranfluss. Die beiden wichtigsten Bausteine von Biomembranen, Strukturlipide und Membranproteine, werden vor allem am Endoplasmatischen Retikulum (ER) synthetisiert. Vesikulation und Fusion über zwischengeschaltete Vesikel, also Membranfluss, führt zur Verteilung dieses Materials an die übrigen Membranen und zur Vermehrung bestimmter Membranen und Vesikel. Die meisten intrazellulären Membranen und die Plasmamembran können über Vesikelströme, d. h. indirekt durch Membranfluss, miteinander kommunizieren, sie gehören letztlich zum selben Membransystem. Nicht zu diesem System gehören die inneren Mitochondrienmembranen, sowie die inneren Hüllmembranen und Thylakoide der Plastiden. Die Pflanzenzelle enthält also nicht nur drei permanent separierte Plasmen, sondern auch drei nicht durch Membranfluss verbundene Systeme. Da jede Membran zwei unterschiedliche Räume voneinander trennt, ist sie asymmetrisch strukturiert, man unterscheidet eine dem Cytoplasma zugewandte P-Seite (plasmatische Seite) von einer dem Cytoplasma abgewandten E-Seite (extraplasmatische oder externe Seite). Viele wichtige Zellfunktionen, wie z. B. Signalaufnahme, Signalleitung, Transport, Energiekonservierung, Biosynthese oder Motilität sind zu wesentlichen Teilen an Membranen gebunden.

4.2   Chemischer Aufbau von Membranen

Die biologischen Membranen sind grundsätzlich aus Proteinen und Lipiden aufgebaut, wobei je nach Funktion der Membran die eine oder andere Komponente überwiegen kann. Unter Lipiden versteht man eine Gruppe von Naturstoffen, die zwar unterschiedlich chemisch aufgebaut sind, aber in ihren physikalisch-chemischen Eigenschaften und in ihren biologischen Funktionen weitgehend übereinstimmen. Die Zugehörigkeit zu dieser Gruppe wird allein vom Löslichkeitsverhalten bestimmt. In Wasser sind alle Lipide unlöslich, dagegen können sie in unpolaren organischen Lösungsmitteln wie Ether und Chloroform gelöst werden. Aufgrund ihrer chemischen Struktur lassen sich die Lipide in zwei Gruppen einteilen, nämlich in Lipide, die in ihrem Molekül Fettsäuren enthalten und solche, die keine Fettsäuren als Bausteine besitzen. Zur ersten Gruppe zählen Verbindungen wie Fette, Wachse, Phospho- und Glykolipide, zur zweiten Carotinoide und Steroide. Die Phospho- und Glykolipide bauen die Grundstruktur der Membranen, die Matrix, auf. Sie dienen als Lösungsmittel für die in der Membran eingebetteten Proteine und bilden aufgrund ihrer hydrophoben Eigenschaft eine Permeabilitätsschranke. Die Proteine vermitteln die speziellen Membranfunktionen, wie Stofftransport, Elektronen- und Ionentransport und Katalyse.

Der Aufbau eines Phospholipids soll am Beispiel des Lecithins erläutert werden (Abb. 4.1). Wie bei einem Neutralfett ist der dreiwertige Alkohol Glycerin mit Fettsäuren verestert, allerdings nur mit zwei, mit Palmitinsäure ($C_{15}H_{31}COOH$) und der ungesättigten Ölsäure ($C_{17}H_{33}COOH$). Die übrige Hydroxygruppe ist mit Phosphorsäure verestert, die ihrerseits mit dem positiv geladenen Alkohol Cholin einen Ester bildet. Das ganze Molekül ist nun nicht mehr hydrophob, sondern weist mit der negativ geladenen Gruppe der Phosphorsäure und der positiven Ladung des Cholins auch einen hydrophilen Pol gegenüber dem hydrophoben Pol aus Fettsäuren auf. Man sagt Lecithin ist amphiphil (amphipathisch), d.h. hydrophil und lipophil. Bei den Glykolipiden bilden Zuckermoleküle den hydrophilen Pol, sie enthalten aber keine Phosphorsäure.

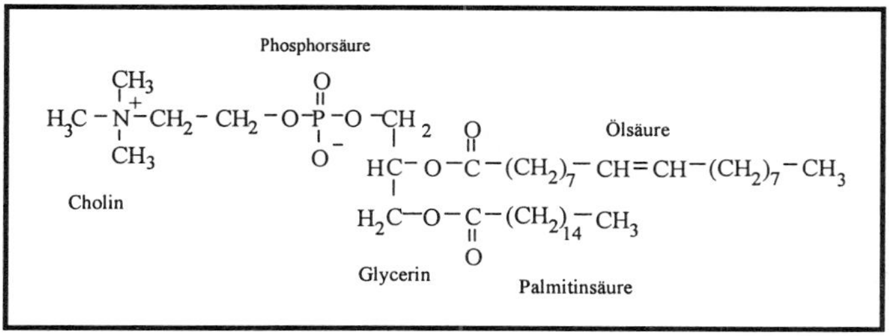

Abb. 4.1: Lecithin (Phosphatidylcholin).

In einer wässrigen Phase ordnen sich die Phospholipide aufgrund ihres amphiphilen Charakters bevorzugt in Form von Micellen oder Lamellen an. Die Micelle ist eine Kugel mit hydrophiler Oberfläche und hydrophobem Innenraum, während die Lamelle eine Fläche darstellt, die aus einer Lipiddoppelschicht aufgebaut ist. Die hydrophilen Lipidköpfe bilden dabei die Ober- bzw. Unterseite der Lamelle, die Molekülschwänze sind dagegen nach innen einander zugekehrt. Auf der Oberfläche der Micelle oder Lamelle werden die hydrophilen Lipidköpfe von den Wassermolekülen hydratisiert, die hydrophoben Schwänze lagern sich zu einem wasserfreien hydrophoben Raum zusammen, da sie keine Wasserstoffbrücken mit den Wassermolekülen ausbilden können. Die Phospho- bzw. Glykolipide bevorzugen jedoch die Lamellenstruktur, da die sperrigen Fettsäurereste eine kugelförmige Anordnung behindern. Die Ausbildung einer solchen Lipiddoppelschicht geschieht in einem wässrigen Medium spontan; diese Fähigkeit steckt im amphiphilen Aufbau der Lipide. Stabilisiert wird diese Anordnung einerseits durch hydrophobe Wechselwirkungen wie die VAN-DER-WAALS-Kräfte zwischen den unpolaren Fettsäureresten, andererseits durch elektrostatische Wechselwirkungen zwischen den Wassermolekülen und den hydrophilen Lipidköpfen (VAN-DER-WAALS-Kräfte sind nichtkovalente Anziehungskräfte zwischen elektrisch neutralen Molekülen, die aus elektrostatischen Wechselwirkungen zwischen permanenten oder induzierten Dipolen bestehen; Johannes VAN-DER-WAALS: 1837-1923). In flüssig kristallinen Lipiddoppelschichten ist die laterale Beweglichkeit der einzelnen Moleküle hoch. Nachbarschaftsaustausche liegen bei etwa 10^6 pro Sekunde. Die transversale Beweglichkeit (Flip-Flop) ist dagegen praktisch ausgeschlossen.

Hinsichtlich der Permeabilität erweisen sich Lipiddoppelschichten als ausgesprochen impermeabel, d.h. undurchlässig für hydratisierte Ionen und größere polare Moleküle, z.B. Glucose, da diese den hydrophoben Bereich nicht durchdringen können. Kleine Moleküle wie Wasser oder unpolare Moleküle können dagegen leicht passieren. Die Wassermoleküle nutzen trotz ihres ausgesprochen hydrophilen Charakters unvermeidlich auftretende Zwischenräume zwischen den Lipiden zum Durchgang, während sich lipophile Moleküle gleichsam durch die Membran hindurchlösen können. Membranen bezeichnet man daher wegen ihres unterschiedlichen Permeabilitätsverhaltens gegenüber polaren bzw. unpolaren Verbindungen als semipermeabel, d.h. halbdurchlässig.

Die Membranproteine lassen sich nach ihrer Lage in der Membran in zwei Gruppen einteilen. Die peripheren Membranproteine liegen quasi auf der Membranoberfläche auf bzw. tauchen gerade in die Membran ein, mit der sie durch Wasserstoffbrücken oder Ionenbindungen assoziiert sind. Durch Lösungen hoher Ionenstärke wie einmolare Kochsalzlösung können die peripheren Proteine leicht von der Membranoberfläche gelöst werden. Die integralen Membranproteine sind dagegen durch hydrophobe Wechselwirkungen mit den Lipiden der Membran gekennzeichnet. Fast alle bekannten integralen Proteine durchspannen die Lipiddoppelschicht (Transmembranproteine) mit einem oder mehreren Membrandurchgängen und bilden daher Membranrezeptoren, Enzyme, Ionenpumpen, Kanäle und Ankerproteine für das Cytoskelett. Damit die Proteine in die hydrophoben Innenbereiche der Membran eindringen können, bestehen die membrandurchspannenden Anteile der Proteinkette vorwiegend aus unpolaren Aminosäuren, deren Sekundärstruktur als α-Helix ausgebildet ist (vgl. Kapitel 2.4). Solch eine hydrophobe Helix besteht aus 20-25 Aminosäuren; ihre Länge entspricht damit der Dicke des unpolaren Bereichs einer Lipiddoppelschicht. Jene Domänen der Transmembranproteine, die beidseits aus der Membran herausragen, weisen hydrophile Oberflächen auf. Im Gegensatz zu den peripheren Proteinen lassen sich die integralen Proteine nur durch das Auflösen der Membran mittels Detergentien wie z.B. Natriumdodecylsulfat (SDS, engl.: Sodium Dodecylsulfate) gewinnen.

4.3 Membranmodelle

Nachdem zu Beginn des Jahrhunderts bekannt war, dass Membranen Lipiddoppelschichten sind, die zusätzlich Proteine enthalten, entwickelten 1935 J. F. DANIELLI und H. DAVSON ein Membranmodell, nach dem die Proteine auf beiden Seiten der Lipiddoppelschicht adsorbiert sein sollten. Dieses Modell wurde noch modifiziert, indem zusätzlich bindende Proteine eingeführt wurden, um der festen Haftung der Proteine an die Membran gerecht zu werden. Die Entwicklung der Elektronenmikroskopie brachte einen weiteren Fortschritt für die Membranforschung. Alle Membranen weisen im elektronenmikroskopischen Bild die gleiche Grundstruktur auf. Ein ≈ 3 nm breiter, heller Bereich ist von zwei ≈ 2 nm dicken Schichten umgeben. Die Membrandicke schwankt je nach Objekt und Membrantypus zwischen 7 und 10 nm. Die unterschiedliche Färbung geht dabei auf die zur Fixierung verwendeten Chemikalien zurück. Diese trilamellare Struktur wurde 1960 von J. D. ROBERTSON als „Unit Membrane"-Konzept beschrieben. Zwölf Jahre später formulierten dann 1972 S. J. SINGER und G. L. NICOLSON das bis heute gültige Membranmodell, das Fluidmosaik-Modell (engl.: Fluid Mosaic Model). Nach diesem Modell bilden die doppelschichtig angeordneten Glyko- und Phospholipide eine zweidimensionale flüssig-kristalline Matrix für Proteine, die sich darin frei lateral bewegen können (Abb. 4.2). Man kann dies am besten mit dem Driften von Eisbergen im Meer veranschaulichen.

Für viele membrangebundene Vorgänge ist die laterale Beweglichkeit von Membranproteinen ein funktionelles Erfordernis. Der Flüssigkeitscharakter oder Fluidität der Membran hängt im Wesentlichen von der Temperatur und der Zusammensetzung der Lipide ab. Sie steigt prinzipiell mit dem Anteil ungesättigter Fettsäuren an. Die Fluidität ist zugleich die Voraussetzung für die Fusion von Membranen, was die Grundlage für den Transport in Vesikeln oder den Austausch von Membransegmenten darstellt.

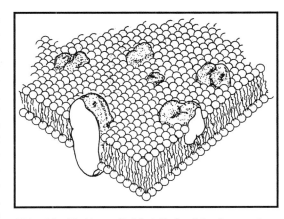

Abb. 4.2: Fluidmosaik-Modell der Membranstruktur nach SINGER und NICOLSON.

4.4   Transportphänomene: Diffusion und Osmose

Gibt man einen Zuckerwürfel in eine Tasse Kaffee, so schmeckt der Kaffee auch ohne Umrühren nach einiger Zeit süß. Die Zuckermoleküle haben sich von selbst im ganzen Kaffee verteilt. Alle Teilchen der Kaffeelösung befinden sich unablässig in Bewegung aufgrund der Wärme, die sich auf Teilchenebene als Bewegungsenergie äußert. Die Bewegung ist ungerichtet, da die Teilchen dauernd zusammenstoßen. Nach ihrem Entdecker heißt diese Bewegung BROWNsche Molekularbewegung (Robert BROWN: 1773-1858). Die Zuckermoleküle beginnen sich nun nach dem Herauslösen aus dem Zuckerkristall im gesamten zur Verfügung stehenden Raum gleichmäßig zu verteilen bis überall die gleiche Konzentration herrscht. Diese Ausbreitung von Molekülen bis zu einem Konzentrationsausgleich nennt man Diffusion. Quantitativ wurde die Diffusion von Adolf Eugen FICK (1829-1901) untersucht. Dabei zeigte sich, dass die Diffusionsgeschwindigkeit proportional dem Konzentrationsgefälle und der Fläche, durch die die Teilchen diffundieren können, ist. Dies gilt jedoch nur bei konstanter Temperatur, mit steigender Temperatur nimmt auch die Diffusionsgeschwindigkeit zu, da die Bewegungsenergie der Teilchen steigt. Für die Zelle ist die Diffusion als Transportprozess nur über kurze Strecken bedeutsam, etwa durch Membranen hindurch, da das Quadrat der Diffusionsstrecke proportional der Zeit ist, die für das Zurücklegen dieser Strecke benötigt wird. Konkret heißt das, dass bei einer Verdoppelung der Diffusionsstrecke der vierfache Zeitaufwand zum Zurücklegen dieser Strecke nötig ist.

Trennt man unterschiedlich konzentrierte Lösungen durch eine semipermeable Membran, z. B. eine Zuckerlösung von reinem Wasser, wobei die semipermeable Membran nur für Wassermoleküle durchlässig ist, nicht aber für Zuckermoleküle, so werden mehr Wassermoleküle in die Zuckerlösung hineindiffundieren als aus der Zuckerlösung in das reine Wasser hinein, da die Zuckerlösung eine im Vergleich zu reinem Wasser niedrigere Wasserkonzentration aufweist. Folglich nimmt das Volumen der Zuckerlösung zu, das Volumen des reinen Wassers nimmt ab, wobei die Zuckerlösung kontinuierlich verdünnt wird. Der Wassereinstrom kommt jedoch allmählich zum Stillstand, da das Eigengewicht der entstehenden Wassersäule und der dadurch erzeugte hydrostatische Druck einer weiteren Wasseraufnahme entgegenwirkt (Abb. 4.3 links). Der Druck aufgrund dessen reines Wasser in die Lösung einströmt, heißt osmotischer Druck oder osmotisches Potential (Ψ_π, Ψ = Psi). Das osmotische Potential einer wässrigen Lösung ist stets negativ, je negativer das Potential umso stärker wird der osmotische Druck; das osmotische Potential von reinem Wasser ist Null. Nach Jacobus Henricus VAN'T HOFF (1852-1911) hängt das osmotische Potential von der Konzentration der gelösten Moleküle oder Ionen und der Temperatur ab: Ψ_π = - R · c · T, wobei Ψ_π in bar (1 bar = 10^5 Pascal), c Konzentration in mol · l^{-1}, T absolute Temperatur und R allgemeine Gaskonstante bedeutet. Eine 1 M (molare) Lösung hat bei 0 °C ein osmotisches Potential von -22,7 bar. Es spielt keine Rolle, um welche Moleküle oder Ionen es sich handelt, nur deren Menge ist für die Größe des osmotischen Druckes von Bedeutung. Äquimolare (ideale) Lösungen verschiedener, nichtdissoziierender Substanzen haben demnach gleiche Ψ_π-Werte: sie sind isoosmotisch oder isotonisch.

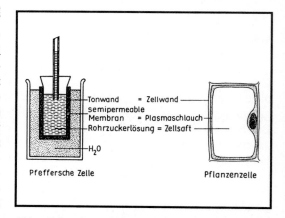

Abb. 4.3: Osmometermodell der Pflanzenzelle. Links: Osmometer (PFEFFERsche Zelle). Rechts: Pflanzenzelle (JACOB et al., 1994).

Experimentell kann die Osmose, das ist die Diffusion durch eine semipermeable Membran, mit der PFEFFERschen Zelle (Wilhelm PFEFFER: 1845-1920) demonstriert werden (Abb. 4.3). In einer solchen Zelle befindet sich in einer porösen Tonwand eine Niederschlagsmembran aus Kupferhexacyanoferrat II ($Cu_2[Fe(CN)_6]$), die semipermeabel in der oben beschriebenen Weise ist. Füllt man die Zelle mit Rohrzuckerlösung und taucht sie in reines Wasser ein, dann dringt Wasser entsprechend dem osmotischen Potential der Rohrzuckerlösung in den Tonzylinder ein. Der Wassereinstrom dauert solange an, bis der hydrostatische Druck der Wassersäule gleich dem osmotischen Potential der nun verdünnten Lösung ist.

4.5 Die pflanzliche Zelle als osmotisches System, Wasserpotential der Zelle, Plasmolyse und Deplasmolyse

Die vakuolisierte Pflanzenzelle stellt ein osmotisches System dar (Abb. 4.3). Die Vakuole weist eine Gesamtkonzentration an Zuckern, organischen Säuren und deren Salzen sowie anorganischen Ionen von 0,2 - 0,8 $mol \cdot l^{-1}$ auf und besitzt daher ein bestimmtes osmotisches Potential. Sowohl der Tonoplast, der die Vakuole vom Cytoplasma trennt, als auch das Plasmalemma der Zelle können als semipermeable bzw. selektiv permeable Membranen aufgefasst werden. Ähnlich den Verhältnissen in der PFEFFERschen Zelle kommt es bei der Pflanzenzelle dem Wasserpotentialgefälle entsprechend zu einem osmotischen Wassereinstrom in die Vakuole und damit zu einem Turgor, der das Druckpotential des Zellsaftes erhöht. Der Turgor ist gegen den Protoplasmaschlauch und die umgebende Zellwand gerichtet, die dadurch elastisch gespannt wird und einen gleichgroßen Gegendruck, den Wanddruck, ausübt. Der steigende Turgor in der Vakuole kompensiert in zunehmendem Maße das osmotische Potential der Vakuole und setzt dem weiteren Wassereinstrom ein Ende, wenn er zahlenmäßig so stark ist wie das osmotische Potential: $\Psi_p = -\Psi_\pi$. Da das matrikale Potential Ψ_τ in diesem System zu vernachlässigen ist, wird der osmotische Zustand der Zelle durch folgende Form der Wasserpotentialgleichung wiedergegeben:

$$\Psi_{Zelle} \quad = \quad (-)\Psi_\pi \quad + \quad (+)\Psi_p$$

Wasser-potential	osmotisches Potential	Druck-potential

Bei Gleichheit von Ψ_π und Ψ_p ist das Wasserpotential der Zelle gleich Null. Sie ist voll turgeszent, befindet sich mit dem Wasser der Umgebung im Gleichgewicht und nimmt kein Wasser auf.

92

Da das umgebende Milieu einer Zelle meist nicht reines Wasser ist, sondern in der Regel selbst ein negatives Wasserpotential hat, ist nicht der Absolutwert des Wasserpotentials der Zelle, sondern dessen Differenz $\Delta\Psi$ zum Potential des Außenmediums entscheidend. Wenn $\Delta\Psi = 0$, erfolgt kein weiterer Wassereinstrom.

Legt man nun pflanzliche Zellen in eine Lösung, deren Konzentration an gelösten Substanzen höher ist als innerhalb der Vakuole, dann strömt Wasser aus der Zelle aus, da das osmotische Potential der äußeren, so genannten hypertonischen Lösung, negativer ist als das osmotische Potential in der Vakuole. Ist die Potentialdifferenz groß genug, tritt selbst nach völliger Erschlaffung der Zelle noch Wasser aus. Das ausströmende Wasser bewirkt eine Volumenabnahme des Protoplasten, der sich daraufhin von der Zellwand löst. Diesen Vorgang nennt man Plasmolyse. Ersetzt man die äußere Lösung durch reines Wasser (hypotonische Lösung), nimmt die Zelle osmotisch Wasser auf und ihre ursprüngliche Gestalt wieder an, was man als Deplasmolyse bezeichnet. Diese Vorgänge können wiederholt ablaufen. Der Wassereinstrom kommt dadurch zum Erliegen, dass die Zellwand einer weiteren Volumenzunahme des Protoplasten durch den Wanddruck entgegenwirkt. Ist der Wanddruck genauso groß wie das osmotische Potential, wird kein Wasser mehr aufgenommen. Durch geeignete Wahl des Plasmolyticums kann die Form der Plasmolyse beeinflusst werden, die zusätzlich von der Viskosität des Protoplasten und der Wandhaftung abhängt. Rundet sich der Protoplast beim Ablösen von der Zellwand weitgehend ab, so spricht man von Konvexplasmolyse. Bleibt der Protoplast an einigen Stellen in Verbindung mit der Zellwand, so kann er an diesen Stellen zu dünnen Fäden, den so genannten HECHTschen Fäden ausgezogen werden. Es kommt zur Konkav- bzw. Krampfplasmolyse. Nur lebende Zellen sind zur Plasmolyse fähig, da nur sie über funktionstüchtige semipermeable Membranen verfügen. Mit Hilfe der Plasmolyse lässt sich das osmotische Potential der Vakuole bestimmen, indem man die Konzentration der Außenlösung so wählt, dass die Plasmolyse gerade herbeigeführt wird (Grenzplasmolyse).

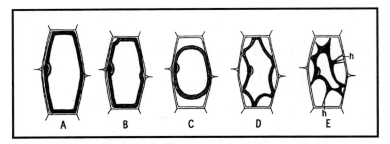

Abb. 4.4: Plasmolyseformen: A = turgeszente Zelle, B = Grenzplasmolyse, C = Konvexplasmolsye, D = Konkavplasmolyse, E = Krampfplasmolyse, h = HECHTsche Fäden (NULTSCH, 1996).

B   Versuche

V 4.1   Bau von Biomembranen

V 4.1.1 Vereinfachtes Modell einer Biomembran

Kurz und knapp:
Anhand eines vereinfachten Modells soll das Prinzip des Membranaufbaus demonstriert werden.

Zeitaufwand:
Vorbereitung: 30 min, Durchführung: 5 min

Geräte:	Draht, 50-100 Styroporkugeln oder Ähnliches aus Paketfüllmaterial, großer durchsichtiger Glas- oder Plastikbehälter
Chemikalien:	gelbe Tinte, Wasser

Durchführung:
Aus den Styroporkugeln und dem Draht werden Modelle für Phospholipide, wie in der Abb. 4.5 zu sehen, hergestellt. Der Styroporkopf steht für den hydrophilen Anteil, der Drahtteil für den lipophilen Anteil des „Membranlipids".

Man füllt den Behälter mit Wasser und färbt dieses mit gelber Tinte („fetthaltiges Medium") an. Nun gibt man die Drahtmodelle in den Behälter mit dem „fetthaltigen Medium".

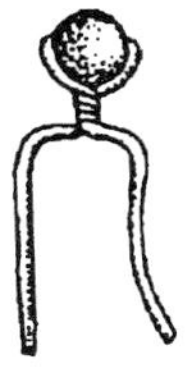

Abb. 4.5: Phospholipidmodell.

Beobachtung:
Die Phospholipidmodelle ordnen sich einheitlich an. Die „hydrophilen" Styroporkugeln ragen aus dem „fetthaltigen Medium" heraus, während die „lipophilen" Drahtanteile in das „fetthaltige Medium" eintauchen.

Erklärung:
Aufgrund der hydro-/lipophilen Ausrichtung der Phospholipidmodelle hat sich ein Lipidmonolayer gebildet. Diese Schicht ist beweglich, wie sich demonstrieren lässt, indem man mit der Hand leicht auf die Styroporkugeln drückt.

Bemerkung:
Mit Hilfe dieses Modells kann man von dem chemischen Aufbau der Phospholipide gut auf die Struktur der Membranbestandteile überleiten. Weiterhin lässt sich die flexible Struktur einer Zellmembran verdeutlichen.

Es ist allerdings zu berücksichtigen, dass dieses Modell den Membranaufbau vereinfacht. Eine Membran besteht aus einer Doppelschicht aus Phospholipiden, in die Proteine eingelagert sind (Fluidmosaik-Modell, s. Abschnitt 4.3).

V 4.2 Transportphänomene: Diffusion und Osmose

V 4.2.1 Diffusion von Kaliumpermanganat in Wasser

Kurz und knapp:
Dieser Versuch verdeutlicht, wie sich Teilchen aufgrund ihrer temperaturabhängigen Eigenbewegung (BROWNsche Molekularbewegung) in einem Lösungsmittel gleichmäßig verteilen.

Zeitaufwand:
Durchführung: 10 min

Geräte:	Overhead-Projektor, Petrischale (Ø 10 cm), Mikrospatel
Chemikalien:	Kaliumpermanganat (KMnO$_4$), dest. Wasser

Durchführung:
Man stellt die Petrischale auf den Overhead-Projektor und füllt sie mit dest. Wasser. Wenn die Turbulenzen des Wassers zum Erliegen gekommen sind, gibt man vorsichtig eine Mikrospatelspitze KMnO$_4$-Kristalle in die Mitte der Petrischale.

Beobachtung:
Die KMnO$_4$-Kristalle gehen in Lösung. Ausgehend von der Mitte der Petrischale breitet sich die violette KMnO$_4$-Lösung kontinuierlich aus. Nach etwa 10 min ist der Inhalt der Petrischale gleichmäßig violett gefärbt.

Erklärung:
In der violetten Lösung ist die Konzentration der Permanganat- und Kaliumionen höher als in reinem Wasser. Im Wasser wiederum ist die Konzentration der Wasser-

moleküle größer als in der gefärbten Lösung. Sowohl die Ionen als auch die Wassermoleküle diffundieren entsprechend dem Konzentrationsgefälle jeweils in das Gebiet niedrigerer Konzentration und streben einen Konzentrationsausgleich an.

V 4.2.2 Osmose-Grundmodell

Kurz und knapp:
Mit diesem Modell lässt sich verdeutlichen, dass es sich bei der Osmose um die Diffusion durch eine semipermeable Membran handelt. Die semipermeable Membran behindert die freie Diffusion. Kleinere Moleküle können frei durch die Membran treten, während größere Moleküle die Membran nicht passieren.

Zeitaufwand:
Vorbereitung: 30 min, Durchführung: 5 min

Material:	kleine Samen (Senfsamen, Leinsamen oder Kressesamen), große Samen (Erbsen, Bohnen oder Sojabohnen)
Geräte:	durchsichtiger Plastikkasten mit Deckel, dicke Pappe, Schere, Overhead-Projektor

Durchführung:
Man schneidet die Pappe so zurecht, dass die Pappscheibe wenige Millimeter breiter ist als der Plastikkasten. Stellt man die Pappscheibe nun in den Plastikkasten, gerät sie etwas unter Spannung und ist dadurch fixiert (ausprobieren!). Der über den Rand des Kastens ragende Teil der Pappe wird abgeschnitten, sodass die Pappscheibe bündig mit dem Deckel abschließt. Man nimmt die Pappscheibe aus dem Plastikkasten heraus und schneidet in ihre Unterseite kleine Vierecke. Die Öffnungen müssen größer als die kleinen Samen aber kleiner als die großen Samen sein. Die so vorbereitete Pappscheibe wird nun so in den Plastikkasten gestellt, dass sie diesen in zwei gleichgroße Hälften teilt.

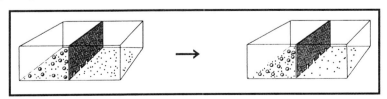

Abb. 4.6: Osmose-Grundmodell (nach KUHN und PROBST, 1983).

In die linke Hälfte gibt man 20 große Samen und 30 kleine Samen, in die rechte 50 kleine Samen. Der Plastikkasten wird nun mit dem Deckel verschlossen und auf dem Overhead-Projektor waagerecht hin und her bewegt.

Beobachtung:
Die Zahl der großen Samen (20) ist in der linken Hälfte gleich geblieben. Die Zahl der kleinen Samen hat in der rechten Hälfte abgenommen und in der linken zugenommen. In beiden Hälften liegen etwa 40 kleine Samen.

Erklärung:
Die kleinen Samen symbolisieren Wassermoleküle, die großen Samen Zuckermoleküle. Die Pappscheibe stellt eine semipermeable Membran dar, die nur für die Wassermoleküle durchlässig ist. In der Zuckerlösung ist die Konzentration der Wassermoleküle geringer als in reinem Wasser. Folglich diffundieren mehr Wassermoleküle in die Zuckerlösung als aus der Zuckerlösung in das reine Wasser. Die Zuckerlösung wird verdünnt.

Betrachtet man die Ausgangssituation so müssten Zuckermoleküle entsprechend des Konzentrationsunterschiedes von links nach rechts diffundieren. Die Diffusion der Zuckermoleküle ist jedoch durch die Semipermeabilität der Membran nicht möglich.

Bemerkung:
Die Unterseite der Pappscheibe muss dicht auf dem Plastikkasten aufsitzen, sodass die kleinen Samen nur durch die kleinen Öffnungen in die andere Hälfte gelangen können.

V 4.2.3 Künstlich osmotische Zellen: Der Chemische Garten

Kurz und knapp:
Mit Hilfe des Chemischen Gartens kann die Semipermeabilität von künstlich hergestellten Membranen und das Prinzip der Osmose in sehr eindrucksvoller Weise demonstriert werden.

Zeitaufwand:
Durchführung: 10 min

Geräte: Becherglas, Spatel, dest. Wasser Chemikalien: Wasserglas (Natriumsilikatlösung = $Na_2Si_3O_7$-Lösung), Kristalle von Schwermetallsalzen, z.B.: Eisen(III)chlorid ($FeCl_3$), Cobaltchorid ($CoCl_2$), Cobaltnitrat ($Co(NO_3)_2$), Kupferchlorid ($CuCl_2$), Kupfersulfat ($CuSO_4$), Nickelnitrat ($Ni(NO_3)_2$), Manganchlorid ($MnCl_2$)

Durchführung:
In einem Becherglas wird die Wasserglaslösung im Verhältnis 1:1 mit dest. Wasser verdünnt. Nun verteilt man auf dem Boden des Becherglases möglichst große Kristalle der ausgewählten Schwermetallsalze ($FeCl_3$ sollte auf jeden Fall darunter sein!).

Beobachtung:
Es bilden sich fädige Strukturen, die entfernt an Wasserpflanzen erinnern.

Erklärung:
Die Kristalle der Schwermetallsalze gehen an ihrer Oberfläche in Lösung und bilden mit dem Silikat der Wasserglaslösung Niederschlagsmembranen von Schwermetallsilikaten. Diese Membranen sind semipermeabel und trennen die stark konzentrierten Schwermetallösungen von der schwach konzentrierten Wasserglaslösung. Auf osmotischem Wege strömt Wasser aus der Wasserglaslösung in Richtung Kristall, bis die Membranen dem Innendruck nicht mehr standhalten und platzen. Die Schwermetallösungen treten aus, kommen mit dem Silikat der Wasserglaslösung in Berührung und es bilden sich neue Membranen. Da sich diese Vorgänge wiederholen, wachsen die „Wasserpflanzen" sukzessive heran (Prinzip der TRAUBEschen Zelle).

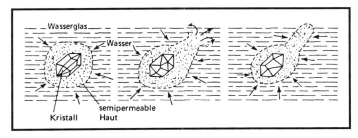

Abb. 4.7: Wachstum der „Wasserpflanzen" (HÄUSLER et al., 1995).

Bemerkung:
Natronwasserglas ist in Apotheken erhältlich.
    Je größer die Kristalle und damit die Diffusionsfläche, desto schöner die Ergebnisse. Es empfiehlt sich die Verwendung von $FeCl_3$, da man schnell gute Ergebnisse

erhält und das Wachstum der „Wasserpflanzen" ruckartig erfolgt. Das Platzen der Niederschlagsmembran lässt sich besonders deutlich beobachten.

Um dieses Phänomen zu beobachten bietet sich folgendes Schülerexperiment an: Man verteilt mit dem Wasserglas (1:1 mit dest. Wasser verdünnt) gut halbgefüllte Reagenzgläser. Die Schüler geben den $FeCl_3$-Kristall in die Wasserglaslösung und beobachten die entstehenden „Wasserpflanzen".

V 4.2.4 Osmometermodell der Pflanzenzelle

Kurz und knapp:
Mit einem einfachen Osmometer, bestehend aus Plastik-Filmdöschen, Cellophan-Folie und Messpipette, lässt sich der osmotische Druck anhand einer steigenden Flüssigkeitssäule demonstrieren. Weiterhin bietet es sich an, dieses Modell und eine Pflanzenzelle vergleichend zu betrachten.

Zeitaufwand:
Vorbereitung: 10 min, Durchführung: 15-20 min

Geräte:	Becherglas (400 mL), durchsichtiges Plastik-Filmdöschen, passender Stopfen mit Loch, Cellophan-Folie („Einmachhaut"), Messpipette (1 mL), Schere, Skalpell, Stativ, Klemme, Muffe
Chemikalien:	dest. Wasser, 50 %ige Saccharoselösung (Rohrzucker), rote Tinte, Vaseline

Durchführung:

Der Deckel des Filmdöschens wird so ausgeschnitten, dass ein fest sitzender O-Ring übrig bleibt. Der Boden des Döschens wird mit einem Skalpell komplett entfernt. In dieses Loch steckt man einen passenden Stopfen mit Messpipette und dichtet den Stopfen mit Vaseline ab. Die Öffnung der Messpipette hält man mit einem Finger verschlossen und füllt das Döschen bis zum Rand mit der rot gefärbten Saccharoselösung. Ein Stück „Einmachhaut" wird über den Dosenrand gelegt und mit dem ausgeschnittenen Deckel (O-Ring) fest eingespannt. Sollte der Flüssigkeitsstand in der

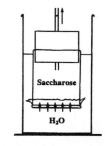

Abb. 4.8: Osmometermodell.

Messpipette zu hoch sein, schüttet man etwas Saccharoselösung ab. Das so präparierte Filmdöschen wird abgespült und in ein mit dest. Wasser gefülltes Becherglas gehängt.

Beobachtung:
Die Flüssigkeitssäule in der Messpipette steigt an. Das dest. Wasser im Messzylinder bleibt farblos.

Erklärung:
Man geht bei diesem Experiment davon aus, dass die „Einmachhaut" eine semipermeable Membran darstellt. Die Membran ist für die gefärbte Saccharoselösung undurchlässig, für die Wassermoleküle hingegen durchlässig. Die Wassermoleküle diffundieren durch die Cellophan-Folie in die rot gefärbte Lösung, da die Konzentration der Wassermoleküle in der Saccharoselösung geringer ist als in reinem Wasser. Dadurch gelangt zunehmend mehr Flüssigkeit in die Messpipette. Der Wassereinstrom erfolgt solange, bis er durch eine Gegenkraft kompensiert wird. Dies ist dann der Fall, wenn der hydrostatische Druck der osmotisch gehobenen Flüssigkeitssäule dem osmotischen Potential der nun verdünnten Lösung entspricht.

Tab. 4.1: Vergleich des Osmometermodells mit einer Pflanzenzelle:

Osmometermodell	Pflanzenzelle
dest. Wasser	Außenmedium bzw. Zwischenzellflüssigkeit
Cellophan-Folie („Einmachhaut")	Plasmamembran: Plasmalemma und Tonoplast
osmotisch wirksame Lösung (gefärbtes Innenmedium)	Zellsaft und Vakuoleninhalt
steigende Höhe der Flüssigkeitssäule	steigender osmotischer Druck der Zelle
Eigengewicht der Flüssigkeitssäule und dadurch erzeugter hydrostatischer Druck	Wanddruck

Bemerkung:
Am Stativ sollte man zwei Pfeile fixieren: einen, um den Stand der Flüssigkeitssäule zu Beginn des Experiments zu markieren, und einen weiteren, um das Ansteigen der Flüssigkeitssäule zu verfolgen.
    Spannt man zuerst die „Einmachhaut" mit dem ausgeschnittenen Deckel (O-Ring) ein und füllt dann das Döschen mit Saccharoselösung, ergeben sich Probleme das Filmdöschen mit dem Stopfen gut abzudichten.

V 4.3 Die osmotischen Eigenschaften der Zelle

V 4.3.1 Semipermeabilität von Membranen

Kurz und knapp:
Am Beispiel der Küchenzwiebel lässt sich das unterschiedliche Permeabilitätsverhalten der Membranen gegenüber polaren und unpolaren Verbindungen demonstrieren.

Zeitaufwand:
Vorbereitung: 5 min, Durchführung: 15 min

Material:	Küchenzwiebel (*Allium cepa*)
Geräte:	3 Demonstrationsreagenzgläser mit Ständer, 3 Stopfen, 4 Pasteurpipetten, Mikroskop, Pinzette, Rasierklinge, Objektträger, Deckgläschen, Mikrospatel, Messzylinder (100 mL), Becherglas (150 mL)
Chemikalien:	0,1 %ige Neutralrotlösung, 1 mol/L Natriumhydroxid (NaOH), 1 mol/L Salzsäure (HCl), lipophiles Lösungsmittel (z.B. Petrolether, Petroleumbenzin)

Durchführung:
Die 0,1 %ige Neutralrotstammlösung wird unmittelbar vor Versuchsbeginn mit Leitungswasser im Verhältnis 1 : 10 verdünnt. Die 0,01 %ige Neutralrotlösung hat nun einen pH-Wert von etwa 7.
Vorversuch: Man füllt 3 Reagenzgläser etwa 3 cm hoch mit der nun 0,01 %igen Neutralrotlösung. In das erste Reagenzglas gibt man 10 Tropfen 1 mol/L HCl, in das zweite 10 Tropfen Leitungswasser, in das dritte 10 Tropfen 1 mol/L NaOH. Alle drei Reagenzgläser werden nun etwa 3 cm hoch mit Petroleumbenzin überschichtet und mit einem Stopfen verschlossen. Man schüttelt alle drei Reagenzgläser und beobachtet die organische Phase.
Hauptversuch: Die konkave Oberseite der Zwiebelepidermis (durchsichtiges Häutchen, das mit dem darunter liegenden Gewebe locker verbunden ist) teilt man in Rechtecke von etwa 5 mm x 5 mm. Eines der Rechtecke zieht man mit einer Pinzette vorsichtig ab. Man überträgt es auf einen Objektträger, gibt einen Tropfen der neutralen Neutralrotlösung hinzu und deckt das Präparat mit einem Deckglas ab. Es kann direkt mikroskopiert werden.

Beobachtung:
Vorversuch: Der Ansatz mit HCl färbt sich rotviolett, der mit Pufferlösung bleibt rot gefärbt und der mit NaOH färbt sich gelborange. Bei Zugabe von Petroleumbenzin erkennt man eine Zweiphasenbildung. Nach dem Schütteln der Reagenzgläser ist die organische Phase bei dem sauren Ansatz weiterhin farblos, bei der neutralen und basichen Neutralrotlösung gelblich gefärbt.
Hauptversuch: Die Vakuolen der Epidermiszellen färben sich rötlich.

Erklärung:
Vorversuch: Neutralrot liegt bei einem pH-Wert unterhalb von 6,8 als rotviolettes Kation vor. Es ist hydrophil und folglich in der wässrigen Phase gelöst. Oberhalb von pH 8 liegt Neutralrot überwiegend als ungeladenes, gelboranges Molekül vor. Das Neutralrotmolekül ist lipophil und kann so in die organische Phase überführt werden. Im neutralen pH-Bereich liegen sowohl hydrophile Kationen als auch lipophile Moleküle vor, die für die gelbliche Färbung der organischen Phase verantwortlich sind.

Neutralrotmolekül	Neutralrotkation
lipophil; liegt im neutralen und alkalischen Milieu vor	hydrophil; liegt im sauren Milieu vor
gelborange	rotviolett

Hauptversuch: Die lipophilen Neutralrotmoleküle diffundieren dem Konzentrationsgradienten folgend durch Tonoplast und Plasmalemma in die Vakuole. Aufgrund des sauren pH-Wertes der Vakuole (5,8) werden die Moleküle in die hydrophile kationische Form überführt. Die hydrophilen Neutralrotkationen können die Zellmembran nicht mehr passieren und so reichert sich der Farbstoff in der Vakuole an (Prinzip der Ionenfalle). Ersetzt man die Farbstofflösung durch dest. Wasser, indem man Wasser mit einem Filterpapierstreifen unter dem Deckgläschen durchzieht, bleibt die Rotfärbung der Vakuolen erhalten.

Bemerkung:
Neutralrot kann für dieses Experiment nicht in seiner gelborangen Molekülform eingesetzt werden, da die Epidermiszellen der Zwiebel durch einen basischen pH-Wert (über pH 8) zerstört werden. Eine in dest. Wasser angesetzte Neutralrotlösung hat einen pH-Wert von etwa 5. Dies erklärt sich durch den leicht sauren pH-Wert von dest. Wasser, welches über Ionenaustauscher gewonnen wird. Bei diesem pH-Wert liegt Neutralrot in kationischer Form vor, und so kann der Farbstoff nicht durch

die Membran diffundieren. Um diese zwei Probleme zu umgehen, verwendet man eine Neutralrotlösung mit einem pH von etwa 7. Erzielt man trotz Verdünnung der Stammlösung mit Leitungswasser keine Färbung der Vakuolen, so ist eine Pufferlösung pH 7 zu verwenden: 87 mL 0,02 mol/L Na_2HPO_4 und 13 mL 0,01 mol/L Zitronensäure. Man verdünnt ebenfalls im Verhältnis 1 : 10.

Die Lösungen von Neutralrot in Leitungswasser bzw. in Puffer pH 7 sind nicht lange haltbar und werden daher erst unmittelbar vor Versuchsbeginn aus der Stammlösung hergestellt.

V 4.3.2 Osmose pflanzlicher Gewebe

Kurz und knapp:
Dieser Versuch zeigt am Beispiel der Mohrrübe, welche Substanzen osmotisch wirksam sind und welche nicht.

Zeitaufwand:
Vorbereitung: 5 min, Durchführung: 10 min

Material:	Mohrrübe (*Daucus carota*)
Geräte:	Messer
Chemikalien:	Puderzucker (alternativ: Rohrzucker, Speisesalz), Speisestärke (alternativ: Mehl)

Durchführung:
Die Mohrrübe wird der Länge nach halbiert und die beiden Hälften etwas ausgehöhlt. Die eine Hälfte wird mit Puderzucker, die andere mit Speisestärke gefüllt.

Beobachtung:
Der Ansatz mit Puderzucker ist nach kurzer Zeit feucht. Der Puderzucker beginnt sich zu verflüssigen, während die Mohrrübe mit Speisestärke trocken bleibt.

Erklärung:
Bei Puderzucker handelt es sich um eine osmotisch wirksame Substanz, die dem hypotonischen Gewebe Wasser entzieht. Speisestärke hat keine osmotische Wirkung, und so erfolgt keine Wasserabgabe des Gewebes.

Bemerkung:
Die Verwendung von Puderzucker und Stärke empfiehlt sich aus zwei Gründen. Zum einen steigern die beiden ähnlich aussehenden Substanzen den Demonstrationseffekt. Zum anderen kann damit verdeutlicht werden, wieso Pflanzen Zucker in Form von osmotisch unwirksamer Stärke speichern.

V 4.3.4 Welken durch Turgorverlust

Kurz und knapp:
Mit diesem Experiment lässt sich demonstrieren, dass der Turgordruck für die Stabilisierung krautiger, unverholzter Pflanzen von entscheidender Bedeutung ist.

Zeitaufwand:
Vorbereitung: 10 min, Durchführung: 1 Tag oder länger

Material:	frisch geschnittene Sprosse von krautigen Pflanzen mit Laub- oder Blütenblättern z. B. Fleißiges Lieschen (*Impatiens walleriana*), Flieder (*Syringa vulgaris*-Hybriden)
Geräte:	2 Demonstrationsreagenzgläser
Chemikalien:	gesättigte Natriumchloridlösung (NaCl)

Durchführung:
Ein Spross wird in eine gesättigte Kochsalzlösung gestellt, der andere in Leitungswasser.

Beobachtung:
Der in der Kochsalzlösung stehende Spross welkt. Der Kontrollansatz hingegen zeigt nach einem Tag keine Veränderungen.

Erklärung:
In der hypertonischen Kochsalzlösung wird der Pflanze auf osmotischem Wege Wasser entzogen. Der Turgordruck wird dadurch verringert, die Zellen werden schlaff und die Pflanze welkt. In Leitungswasser sind die Pflanzenzellen nach einem Tag noch turgeszent.

Bemerkung:
Es ist zu bedenken, dass der in Leitungswasser stehende Spross nach einiger Zeit
ebenfalls zu welken beginnt. Deshalb sollten zwischen Ansetzen des Experiments
und Auswertung nicht mehr als drei Tage liegen.

V 4.3.5 Plasmolyse und Deplasmolyse

Kurz und knapp:
Bei der roten Küchenzwiebel können aufgrund ihrer gefärbten Vakuolen verschiedene Plasmolyseformen und auch der Umkehrvorgang, die Deplasmolyse, auf mikroskopischer Ebene deutlich beobachtet werden.

Zeitaufwand:
Durchführung: 20 min

Material:	rote Küchenzwiebel (*Allium cepa*)
Geräte:	Mikroskop, Objektträger, Deckgläschen, Rasierklinge, Pinzette
Chemikalien:	0,8 mol/L Kaliumnitrat (KNO_3); Lösung, die 0,8 mol/L an KNO_3 und 0,2 mol/L an Calciumnitrat ($Ca(NO_3)_2$) ist

Durchführung:
Man legt ein frisches Speicherblatt frei und fertigt mit einer Rasierklinge dünne
Schnittpräparate von der konvexen Unterseite der Zwiebelepidermis (violett gefärbt)
an.
Das weitere Vorgehen erfolgt in drei Schritten:
1. Die Schnitte werden in einem Tropfen Leitungswasser mikroskopiert.
2. Das Wasser wird nun durch verschiedene Plasmolytika ersetzt. Man tropft an
   einer Seite des Deckglases das jeweilige Plasmolytikum hinzu, saugt auf der gegenüberliegenden Seite mit einem Filterpapierstreifen die Flüssigkeit ab und mikroskopiert. Ansatz a): 0,8 mol/L KNO_3; Ansatz b): Lösung, die 0,8 mol/L an
   KNO_3 und 0,2 mol/L an $Ca(NO_3)_2$ ist.
3. Nachdem die Plasmolyse beobachtet worden ist, wird das Plasmolytikum durch
   dest. Wasser ersetzt und das Präparat unter dem Mikroskop betrachtet.

Beobachtung:
1. Im Leitungswasser liegt der Protoplast der Zellwand an.
2. a) Es ist eine Abrundung des Protoplasten zu beobachten. b) Der Protoplast hebt sich nicht vollständig von der Zellwand ab. Es entstehen konkave Ablösestellen. Zum Teil wird das Plasma zu dünnen Fäden ausgezogen.
3. Nachdem das Plasmolytikum durch Leitungswasser ersetzt ist, beginnt der Protoplast sich wieder der Zellwand anzulegen.

Erklärung:
1. Die Zellen sind im Leitungswasser maximal turgeszent.
2. Im hypertonischen Medium gibt die Zelle auf osmotischem Wege Wasser ab. Die mit dem Wasseraustritt verbundene Volumenabnahme führt zunächst zu einer Entspannung der gedehnten Zellwand (s. Abb. 4.4 A, B). Ist die Zellwand ganz entspannt, so löst sich der Protoplast von der Zellwand ab. Diesen Vorgang bezeichnet man als Plasmolyse (griech.: lysis = Lösung, Scheidung). Die Art der Plasmolyse hängt u.a. wesentlich von der Viskosität des Protoplasten und seiner Wandhaftung ab. Durch das gewählte Plasmolytikum kann die Plasmolyseform beeinflusst werden: Ansatz a): Die Kaliumionen vermindern die Viskosität des Plasmas und so kommt es zur Abrundung des Protoplasten. Man spricht von Konvexplasmolyse (s. Abb. 4.4 C). Es ist durchaus möglich, dass die Plasmolyse zunächst konkav beginnt. Ansatz b): Die Calciumionen hingegen erhöhen die Viskosität des Plasmas. Durch die stärkere Wandhaftung hebt sich der Protoplast nicht gleichförmig von der Zellwand ab, und man beobachtet Konkavplasmolyse (s. Abb. 4.4 D). Bei stärkerer Ausprägung der Plasmolyse wird das Plasma dabei zu dünnen Fäden ausgezogen. In diesem Fall spricht man von Krampfplasmolyse (s. Abb. 4.4 E).
3. In einem hypotonischen Medium nimmt die Zelle auf osmotischem Wege Wasser auf. Der Protoplast legt sich der Zellwand wieder an. Die Zellwand wird gedehnt, bis die Zelle wieder vollturgeszent vorliegt. Diesen Vorgang bezeichnet man als Deplasmolyse.

Bemerkung:
Die Zellen plasmolysieren nicht alle ideal konvex, konkav oder krampfartig. In Abhängigkeit vom verwendeten Plasmolytikum überwiegt jedoch die entsprechende Plasmolyseform.

Hat man die jeweilige Plasmolyseform beobachtet, sollte man zügig mit dem Ersetzen des Plasmolytikums durch Wasser beginnen, um zu lange Deplasmolysezeiten zu vermeiden.

V 4.4   Membranschädigungen

V 4.4.1   Einwirkung von Spülmittel auf die Schraubenalge *Spirogyra*

Kurz und knapp:
Mit diesem Experiment lässt sich die membranschädigende Wirkung von Spülmittel demonstrieren. Durch die fettlösende Eigenschaft von Spülmittel wird die Semipermeabilität von Membranen zerstört.

Zeitaufwand:
Vorbereitung: 15 min, Durchführung: 10 min

Material:	Schraubenalge (*Spirogyra* spec.)
Geräte:	3 Bechergläser (100 mL), 2 Petrischalen, Pinzette
Chemikalien:	Spülmittel, 3 %ige Eisen(III)chloridlösung ($FeCl_3$)

Durchführung:
Man füllt zwei Bechergläser mit Leitungswasser und gibt in eines zusätzlich 3-5 Tropfen Spülmittel. Man legt nun in jedes Becherglas einige Fäden von *Spirogyra*. Nach etwa 10 min nimmt man die Fäden aus den beiden Ansätzen heraus und taucht sie nacheinander jeweils dreimal kurz in die $FeCl_3$-Lösung. Man spült das Algenmaterial unter fließendem Wasser ab und legt es in zwei Petrischalen.

Beobachtung:
Die Algenfäden aus der Spülmittellösung zeigen eine deutliche Schwarzfärbung, die bei dem Kontrollansatz nicht zu beobachten ist.

Erklärung:
Gerbstoffe ergeben mit dreiwertigem Eisen eine schwärzliche Färbung. In den intakten Zellen von *Spirogyra* sind in der Vakuole Gerbstoffe gespeichert, die nicht durch die Membran diffundieren können. Bei einer intakten semipermeablen Membran können auch keine Eisen(III)-Ionen in die Vakuole gelangen. Die oberflächenaktiven Substanzen des Spülmittels (Tenside) lösen die Proteine durch Micellenbildung aus der Membran heraus. Dies führt zu einer Zerstörung der Zellmembran, die Kompartimentierung ist aufgehoben und die Eisen(III)-Ionen können mit den Gerbstoffen reagieren.

Bemerkung:
Um die Schwarzfärbung der Algenfäden zu verdeutlichen, empfiehlt es sich, unter den beiden Petrischalen einen weißen Hintergrund zu befestigen. Eine geringe Schwarzfärbung bei der in Leitungswasser eingelegten *Spirogyra* geht auf eine Verletzung der Zellen durch Knicke oder Brüche zurück.

Die geschädigten und ungeschädigten Algenfäden können auch vergleichend unter dem Mikroskop betrachtet werden.

Die Schraubenalge findet man relativ einfach in ruhigen, stehenden Gewässern. Charakteristischerweise fühlen sich die frei schwebenden, fädigen, gelbgrünen Watten glitschig an. Schleimige unverzweigte Algenfäden sprechen zuverlässig für *Spirogyra*. Unter dem Mikroskop werden die schraubenförmigen Chloroplasten sichtbar.

Abb. 4.8: *Spirogyra.*

V 4.4.2 „Ausbluten" von Rotkohl durch äußere Einflüsse

Kurz und knapp:
Rotkohl ist aufgrund der in seinen Vakuolen enthaltenen Anthocyane violett gefärbt. Eine Schädigung der Zellmembran bewirkt das „Ausbluten" der Farbstoffe und damit eine Färbung des Außenmediums.

Zeitaufwand:
Vorbereitung: 20 min, Durchführung: 10 min

Material:	Rotkohl (*Brassica oleracea* var. *capitata*)
Geräte:	Messer, Sieb, Becherglas, 5 Demonstrationsreagenzgläser mit Ständer, Bunsenbrenner, Ceranplatte mit Vierfuß, Feuerzeug
Chemikalien:	0,1 mol/L Essigsäure, 0,1 mol/L Natriumhydroxid (NaOH), Ethanol (60 %ig)

Durchführung:
Zunächst zerschneidet man die Rotkohlblätter in kleine Stücke und wässert diese für mindestens 15 min in einem Becherglas mit Leitungswasser. Dann spült man die Rotkohlstücke in einem Sieb kurz unter fließendem Wasser ab. Nun gibt man jeweils

5 Rotkohlstücke in die mit Leitungswasser, kochendem Leitungswasser, 0,1 mol/L NaOH, 60 %igem Ethanol und 0,1 mol/L Essigsäure 3 cm hoch gefüllten Reagenzgläser.

Beobachtung:

Ansatz	Beobachtung
Leitungswasser	farblos
kochendes Leitungswasser	blau
0,1 mol/L NaOH	gelb
60 %iges Ethanol	violett
0,1 mol/L Essigsäure	rot

Erklärung:
Wie der Ansatz mit Leitungswasser zeigt, können die Anthocyane aufgrund der Semipermeabilität der Zellmembranen nicht in das hypotonische Außenmedium diffundieren. Durch die Einwirkung von Säure, Base, Alkohol und heißem Leitungswasser wird die Zellmembran geschädigt. Die in der Membran enthaltenen Proteine werden denaturiert. Die semipermeable Eigenschaft der Zellmembran geht verloren und so gelangen die Anthocyane ins Außenmedium („Ausbluten" des Rotkohls).

Bemerkung:
Es ist sehr wichtig, den Rotkohl gut zu wässern, um die Anthocyane aus den geschädigten Zellen auszuwaschen. Wird nicht ausreichend gewässert, so ergibt sich auch in dem Ansatz mit Leitungswasser eine deutliche Färbung.
   Die Anthocyane färben sich im Basischen gelb, im Sauren rot und im Neutralen blau bzw. violett. Die regional unterschiedliche Bezeichnung von *Brassica* als Blaukraut oder Rotkohl erklärt sich durch eine unterschiedliche Zubereitung. Kocht man ihn in Wasser so färbt er sich blau. Gibt man in das Wasser etwas Essig oder Zitronensäure ergibt sich eine rote Färbung.

Kapitel 5 Ernährung und stoffliche Zusammensetzung der Pflanzen

A Theoretische Grundlagen

5.1 Einleitung

Die grünen Pflanzen sind photoautotroph, d. h. sie sind in der Lage, energiereiche organische Verbindungen (z. B. Kohlenhydrate, Fette, Eiweiße) mit Hilfe des Sonnenlichtes in der Photosynthese aus einfachen energiearmen, anorganischen Molekülen (Kohlendioxid, Wasser) aufzubauen. Die Pflanze deckt ihren Energiebedarf mit der Photosynthese. In dieser Hinsicht unterscheidet sich die höhere Pflanze grundsätzlich vom Tier und von zahlreichen Mikroorganismen, welche mit der Nahrung nicht nur stoffliche Substanz, sondern auch Energie aufnehmen müssen. Die Pflanze nimmt – im Unterschied zum tierischen Organismus – anorganische Stoffe als Nährstoffe auf; niedermolekulare organische Stoffe, wie Glucose, Aminosäuren usw., können zwar ebenfalls verwertet werden, sind jedoch als solche nicht lebensnotwendig. Pflanzennährstoffe sind energetisch minderwertig.

Die Erkenntnis, dass einfache anorganische Verbindungen für die Pflanzenernährung vollkommen ausreichen und keinerlei organische Verbindungen aus der Humusauflage des Bodens benötigt werden, geht vor allem auf den Franzosen Jean-Baptiste BOUSSINGAULT (1802-1887) und den Deutschen Justus von LIEBIG (1803-1873) zurück, die um 1850 die Grundlage für die Agrikulturchemie legten (Humus ist die aus Abbauprodukten vornehmlich pflanzlicher Wesen hervorgegangene organische Bodensubstanz, die in den Böden gewöhnlich mit mineralischen Verwitterungsprodukten vermengt ist). Die Anwendung dieser Erkenntnis in der Landwirtschaft führte zur Düngung mit anorganischen Salzen. Sie legte aber auch den Grundstein für die Einführung der Wasserkultur (Hydroponik) um 1860 durch den Botaniker Julius SACHS (1832-1897). In wissenschaftlicher Hinsicht stellt die Hydrokultur eine bequeme Methode zur Durchführung ernährungsphysiologischer Versuche dar. Außerdem hat die Methode der Wasserkultur Eingang in die gärtnerische Praxis gefunden.

5.2   Nährelemente und Nährstoffe

Als Nährelemente bezeichnen wir diejenigen chemischen Elemente, die für das Wachstum, für eine normale Entwicklung und für die Vollendung des Lebenszyklus der Pflanze notwendig (essentiell) sind. Die Essentialität eines Nährelementes wird ausgewiesen durch das Kriterium, dass es durch kein anderes in seinen spezifischen Funktionen im Stoffwechsel der Pflanzen ersetzt werden kann. Die Notwendigkeit der verschiedenen Nährelemente für eine photoautotrophe Pflanze kann durch Anzucht der Pflanzen in Nährlösungen bekannter Zusammensetzung erschlossen werden. In größeren Mengen (> 20 mg/L) sind folgende 10 Elemente erforderlich, die man auch als Makronährelemente bezeichnet: Kohlenstoff (C), Sauerstoff (O), Wasserstoff (H), Stickstoff (N), Phosphor (P), Schwefel (S), Kalium (K), Calcium (Ca), Magnesium (Mg), Eisen (Fe). Die übrigen Elemente, die in weit geringerer Menge im Nährmedium zugeführt werden müssen (< 0,5 mg/L), gehören zur Gruppe der Mikronährelemente (Spurenelemente): Mangan (Mn), Zink (Zn), Kupfer (Cu), Bor (B), Chlor (Cl), Molybdän (Mo), Nickel (Ni). Eisen (Bedarf ca. 6 mg/L) steht an der Grenze zwischen Makro- und Mikronährelementen. Darüber hinaus treten bei manchen Pflanzen zusätzliche Bedürfnisse auf, z. B. Natrium (Na) bei vielen C_4- und CAM-Pflanzen und bei Halophyten (Pflanzen, die salzige Standorte bevorzugen), Cobalt (Co) bei luftstickstofffixierenden Organismen (Leguminosen-Rhizobium-Symbiosen), Silicium (Si) bei Kieselalgen, Schachtelhalmen und Gräsern.

Nährstoffe sind die Verbindungen, in denen diese Elemente enthalten und die der Pflanze verfügbar sind. Als Nährstoffe dienen der Pflanze neben Kohlendioxid und Wasser vor allem anorganische Ionen. Deren Verfügbarkeit, Aufnahme und Transport bestimmen in entscheidender Weise das Wachstum pflanzlicher Organismen (s. Abschnitt 5.5).

5.3   Verfügbarkeit der Pflanzennährstoffe

Der Boden ist Standort für die meisten Landpflanzen. Sie wurzeln in ihm, finden Halt und beziehen Wasser und Mineralstoffe aus ihm. Der Boden selbst ist ein heterogenes System, das sich in seinen Grundzügen aus drei Komponenten aufbaut: Der festen Phase (anorganische und organische Partikel), der flüssigen Phase (Bodenlösung) und der gasförmigen Phase (Bodenluft). Die feste Phase dient hierbei vornehmlich als Nährstoffspeicher, die flüssige Phase als Transportmittel für die Nährstoffe und die gasförmige Phase erlaubt die Zufuhr von Sauerstoff sowie den Abtransport von Kohlendioxid. Die Nährsalze können von der Pflanze nur in gelöstem Zustand aufgenommen werden. Direkt verfügbar sind deshalb nur die Nährstoffe, die in der Bodenlösung in Form von Ionen vorliegen, denn sie können per Diffusion oder mit dem Wasserstrom zur Wurzeloberfläche gelangen und die Wurzelzellwände durchdringen. Alle Nährstoffe, die diesen Weg nicht zurücklegen können, also alle mehr oder weniger fest gebundenen Nährionen, sind nicht direkt verfügbar. Im Bodenwasser gelöst ist nur ein sehr geringer Bruchteil (weniger als 0,2 %) des Nährstoffvorrats. Etwa 98 % sind in Mineralien, schwer löslichen Verbindungen, Humus und sonstigem organischen Material festgehalten. Sie stellen eine Nährstoffreserve dar, die nur sehr langsam durch Verwitterung und Humusmineralisierung freigesetzt wird. Ungefähr 2 % sind an Bodenkolloide adsorbiert. Als Träger für diese adsorptiv gebundenen Ionen kommen vor allem Tonmineralien und Humussubstanzen in Frage. Kolloidale Tonteilchen und Huminstoffe ziehen aufgrund ihrer elektrischen Oberflächenladung Ionen und Dipolmoleküle an sich und binden diese reversibel. Die sorptive Bindung von Nährionen bietet eine Reihe von Vorteilen: Die bei der Verwitterung und beim Humusaufschluss frei werdenden Nährstoffe werden abgefangen und sind vor Auswaschung geschützt; die Konzentration der Bodenlösung bleibt niedrig und ausgeglichen, sodass die Pflanzenwurzeln und Bodenorganismen nicht osmotisch belastet werden; bei Bedarf sind die sorbierten Nährionen der Pflanze aber doch leicht durch Abgabe von H^+ und HCO_3^- zugänglich.

Wesentlichen Einfluss auf die Nährstoffverfügbarkeit im Boden hat der pH-Wert. Die H^+-Konzentration der Bodenlösung nimmt direkt Einfluss auf die Entwicklung zahlreicher im Boden befindlicher Organismen. Die meisten Bakterienarten sind empfindlich gegenüber niedrigen pH-Werten. Daher sind der Abbau organischer Substanz und die Mineralisation von organischem N und S gestört. Die entscheidende Komponente im Mineralstoffumsatz zwischen Pflanzengesellschaften und Boden ist der Rücklaufmechanismus. In sehr sauren Böden werden vermehrt Al-, Fe- und Mn-Ionen freigesetzt; Ca^{2+}, Mg^{2+}, K^+, PO_4^{3-} und MoO_4^{2-} verarmen und liegen in schlecht aufnehmbarer Form vor. In alkalischen Böden werden Fe, Mn, Phosphat und einige Spurenelemente in schwer löslichen Verbindungen gebunden, wodurch die Pflanzen unzureichend mit diesen Nährstoffen versorgt sind. Die verschiedenen Pflanzenarten bevorzugen bzw. vertragen verschiedene pH-Bereiche im Boden. Man unterscheidet in dieser Hinsicht zwischen acidophilen und basiphilen Gewächsen (Acido- und Basiphyten), denen die große Zahl der bezüglich der Bodenacidität indifferenten Formen (Neutrophyten) gegenübersteht.

Die Wasserpflanzen finden die Nährsalze im Wasser gelöst vor. Ihr Gedeihen hängt somit vom Gehalt des Wassers an Nährsalzen ab. In dieser Hinsicht unterscheidet man zwischen eutrophen (nährstoffreichen) und oligotrophen (nährstoffarmen) Gewässern. Der Reichtum oder die Armut an Nährstoffen verschafft sich Geltung in der Vegetation, die um so üppiger sein wird, je größer unter sonst günstigen Bedingungen der Vorrat an verwertbaren Mineralsubstanzen ist. In natürlichen Gewässern sind (neben Licht) Stickstoff und insbesondere Phosphor limitierend. Für das Wachstum des Phytoplanktons ist Phosphor in der Regel der Minimumfaktor, d.h. durch Eintrag von Phosphat in das Gewässer. steigt die Eutrophierung (übermäßiges Wachstum von Algen, Algenblüte) meist sprunghaft an. Der mikrobielle Abbau der nunmehr reichlich vorhandenen organischen Substanz erfordert große O_2-Mengen. Insbesondere in stehenden Gewässern kann dann die O_2-Zufuhr limitiert sein, das Gewässer „kippt" dann um, d.h. es gerät in einen Zustand des Sauerstoffmangels (Anoxie), sodass sich ein anaerober (sauerstofffreier) Abbau einstellt, wobei Schwefelwasserstoff, Ammoniak und Methan, also giftig wirkende Stoffe, entstehen, die die Lebewelt zum Absterben bringen können.

5.4   Rhizosphäre und Mykorrhiza

Das unmittelbar um die Wurzel befindliche Bodenmedium im Bereich von etwa 1-2 mm Abstand von der Wurzel nennt man Rhizosphäre. Durch dauerndes Absterben von Wurzelhaaren, durch Abschabungen und durch Wurzelausscheidungen wird die Rhizosphäre mit organischem Material versorgt. Dementsprechend ist die Rhizosphäre gewöhnlich wesentlich dichter mit Mikroorganismen besiedelt. Im engen Nahkontakt mit den Feinwurzeln befinden sich äußerst stoffwechsel- und vermehrungsaktive Bakterien. Diese Lebensgemeinschaft wird Rhizoplane genannt. Die Pflanze wird durch den gegenseitigen Stoffaustausch mit der Rhizoplane gefördert. Außerdem werden die Wurzeln durch antibiotische Ausscheidungen der assoziierten Mikroflora vor pflanzenpathogenen Organismen abgeschirmt.

Die Wurzeln der meisten Pflanzenarten leben außerdem in enger Assoziation und Symbiose mit Mykorrhiza-Pilzen. Hierbei unterscheidet man eine ektotrophe und eine endotrophe Mykorrhiza. Die Vertreter der ektotrophen Mykorrhiza überziehen die jungen, unverkorkten Wurzelenden mit einem dichten Hyphenmantel. Die Hyphen dringen auch in die Interzellularen der Wurzelrinde ein. Die Vertreter der endotrophen Mykorrhiza, die bei den meisten krautigen Pflanzen und vielen Holzpflanzen vorkommen, erstrecken ihre Hyphen bis in das Cytoplasma der Wurzelrindenzellen. Durch die Verpilzung der Wurzeln vergrößert sich die resorbierende Oberfläche. Über das ausgedehnte Myzelnetz im Boden schafft der Pilz Mineralstoffe und Wasser herbei und leitet beides in die Wirtspflanze weiter. Das Pilzwachstum wird durch die reichliche Kohlenhydratzufuhr aus der Wirtspflanze unterstützt. Für die Mineralstoffversorgung vor allem von Waldbäumen ist die Ektomykorrhiza von großer Bedeutung.

5.5 Aufnahme der Nährstoffe durch die Pflanze

Unter natürlichen Bedingungen werden die Nährelemente in der folgenden Form als Nährstoffe aufgenommen: C, O und H als CO_2, O_2 und H_2O (O und H auch in $H_2PO_4^-$, NO_3^-, NH_4^+ und anderen Ionen), N, S, P, Cl, B und Mo als Anionen (Nitrat, Sulfat, Phosphat, Chlorid, Borat, Molybdat; N auch als NH_4^+) und alle übrigen Elemente als Kationen (K^+, Mg^{2+}, Ca^{2+}, $Fe^{2+, 3+}$, Mn^{2+}, Zn^{2+}, Cu^{2+}). Von großer Tragweite ist vor allem die Tatsache, dass auch der Stickstoff in Salzform aus dem Boden bezogen wird, obwohl er bekanntlich 78 Vol. % der atmosphärischen Luft ausmacht. Diesen Luftstickstoff kann die Pflanze – von wenigen Ausnahmen durch Zusammenleben (Symbiose) mit Mikroorganismen abgesehen – nicht verwerten. Sie ist vielmehr – wie zuerst der Schweizer Nicolaus Théodore de SAUSSURE (1767-1845) und danach vor allem der Franzose Jean-Baptiste BOUSSINGAULT dargetan haben – auf die anorganischen Stickstoffverbindungen des Bodens angewiesen, auf Ammoniumsalze und insbesondere auf Nitrate.

Die Pflanze nimmt die Nährstoffe teilweise in gasförmigem Zustand (vor allem CO_2 und O_2), meist aber gelöst im Bodenwasser als Ionen auf. Die Gase (CO_2, O_2, aber auch SO_2, NH_3 und NO_x) werden vorwiegend von den Blättern über die Spaltöffnungen aufgenommen; sie gelangen über Atemhöhle und Interzellularräume in das Mesophyll. Landpflanzen besorgen die benötigten Mineralsalze normalerweise über das hierfür spezialisierte Wurzelsystem. In geringer Menge können Mineralstoffe auch über Sprossoberflächen eintreten. Hierauf beruht die im Gartenbau und in der Landwirtschaft praktizierte Blattdüngung. Wasserpflanzen nehmen die Nährstoffe über die gesamte Oberfläche auf. Die Wurzel entnimmt dem Boden die Nährstoffe durch Absorption von Nährionen aus der Bodenlösung. Diese Ionen sind unmittelbar und sofort verfügbar. Die Pflanze greift aber auch aktiv in den Vorgang der Nährstoffaufnahme durch Wurzelausscheidungen ein. Durch Abgabe von H^+ und HCO_3^- sowie von organischen Säuren kann die Wurzel zusätzlich den Ionenaustausch an der Oberfläche der Ton- und Humusteilchen fördern und gewinnt im Eintausch dafür Nährionen (Austauschabsorption). Darüber hinaus können von den Wurzeln ausgeschiedene organische Säuren, reduzierende und komplexierende Stoffe wirksam werden und damit Mineralstoffe pflanzenaufnehmbar machen. Auf diese Weise entstehende Metall-Chelat-Komplexe spielen für Mobilität und Aufnahme von Phosphat und Schwermetallen eine bedeutsame Rolle. Hochmolekulare gelatinöse Substanzen und Ektoenzyme wirken in ähnlicher Richtung.

Aus der Bodenlösung gelangen die Nährionen mit dem einströmenden Wasser oder durch Diffusion zunächst in die frei zugänglichen Apoplasten, d.h. in das zusammenhängende Zellwandnetz der Wurzelhaare und der Wurzelrindenzellen (apoplastischer Transport, s. Kapitel 6.4). Dort können sie durch Oberflächenladungen an die Zellwände und die Außengrenze der Protoplasten adsorbiert werden. Die

Ionenaufnahme in das Cytoplasma geschieht hauptsächlich im Rindenparenchym. Im Plasmalemma (die das Cytoplasma nach außen abgrenzende Biomembran) dieser Zellen sind Systeme lokalisiert, die eine selektive Stoffaufnahme gestatten. Die Verlagerung der Ionen von Zelle zu Zelle verläuft entlang einer zusammenhängenden Kette lebender Protoplasten, die über Plasmodesmen (plasmatische Verbindungen zwischen benachbarten Zellen) miteinander in direktem Kontakt stehen (symplastischer Transport, s. Kapitel 6.4). Die Transportgeschwindigkeit im Symplasma ist wesentlich höher als im Apoplasten; sie wird hauptsächlich durch die Plasmaströmung bedingt. Der apoplastische Zellwandtransport wird durch hydrophobe oder abdichtende Wandeinlagerungen (CASPARYscher Streifen, verholzte Zellwände) in der Wurzelendodermis weitgehend unterbrochen. Der Symplastweg führt bis an die Leitelemente des Zentralzylinders heran. In die wassergefüllten, toten Tracheen und Tracheiden des Xylems fließen die Ionen, dem Konzentrationsgefälle folgend, passiv ein; außerdem werden sie von Parenchymzellen aktiv in die Gefäße abgeschieden.

In den Leitelementen des Xylems erfolgt der hauptsächliche Ferntransport von Wasser und Ionen. Der Transport im Xylem verläuft nur in einer Richtung, nämlich von den Wurzeln zur Sproßachse und von hier zu den Blättern. Die Triebkraft für den im Xylem verlaufenden Stofftransport aus der Wurzel in den oberirdischen Pflanzenteil ist die Transpiration (s. Kapitel 6.6). Auf dem Transportweg werden Ionen und Moleküle aus den benachbarten Zellen aufgenommen bzw. an diese abgegeben. Die Ausbreitung der Ionen von den Xylemgefäßen in die benachbarten Gewebe ist wesentlich langsamer als der Xylemtransport. Es werden immer die Bereiche am ehesten versorgt, die den Xylemsträngen benachbart sind. Die Ausbreitung der Ionen im Gewebe oberirdischer Pflanzenteile erfolgt von den Gefäßbündeln aus hauptsächlich über das Plasma.

Neben dem Xylem (Leitgewebe von Wasser und Nährionen) ist das Phloem (Leitgewebe der Assimilate) wichtige Transportbahn für den Ferntransport. Der Phloemtransport ist primär für den Transport organischer Moleküle (Assimilatstrom), aber auch für den anorganischer Ionen, weniger jedoch für H_2O zuständig. Der Assimilatstrom im Phloem besorgt vor allem die Umlagerung von bereits einverleibten Mineralstoffen der Pflanze (Retranslokation). Die verschiedenen Bioelemente sind ungleich gut verlagerbar. Nährstoffe, die wie N, P und S in organische Verbindungen überführt werden, sind gut translozierbar, desgleichen die Alkaliionen, besonders K^+. Schlecht umlagerbar sind Schwermetalle und Erdalkaliionen, besonders das Calcium. Im Laufe des Jahres werden Bioelemente häufig umverteilt, in krautigen Pflanzen vor allem von alternden Blättern in wachsende Triebspitzen und reproduktive Organe, in Holzpflanzen im Frühjahr in die Knospen, im Sommer und Herbst in die Speichergewebe.

5.6   Stoffliche Zusammensetzung der Pflanzen

Pflanzen bestehen im Allgemeinen zu 50-95 % aus Wasser. Besonders wasserreich sind fleischige Früchte (85-95 % des Frischgewichts), weiches Laub (80-90 %) und Wurzeln (70-95 %). Saftfrisches Holz enthält etwa 50 % Wasser. Am wasserärmsten sind reife Samen (5-15 %).

Die Trockensubstanz, die man nach der restlosen Entfernung des Wassers erhält, umfasst sämtliche organischen und mineralischen Bestandteile. Die Trockensubstanz (Trockenmasse, Trockengewicht) des Pflanzenkörpers kann durch Trocknung bei etwas über 100 °C (meist mehrere Stunden bei 105 °C) bis zur Gewichtskonstanz ermittelt werden. Auf die Trockensubstanz bezogen nehmen die Elemente C und O mit jeweils zu etwa 40-45 % den weitaus größten Anteil ein. Auf den Wasserstoff entfallen etwa 5-7 % und auf den unverbrennbaren Rest (Asche) meist zwischen 5 und 10 %.

Erhitzt man die Trockensubstanz unter Luftzutritt auf hohe Temperaturen, so entweicht ein Teil der Hauptnährelemente in Form von Verbrennungsgasen (CO_2, H_2O, Stickoxide und SO_2), während in der Asche (Reinasche) vor allem die Oxide zahlreicher mineralischer Komponenten anderer Elemente zurückbleiben. Der Anteil der Asche an der Trockensubstanz ist je nach Pflanzenart und -organ sowie nach Standort sehr verschieden. Blätter von Laubbäumen haben z. B. 4-6 % und das Holz dieser Bäume 0,5-3 % Aschengehalt der Trockensubstanz.

5.7   Funktionen der einzelnen Nährelemente und Ernährungszustände der Pflanze

Entsprechend ihren Eigenschaften und ihrem Verhalten in den Pflanzen kann man die Nährelemente in Bauelemente und in Funktionselemente einteilen. Die Makronährelemente sind vor allem Bestandteile von organischen Verbindungen (Bauelemente) und die Mikronährelemente von Enzymen (Funktionselemente). Geht man von den physikalisch-chemischen Eigenschaften der Elemente aus, so sind die Nichtmetalle in der Regel als Bauelemente in organischen Verbindungen vorhanden, während die Metalle und Schwermetalle als Funktionselemente wirken.

Das Wachstum der Pflanze wird von dem Nährelement bestimmt, das relativ zu den anderen Nährelementen in mangelhafter Konzentration vorliegt. Ein Erhöhen der Konzentration der übrigen Nährelemente kann den Mangel eines anderen nicht ausgleichen. Dieses Phänomen erkannten bereits Carl SPRENGEL (1787-1859) und

Justus von LIEBIG um 1850. Das LIEBIGsche „Gesetz" vom Faktor im Minimum (Gesetz des Minimums) besagt, dass der in unzureichender Menge vorhandene Nährstoff das Wachstum und die Massenentwicklung begrenzt. Allerdings ist der im Minimum befindliche Nährstoff nicht allein ertragsbestimmend. Für einen geregelten Stoffwechsel, für eine reichliche Stoffproduktion und für eine unbehinderte Entwicklung müssen die Hauptnährstoffe und die Spurenelemente nicht nur in ausreichender Menge, sondern auch in ausgewogenem Verhältnis von der Pflanze aufgenommen werden. Betrifft der Nährstoffmangel ganz bestimmte Elemente, oder beansprucht die Pflanzenart einzelne Elemente in außergewöhnlicher Menge, dann treten spezifische Mangelsymptome auf. Ein Mangel an einem bestimmten Nährelement macht eine normale vegetative und generative Entwicklung der Pflanze entweder unmöglich oder behindert sie jedenfalls wesentlich und führt zu charakteristischen Ernährungsstörungen mit makroskopisch wahrnehmbaren Mangelsymptomen.

In der Landwirtschaft entsteht Mangel besonders an Stickstoff, Phosphor und Kalium, da ein erheblicher Nährstoffentzug durch die Kulturpflanzen stattfindet. Zur Erhaltung von Bodenfruchtbarkeit und Ertragsleistung wird mineralischer Dünger eingesetzt, sodass eine ausreichende Versorgung der Pflanzen mit Nährelementen gewährleistet ist. In vielen Wäldern unserer Mittelgebirge herrscht heute – bedingt durch die Versauerung der Böden – Mangel an Magnesium. Dies führt zur Erkrankung der Bäume (z. B. „Montane Vergilbung" der Fichten), die man durch Düngung mit Dolomit ($CaMg(CO_3)_2$) zu beheben versucht. Durch die Kalkung werden sowohl der pH-Wert und der Gehalt an austauschbaren Ca^+- und Mg^{2+}-Ionen erhöht, als auch die Konzentration an Mn^{2+}- und Al^{3+}-Ionen erniedrigt sowie Phosphat mobilisiert.

Die Beziehung zwischen der mineralischen Ernährung (Mineralstoffkonzentration in der Pflanze) und dem Wachstum (Trockensubstanzproduktion) ergibt eine charakteristische Kurve mit drei klar definierten Regionen. Im 1. Bereich nimmt das Wachstum mit steigender Nährstoffaufnahme zu (Bereich der Mangelernährung), um bei adaequater Mineralstoffkonzentration im 2. Bereich ein optimales Wachstum zu erreichen (Bereich der ausreichenden Ernährung). Werden darüber hinaus Nährelemente aufgenommen, bringen sie keinen weiteren Ertrag. Die üppige Versorgung bringt keinen Wachstumsvorteil mehr (Luxusernährung). Bei besonders übermäßiger Aufnahme, vor allem bei einseitigem Überangebot, erfolgt schließlich der Übergang in die 3. Region, in der die Wachstumsrate wiederum abfällt (Überschussbereich), d. h. bei einem Übermaß wirken viele Mineralstoffe toxisch. Der Übergang von förderlichen zu schädlichen Konzentrationen vollzieht sich bei Makronährelementen allmählich, bei Spurenelementen kann er dagegen in engen Bereichen stattfinden.

B   Versuche

V 5.1   Nährstofferschließung im Boden durch Pflanzen

V 5.1.1   Ladung der Bodenkolloide

Kurz und knapp:
Mit diesem Experiment wird die Ladung der Bodenkolloide durch ihr Adsorptionsverhalten gegenüber anionischen und kationischen Farbstoffen demonstriert.

Zeitaufwand:
Vorbereitung: 10 min, Durchführung: 10 min

Material:	luftgetrockneter, gesiebter, komposthaltiger Boden
Geräte:	Waage, 2 Erlenmeyerkolben (200 mL) mit Stopfen, 2 Trichter, 2 Faltenfilter, 4 Demonstrationsreagenzgläser mit Ständer, 2 Messzylinder (50 mL), Löffel
Chemikalien:	0,005 %ige Eosinlösung, 0,005 %ige Methylenblaulösung

Durchführung:
Man gibt je 30 g komposthaltigen Boden in 2 Erlenmeyerkolben. In den einen fügt
man 50 mL Eosinlösung, in den anderen 50 mL Methylenblaulösung hinzu. Man
verschließt die beiden Erlenmeyerkolben mit Stopfen und schüttelt kräftig. Anschließend wird in zwei Reagenzgläser filtriert. Man vergleicht die Filtrate mit den Aus-
gangslösungen.

Beobachtung:
Das Methylen-
blaufiltrat ist fast
farblos, das Eo-
sinfiltrat ist orange
gefärbt.

Eosin   Methylenblau

Erklärung:
Bei Methylenblau handelt es sich um einen kationischen (positiv geladenen) Farbstoff, bei Eosin hingegen um einen anionischen (negativ geladenen) Farbstoff.

Die Bodenteilchen binden den negativen Farbstoff kaum, den positiv geladenen dagegen stark. Dies zeigt, dass die Bodenteilchen überwiegend negativ geladen sind und bevorzugt Kationen adsorbieren.

Bemerkung:
Da das Filtrieren der Lösungen langsam vor sich geht, empfiehlt es sich, die beiden Reagenzgläser an einem Stativ vor einem weißen Hintergrund zu befestigen. So kann man bereits bei wenigen Millilitern die Farbe des Filtrats erkennen.

V 5.1.2 Protonenabgabe durch die Wurzel

Kurz und knapp:
Die Pflanzen sind in der Lage in den Vorgang der Nährstoffaufnahme aktiv einzugreifen. Eine Möglichkeit stellt die Abgabe von Protonen (H^+) über die Wurzel dar, die sich durch den Farbumschlag eines Indikatorfarbstoffs demonstrieren lässt.

Zeitaufwand:
Anzucht der Pflanzen: ca. 7 Tage, Vorbereitung: 20 min, Durchführung: 15 min

Material:	Erbsenpflanzen (*Pisum sativum*)
Geräte:	Blumentopf, Plastikwanne, Becherglas (400 mL), Petrischalen (Ø 10 cm), Waage, Messzylinder (250 mL), Bunsenbrenner mit Vierfuß und Ceranplatte, Spatel, Feuerzeug, Glasstab, Thermometer, pH-Meter, Wasserbad, Pasteurpipette
Chemikalien:	Vermiculit, Agar-Agar, Bromthymolblau, Calciumchlorid ($CaCl_2$), Kaliumchlorid (KCl), dest. Wasser, 0,01 mol/L Natriumhydroxid (NaOH)

Durchführung:
Anzucht der Pflanzen: Man füllt einen Blumentopf mit Vermiculit, legt 5 Samen darauf und gibt so viel Vermiculit hinzu, dass die Samen gerade bedeckt sind. Anschließend stellt man den Blumentopf in eine Plastikwanne, die mit Leitungswasser gefüllt ist. So sind die Pflanzen während der Anzucht ausreichend mit Wasser versorgt. Man stellt die Plastikwanne an ein Fenster ohne starke Sonnenbestrahlung.
Austopfen der Pflanzen: Das Vermiculit wird vorsichtig ausgeschüttelt und das restliche Substrat unter fließendem Leitungswasser ausgespült. Die Wurzeln werden

anschließend durch Eintauchen in ein mit dest. Wasser gefülltes Becherglas kurz abgespült.

Herstellung des Agars: In ein Becherglas gibt man 1,5 g Agar-Agar, 10 mg Bromthymolblau, 200 mg $CaCl_2$, 200 mg KCl und 200 mL dest. Wasser. Man erhitzt über dem Bunsenbrenner unter gelegentlichem Umrühren so lange, bis der Agar in Lösung gegangen ist und die Flüssigkeit klar erscheint. Nachdem der Agar auf etwa 45 °C abgekühlt ist (Wasserbad verwenden!), wird der pH-Wert mit 0,01 mol/L NaOH auf 6,5 eingestellt. Der erstarrte Agar kann längere Zeit aufbewahrt werden (im Kühlschrank – falls vorhanden).

Versuchsansatz: Der Agar wird über dem Bunsenbrenner unter Umrühren verflüssigt und in einem Wasserbad abgekühlt. Die Erbsenpflanzen werden ausgetopft (s.o.) und mit ihren Wurzeln in die Petrischalen gelegt. Wenn der Agar auf 40 °C abgekühlt ist, werden die Wurzeln mit dem Agar völlig überschichtet.

Beobachtung:

Nach etwa 5 Minuten verfärbt sich die Agarplatte in unmittelbarer Umgebung der Wurzeln von blaugrün nach gelb. Mit zunehmender Versuchsdauer breitet sich die Gelbfärbung immer weiter aus.

Erklärung:

Der Indikator Bromthymolblau verfärbt sich aufgrund einer pH-Absenkung von blaugrün (etwa pH 6,5) nach gelb (unterhalb pH 6). Die Wurzeln geben Protonen (H^+) in den Rhizosphärenraum ab und bewirken somit eine leichte Ansäuerung ihrer unmittelbaren Umgebung. Im Austausch gegen Kationen wie Ca^{2+} oder K^+ geben die Wurzeln H^+ ab (Ionenaustausch).

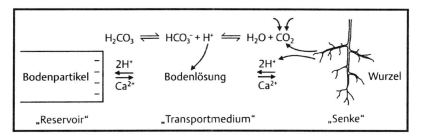

Abb. 5.1: Ionenaustausch zwischen Bodenpartikel, Bodenlösung und Pflanzenwurzel (GISI et al., 1997).

Bemerkung:
Die 200 mL Agar sind für 4 Petrischalen ausreichend. Um den Farbumschlag des Indikators gut zu erkennen, empfiehlt es sich, die Agarplatten gegen das Tageslicht zu betrachten.

V 5.1.3 Ionenaustausch an den Bodenkolloiden

Kurz und knapp:
Mit Hilfe von verdünnten Säuren, die in etwa den pH-Werten der Wurzelausscheidungen entsprechen, lässt sich der Ionenaustausch an der Oberfläche der Bodenkolloide demonstrieren.

Zeitaufwand:
Vorbereitung: 10 min, Durchführung: 10 min

Material:	luftgetrockneter, gesiebter, komposthaltiger Boden
Geräte:	2 Erlenmeyerkolben (200 mL) mit Stopfen, 4 Demonstrationsreagenzgläser mit Ständer, 2 Messpipetten (2 mL), Messzylinder (10 mL), 2 Messzylinder (50 mL), Pasteurpipette, Löffel, 2 Trichter, 2 Faltenfilter, Waage
Chemikalien:	2 %ige Ammoniumoxalatlösung, 0,1 mol/L Essigsäure, dest. Wasser

Durchführung:
Man füllt jeweils 30 g komposthaltigen Boden in zwei Erlenmeyerkolben. In den einen gibt man 40 mL dest. Wasser, in den anderen 40 mL 0,1 mol/L Essigsäure. Man verschließt die beiden Erlenmeyerkolben mit Stopfen, schüttelt kräftig und filtriert in zwei Reagenzgläser. Man entnimmt jeweils 2 mL Filtrat und füllt in jedes Reagenzglas zusätzlich 10 mL dest. Wasser. Nun gibt man in beide Reagenzgläser je 5 Tropfen 2 %ige Ammoniumoxalatlösung.

Beobachtung:
Das Filtrat der mit Essigsäure geschüttelten Bodenprobe zeigt einen deutlichen weißen Niederschlag. In dem Filtrat der mit dest. Wasser geschüttelten Bodenprobe ist kein bzw. ein sehr geringer Niederschlag sichtbar.

Erklärung:
Es bildet sich der für Calciumionen charakteristische weiße Niederschlag von Calciumoxalat:

$$\left[\begin{array}{c} O \\ O \end{array} C - C \begin{array}{c} O \\ O \end{array} \right]^{2-} + \; Ca^{2+} \longrightarrow CaC_2O_4 \downarrow$$

Es hat eine Ionenaustauschreaktion an den Bodenkolloiden des komposthaltigen Bodens stattgefunden. Die sorbierten Calciumionen sind nur locker an die Bodenkolloide gebunden und können durch die Protonen (H^+) der Essigsäure leicht ausgetauscht werden. Die verdünnte Essigsäure, die in etwa dem pH-Wert der Wurzelabscheidungen entspricht, löst aus der gleichen Bodenmenge mehr Nährstoffe als dasselbe Volumen Wasser.

Bemerkung:
Da das Filtrat eine gewisse Eigenfarbe aufweist, verwendet man nur eine geringe Menge (2 mL) und verdünnt mit dest. Wasser. So hat man klare Filtrate für den durchzuführenden Nachweis.

V 5.1.4 Der „Marmorplattenversuch"

Kurz und knapp:
Pflanzen können mit ihren Wurzelhaaren auch aus festem Gestein durch Ionenaustausch Salze herauslösen. Dies lässt sich durch Ätzspuren an polierten Marmorplatten demonstrieren.

Zeitaufwand:
Vorbereitung: 5 min, Kulturzeit der Pflanzen: ca. 6 Wochen, Auswertung: 5 min

Material:	Buschbohnensamen (*Phaseolus vulgaris* ssp. *nanus*)
Geräte:	2 Blumentöpfe, 2 polierte Marmorplatten, Plastikwanne, Papierhandtücher
Chemikalien:	Vermiculit, Tinte

Durchführung:
In zwei Blumentöpfe stellt man jeweils schräg eine polierte Marmorplatte. Man füllt die Blumentöpfe mit Vermiculit und steckt in einen 5 Samen. Der zweite Ansatz

dient als Kontrolle. Die beiden Blumentöpfe stellt man in eine mit Wasser gefüllte Plastikwanne. Wenn sich die Pflanzen gut entwickelt haben (etwa 6 Wochen), leert man die beiden Blumentöpfe und reibt die Marmorplatten mit Tinte ein.

Beobachtung:
Die Marmorplatte in dem Ansatz mit den Buschbohnen zeigt deutliche Ätzspuren und man kann einen Abdruck des Wurzelwerks erkennen. In dem Kontrollansatz ohne Pflanzen ist keine Veränderung der Marmorplatte sichtbar.

Erklärung:
Die Wurzelhaare sind in der Lage, auch aus einem festen Gestein durch Ionenaustausch Salze herauszulösen. Diese Fähigkeit führt zu den Ätzspuren auf der Marmorplatte. Dort, wo die Ätzspuren zu beobachten sind, haben die Wurzelhaare Ca^{2+} im Austausch gegen H^+ aufgenommen. Die Protonen greifen den Marmor ($CaCO_3$) unter Bildung von löslichem $Ca(HCO_3)_2$ an:

$$CaCO_3 + H^+ \longrightarrow Ca^{2+} + HCO_3^-$$

Bemerkung:
Die Versuchskultur der Pflanzen dauert zwar lange, ist jedoch aufgrund des erstaunlichen Effektes sicherlich lohnenswert.

V 5.1.5 Reduktion von Eisen(III)-Ionen durch Wurzeln

Kurz und knapp:
Im Boden liegt das Nährelement Eisen fast ausschließlich in seiner oxidierten Form (Fe^{3+}) vor. Von den Pflanzen (Ausnahme: Gräser) können aber nur Fe^{2+}-Ionen aufgenommen werden. Mit diesem Experiment wird demonstriert, dass an der Wurzeloberfläche die Reduktion von Fe^{3+} zu Fe^{2+} erfolgt.

Zeitaufwand:
Anzucht der Pflanzen: ca. 7 Tage, Vorbereitung: 10 min, Durchführung: 15 min

Material:	5 Erbsenpflanzen (*Pisum sativum*)
Geräte:	Becherglas (150 mL), 2 Messzylinder (100 mL, 10 mL)
Chemikalien:	Kaliumhexacyanoferrat(III)-Lösung (30 mg $K_3[Fe(CN)_6]$, 100 mg $CaCl_2$, 80 mg KCl in 100 mL dest. Wasser), Eisen(III)chlorid-Lösung (900 mg $FeCl_3 \cdot 6 H_2O$ in 100 mL dest. Wasser)

Durchführung:
Anzucht und Austopfen der Pflanzen: siehe V 5.1.2
Man füllt 100 mL Kaliumhexacyanoferrat(III)-Lösung und 5 mL FeCl$_3$-Lösung in ein Becherglas. In diese Lösung stellt man 5 Erbsenpflanzen mit ihren Wurzeln.

Beobachtung:
Nach 5 Minuten ist bereits eine leichte Blaufärbung der Wurzeln zu erkennen. Die Blaufärbung der Wurzeln intensiviert sich mit zunehmender Versuchsdauer.

Erklärung:
Die Reduktion von dreiwertigem Eisen an der Wurzeloberfläche ist auf im Plasmalemma lokalisierte Redoxenzyme (Fe^{III}-Chelatreduktase) zurückzuführen. Diese Enzyme bewirken, dass rotes Blutlaugensalz zu gelbem Blutlaugensalz reduziert wird:

$$[Fe^{III}(CN)_6]^{3-} + e^- \longrightarrow [Fe^{II}(CN)_6]^{4-}$$

rotes Blutlaugensalz   gelbes Blutlaugensalz

Das gelbe Blutlaugensalz lässt sich durch das in der Lösung befindliche Fe^{3+} (FeCl$_3$) als Berlinerblau nachweisen:

$$3\ [Fe^{II}(CN)_6]^{4-} + 4\ Fe^{3+} \longrightarrow Fe_4^{III}[Fe^{II}(CN)_6]_3$$

gelbes Blutlaugensalz   Berlinerblau

Bemerkung:
Es empfiehlt sich, die Wurzeln der Erbsenpflanzen vor einem weißen Hintergrund zu betrachten.

V 5.1.6 Phosphatasenwirkung

Kurz und knapp:
Das im Boden organisch gebundene Phosphat ist für die Pflanzen nicht direkt verfügbar. Die im äußeren Zellwandbereich der Wurzel lokalisierten Phosphatasen ermöglichen den Pflanzen die Erschließung von organischen Phosphorverbindungen. Mit diesem Experiment lässt sich die Wirkung der sauren Phosphatasen demonstrieren.

Zeitaufwand:
Anzucht der Pflanzen: ca. 7 Tage, Vorbereitung: 10 min, Durchführung: 20 min

Material:	3 Erbsenpflanzen (*Pisum sativum*)
Geräte:	2 Bechergläser (50 mL, 100 mL), Spatel, 2 Demonstrationsreagenzgläser mit Ständer, Messzylinder (50 mL), Messpipette (10 mL), Pasteurpipette, Waage
Chemikalien:	4-Nitrophenylphosphat, 2 mol/L Natriumhydroxid (NaOH), dest. Wasser, Acetatpuffer (0,1 mol/L Natriumacetat mit 0,1 mol/L Essigsäure auf pH 5,6 eingestellt)

Durchführung:

Anzucht und Austopfen der Pflanzen: siehe V 5.1.2

Man wiegt 15 mg 4-Nitrophenylphosphat in einem Becherglas ab und löst sie in 50 mL Acetatpuffer. Anschließend füllt man 30 mL in ein anderes Becherglas und stellt 3 Erbsenpflanzen so in die Lösung, dass nur die Wurzeln eintauchen. Die restlichen 20 mL bleiben zur Kontrolle stehen. Nach 20 Minuten entnimmt man der Kontrolle und dem Versuchsansatz je 10 mL und gibt jeweils 5 Tropfen 2 mol/L NaOH in die Reagenzgläser.

Beobachtung:

Der Versuchsansatz färbt sich gelb, die Kontrolle bleibt farblos.

Erklärung:

Die im äußeren Zellwandbereich der Wurzel lokalisierten sauren Phosphatasen können an das Außenmedium abgegeben werden. Durch die Phosphatasen wird der Phosphatrest des 4-Nitrophenylphosphats abgespalten. Das entstehende 4-Nitrophenol färbt sich im alkalischen Milieu gelb:

$$O_2N-\text{<Benzolring>}-O-PO_3H_2 + H_2O \xrightarrow{\text{Phosphatasen}} O_2N-\text{<Benzolring>}-OH + H_3PO_4$$

4-Nitrophenylphosphat   4-Nitrophenol

Bemerkung:

Durch die Zugabe der 2 mol/L NaOH wird das Reaktionsmedium alkalisch und somit die Wirkung der sauren Phosphatasen gestoppt. Bei pH 5,6 (Acetatpuffer) liegt das pH-Optimum der sauren Phosphatasen.

V 5.2 Stoffliche Zusammensetzung der Pflanzen

V 5.2.1 Bestimmung des Wassergehaltes von Pflanzen

Kurz und knapp:
Dieses Experiment veranschaulicht den unterschiedlichen Wassergehalt verschiedener Pflanzenteile.

Zeitaufwand:
Vorbereitung: 10 min, Trocknen: 24 h, Durchführung: 5 min

Material:	frische Laubblätter, Samen, Früchte
Geräte:	Kaffeemühle oder Mörser mit Pistill, Trockenschrank oder Backofen, Waage (Wägegenauigkeit ± 10 mg), Petrischalen, Messer, alternativ: Balkenwaage und Bürette (s. Bemerkung)

Durchführung:
Zunächst werden die leeren Petrischalen gewogen und ihr Gewicht notiert. Die Samen werden in einer Kaffeemühle pulverisiert, das Blattmaterial mit der Hand und das Fruchtmaterial mit einem Messer grob zerkleinert. Man wiegt nun in etwa 10 g Blatt-, Frucht- und Samenmaterial in die vorher ausgewogenen Petrischalen ein. Es ist nicht wichtig exakt 10,0 g einzuwiegen, sondern die exakt eingewogene Menge zu notieren (z.B.: 10,34 g). Das Material wird in den Schalen flach ausgebreitet und bei 105 °C im Trockenschrank für einen Tag getrocknet. Danach nimmt man die Petrischalen aus dem Trockenschrank und bestimmt ihr Gewicht. Der prozentuale Wassergehalt wird nach folgender Formel bestimmt:

$$\text{Prozentualer Wassergehalt} = \frac{\text{Frischgewicht - Trockengewicht}}{\text{Frischgewicht}} \cdot 100$$

Beobachtung:
Das Blatt- und Fruchtmaterial hat sichtbar an Gewicht und Volumen abgenommen. Beim Samenpulver ist optisch kein Unterschied festzustellen.

Erklärung:
Durch die starke Hitze (105 °C) wird das in den Pflanzenteilen enthaltene Wasser restlos entfernt. Die so genannte Trockensubstanz umfasst sämtliche organischen und mineralischen Bestandteile.

Richtwerte für mögliche prozentuale Wassergehalte: Laubblätter: 70-80 %, Samen: 5-15 %, fleischige Früchte: 85-95 %.

Bemerkung:
Der Demonstrationseffekt des Experiments lässt sich durch folgende Variante verstärken: Man wiegt nochmals eine identische Menge frisches Material ab und stellt dieses dem Trockenmaterial auf einer Balkenwaage gegenüber. Um den Wassergehalt zu demonstrieren, gibt man mit einer Bürette so lange Wasser zur leichteren Seite, bis sich die Balkenwaage im Gleichgewicht befindet.

V 5.2.2 Einfache Elementaranalyse der Trockensubstanz

Kurz und knapp:
Die Hauptmasse der Trockensubstanz besteht aus einer Vielzahl von organischen Verbindungen. Mit diesem Experiment lassen sich die Makroelemente Kohlenstoff, Wasserstoff, Stickstoff und Schwefel in der Trockensubstanz nachweisen.

Zeitaufwand:
Trocknen: 24 h, Vorbereitung: 10 min, Durchführung: 10 min

Material:	Samen (z.B. Sojabohnen)
Geräte:	Kaffeemühle, Trockenschrank oder Backofen, Petrischale, 3 Demonstrationsreagenzgläser mit Ständer, einfach durchbohrter Stopfen, gebogenes Glasrohr, 2 Stative mit Klammern und Muffen, Spatel, 2 Trichter, Filterpapier, Feuerzeug, Bunsenbrenner, Waage
Chemikalien:	0,1 mol/L Bariumhydroxid ($Ba(OH)_2$) oder Calciumhydroxid ($Ca(OH)_2$), Kupfermonoxid (CuO), Kobaltchloridpapier (s. V2.1.1), Bleiacetatpapier (s. V2.1.1), Lackmuspapier

Durchführung:
3 g Sojabohnen werden in der Kaffeemühle pulverisiert. Das Samenpulver wird flach in einer Petrischale ausgebreitet und 24 Stunden im Trockenschrank getrocknet.
a) über ein Reagenzglas, das etwa 5 Spatelspitzen Trockensubstanz enthält, stülpt man einen Glastrichter und erhitzt langsam. Über die Trichteröffnung hält man nacheinander ein feuchtes Lackmus- und Bleiacetatpapier.
b) In einem zweiten Reagenzglas werden 1 g Trockensubstanz und 2 g CuO vermengt. Man verschließt das Reagenzglas mit einem durchbohrten Stopfen und

verbindet es über ein entsprechend gebogenes Glasrohr mit einem weiteren Reagenzglas, das etwa 3 cm hoch mit frisch filtrierter Ba(OH)$_2$-Lösung gefüllt ist. Nun wird die Trockensubstanz mit dem Bunsenbrenner langsam erhitzt.

Beobachtung:
a) An den kälteren Teilen des Reagenzglases und vor allem im Glastrichter bildet sich ein feiner Beschlag zunächst farbloser, bei stärkerem Erhitzen bräunlicher Tropfen. Die Tropfen färben blaues Kobaltchloridpapier rot. Das rote Lackmuspapier färbt sich blau und das Bleiacetatpapier färbt sich braun bis schwarz.
b) Die Ba(OH)$_2$-Lösung trübt sich, und es bildet sich ein weißer Niederschlag.

Erklärung:
Beim Erhitzen der Trockensubstanz mit dem Bunsenbrenner entstehen Wasser, Ammoniak, Schwefelwasserstoff und Kohlenstoffdioxid. Das Wasser entsteht durch die Reaktion des Wasserstoffs der Trockensubstanz mit dem Sauerstoff der Luft und bildet mit blauem Cobaltchlorid rotes Hexaaquacobalt(II)-chlorid. Der Farbumschlag des Lackmuspapiers geht auf die beim Stickstoffnachweis entstehenden Hydroxidionen zurück. Die Schwarzfärbung des Bleiacetatpapiers beruht auf der Bildung von schwarzem Bleisulfid. Bei dem weißen Niederschlag handelt es sich um BaCO$_3$.

Wasserstoffnachweis: $6\ H_2O + CoCl_2 \longrightarrow [Co(H_2O)_6]^{2+} + 2\ Cl^-$
                                            blau   rot

Stickstoffnachweis: $NH_3 + H_2O \longrightarrow NH_4^+ + OH^-$

Schwefelnachweis: $H_2S + Pb(CH_3COO)_2 \longrightarrow PbS + 2\ CH_3COOH$

Kohlenstoffnachweis: $CO_2 + Ba(OH)_2 \longrightarrow BaCO_3 + H_2O$

Bemerkung:
Ist das Erhitzen der Trockensubstanz mit CuO beendet, nimmt man das Glasrohr sofort aus der Ba(OH)$_2$-Lösung, um ein Zurückschlagen der Lösung zu vermeiden.

V 5.2.3 Bestimmung des Aschegehaltes an der Trockensubstanz

Kurz und knapp:
Erhitzt man getrocknete Pflanzenteile bei schwacher Rotglut an der Luft, entweichen die organischen Substanzen in Form von Verbrennungsgasen (CO_2, H_2O, SO_2, Stickoxide). In der Asche bleibt ein Gemisch von anorganischen Salzen zurück. Mit

diesem Experiment lässt sich der unterschiedliche Mineralstoffanteil von Samen und Pflanzen demonstrieren.

Zeitaufwand:
Trocknen: 24 h, Veraschen: 15 min, Durchführung: 10 min

Material:	Samen (z.B. Sojabohnen), Laubblätter
Geräte:	Kaffeemühle, Trockenschrank oder Backofen, 2 Petrischalen, Abzug, 2 Bunsenbrenner mit Dreifuß mit Tondreieck, 2 Porzellantiegel, Mörser mit Pistill, Waage (Wägegenauigkeit ± 10 mg), Feuerzeug, Spatel, 2 Wägegläschen, Exsikkator
Chemikalien:	Kieselgel oder Bariumchlorid ($BaCl_2$)

Durchführung:
2 g Sojabohnen werden in der Kaffeemühle pulverisiert und 10 g Laubblätter mit der Hand grob zerkleinert. Blatt- wie auch Samenmaterial werden jeweils in einer Petrischale flach ausgebreitet und im Trockenschrank bei 105 °C getrocknet. Nach der Trocknung des Materials bestimmt man zunächst das Leergewicht der Porzellantiegel und kennzeichnet sie mit einem weichen Bleistift auf der Unterseite. Das getrocknete Blattmaterial wird mit Mörser und Pistill pulverisiert. Die Trockensubstanz von Blatt- und Samenmaterial wird mit einer Wägegenauigkeit von 0,01 g in je ein Wägeschälchen eingewogen. Es genügt eine Einwaage von jeweils 1 g. Man stellt die zwei Tiegel jeweils auf ein Tondreieck und erhitzt bis zur schwachen Rotglut. Erst dann bringt man die zu veraschenden Substanzen mit einem Spatel in kleinen Portionen in die heißen Tiegel. Man wartet, bis die organische Substanz völlig verbrannt ist, ehe man neue Trockensubstanz zugibt. Nach dem Veraschen stellt man die Tiegel sofort in einen Exsikkator mit Kieselgel; während des Abkühlens ist der Exsikkatorhahn zu öffnen. Nach dem Abkühlen (15 min oder nächste Schulstunde) werden die beiden Tiegel gewogen. Durch Subtraktion der Masse des leeren Tiegels wird der Anteil der Asche an den untersuchten Trockensubstanzen bestimmt. Der prozentuale Aschengehalt ergibt sich nach folgender Formel:

$$\text{Prozentualer Aschengehalt} = \frac{\text{Aschenmasse}}{\text{Trockenmasse}} \cdot 100$$

Beobachtung:
In beiden Tiegeln bleibt eine weißliche Substanz zurück, die sogenannte Pflanzenasche. Blatt- wie auch Samenmaterial verlieren wesentlich an Volumen und Gewicht. Der Aschengehalt der Samen ist geringer als der der Blätter.

Erklärung:
Je nach Pflanzenart und -organ sowie nach Standort variiert der Anteil der Asche an der Trockensubstanz. Der Aschengehalt der Samen ist geringer, da sie zum größten Teil organische Substanzen enthalten. Das Speichergewebe der Samen besteht überwiegend aus Stärke, Proteinen und Fetten, deren Grundelemente C, O, H, N und S in Form von Verbrennungsgasen entweichen. Blätter enthalten vor allem in Enzymen und Chlorophyll anorganische, nicht flüchtige Bestandteile. Weiterhin erfolgt in den Blättern aufgrund des Transpirationsstroms eine Anreicherung mit mineralischen Substanzen.

Bemerkung:
Gibt man eine zu große Substanzmenge auf einmal in den Tiegel, bilden sich größere zusammenhängende Kohleklumpen, und der Veraschungsprozess dauert sehr lange. Das Experiment kann prinzipiell auch ohne Exsikkator durchgeführt werden, allerdings nimmt die Aschensubstanz dann beim Abkühlen Wasserdampf aus der Luft auf.

V 5.2.4 Qualitative Analyse von Pflanzenasche

Kurz und knapp:
Mit diesem Experiment wird das Vorkommen der Makronährelemente P, Ca, Mg und Fe in pflanzlichem Gewebe nachgeprüft.

Zeitaufwand:
Trocknen: 24 h, Veraschen: 30 min, Durchführung: 15 min

Material:	Samen (z.B. Sojabohnen)
Geräte:	Kaffeemühle, Petrischale, Trockenschrank oder Backofen, Abzug, 2 Porzellantiegel, Wägeschälchen, Feuerzeug, 2 Bunsenbrenner mit Dreifuß und Tondreieck, 4 Demonstrationsreagenzgläser mit Ständer, Becherglas (50 mL), Trichter, Faltenfilter, Spatel, Vierfuß mit Ceranplatte, 4 Pasteurpipetten, 2 Messzylinder (10 mL, 25 mL), Reagenzglasklammer, Waage
Chemikalien:	10 %ige Ammoniummolybdatlösung (gesättigte Lösung), 10 %ige Salpetersäurelösung (HNO_3), 1 mol/L Salzsäure (HCl), 1 mol/L Natriumhydroxid (NaOH), Titangelb (Thiazolgelb), 2 %ige Ammoniumoxalatlösung, gelbes Blutlaugensalz ($K_4[Fe(CN)_6]$), pH-Papier

Durchführung:
Man zerkleinert 6 g Sojabohnen mit der Kaffeemühle, breitet das Samenpulver flach in einer Petrischale aus und stellt sie über Nacht in den Trockenschrank. 5 g des getrockneten Sojabohnenpulvers werden in einem Wägeschälchen abgewogen. Man stellt die beiden Tiegel jeweils auf ein Tondreieck und erhitzt bis zur schwachen Rotglut. Dann bringt man das zu veraschende Sojabohnenpulver mit einem Spatel in kleinen Portionen in die heißen Tiegel. Man wartet bis die organische Substanz völlig verbrannt ist, ehe man neue Trockensubstanz zugibt. Nach dem Abkühlen der Aschensubstanz gibt man in die beiden Tiegel etwas 1 mol/L HCl und kocht auf. Die Lösung wird anschließend in einen Messzylinder filtriert. Man wäscht mit 1 mol/L HCl nach bis 20 mL Filtrat vorliegen. Diese Lösung ist für die folgenden Testreaktionen ausreichend.

Phosphatnachweis: Man füllt ein Reagenzglas mit 10 mL gesättigter Ammonium-molybdatlösung und fügt tropfenweise 10 %ige HNO_3 zu, bis sich der zuerst ausfallende weiße Niederschlag von Molybdänsäure wieder löst. Dann gibt man 10 Tropfen des salzsauren Aschenauszugs hinzu und erwärmt leicht über dem Bunsenbrenner.

Calciumnachweis: In ein Becherglas gibt man 5 mL des Aschenauszugs und stellt die Lösung durch Zutropfen von 1 mol/L NaOH auf etwa pH 5 ein (pH-Papier). Die so eingestellte Lösung füllt man in ein Reagenzglas und gibt 10 Tropfen 2 %ige Ammoniumoxalatlösung hinzu.

Magnesiumnachweis: Zu 5 mL des Auszugs gibt man 7 mL 1 mol/L NaOH und eine Spatelspitze Titangelb (evtl. leicht erwärmen).

Eisennachweis: Zu 5 mL des Aschenauszugs gibt man wenige Kristalle gelben Blut-laugensalzes.

Beobachtung:
Phosphatnachweis: Bei der Zugabe des salzsauren Aschenauszugs färbt sich die Lösung gelb. Beim schwachen Erwärmen fällt ein gelber Niederschlag aus.
Calciumnachweis: Es fällt ein weißer Niederschlag aus.
Magnesiumnachweis: Es bildet sich zunächst ein weißer Niederschlag. Nach der Zugabe von Titangelb färbt sich die Lösung rot. Nach kurzer Zeit setzt sich ein roter Niederschlag im unteren Teil des Reagenzglases ab.
Eisennachweis: Die Lösung färbt sich blau.

Erklärung:
Phosphatnachweis: In stark salpetersaurer Lösung entsteht aus Ammoniummolybdat $(NH_4)_2MoO_4$ mit Phosphorsäure H_3PO_4 ein gelber kristalliner Niederschlag der Zusammensetzung $(NH_4)_3[PMo_{12}O_{40}]$ (Triammoniumdodecamolybdatophosphorsäure), der für den analytischen Nachweis von Phosphor wichtig ist. Nur der gelbe Nieder-

schlag ist für Phosphationen charakteristisch. Silikat bildet ebenfalls eine gelbe Heteropolysäure, aber keinen gelben Niederschlag.

Calciumnachweis: Der weiße Niederschlag von Calciumoxalat ist für Calciumionen charakteristisch:

$$\left[\begin{array}{c} O \diagdown \\ O \diagup \end{array} C - C \begin{array}{c} \diagup O \\ \diagdown O \end{array}\right]^{2-} + \; Ca^{2+} \longrightarrow CaC_2O_4 \downarrow$$

Magnesiumnachweis: Im Alkalischen fällt ein Niederschlag von Magnesiumhydroxid aus, der durch Titangelb deutlich rot gefärbt wird:

$$Mg^{2+} + 2\,OH^- \longrightarrow Mg(OH)_2$$

Eisennachweis: Gelbes Blutlaugensalz bildet mit Fe^{3+}-Ionen Berlinerblau:

$$4\,Fe^{3+} + 3\,[Fe(CN)_6]^{4-} \longrightarrow Fe_4[Fe(CN)_6]_3$$

Bemerkung:
Um zu verdeutlichen, dass die Nachweise für die 4 Makroelemente charakteristisch sind, kann man die Nachweise parallel mit verdünnten Lösungen von K_3PO_4 oder KH_2PO_4, $CaCl_2$, $MgCl_2$ und $FeCl_3$ durchführen.

V 5.3 Einfluss der Nährelemente auf das Wachstum der Pflanzen (Mangelkulturen)

Kurz und knapp:
Mit diesem Langzeitexperiment lässt sich das von Justus von LIEBIG – dem Begründer der „künstlichen" Düngung – entdeckte „Gesetz des Minimums" demonstrieren.

Zeitaufwand:
Anzucht der Pflanzen: 10-14 Tage, Vorbereitung: 1 h, Versuchsergebnis: nach 3-4 Wochen

Material:	Buschbohnensamen (*Phaseolus vulgaris* ssp. *nanus*)
Geräte:	5 Messzylinder (100 mL), Messpipette (10 mL), 5 Kunststofffflaschen, Messzylinder (1000 mL), Alufolie, Folienstift
Chemikalien:	1 mol/L Stammlösungen von: $Ca(NO_3)_2$, KNO_3, KH_2PO_4, $NaNO_3$, $MgSO_4$, $CaCl_2$, KCl; dest. Wasser
	Eisenstammlösung: 2,42 g $FeCl_3 \cdot 6H_2O$ und 3,34 g Na_2EDTA (Titriplex III) in 100 mL
	Stammlösung der Spurenelemente: 2,86 g H_3BO_3, 1,81 g $MnCl_2$, 0,05 g $ZnCl_2$ und 0,025 g Natriummolybdat in 1 Liter

Durchführung:

Anzucht und Austopfen der Pflanzen: siehe V 5.1.2

Die Kunststofffflaschen werden mit Hilfe des Messzylinders auf 1 Liter geeicht. Man legt etwa 200 mL dest. Wasser in den Kunststofffflaschen vor, gibt die Stammlösungen hinzu (s. Tab. 5.1) und füllt auf 1 Liter auf. Die fünfte Kunststofffflasche wird nur mit dest. Wasser gefüllt (Kontrolle).

Tab. 5.1: Zusammensetzung der Nährlösungen (Volumen 1 Liter)

Stammlösung	komplett	ohne Ca	ohne Fe	ohne N
$Ca(NO_3)_2$	5 mL	-	5 mL	-
KNO_3	5 mL	5 mL	5 mL	-
$MgSO_4$	2 mL	2 mL	2 mL	2 mL
KH_2PO_4	1 mL	1 mL	1 mL	1 mL
Eisenlösung	1 mL	1 mL	-	1 mL
Spurenelemente	1 mL	1 mL	1 mL	1 mL
$NaNO_3$	-	10 mL	-	-
$CaCl_2$	-	-	-	5 mL
KCl	-	-	-	5 mL

Von den 10-14 Tage alten Pflanzen entfernt man die Kotyledonen und hängt die braunen Buschbohnen mit ihren Wurzeln in die mit 50 mL Nährlösung gefüllten Messzylinder. Um Algenwuchs zu verhindern, werden die Messzylinder mit Alufolie umwickelt. Die Messzylinder werden nun an ein Fenster ohne direkte Sonnenbestrahlung gestellt. Die Pflanzen werden über 3-4 Wochen beobachtet und der Flüssigkeitsstand in den Messzylindern kontrolliert. Von Zeit zu Zeit müssen die entsprechenden Nährlösungen wieder auf 50 mL aufgefüllt werden.

Beobachtung:

Nährlösung	Erscheinungsbild der Pflanzen
komplett	grüne Primär- und Folgeblätter
ohne Ca	Sprossspitze verwelkt, Primärblätter welken, werden gelb und fallen ab
ohne Fe	Gelbfärbung der Folgeblätter
ohne N	Gelbfärbung der Folgeblätter
dest. Wasser	Sprossspitze verwelkt, Flecken auf Primärblättern

Erklärung:
Fehlt in der Nährlösung ein essentielles Element, so kann es nicht durch ein anderes Element ersetzt werden. Es treten charakteristische Mangelsymptome auf. Das Gedeihen der Pflanzen richtet sich nach dem Nährstoff, der ihnen am wenigsten zur Verfügung steht („Gesetz des Minimums"). Die Mangelsymptome lassen sich durch die biochemische Funktion der fehlenden Nährelemente erklären:

Tab. 5.2: Bedeutung der Nährelemente im Stoffwechsel

Nährelement	Biochemische Funktion
Ca	Enzymaktivator, Zellwandbaustoff, Cofaktor, Quellungsregulation
Fe	Hämproteide, Eisenschwefelproteide, manche Flavoproteide, häufig unter Valenzwechsel an Redoxreaktionen beteiligt
N	Aminosäuren, Proteine, Enzyme, Nukleinsäuren

Bemerkung:
Aufgrund seines hohen Zeitaufwands ist dieses Experiment vorwiegend im Rahmen von Projekttagen geeignet. Vorbereitung und Durchführung verkürzen sich erheblich, wenn man sich auf die Betrachtung von kompletter Nährlösung und einer Nährlösung ohne Calcium beschränkt. Der Calciummangel wird bereits nach 7-10 Tagen deutlich sichtbar.

Kapitel 6   Wasserhaushalt der Pflanzen

A   Theoretische Grundlagen

6.1   Einleitung

Wasser ist Hauptbestandteil aller Lebewesen. Es dient ihnen als universelles Lösungsmittel für die meisten anorganischen und organischen Verbindungen. Daher laufen praktisch alle Stoffwechselvorgänge im wässrigen Milieu ab. Für pflanzliche Organismen ist Wasser als Elektronendonator unentbehrlicher Reaktionspartner in der Photosynthese. Außerhalb der Zellen übernimmt das Wasser bei höheren Pflanzen die Funktion eines Transportmittels, mit dem Nährsalze bzw. in den Blättern gebildete Assimilate zu ihrem Bestimmungsort gelangen. Diese vielfältigen Funktionen des Wassermoleküls machen deutlich, dass eine ausreichende Versorgung des pflanzlichen Organismus mit Wasser eine der wichtigsten biologischen Aufgaben ist.

6.2   Besondere physikalische und chemische Eigenschaften des Wassers

Wasser (H_2O) hat im Vergleich zu analogen Wasserstoffverbindungen (NH_3, H_2S) trotz ähnlich großer Molekülmasse ganz besondere physikalische und chemische Eigenschaften. Es liegt anders als die genannten Verbindungen bei Raumtemperatur und Atmosphärendruck als Flüssigkeit vor, eine Grundvoraussetzung für die Entwicklung von Leben auf der Erde. Die relativ hohe spezifische Wärmekapazität sorgt in Verbindung mit dem hohen Wassergehalt der meisten Organismen (60-90 %) dafür, dass die bei den Stoffwechselreaktionen anfallende Wärme nicht zu spürbaren Temperaturänderungen führt. Andererseits kann überschüssige Wärme durch Verdunsten von Wasser abgeführt werden. Eine weitere wichtige Eigenschaft ist die Oberflächenspannung. Sie entsteht aufgrund von Kohäsionskräften zwischen den Wassermolekülen. Die hohe Oberflächenspannung des Wassers bewirkt die Bildung von Filmen, z. B. auf Bodenpartikeln, die verhindern, dass das eindringende Regenwasser einfach abfließt. In Verbindung mit den Adhäsionskräften – Kräften zwischen Wassermolekülen und einem Feststoff – ist die Oberflächenspannung die Ursache für die Kapillarität, d.h. das Aufsteigen von Wasser gegen die Schwerkraft in engen Röhren. Die Kapillarität bildet eine physikalische Grundlage für die Wasseraufnahme und den Wassertransport in der transpirierenden Pflanze. Die hohe Dielektrizitätskonstante macht Wasser schließlich zu einem ausgezeichneten Lösungs- und Transportmittel für Ionen und polare organische Moleküle. Ökologisch wichtig ist die Dichteanomalie von Wasser. Vom festen über den flüssigen zum gasförmigen Aggregatzustand nimmt die Dichte eines Stoffes normalerweise ab. Anders beim Wasser, das bei 4 °C, also als Flüssigkeit, seine höchste Dichte (= 1 g/cm^3) aufweist. Eis (Dichte = 0,92 g/cm^3) schwimmt daher auf Wasser und hinreichend tiefe Gewässer frieren nicht vollständig zu, da sich in der Tiefe das schwere, 4 °C „warme" Wasser sammelt, in dem Organismen überwintern können.

Diese Eigenschaften sind auf den chemischen Aufbau des Moleküls zurückzuführen. Im Wassermolekül sind die beiden Wasserstoffatome über eine Atombindung mit dem Sauerstoffatom verknüpft. Da Sauerstoff aufgrund seiner höheren Elektronegativität gegenüber Wasserstoff die Bindungselektronen etwas näher an sich zieht, entsteht am Wasserstoff eine positive Teilladung (δ+), während der Sauerstoff eine negative Teilladung (δ-) trägt. Da das Wassermolekül eine gewinkelte Struktur hat (Bindungswinkel 104,5 °), entsteht somit ein Dipolmolekül. Positiver und negativer Pol verschiedener Moleküle ziehen sich nun gegenseitig an und sorgen für den Zusammenhalt innerhalb des Wassers (Kohäsion; Abb. 6.1). Auf diese Weise können zahlreiche Wassermoleküle zu einem dreidimensionalen Netzwerk verbunden werden. Die intermolekulare Bindung zwischen den Wassermolekülen bezeichnet man als Wasserstoffbrückenbindung, da jeweils ein Wasserstoffatom eines Moleküls verbrückt ist. Diese Bindungen sind die Ursache für den hohen Schmelz- und Siedepunkt bzw. die hohe Verdampfungswärme des Wassers. Die geringe Viskosität des Wassers kann damit erklärt werden, dass nur ein Teil der Wassermoleküle durch Wasserstoffbrückenbindungen untereinander vernetzt ist, sodass gewissermaßen Schwärme (engl.: cluster) entstehen, die durch solitäre Wassermoleküle voneinander getrennt und somit gegeneinander verschiebbar sind.

Polare Moleküle ziehen Wassermoleküle an und bilden mit diesen Wasserstoffbrücken. Sie sind also hydrophil und damit wasserlöslich. Polarität in organischen Molekülen entsteht durch Anwesenheit von funktionellen Gruppen wie Hydroxy-, Carbonyl-, Carboxyl-, Amino- und Sulfhydryl-Gruppen. Diese Hydratation findet auch an polaren Gruppen von Proteinen oder Polysacchariden statt und bildet die Grundlage der Quellung. Sind Ionen in Wasser gelöst, so üben sie infolge ihrer elektrischen Ladung eine Anziehungskraft auf die Wasserdipole aus und umgeben sich mit einer Wasserhülle. Je nach Ladungssinn sind entweder die positiven oder negativen Pole der Wassermoleküle den Ionen zugekehrt. Die Größe der Hydrathülle ist abhängig von der Ladungsdichte (Ladung bezogen auf die Oberfläche). Durch das Entstehen der Hydrathülle werden die Wassercluster stark verkleinert, die Strukturordnung des Wassers also verringert, was in einer Änderung seiner Eigenschaften zum Ausdruck kommt. So verursacht die Lösung von Substanzen in Wasser eine der Konzentration des gelösten Stoffes entsprechende Gefrierpunkterniedrigung, Siedepunkterhöhung und Dampfdruckerniedrigung. Außerdem nimmt mit steigender Konzentration der potentielle osmotische Druck der Lösung zu. So erzeugt z. B. eine 1 M (molare, mol/L) Lösung eines nicht dissoziierenden Stoffes im Osmometer einen osmotischen Druck von 22,7 bar (1 bar = 750 Torr = 0,9869 atm = 10^5 Pa = 0,1 MPa).

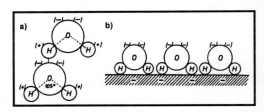

Abb. 6.1: a) Wasserdipole, b) Wasserfilm an geladener Oberfläche.

6.3 Die Verfügbarkeit von Wasser im Boden

Die feste Phase des Bodens besteht einerseits aus mineralischen Partikeln, die durch die Bodenverwitterung entstanden sind, andererseits aus organischen Partikeln, die durch den mikrobiellen Abbau aus biologischem Material gebildet werden. Zwischen diesen Partikeln befinden sich unterschiedlich große Hohlräume, die sowohl mit Bodenluft als auch mit Bodenwasser gefüllt sein können. Dieses Wasser wird als Haftwasser bezeichnet, welches im Gegensatz zum Senkwasser den Pflanzen zur Verfügung steht. Senkwasser fließt schnell ins Grundwasser ab und kann daher nur von sehr tiefwurzelnden Pflanzen erreicht werden. Das Haftwasser ist durch Oberflächenkräfte an Bodenkolloide angelagert, es wird kapillar in Bodenporen festgehalten und kann (besonders in Salzböden) durch Ionen osmotisch gebunden sein. Das Aufnahmevermögen des Bodens für Haftwasser heißt Wasser- oder Feldkapazität und hängt von der Zusammensetzung und der Größe der Bodenpartikel ab.

Dem Boden lässt sich nun wie einer pflanzlichen Zelle ein bestimmtes Wasserpotential (griech.: ψ = Psi, vgl. Kapitel 4.5) zuordnen, das anschaulich als Bodensaugspannung bezeichnet wird. Eine Wasseraufnahme durch die Wurzel ist nur dann möglich, wenn das Wasserpotential in der Wurzel negativer als das des Bodens ist. Das Wasser strömt nur entlang eines abfallenden ψ-Gradienten, d.h. von Orten mit höherem zu Orten mit niedrigerem (negativerem) ψ (Abb. 6.3). Bei gut durchlüfteten Böden liegt ψ in einer Größenordnung von -1 bis -3 bar.

Der permanente Welkepunkt kennzeichnet den Potentialbereich, bei dem Pflanzen dem Boden kein Wasser mehr entziehen können und daher welken. Dieser Bereich ist von Pflanze zu Pflanze verschieden und liegt in der Regel zwischen -5 und -25 bar (oft als fixer Wert von -15 bar angegeben).

6.4 Die Wasseraufnahme

Die Wasseraufnahme einer Pflanze kann grundsätzlich auf zwei Wegen erfolgen, entweder osmotisch oder durch Quellung. Unter Quellung versteht man die reversible Aufnahme von Wasser oder eines anderen Lösungsmittels, wobei die Moleküle in eine quellbare Substanz unter Volumen- und Gewichtszunahme eingelagert werden. Die Wassermoleküle lagern sich dabei einerseits an polare Gruppen der Zellwand an (Hydratation), andererseits dringen sie in die freien intermicellären und interfribrillären Räume aufgrund von Kapillarkräften ein. Die Quellung stellt damit einen rein physikalischen Prozess dar, der nicht an Lebensvorgänge gebunden ist. Aufgrund der Volumenzunahme entsteht ein gewaltiger Quellungsdruck, der in der Lage ist, selbst Fels durch quellendes Holz zu sprengen.

Da die oberirdischen Organe der Landpflanzen mit einem Verdunstungsschutz versehen sind, findet hier die Wasseraufnahme hauptsächlich über die Wurzel statt. Das Wurzelsystem der höheren Pflanze hat neben der Verankerung des Kormus in der Erde die Aufgabe, Wasser, sowie darin gelöste Ionen, aus dem Boden aufzunehmen und den oberirdischen Organen zuzuführen. Die Wasseraufnahme erfolgt vor allem über die Wurzelhaare; das sind dünnwandige, nicht cutinisierte schlauchförmige Ausstülpungen der äußeren Wurzelrindenschicht, der Rhizodermis. Die Wurzelhaare drängen sich durch Spitzenwachstum zwischen die Bodenpartikel und vergrössern die wasseraufnahmefähige Oberfläche durch ihre große Anzahl beträchtlich. So kann bei einer Roggenpflanze die Wurzeloberfläche ca. 400 m^2 betragen. Die Aufnahme von Haftwasser, v. a. Kapillarwasser, durch die Wurzelhaare kann nur dann erfolgen, wenn eine Wasserpotentialdifferenz zwischen Boden und Wurzel besteht. Die Pflanze entnimmt dem Boden nur so lange Wasser, als ihre Feinwurzeln ein niedrigeres Wasserpotential als der Boden in ihrer unmittelbaren Umgebung aufweisen.

Die Wasseraufnahme in die Wurzelhaarwand erfolgt zunächst durch Quellung. Dabei tritt das Wasser zunächst in die intermicellären und interfibrillären Räume der Zellwand ein, die stärker quillt. Das hierdurch zwischen Zellwand und Cytoplasma entstehende Ungleichgewicht im Quellungszustand wird ausgeglichen, indem auch das Cytoplasma stärker quillt und damit der Zellwand wieder Wasser entzieht. Infolge des zwischen dem Leitsystem der Wurzel und der Rhizodermis bestehenden Wasserpotentialgefälles wird die angrenzende Zelle des Rindengewebes der Rhizodermiszelle Wasser entziehen, sodass ein symplastischer Wassertransport von der Rhi-

138

zodermis bis zur Endodermis resultiert. Außerdem kann der Wassertransport auch auf apoplastischem Wege in den intermicellären und interfibrillären Räumen bis zur Endodermis erfolgen. Dort endet dieser apoplastische Transport zunächst für die mitgeführten Ionen, welche den CASPARYschen Streifen nicht passieren können, später auch für die Wassermoleküle, wenn die Wandung der Endodermiszellen sekundär mit einer Suberinlamelle abgedeckt ist. Alle aufgenommenen Stoffe müssen somit die Zellen passieren, wodurch dem Protoplasten bzw. seinen Biomembranen die Möglichkeit zu einer Kontrolle und Selektion gegeben wird. Neben symplastischem und apoplastischem Transport wird das Wasser auch über die Vakuolen der Zellen weitergeleitet. Untersuchungen an Maiswurzeln ergaben, dass der symplastische Wasserfluss den geringsten Widerstand leistet und daher wahrscheinlich der wichtigste Transportweg für den radialen Wasserfluss in der Wurzel ist. Auf welche Weise an der Endodermis der Übertritt des Wassers aus der Rinde in den Zentralzylinder bewerkstelligt wird, ist noch nicht völlig geklärt. Es erscheint grundsätzlich möglich, dass auch hierfür das von außen nach innen gerichtete Wasserpotentialgefälle verantwortlich ist. Mit Sicherheit sind aber aktive, d. h. energieverbrauchende Kräfte wirksam, die sich als Wurzeldruck nachweisen lassen. Dekapitiert man den Spross einer Pflanze und setzt auf die Schnittfläche ein Manometer auf, so ist der Wurzeldruck direkt messbar. Er liegt meist unter 1 bar, kann bei manchen Pflanzenarten jedoch bis zu 6 bar erreichen. Offenbar kommt die Beladung des Xylems und somit der Wurzeldruck dadurch zustande, dass die Transferzellen des Xylemparenchyms osmotisch wirksame Substanzen, insbesondere anorganische Ionen, vermittels eines aktiven Transports in die leitenden Elemente des Xylems transportieren, sodass ein osmotisches Potential entsteht. Infolgedessen strömt Wasser in die Leitungsbahnen ein, wodurch sich ein hydrostatischer Druck, eben der Wurzeldruck, aufbaut.

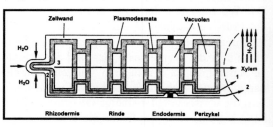

Abb. 6.2: Radialer Wasserfluss in der Wurzel einer höheren Pflanze (Mittelstreckentransport). Das Wasser dringt durch die Wurzelhaare der Rhizodermiszellen ein und wird durch die Rinde (mehrschichtig) über die Endodermis (mit CASPARYschem Streifen, schwarz) und Perizykel in die Gefäße des Xylems transportiert. 1 = symplastischer Transport, 2 = apoplastischer Transport, 3 = Vakuolentransport (KUTSCHERA, 1995).

6.5   Die Wasserabgabe

Die Abgabe von Wasser in Form von Wasserdampf durch die Oberfläche oberirdischer Pflanzenteile bezeichnet man als Transpiration. Daneben sind einige Pflanzen in der Lage, Wasser in flüssiger Form auszuscheiden (Guttation). Die Transpiration ist die zwangsläufige Folge des Wasserpotentialgefälles $\Delta\Psi$ zwischen den Pflanzen und der sie umgebenden Atmosphäre, also eine physikalische Notwendigkeit. Das stark negative Ψ der Atmosphäre entzieht der Pflanze ständig Wasser; die Pflanze transpiriert. Die Pflanze ist Bestandteil eines aus Luft-Pflanze-Boden gebildeten Kontinuums. In diesem Kontinuum weist die Atmosphäre das negativste Wasserpotential auf, sofern sie nicht mit Wasserdampf gesättigt ist. Am geringsten negativ ist Ψ hingegen im Boden. Da Wasser spontan vom Ort des weniger negativen zum Ort des stärker negativen Ψ strömt, muss $\Delta\Psi$ zwischen Wurzel und Luft zu einem Wasserstrom durch die Pflanze hindurch führen (Abb. 6.3). Die Transpiration ist jedoch keineswegs ein lediglich unerwünschter, weil für den Wasserhaushalt gefährlicher Vorgang. Sie ist vielmehr Voraussetzung für die lebenswichtige Versorgung der oberirdischen Sprossteile mit Wasser und den darin gelösten Nährsalzen aus dem Boden. Außerdem wird durch die Transpiration Wärme abgeführt und die Überhitzung der Blätter bei starker Bestrahlung verhindert.

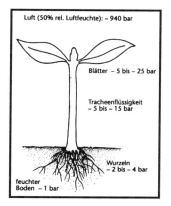

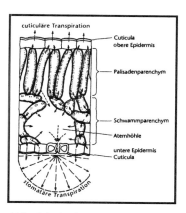

Abb. 6.3: Wasserpotentialgefälle zwischen Boden, Pflanze und Luft (KULL, 1993).

Abb. 6.4: Cuticuläre und stomatäre Transpiration (KULL, 1993).

Die Haupttranspirationsorgane der Kormophyten sind die Blätter, wobei man hier zwischen cuticulärer und stomatärer Transpiration unterscheidet. Über die Cuticula der Epidermiszellen gelangt aufgrund ihrer hydrophoben Eigenschaft weniger als

10% des Wasserdampfes nach außen. Die cuticuläre Transpiration kann von der Pflanze nicht reguliert werden, sie hängt vom gerade herrschenden Wasserpotentialgefälle der Umgebung ab. Durch die Auflagerung epicuticulärer Wachsschichten können Xerophyten (Trockenpflanzen) den cuticulären Wasserverlust noch einmal reduzieren. Die stomatäre Transpiration erfolgt über die Spaltöffnungen (Stomata) und ist über den Schließzellenmechanismus regulierbar. Bei voll geöffneten Stomata werden mehr als 90 % des gesamten Wasserdampfes über sie abgegeben. Obwohl die Stomata nur etwa 1-2 % der gesamten Blattfläche ausmachen, erreicht die Transpiration dennoch beachtliche Werte. Vergleicht man die Transpiration einer Blattfläche mit der Verdunstung von Wasser über einer gleich großen Wasserfläche (Evaporation), so erreicht die stomatäre Transpiration immerhin 70 % der Evaporation. Dies ist auf den so genannten Randeffekt zurückzuführen. Infolge des Randeffektes wird nämlich das Diffusionsfeld jeder Spaltöffnung erheblich vergrößert (Wasserdampfkuppe, Abb. 6.4), sodass ihr Spalt in der Zeiteinheit von ungleich mehr Wasserdampfmolekülen passiert wird als ein entsprechend großer Abschnitt einer freien Wasseroberfläche.

Die Öffnungsweite der Stomata hängt stark von Außenfaktoren ab, insbesondere von Licht, Luftfeuchtigkeit, CO_2-Konzentration und Temperatur. Die Spaltöffnungsbewegung ist eine Turgorbewegung (s. Kapitel 13.2). Infolge lokaler Verdickungen der Zellwände führt hier die Turgorzunahme zu einer Krümmung der Schließzellen und somit zum Öffnen des Spaltes, die Turgorabnahme zur Entkrümmung der Schließzellen und somit zum Spaltenschluss. Die Turgorveränderung erfolgt innerhalb einiger Minuten. Entscheidend ist dabei der Transport von Kalium-Ionen aus den Nachbarzellen gegen das Konzentrationsgefälle in die Vakuolen der Schließzellen. Der K^+-Transport kommt zustande durch die Wirkung einer im Plasmalemma lokalisierten Protonenpumpe, welche spannungsabhängige K^+-Kanäle im Plasmalemma aktiviert. Sowohl K^+-Ionen als auch Äpfelsäure (Malat), die in den Schließzellen gebildet wird, können schließlich aus dem Cytoplasma durch den Tonoplasten in die Vakuole aufgenommen werden, was einen Anstieg des osmotischen Potentials und somit eine Wasseraufnahme in die Vakuole zur Folge hat, wodurch der Turgor der Schließzellen steigt. Bei einigen Objekten wurde gleichzeitig mit der K^+-Aufnahme eine Cl^--Aufnahme beobachtet.

Die Spaltöffnungsweite reguliert neben der Transpiration gleichzeitig die CO_2-Zufuhr für die Photosynthese. Transpiration und CO_2-Gaswechsel sind daher notwendigerweise verknüpft. Das Verhältnis zwischen Wasserverbrauch und Stoffproduktion ist von großer Bedeutung. Als Maß dient der Transpirationskoeffizient (er gibt an, wieviel Liter Wasser zur Produktion von 1 kg Trockensubstanz transpiriert werden) oder sein Reziprokwert, der als Wasserausnutzungskoeffizient bezeichnet wird.

Wie oben bereits erwähnt, sind einige, v. a. kleine Pflanzen, in der Lage, Wasser in dem als Guttation bezeichneten Prozess abzugeben. Die Guttation ermöglicht der

Pflanze auch unabhängig von der Transpiration einen Nährsalzstrom aufrechtzuerhalten. In wasserdampfgesättigter Luft, in unseren Breiten nachts oder im tropischen Regenwald, ist eine Transpiration nicht möglich. Das überschüssige Wasser wird dann in Tropfenform an bestimmten Stellen des Blattes, den Hydathoden, abgegeben, was man an den Blattspitzen von Gräsern nach einer feuchtwarmen Nacht beobachten kann.

6.6   Der Mechanismus des Wasserferntransports

Die physikalische Grundlage des Wasserferntransports stellt der Transpirationssog dar, der durch das Wasserpotentialgefälle zwischen Boden und Atmosphäre verursacht wird, in das die Pflanze sich einschaltet (Abb. 6.3). Aus der Zellwand der Mesophyllzellen des Blattes verdunstet Wasser in den Interzellularraum, das sodann über die Atemhöhle und die Stomata nach außen gelangt. Die Energie, die zum Verdunsten des Wassers notwendig ist, liefert die Sonnenwärme. Der Wasserverlust der Mesophyllzellwand erniedrigt den Quellungsdruck gegenüber dem Protoplasma, aus dem daraufhin Wasser in die Zellwand übertritt. Das dadurch negativere osmotische Potential (s. Kapitel 4.4) und der negativere Quellungsdruck des Protoplasten sorgen nun für eine Wasseraufnahme aus einer benachbarten Mesophyllzelle, die ihrerseits einer Nachbarzelle Wasser entzieht bis der Kontakt mit einer Leitungsbahn hergestellt ist und aus dieser Wasser nachgesaugt wird. Der so erzeugte Transpirationssog wirkt vom Apoplasten der Mesophyllzellen, über die feinen Xylemstränge der Blattspreite, die Blattadern, den Stiel, den Spross bis in die Wurzel. Es entsteht ein Transpirationsstrom, der aus Wasserfäden in den Leitgefäßen des Xylems besteht. Dabei muss im Xylem Arbeit gegen die Schwerkraft und den Reibungswiderstand der Leitungsbahnen geleistet werden. Dies führt je nach Gefäßtyp in der betreffenden Pflanze zu unterschiedlichen Strömungsgeschwindigkeiten. Die Geschwindigkeit der Wasserbewegung liegt im Allgemeinen zwischen einem bis mehreren Metern in der Stunde, in Ausnahmefällen bei über 100 m $\cdot$ h^{-1} (Lianen!). Der Transpirationssog reicht aus, um selbst über 100 m hohe Mammut- oder Eukalyptusbäume mit Wasser und Nährsalzen zu versorgen.

Der Wasser- und Stofftransport über längere Strecken erfolgt bei den Kormophyten in besonderen Leitungsbahnen, deren Gesamtheit man als Leitsystem bezeichnet. Das Leitsystem der Sprossachse ist in einzelne Stränge aufgelöst, die aus zwei funktionell verschiedenen Komplexen, dem Xylem und dem Phloem, bestehen. Im Xylem sind die Elemente der Wasserleitung, d.h. Tracheen (Gefäße) und Tracheiden, zusammengefasst. Wesentlich ist vor allem, dass die Wasserleitungszellen im funktionsfähigen Zustand tot, d.h. plasmafrei sind, da das Cytoplasma dem Wassertransport einen außerordentlich großen Widerstand entgegensetzen würde. Bei den Tracheen werden während der Zelldifferenzierung auch die Querwände aufgelöst, sodass sie im fertigen Zustand lange Röhren kapillarer Dimension darstellen, die von den Wurzelspitzen bis in die letzten Verzweigungen der Leitbündel der Blätter ununterbrochene Wasserleitungsbahnen bilden. Die ununterbrochenen Wasserfäden in den Leitungsbahnen sind durch eine hohe Zerreißfestigkeit (Zugfestigkeit) gekennzeichnet. Diese Eigenschaft ist auf die Kohäsion der Wassermoleküle (intermole-kulare Wasserstoffbrücken) zurückzuführen. Man spricht deshalb auch von der Kohäsionstheorie des Wassertransportes, wobei das Aufsteigen des Wassers in den Gefäßen und Tracheiden durch die saugende Wirkung der Transpiration in den Blättern bewerkstelligt wird. Auch die Adhäsion der Wasserfäden an die Gefäßwand ist so groß, dass selbst bei starkem Sog die kapillaren Wasserfäden in den Gefäßen nicht abreißen. Die versteiften Wände der Tracheen und Tracheiden können einen starken Sog aushalten; sie geben dem Sog lediglich elastisch nach. Da der stärkste Sog in den Leitungsbahnen während der Zeit höchster Transpiration auftritt, besitzen die Stämme der Bäume um die Mittagszeit den geringsten, gegen Ende der Nacht dagegen den größten Durchmesser.

Die Zerreißfestigkeit der Wassersäulen in den Leitungsbahnen hängt nicht nur von der Beschaffenheit der Leitbahnen ab, sondern auch von der Reinheit des Wassers. Obwohl die Zugspannungen in den Wasserleitungsbahnen der Pflanzen 40 bar selten überschreiten, tritt das Abreißen der Wassersäulen in den Leitungsbahnen durch Bildung von Gasblasen (Wasserdampf oder Luft) nicht selten auf. Das Abreißen der Wassersäulen in den Tracheen und Tracheiden infolge der Bildung von Gasblasen wird als Cavitation bezeichnet.

Bei einem angenommenen Durchschnittswert der Reißfestigkeit des Xylemwassers von ca. 35 bar und einem Reibungswiderstand, dessen Überwindung bei einem hohen Baum etwa 20 bar erfordert, bleiben etwa 15 bar Zugfestigkeit für die Überwindung der Schwerkraft. Durch einen Druck von 1 bar wird eine Wassersäule 10 m hoch gehoben. Daher ist der verfügbare Druck von 15 bar in der Lage, das Wasser maximal 150 m hoch zu heben. Tatsächlich hat man auch nie höhere Bäume beobachtet. Die höchsten Bäume der Welt, Exemplare von *Sequoia sempervirens* in Kalifornien, messen etwa 120 m.

Beim Laubaustrieb im Frühjahr kann der Wassertransport durch osmotische Vorgänge in Gang gebracht werden. Im Holzparenchym wird Stärke zu Zuckermolekülen abgebaut; diese sind osmotisch wirksam. Wenn noch keine Blätter vorhanden sind, die das Wasser übernehmen, kann ein positiver Systemdruck entstehen. Beim Anschneiden einer Sprossachse tritt dann der zuckerhaltige Xylem-„Blutungssaft" aus (z. B. bei Weinrebe, Birke u. a.; beim Zuckerahorn mit 2,5-5 % Zucker). Nach dem Laubaustrieb wandern im Xylem keine Zucker mehr.

B   Versuche

V 6.1   Die Wasserabgabe

V 6.1.1 Blätter als Transpirationsorgane

Kurz und knapp:
Vergleicht man den Wasserverbrauch eines beblätterten und eines unbeblätterten Sprosses, so wird deutlich, dass die Blätter die Transpirationsorgane der Pflanzen sind.

Zeitaufwand:
Vorbereitung: 5 min, Durchführung: 1-2 Tage

Material:	Fleißiges Lieschen (*Impatiens walleriana*)
Geräte:	3 Messzylinder (10 mL), 2 Pasteurpipetten, 2 Bechergläser (50 mL), Rasierklinge
Chemikalien:	lipophiler Farbstoff (z.B. Sudan III), Leitungswasser, Salatöl

Durchführung:
Man schneidet vom Fleißigen Lieschen zwei Sprosse schräg ab und stellt sie in zwei etwa zur Hälfte mit Wasser gefüllte Messzylinder. Einem Spross werden alle Blätter entfernt, der andere bleibt unverändert. Die Messzylinder werden auf 10 mL aufgefüllt und etwa 2 mm mit gefärbtem Salatöl überschichtet (Verdunstungsschutz). Den dritten Messzylinder füllt man mit 10 mL Wasser und überschichtet mit gefärbtem Salatöl (Kontrolle).

Beobachtung:
In dem Messzylinder mit unbeblättertem Spross ist deutlich weniger Wasser verbraucht worden als in dem Messzylinder mit beblättertem Spross. Die Kontrolle bleibt unverändert.

Erklärung:
Da die Wassermenge bei der Kontrolle konstant bleibt, ist der Wasserverbrauch auf die Pflanzen zurückzuführen. Über die Oberfläche der oberirdischen Pflanzenteile wird Wasser in Form von Wasserdampf abgegeben. Dieses Phänomen bezeichnet man als Transpiration. Aufgrund der Transpiration wird Wasser aus dem Messzylin-

der nachgesaugt (Transpirationssog). Der unterschiedliche Wasserverbrauch in den beiden Ansätzen zeigt, dass die Blätter die Haupttranspirationsorgane der Pflanzen darstellen.

V 6.1.2 Nachweis der Lage und Transpiration der Spaltöffnungen

Kurz und knapp:
Mit Hilfe der Cobaltchloridmethode lässt sich auf anschauliche Weise die Lage der Spaltöffnungen bei mono- und dikotylen Pflanzen demonstrieren.

Zeitaufwand:
Vorbereitung: 15 min, Durchführung: 20 min

Material:	Blätter von einkeimblättrigen (monokotylen) Pflanzen: Hafer (*Avena sativa*) oder Mais (*Zea mays*), Blätter von zweikeimblättrigen (dikotylen) Pflanzen: Gartenbohne (*Phaseolus vulgaris*) oder Fleißiges Lieschen (*Impatiens walleriana*)
Geräte:	4 Glasplatten, 8 Wäscheklammern, Folienstift
Chemikalien:	Cobaltchloridpapier (s. V 1.1.1)

Durchführung:
Man legt jeweils ein frisch abgeschnittenes Blatt einer mono- und dikotylen Pflanze zwischen zwei Cobaltchloridpapiere. Diese kommen zwischen zwei Glasplatten, die mit Wäscheklammern zusammengehalten werden. Die Blätter dürfen dabei nicht gepresst werden, da sonst das Versuchsergebnis verfälscht wird. Auf den Glasplatten wird markiert, wo sich jeweils die Ober- und Unterseite der Blätter befindet.

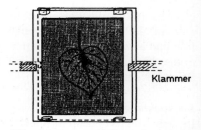

Klammer

Abb. 6.5: Lage und Transpiration der Spaltöffnungen (METZNER, 1982).

Beobachtung:
Bei dem Blatt der dikotylen Pflanze färbt sich das Cobaltchloridpapier auf der Blattunterseite rot. Das Blatt der monokotylen Pflanze färbt beide Cobaltchloridpapiere rot.

Erklärung:

Die Rotfärbung des Cobaltchloridpapiers geht auf eine Hydratisierung zurück:

$$CoCl_2 + 6\ H_2O \longrightarrow [Co(H_2O)_6]^{2+} + 2\ Cl^-$$
blau \qquad\qquad\qquad rot

Da die stomatäre Tranpiration sehr viel stärker ist als die cuticuläre, kann man anhand der Verfärbung des Cobaltchloridpapiers Rückschlüsse auf die Lage der Spaltöffnungen ziehen. Bei den dikotylen Pflanzen liegen die Spaltöffnungen auf der Blattunterseite (hypostomatische Blätter). Die Monokotylen weisen auf beiden Blattseiten Spaltöffnungen auf (amphistomatische Blätter).

Bemerkung:

Je nach verwendetem dikotylen Blatt kann auch eine schwache Rotfärbung des Cobaltchloridpapiers auf der Blattoberseite zu beobachten sein. Dies erklärt sich damit, dass die Blattoberseite auch eine geringe Zahl von Spaltöffnungen aufweisen kann. Die Bohne beispielsweise besitzt auf der Blattoberseite etwa 40 und auf der Blattunterseite etwa 280 Spaltöffnungen pro mm^2 Blattfläche.

V 6.1.3 Ein Blätter-Mobilé

Kurz und knapp:

Dieses Experiment bietet eine Alternative zur klassischen Cobaltchloridmethode. Auf spielerische Weise lassen sich Transpiration und Lage der Spaltöffnungen demonstrieren.

Zeitaufwand:

Vorbereitung: 15 min, Durchführung: 20-30 min

Material:	2 Blätter einer dikotylen Pflanze (z.B. Bohne, Fleißiges Lieschen)
Geräte:	langer, leichter Stab (40-50 cm), Stopfgarn, Schere, Reißbrettstift
Chemikalien:	Vaseline

Durchführung:

Zunächst wird ein langer Faden Stopfgarn mit einem Reißbrettstift in der Decke befestigt. Zwei etwa gleichgroße Blätter einer dikotylen Pflanze werden abgetrennt und die Schnittstelle mit Vaseline abgedichtet. Eines der Blätter wird auf der Oberseite, das andere auf der Unterseite mit Vaseline gut eingefettet. Die beiden Blätter werden nun möglichst weit an den Enden des Stabes festgebunden. Es ist darauf zu achten, dass die Blätter nicht verletzt werden, da sonst aus den beschädigten Stellen Wasser austritt. Der Stab wird an dem freihängenden Faden befestigt und ausbalanciert.

Beobachtung:
Das Blätter-Mobilé kommt nach einiger Zeit aus dem Gleichgewicht. Das Blatt mit der vaselinebeschichteten Oberseite steigt nach oben.

Erklärung:
Bei dikotylen Blättern ist die Anzahl der Spaltöffnungen auf der Blattunterseite wesentlich höher als auf der Blattoberseite. Das auf der Oberseite eingefettete Blatt transpiriert also viel stärker als das auf der Unterseite eingefettete Blatt. Folglich wird das auf der Oberseite eingefettete Blatt leichter und steigt nach oben.

Bemerkung:
Betrachtet man vergleichsweise ein zweites Mobilé mit monokotylen Blättern (z.B. Mais oder Hafer), kann man die unterschiedliche Lage der Spaltöffnungen bei mono- und dikotylen Pflanzen herausarbeiten.

V 6.1.4 Mikroskopieren von Spaltöffnungen

Kurz und knapp:
Blätter des Fleißigen Lieschens eignen sich gut, den Begriff „hypostomatische Blätter" auf mikroskopischer Ebene zur verdeutlichen.

Zeitaufwand:
Vorbereitung: 5 min, Durchführung: 5 min

Material:	Blätter des Fleißigen Lieschens (*Impatiens walleriana*)
Geräte:	Pinzette mit flacher Spitze, Objektträger mit Deckgläschen, Pasteur-pipette, Becherglas (50 mL)
Chemikalien:	Leitungswasser

Durchführung:
Man erhält dünne Flächenschnitte der Blattoberseite und Blattunterseite, indem man mit einer Pinzette (flache Spitze) von der entsprechenden Blattseite etwas Material

abzieht. Die dünnen Flächenschnitte legt man auf einen Objektträger in einen Tropfen Wasser, deckt mit einem Deckgläschen ab und betrachtet sie unter dem Mikroskop.

Beobachtung:

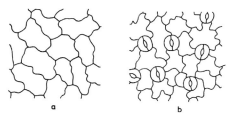

Abb. 6.6: Ausschnitt aus der Epidermis:
a) Blattoberseite; b) Blattunterseite.

Erklärung:
Das Fleißige Lieschen besitzt hypostomatische Blätter: Die Spaltöffnungen befinden sich auf der Blattunterseite.

V 6.1.5 Modellversuch zum Randeffekt

Kurz und knapp:
Mit diesem Experiment lässt sich demonstrieren, dass die Verdunstung einer zusammenhängenden Wasseroberfläche geringer ist als die einer gleichgroßen Fläche, die aus vielen kleinen Löchern besteht.

Zeitaufwand:
Vorbereitung: 15 min, Versuchsergebnis: nach 24 h

Geräte:	2 Petrischalen (Ø 10 cm), Alufolie, Schere, Rasierklinge, Nagel (Ø 2 mm), Lineal, Waage, Messzylinder (50 mL)
Chemikalien:	Leitungswasser

Durchführung:
Man schneidet für jede Petrischale ein Stück Alufolie so zurecht, dass sie sich komplett einwickeln lassen. In das erste Folienstück schneidet man ein Loch mit 2 cm Kantenlänge (Rasierklinge), in das zweite werden 127 Löcher mit einem Durchmes-

ser von 2 mm gestochen (Nagel). Die Fläche der Löcher beträgt in beiden Fällen 4 cm². Die beiden Petrischalen werden nun mit 30 mL Wasser gefüllt, mit der Alufolie gut verschlossen und gewogen. Nach einem Tag oder später werden sie erneut gewogen.

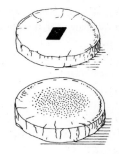

Beobachtung:
In beiden Ansätzen ist ein Gewichtsverlust festzustellen. Bei dem Ansatz mit den vielen kleinen Löchern ist der Gewichtsverlust deutlich höher als bei dem Ansatz mit einem Loch.

Abb. 6.7: Versuchsaufbau (KUHN und PROBST, 1983).

Erklärung:
Aus der Petrischale mit den vielen kleinen Löchern verdunstet deutlich mehr Wasser, da sich die austretenden Wassermoleküle bei der Diffusion weniger stark behindern und auch zu den Seiten diffundieren können. Die kleineren Löcher haben ein größeres Diffusionsfeld als ein gleich großes Areal einer offenen Fläche. Dieses Phänomen bezeichnet man als Randeffekt.

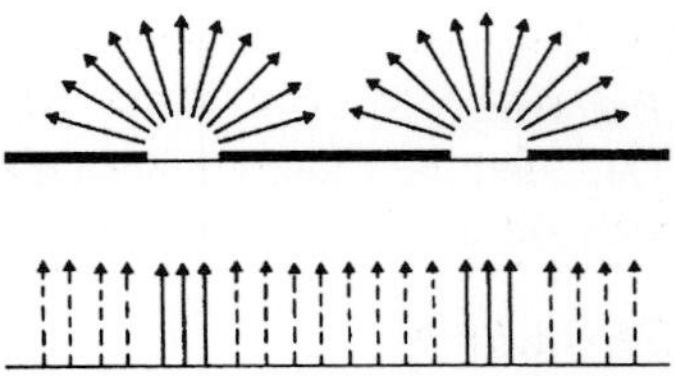

Abb. 6.8: Modell zur Erklärung des Randeffekts (DEMMER und THIES, 1994).

Bemerkung:
Der Durchmesser eines Nagels ist auf der Verpackung angegeben. Bei einem anderen Durchmesser eines Nagels müssen mehr oder weniger Löcher in die Alufolie gestochen werden (Fläche F eines Loches mit dem Durchmesser d: $F = 1/4\, \pi\, d^2$).

V 6.1.6 Besonderheiten bei Schwimmblättern

Kurz und knapp:
Mit diesem Experiment lässt sich sehr anschaulich die Lage der Spaltöffnungen bei Schwimmblättern von Wasserpflanzen demonstrieren.

Zeitaufwand:
Vorbereitung: 5 min, Durchführung: 5 min

Material:	Seerosenblatt (*Nymphaea alba*) mit Blattstiel
Geräte:	Fahrradpumpe, dünner Gummischlauch, Glasschale, 3 Gewichte oder Steine
Chemikalien:	Leitungswasser

Durchführung:
Ein Seerosenblatt wird mit seinem Blattstiel über einen Schlauch an eine Fahrradpumpe angeschlossen. Man legt es mit seiner Oberseite nach oben in eine wassergefüllte Glasschale, beschwert es mit 3 Gewichten und presst mit einer Fahrradpumpe Luft durch den Stiel in das Blatt. Anschließend dreht man das Seerosenblatt um, sodass die Unterseite oben liegt und presst Luft hindurch.

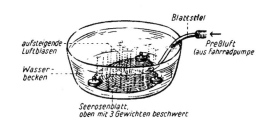

Abb. 6.9: Spaltöffnungen bei Seerosenblättern (nach BRAUNER und BUKATSCH, 1980).

Beobachtung:
Aus zahlreichen Stellen der Blattoberseite perlen Luftbläschen heraus. Aus der Blattunterseite perlen keine Luftbläschen. Ist das Seerosenblatt an einer Stelle verletzt, so perlen dort besonders viele Luftbläschen heraus.

Erklärung:
Die Luftbläschen treten aus den mikroskopisch kleinen Spaltöffnungen aus, die sich nur auf der Blattoberseite befinden (epistomatische Blätter). Die Blattunterseite der Schwimmblätter liegt im natürlichen Lebensraum dem Wasser auf, und so sind Gasaustausch und Transpiration nur über die Blattoberseite möglich.

Bemerkung:
Seerosen stehen unter Naturschutz. Die Seerosenblätter dürfen deshalb nicht aus ihren natürlichen Lebensräumen entfernt werden. Um dieses Experiment durchführen zu können, muss man auf Seerosen aus künstlichen Lebensräumen zurückgreifen (z.B. Botanischer Garten, Gartenteich).

V 6.1.7 Verdunstungsschutz durch Cuticula und Korkschicht

Kurz und knapp:
Dieser Versuch zeigt, dass Cuticula und Korkschicht einen wirksamen Transpirationsschutz für die Pflanzen darstellen.

Zeitaufwand:
Vorbereitung: 5 min, Durchführung: mehrere Tage

Material:	2 Äpfel, 2 Kartoffeln
Geräte:	Messer, 2 Petrischalen, Waage

Durchführung:
Ein Apfel und eine Kartoffel werden geschält und gewogen. Der ungeschälte Apfel und die ungeschälte Kartoffel werden ebenfalls gewogen. Das Gewicht der Äpfel und Kartoffeln wird über mehrere Tage verfolgt.

Beobachtung:
Der geschälte Apfel und die geschälte Kartoffel schrumpfen deutlich und verlieren an Volumen, während bei dem ungeschälten Apfel und der ungeschälten Kartoffel optisch kein Unterschied zu erkennen ist. Der Gewichtsverlust ist bei dem geschälten Apfel und der geschälten Kartoffel deutlich höher als bei den ungeschälten Kontrollen.

Erklärung:
Bei Äpfeln stellt die die Epidermis überziehende Cuticula (lat.: Häutchen) einen wirksamen Verdunstungsschutz dar. Kartoffeln werden durch ihre dünne Korkhülle vor Austrocknung geschützt. Die extrem geringe Wasserdurchlässigkeit von Cuticula und Korkschicht geht hauptsächlich auf ihren Wachsgehalt zurück.

Bemerkung:
Die Undurchlässigkeit von Kork für Wasser und Gase macht man sich beim Verschluss von Wein- und Sektflaschen zunutze.

V 6.2   Der Mechanismus des Wasserferntransports

V 6.2.1   Das Gipspilzmodell

Kurz und knapp:
Mit diesem Modell lässt sich der für den Wasserferntransport verantwortliche Transpirationssog demonstrieren und auf die Pflanze übertragen.

Zeitaufwand:
Gipspilzherstellung: 1 h, Einweichen: 24 h, Vorbereitung: 10 min, Durchführung: 15 min

Geräte:	Porzellanschale (Ø 12,5 cm) und Gefrierbeutel oder Gummischale, kleiner Trichter, Spülschüssel, dünner Schlauch, Messpipette (1 mL), Stativ, Muffe, Eisenring, Pasteurpipette, Haartrockner, 2 Bechergläser (50 mL), Peleusball
Chemikalien:	schnellbindender Gips (Stuckgips), Leitungswasser, Tinte

Durchführung:
Eine Porzellanschale wird mit Plastikfolie ausgelegt und mit Gips ausgegossen. Vor dem Erstarren wird ein Trichter mit der breiten Öffnung in den Gips eingedrückt. Nach dem Erstarren kann der Gipspilz an der Plastikfolie leicht aus der Schale herausgelöst werden. Die Plastikfolie wird entfernt und der Gipspilz über Nacht in Wasser getaucht, damit er sich vollsaugt. Man nimmt den Gipspilz aus dem Wasser, füllt den Trichter mit einer Pasteurpipette komplett mit Wasser und steckt ein Stück dicht abschließenden Schlauch über den Trichter. Der Gipspilz wird so in den Eisenring am Stativ gehängt. Man saugt die Messpipette mit einem Peleusball voll Wasser, verschließt das untere Ende mit einem Finger und befestigt die Pipette am Schlauch. Die Pipette taucht in ein Becherglas mit Wasser. Man fönt nun den Gipspilz, bis in der Messpipette eine durchgängige Wassersäule vorhanden ist.

Für den eigentlichen Versuch wird das Becherglas mit Wasser durch eins mit einer gefärbten Flüssigkeit ersetzt.

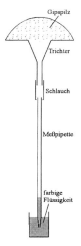

Abb. 6.10: Gipspilzmodell.

152

Beobachtung:
Die farbige Flüssigkeit steigt in der Messpipette nach oben.

Erklärung:
Das Gipspilzmodell ist – wie die Pflanzen – in das Wasserpotentialgefälle zwischen wassergetränktem Boden (Farblösung) und wasserarmer Luft eingeschaltet. Aufgrund des stärker negativen Wasserpotentials der Luft gegenüber dem des Bodens wird Wasser über die Blätter (Gipspilz) an die Luft abgegeben und Wasser aus dem Boden (Farblösung) aufgenommen. So wird innerhalb der Pflanze (Gipspilzmodell) ein ständiger Transpirationssog aufrechterhalten. Die Energie, die zur Verdunstung des Wassers an der Blattoberfläche (Gipspilz) notwendig ist, liefert die Sonnenwärme (Raumtemperatur). Entscheidend für das „Nicht-Abreißen" der Wassersäule sind die Kohäsionskräfte des Wassers und die Adhäsion der Wasserfäden an der Gefäßwand. Beim Transpirationssog handelt es sich also um einen rein physikalischen Vorgang.

Bemerkung:
Fönt man den Gipspilz, so kann man das Aufsteigen der farbigen Flüssigkeit beschleunigen. Der Gipspilz kann im trockenen Zustand aufbewahrt und mehrfach verwendet werden.

V 6.2.2 Transpirationsmessung mit dem Potometer

Kurz und knapp:
Mit Hilfe eines einfach zu konstruierenden Potometers lässt sich der Transpirationsstrom durch den Spross einer Pflanze volumetrisch bestimmen.

Zeitaufwand:
Vorbereitung: 10 min, Durchführung: 20 min

Material:	Zweig einer laubblättrigen Pflanze mit rundem, festem Sproß (z. B. Hundsrose, *Rosa canina*)
Geräte:	3 Bechergläser (150 mL), Saugreagenzglas, Schlauch, Messpipette (1 mL), Stopfen mit Loch, Stativ, 2 Klammern mit Muffen, Messer, Wollfett, Stift, weißer Karton
Chemikalien:	Leitungswasser, rote Tinte

Durchführung:

Man befestigt ein Saugreagenzglas am Stativ und schließt eine Messpipette über ein kurzes Schlauchstück an der seitlichen Öffnung an. Hinter die Messpipette stellt man einen weißen Karton als Hintergrund. Das Saugreagenzglas wird bis zum Rand mit gefärbtem Leitungswasser gefüllt. Der Zweig der Pflanze wird durch das Loch des Stopfens gesteckt. Das Loch des Stopfens wird oben und unten mit Wollfett abgedichtet und der Trieb der Pflanze schräg angeschnitten. Man befestigt den so präparierten Stopfen im Saugreagenzglas, wobei sich die Messpipette füllt. Da hierbei Wasser aus Saugreagenzglas und Messpipette läuft, stellt man unter beide ein Becherglas. Der Stand der Flüssigkeitssäule wird zu Versuchsbeginn auf dem Karton markiert und über 20 Minuten verfolgt.

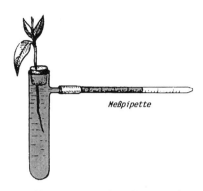

Abb. 6.7: Versuchsaufbau (nach BRAUNER und BUKATSCH, 1980).

Beobachtung:
Der Flüssigkeitsstand in der Messpipette nimmt über die Versuchszeit kontinuierlich ab.

Erklärung:
siehe V6.2.1
Die Transpiration der Pflanze pro Tag lässt sich näherungsweise nach folgender Formel berechnen:

$$\frac{\text{Wasserabgabe der Pflanze in mL} \cdot 1440 \text{ min}}{20 \text{ min}}$$

Bemerkung:
Um in den Gefäßen (wasserleitenden Elementen) eine Bildung von Luftblasen zu vermeiden, stellt man den Zweig nach dem Abschneiden sofort in Wasser.
Alternativ lässt sich das Experiment auch mit frischen Rosen durchführen.

V 6.2.3 Demonstration des Transpirationssoges

Kurz und knapp:
Der Transpirationssog lässt sich mit Hilfe von gefärbtem Wasser an einer lebenden Pflanze demonstrieren.

Zeitaufwand:
Durchführung: 20 min

Material:	Fleißiges Lieschen, weißblühende Pflanze (z.B. Margerite)
Geräte:	Becherglas (50 mL), Rasierklinge
Chemikalien:	0,5 %ige Säurefuchsinlösung

Durchführung:
Man schneidet etwa 10 cm lange Sprosse der verwendeten Pflanzen schräg ab und stellt sie sofort in ein mit wenig Säurefuchsinlösung gefülltes Becherglas.

Beobachtung:
Bei der Margerite ist eine Rotfärbung der weißen Blüte zu erkennen. Die Leitbündel des Fleißigen Lieschens färben sich nach 5 Minuten rot. Mit forschreitender Versuchsdauer färben sich auch die Blattstiele und Blattadern rot.

Erklärung:
Die Pflanzen sind in das zwischen Boden (Säurefuchsinlösung) und Luft bestehende Wasserpotentialgefälle eingeschaltet und geben daher Wasser durch Transpiration ab. Der dadurch entstehende Transpirationssog wirkt als „Motor" des Wasserferntransports. Die Säurefuchsinlösung gelangt über das Xylem der Sprossachse in die Blätter und in die Blüte.

V 6.3 Der Wurzeldruck

V 6.3.1 „Bluten" verletzter Pflanzen

Kurz und knapp:
Verletzt man eine Pflanze, so beobachtet man eine Saftabscheidung; die Pflanze „blutet". Das „Bluten" der Pflanze wird auf den Wurzeldruck zurückgeführt, der mit

diesem Experiment veranschaulicht wird.

Zeitaufwand:
Anzucht der Pflanzen: ca. 10 Tage, Durchführung: 20 min

Material:	Buschbohnen (*Phaseolus vulgaris* ssp. *nanus*)
Geräte:	dünne Trinkhalme, Rasierklinge, Folienstift
Chemikalien:	Vaseline

Durchführung:
Anzucht der Pflanzen: siehe V 5.1.2
Die Pflanzen werden vor der Versuchsdurchführung nochmals gut gegossen. Der Spross wird unterhalb der vorgesehenen Schnittstelle (etwa 5 cm oberhalb des Vermiculits) gut mit Vaseline eingefettet. Anschließend schneidet man die Pflanzen ab und stülpt einen Trinkhalm so weit über den Stumpf der Pflanze, bis er fest sitzt. Der Flüssigkeitsstand im Trinkhalm wird markiert.

Beobachtung:
Der Spross beginnt an der Schnittstelle sofort zu bluten. Im Trinkhalm ist ein Ansteigen der Flüssigkeitssäule zu beobachten.

Erklärung:
Der aus der Schnittstelle austretende Blutungssaft wird durch den Wurzeldruck aus den Leitbündeln gepresst. Durch den Wurzeldruck wird die Flüssigkeitssäule gegen die Schwerkraft nach oben gepumpt. Den Hauptantrieb für die Wasserströmung im Xylem stellt allerdings nicht der Wurzeldruck, sondern der Transpirationssog dar.

Bemerkung:
Das direkte Aufsetzen der Trinkhalme auf den Sprossstumpf und das Einfetten des Sprosses mit Vaseline gewährleisten eine gute Abdichtung des Versuchsaufbaus.

V 6.3.2 Guttation

Kurz und knapp:
Dieses Experiment verdeutlicht, dass Pflanzen auch unabhängig von der Transpiration einen Nährsalzstrom aufrechterhalten können.

Zeitaufwand:
Anzucht der Pflanzen: ca. 5 Tage, Durchführung: 15 min

Material:	10 Weizenkörner
Geräte:	Becherglas (1000 mL), Filterpapier, Gefrierbeutel
Chemikalien:	Leitungswasser

Durchführung:
In ein Becherglas legt man drei Lagen Filterpapier, sät darauf 10 Weizenkörner aus, gibt so viel Wasser hinzu, dass die Weizenkörner nicht wegschwimmen und stülpt über das Becherglas einen Gefrierbeutel. Die Weizenpflanzen werden so in einer wassergesättigten Atmosphäre angezogen, bis sie 3-5 cm hoch sind.

Beobachtung:
An den Blattspitzen der Weizenpflanzen bilden sich Flüssigkeitstropfen. Nimmt man den Gefrierbeutel ab, entfernt die Tropfen mit Filterpapier und stülpt den Gefrierbeutel wieder über das Becherglas, so bilden sich neue Flüssigkeitstropfen.

Erklärung:
In der wassergesättigten Atmosphäre ist keine Transpiration möglich. Um den Nährsalzstrom aufrechtzuerhalten, scheiden die Pflanzen durch die so genannten Hydathoden (Wasserspalten) Wasser in Tropfenform aus. Man spricht von Guttation. Die Triebkraft für die Abscheidung der Guttationsflüssigkeit liegt bei den passiven Hydathoden der Weizenblätter im Wurzeldruck.

Bemerkung:
Guttation kann auch durch aktive Hydathoden (z.B. Kichererbse, Gartenbohne) unabhängig vom Wurzeldruck hervorgerufen werden. Wie die aktiven Hydathoden arbeiten, ist im Detail noch nicht geklärt.

Kapitel 7   Photosynthese I: Energieumwandlung

A   Theoretische Grundlagen

7.1   Einleitung

Bei der Photosynthese der Pflanzen wird anorganische Substanz (CO_2, H_2O) mit Hilfe von Strahlungsenergie (Licht) in organische Substanz (z. B. Kohlenhydrate) umgewandelt. Die produzierte organische Substanz, das Assimilat, enthält sowohl die gewonnene Energie als auch die aufgenommene Substanz. Dementsprechend hat die Photosynthese zwei verschiedene Aspekte: die Energieumwandlung und die Substanzumwandlung. Man kann demgemäß die Vorgänge, die bei der Photosynthese ablaufen, in zwei Abschnitte gliedern. Der erste Abschnitt ist ein durch Lichtenergie getriebener Elektronentransport, der in den Thylakoiden der Chloroplasten abläuft und zur Bildung von Sauerstoff (oxygene Photosynthese), reduziertem Nicotinamid-adenin-dinucleotidphosphat ($NADPH + H^+$) und Adenosintriphosphat (ATP) führt. Dieser Teilbereich der Photosynthese wird als Lichtprozess (Lichtreaktionen, photochemischer Reaktionsbereich, Energieumwandlung) der Photosynthese bezeichnet. Der zweite Abschnitt der Photosynthese umfasst die Reaktionen der CO_2-Assimilation, die im Stroma der Chloroplasten stattfinden. Sie sind als sog. Dunkelprozess (oder auch Dunkelreaktionen, biochemischer Reaktionsbereich, Substanzumwandlung) der Photosynthese selber nicht direkt vom Licht abhängig, sondern nur auf die Produkte des Elektronentransportes, ATP und $NADPH + H^+$, angewiesen. Dieser zweite Teilbereich der Photosynthese wird neben der Bruttogleichung der Photosynthese in Kapitel 8 behandelt.

7.2   Die Chloroplasten als Organelle der Photosynthese

Die Chloroplasten sind die Organelle der Photosynthese. Sie enthalten alle für die Photosynthese benötigten Komponenten. Chloroplasten stellen eine Differenzierungsform der Plastiden dar. Plastiden sind Zellorganellen, die nur in Pflanzenzellen vorkommen. Sie vermehren sich durch Zweiteilung nur aus ihresgleichen. Die Teilung erfolgt bei den höheren Pflanzen bereits bei der Jugendform, den Proplastiden, die sich bei der Zellteilung auf die Tochterzellen verteilen. Die Proplastiden sind ca. 1 µm groß und ebenfalls bereits von einer Plastidenhülle umgeben, aber noch weitgehend undifferenziert. Die Proplastiden werden zumeist mütterlich mit der Eizelle vererbt. Dies bedeutet, dass alle Plastiden einer Pflanze von den Proplastiden in der Eizelle abstammen. Bei der Zelldifferenzierung erfolgt eine Differenzierung in grüne, photosynthetisch aktive Chloroplasten, gelb bis orange und rot gefärbte Chromoplasten (z.B. bei Blüten und Früchten) und farblose Leukoplasten. Leukoplasten können als Amyloplasten der Stärke-Bildung und -Speicherung dienen. Im Dunkeln entstehen farblose Vorstufen der Chloroplasten, die Etioplasten, die sich bei nachfolgender Belichtung in photosynthetisch aktive Chloroplasten umwandeln. Trotz erheblicher struktureller und funktioneller Unterschiede handelt es sich bei den Plastiden nur um einen Typus von Organelle. Sie können sich nämlich prinzipiell ineinander umwandeln und gehen aus gemeinsamen Vorstufen, den Proplastiden, hervor.

Die Chloroplasten der höheren Pflanzen sind von linsenförmig abgeflachter Gestalt (Abb. 7.1). Sie haben einen Durchmesser von 4 bis 8 µm und eine Dicke von 2 bis 3 µm. Von ihnen enthält jede photosynthetisch aktive Zelle meist mehrere bis viele (5 - 150). Bei starker Vergrößerung sind mit dem Lichtmikroskop in den Chloroplasten der höheren Pflanzen grüne Körnchen zu erkennen, die als Grana (Einzahl: Granum) bezeichnet werden. Im elektronenmikroskopischen Bild erkennt man, dass die Chloroplastenhülle aus zwei Membranen von ca. 5 nm Durchmesser besteht, die durch einen Zwischenraum, den Intermembranraum, von 2-3 nm Breite voneinander getrennt sind. Vorhandene Kontaktstellen zwischen den beiden Membranen besitzen einen Proteinapparat zum Import von Proteinen aus dem Cytoplasma der Zelle. Die äußere Membran enthält porenbildende Proteine, sog. Porine, die für Moleküle unterhalb einer Molekulargröße von 10 000 Dalton durchlässig sind. Daher bildet die innere Hüllmembran die eigentliche Grenze des chloroplastidären Stoffwechselkompartiments. Die Chloroplastenhülle umschließt die plasmatische Grundsubstanz, das Stroma (oder die Matrix), das zahlreiche granuläre Einschlüsse enthält, insbesondere die zum 70 S Typ gehörenden Plastiden-Ribosomen sowie Lipidglobuli, die als Plastoglobuli bezeichnet werden (Abb. 7.1) Nach längerer Belichtung enthalten die Chloroplasten der höheren Pflanzen Körnchen aus Assimilationsstärke (Stärkegranula), die bei anschließender Verdunkelung wieder verschwinden.

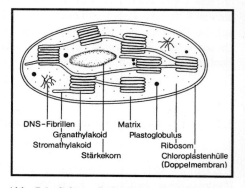

Abb. 7.1: Schematische Darstellung der Feinstruktur eines Chloroplasten, wie sie sich aus elektronenoptischen Aufnahmen von Dünnschnitten ergibt.

Im Stroma liegen zahlreiche Membranen, die Träger der Photosynthesepigmente sind. Diese inneren Membranen sind als flache Säckchen angeordnet; sie wurden deshalb 1960 von Wilhelm MENKE als Thylakoide bezeichnet (griech.: thylakos = Sack, Beutel; -eides = ähnlich). Die Chloroplasten vom Grana-Typ, die für die höheren Pflanzen charakteristisch sind, enthalten neben den ausgedehnten, den Chloroplasten bisweilen in seiner ganzen Länge durchziehenden Stromathylakoiden relativ kurze Granathylakoide, die jeweils zu 5-50 geldrollenartig übereinander gestapelt sind. Diese Bereiche entsprechen den lichtmikroskopisch erkennbaren Grana. Die Grana- und Stromathylakoide bilden einen zusammenhängenden Membrankörper, in dem die Grana durch schmalere oder breitere Stege von Stromathylakoiden untereinander in Verbindung stehen. Es gibt demnach im Chloroplasten drei verschiedene Räume: den Intermembranraum zwischen äußerer und innerer Hüllmembran, den Stromaraum zwischen innerer Hüllmembran und den Thylakoiden sowie den Innenraum der Thylakoide, den Intrathylakoidraum oder Loculus.

Die Thylakoidmembranen bestehen, wie alle biologischen Membranen, aus Lipiden und Proteinen. Bei den Lipiden überwiegen die Galaktolipide, während die Phospholipide zurücktreten. Der Proteinanteil ist relativ hoch und beträgt etwas über 50 %. Ungefähr 60 Polypeptide besitzen eine Funktion bei den photochemischen Prozessen der Photosynthese. Wir nehmen heute an, dass zumindest 100 verschiedene Polypeptide in der Thylakoidmembran der höheren Pflanzen vorhanden sind.

7.3 Die Chlorophylle und Carotinoide

Die Chlorophylle sind die wichtigsten Photosynthesepigmente. Typisch für die höheren Pflanzen sind das Chlorophyll a und das Chlorophyll b. Das gewöhnliche Mengenverhältnis von a:b ist etwa 3:1. Chlorophylle sind, ähnlich dem roten Blutfarbstoff und den Cytochromen, durch den Besitz eines Porphyrinringsystems charakterisiert, in dem vier Pyrrolkerne durch Methinbrücken (-C=) verbunden sind (Abb. 7.2). Im Zentrum ist ein Magnesiumatom komplex gebunden. Außerdem befindet sich am Pyrrolring C ein fünfgliedriger isozyklischer Ring, dessen Carbonylgruppe mit Methylalkohol verestert ist. Die Kohlenstoffatome 17 und 18 tragen zwei zusätzliche Wasserstoffatome. Diese Hydrogenierung, die zum Verlust der Doppelbindung zwischen C_{17} und C_{18} führt, hat einen starken Einfluss auf Lage und Höhe der Rot-Absorptionsbande. Die Hydrogenierung kann bei den Samenpflanzen nur im Licht stattfinden. Im Dunkeln ist daher die Chlorophyllbiosynthese gehemmt und es kommt zur Bildung von Etioplasten. Bei Chlorophyll a sind außerdem folgende Seitenketten vorhanden: vier Methyl-, eine Ethyl- und eine Vinylgruppe sowie ein

Propionsäurerest, der mit dem langkettigen Alkohol Phytol $C_{20}H_{39}OH$ verestert ist. Die Phytylesterkette bedingt die Lipidlöslichkeit der Chlorophylle. Chlorophyll b unterscheidet sich von Chlorophyll a nur dadurch, dass die Methylgruppe in Position 7 am Pyrrolring B durch eine Aldehydgruppe ersetzt ist.

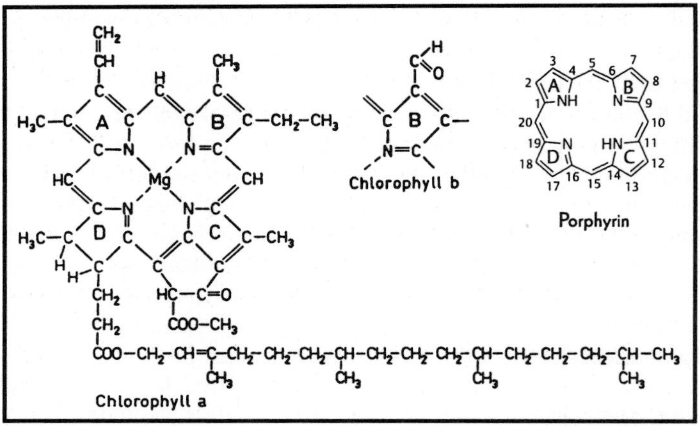

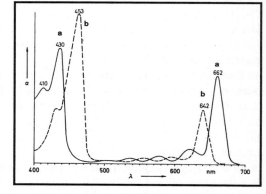

Abb. 7.2: Chemische Strukturen von Chlorophyll a und b und von Porphyrin.

Eine genaue Aussage über die spezifische Absorption einer Verbindung ergibt sich anhand ihres Absorptionsspektrums. In der Regel wird jedoch nicht die Absorption (Absorptionsgrad: I/I_0) sondern die Extinktion (Absorbanz) für die Aufstellung eines Absorptionsspektrums verwendet. Nach dem Gesetz von BOUGUER-LAMBERT-BEER ist sie definiert als E (oder A) = log I_0/I, wobei I_0 dem auffallenden Quantenfluss und I dem transmittierten Quantenfluss entspricht. In den Absorptionsspektren der beiden Chlorophylle a und b (Abb. 7.3) zeigen die beiden Absorptionsmaxima an, dass hellrote und blaue Strahlung sehr stark, grüne und dunkelrote wenig bzw. gar nicht absorbiert wird. Chlorophyll a ist blaugrün, Chlorophyll b gelbgrün gefärbt. Dieser Unterschied kommt auch im Absorptionsspektrum zum Ausdruck.

Abb. 7.4: Absorptionsspektren von Chlorophyll a und Chlorophyll b in Ether.

Außer den Chlorophyllen befinden sich im photosynthetischen Apparat immer auch Carotinoide. Die Carotinoide sind gelb, orange oder rot gefärbte lipidlösliche Pigmente (Lipochrome), deren Struktur das aus acht Isopreneinheiten aufgebaute Carotingerüst $C_{40}H_{56}$ zugrunde liegt. Die an der Photosynthese beteiligten Carotinoide werden als „Primärcarotinoide" den „Sekundärcarotinoiden" gegenübergestellt, die in vielfältiger Form vor allem in Blüten und Früchten als Bestandteile von Chromoplasten vorkommen. Man unterscheidet chemisch zwei Gruppen: die Carotine und die Xanthophylle. Die Carotine enthalten keinen Sauerstoff im Molekül, wie z. B. das regelmäßig in den Chloroplasten zu findende β-Carotin (Abb. 7.4). Die Xanthophylle enthalten Sauerstoff in Form von Hydroxy-, Epoxy- u. a. Gruppen. In den Chloroplasten der höheren Pflanzen findet man Lutein, Violaxanthin, Zeaxanthin und Neoxanthin. Wie die Färbung der Carotinoide verrät, absorbieren sie vor allem violette, blaue und blaugrüne Anteile sichtbarer Strahlung. In den Chloroplasten der höheren Pflanzen wird die typische Färbung der Carotinoide durch die Chlorophylle überdeckt. Die Carotinoide gehören zu den lichtsammelnden Antennenpigmenten, die auch als akzessorische Pigmente bezeichnet werden. Gleichzeitig erfüllen sie insbesondere eine Schutzfunktion,

Abb. 7.4: Chemische Struktur von β-Carotin.

indem sie wichtige Membranbestandteile, insbesondere die Chlorophylle, vor photooxidativer Zerstörung bewahren (s. Abschnitt 7.4).

Die Chlorophylle und Carotinoide erlangen ihre Funktionstüchtigkeit im Photosyntheseapparat erst in der Assoziierung mit spezifischen Proteinen. Tatsächlich finden wir sie denn auch nur in dieser Form in den photosynthetischen Strukturen. Diese Komplexbildung beruht auf schwachen hydrophoben oder auch polaren Wechselwirkungen zwischen beiden Partnern. Mit der Komplexbildung ändert sich die spezifische Absorption der Pigmente. Das Maximum der Rotabsorption wird um ca. 15 nm auf 678-680 nm verschoben (engl.: red shift). Zugleich wird die Rotabsorptionsbande breiter, indem verschiedene Absorptionsformen der Chlorophylle auftreten. Diese Veränderung der Absorption findet ihren messbaren Ausdruck in den *in vivo*-Spektren von Zellen bzw. von photosynthetisch aktiven Strukturen.

7.4 Lichtabsorption und Energieleitung in den Pigmentantennen

Licht wird in Form diskontinuierlicher Energiepakete, der Quanten oder Photonen, ausgestrahlt und absorbiert. Der Energiegehalt der Quanten wird nach der Beziehung

162

$E = h \cdot \nu = h \cdot c/\lambda$ von der Frequenz ν, bzw. der Wellenlänge λ bestimmt, wobei c die Lichtgeschwindigkeit ($2,998 \times 10^8$ m $\cdot$ s^{-1}) und h das PLANCKsche Wirkungsquantum ($6,626 \times 10^{-34}$ J·s) bedeuten. Der Energiegehalt von 1 mol ($6,023 \times 10^{23}$) Photonen, lässt sich danach für beliebige Wellenlängen berechnen (z. B. 199,54 kJ bei 600 nm). Bei der Lichtabsorption ändert sich die Energie der Pigmentmoleküle in charakteristischer Weise. Ein Molekül, das ein Photon absorbiert, geht in einen angeregten Zustand über, der um den Energiegehalt des absorbierten Lichtquants über dem Energieniveau des Grundzustands liegt. In einem Molekül wird die Energie eines Photons nicht, wie in einem Atom, zur Gänze in Elektronenenergie umgesetzt, sondern unterschiedliche Energieanteile werden in Vibrationsenergie (Schwingung von Atomen gegeneinander) und Rotationsenergie (Rotation der Moleküle um ihre Hauptträgheitsachse) verwandelt. Moleküle besitzen deshalb keine schmalen Absorptionslinien wie Atome, sondern breite Absorptionsbanden.

Für die Lichtabsorption der Chlorophylle und Carotinoide sind vorwiegend die π-Elektronen der konjugierten Doppelbindungen verantwortlich. Die Aktivierung der π-Elektronen wird als π-π^*-Übergang bezeichnet. Die Anregung von Chlorophyll durch blaues und violettes Licht führt innerhalb von 10^{-15} s zum 2. oder 3. Singulett-Zustand. Diese höheren Anregungszustände sind sehr instabil und gehen innerhalb von etwa 10^{-12} s (10^{-12} s = 1 Picosekunde, 1 ps) in den 1. Singulett-Zustand über. Die

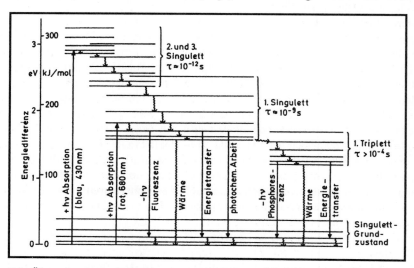

Abb. 7.5: Übergänge zwischen Anregungszuständen des Chlorophylls nach Absorption von Blau- bzw. Rotquanten, Termschema, Rotationsterme sind nicht eingezeichnet. Wellenlinien: Energiedissipation (strahlungslos), τ Halbwertszeiten; Phosphoreszenz ist eine im Vergleich zur Fluoreszenz langsamere (Spinumkehr!) und langwelligere Leuchterscheinung (LIBBERT, 1993).

Energiedifferenz geht vollkommen als Wärme verloren. Der 1. Singulett-Zustand ist der wichtigste angeregte Zustand. Er kann auch erreicht werden, wenn das Molekül im Grundzustand im roten Spektralbereich absorbiert (Abb. 7.5). Seine Lebenszeit beträgt etwa 10^{-9} s. Die anschließende Energiefreigabe in Form von Strahlung (Fluoreszenz), Wärme, Energietransfer oder photochemischer Arbeit erfolgt in beiden Fällen (Rot- und Blau-Photon) vom 1. angeregten Singulett-Zustand aus (Abb. 7.5). Hierdurch wird erklärt, dass die Absorption blauer und roter Quanten, trotz ihres unterschiedlichen Energiegehalts, zu gleichen Beträgen photochemischer Arbeit führt. Hierdurch wird weiter erklärt, dass das Fluoreszenz-Emissionsspektrum, unabhängig von der Wellenlänge des eingestrahlten Lichtes, immer das Gleiche ist und auch gegenüber dem absorbierten Rotlicht etwas zum Langwelligen (Energieärmeren) verschoben ist. Verlust der Anregungsenergie durch Strahlung (Fluoreszenz), Verlust als Wärme (Dissipation), Energietransfer (Anregung eines benachbarten Moleküls), photochemische Arbeit (Elektronenverschiebungen entgegen dem Redoxpotentialgefälle) konkurrieren miteinander, wobei der schnellste Prozess dominiert. Das ist *in vivo*, in der intakten Thylakoidmembran, bei Antennenpigmenten der Energietransfer, im Reaktionszentrum dagegen die photochemische Arbeit.

Durch Abgabe eines Teils der Anregungsenergie als Wärme kann das Chlorophyllmolekül auch in einen anderen Anregungszustand niedrigeren Energiegehaltes übergehen, dem sog. ersten Triplett-Zustand. Dabei wird der Spin (der Eigendrehimpuls) des angeregten Elektrons umgekehrt. Der Triplett-Zustand vom Chlorophyll hat keine Bedeutung für die Photosynthese *per se*, jedoch kann Chlorophyll im Triplett-Zustand Sauerstoff anregen, wodurch der Sauerstoff sehr reaktiv wird und dadurch Zellbestandteile schädigt. Carotinoide haben die Eigenschaft, sowohl den Triplett-Zustand des Chlorophylls wie auch den angeregten Sauerstoff wieder in die entsprechenden Grundzustände zu überführen. Dadurch haben Carotinoide eine wichtige und unentbehrliche Schutzfunktion für den Photosyntheseapparat.

Eine effiziente Photosynthese ist nur möglich, wenn die Energie von Photonen verschiedener Wellenlänge über eine gewisse Fläche durch eine sog. Antenne eingefangen wird. Die Pigmentantennen der beiden Photosysteme (PSI und PSII) bestehen aus einer großen Anzahl von an Protein gebundenen Chlorophyllmolekülen, die Photonen absorbieren und deren Energie an die Reaktionszentren weiterleiten. Von den im Blatt vorkommenden Chlorophyll a-Molekülen sind nur wenige Tausendstel Bestandteil der eigentlichen Reaktionszentren, der Rest ist in den Antennen angeordnet. Zur besseren spektralen Ausnutzung des Lichtes in der Grünlücke enthalten die Antennen noch weitere sog. akzessorische Pigmente – z.B. Chlorophyll b und Carotinoide.

Wenn Pigmentmoleküle, die durch Strahlungsabsorption in angeregte Zustände überführt werden können, räumlich dicht beieinander liegen, besteht die Möglichkeit, dass das Energiepaket des absorbierten Photons von einem Chromophor (Farbträger) zu einem nächsten Chromophor weitergereicht wird. So wie ein Quant

Strahlungsenergie Photon heißt, bezeichnet man ein Quant Anregungsenergie, das von Molekül zu Molekül weitergegeben wird, als Exciton. Eine Übertragung (engl.: transfer) von Excitonen setzt voraus, dass die beteiligten Chromophoren in spezifischer Weise zueinander ausgerichtet und voneinander entfernt sind. Dieses wird durch Proteine bewirkt. Daher kommen die Chromophore der Antennen auch stets als Proteinkomplexe vor. Der Excitonentransfer zwischen zwei Chlorophyllmolekülen kann bereits in 10^{-13}-10^{-12} s erfolgen. Es handelt sich hierbei um einen induzierten Dipolmechanismus. Das ist eine strahlungslose Wechselwirkung (COULOMB-Wechselwirkung) zwischen oszillierenden Dipolen, vergleichbar der Wechselwirkung zwischen mechanisch gekoppelten Pendeln.

Die Richtung des Energietransfers ist im Prinzip zufällig. Je langwelliger allerdings der Absorptionsgipfel eines Pigments, desto energieärmer ist der Anregungszustand dieses Pigments. Darum ist der Transfer zu einem Pigment mit langwelligerem Absorptionsspektrum hin wahrscheinlicher und deshalb viel häufiger als der umgekehrte. Statistisch gesehen erfolgt daher die Energiewanderung zwangsläufig gerichtet, und zwar zu demjenigen Chlorophyll mit dem langwelligsten Absorptionsgipfel im Kollektiv. Durch die physikalischen Charakteristika der Anregungszustände der Pigmente und die strukturelle Anordnung der Pigmentproteinkomplexe wird gewährleistet, dass innerhalb von 10^{-12}-10^{-11} s die absorbierte Lichtenergie das Reaktionszentrum erreicht, welches durch sein langwelliges Absorptionsspektrum und durch seine schnelle Umsetzung der Energie durch Photochemie wie eine Energiefalle (engl.: trapping center) wirkt.

7.5   Das Z-Schema des photosynthetischen Elektronentransports

Bei den sauerstoffproduzierenden pflanzlichen Organismen vollzieht sich die Umwandlung der Energie der absorbierten Photonen in für die Zelle nutzbare chemische Energie in den Thylakoidmembranen. In einem durch Lichtenergie getriebenen Elektronentransport werden „Reduktionsäquivalente" (NADPH + H$^+$) und „Energieäquivalente" (ATP) gebildet, die für den biochemischen Reaktionsbereich zur Umwandlung von CO_2 in Kohlenhydrat benötigt werden. Die strukturelle und funktionelle molekulare Basis hierzu bilden vier supramolekulare Reaktionskomplexe: Photosystem II (PSII), Photosystem I (PSI), Cytochrom b_6/f (Cyt b_6/f) und H$^+$-ATP-Synthase (ATP-Synthase) (Abb. 7.6). Am Aufbau dieser Komplexe sind ca. 60 Proteine und Proteide beteiligt. Die Reaktionskomplexe sind inhomogen in den verschiedenen Abschnitten der Thylakoidmembranen verteilt. Im Granabereich, wo die Membranen gestapelt vorliegen und sich ohne Kontakt zum Stroma unmittelbar berühren (engl.: appressed membranes), befinden sich insbesondere das PSII (ca.

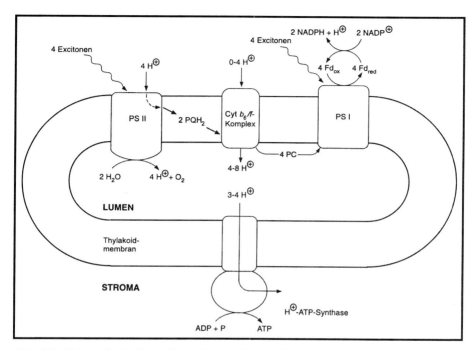

Abb. 7.6: Schematische Darstellung der Anordnung der Photosynthesekomplexe und der H⁺-ATP-Synthase in der Thylakoidmembran. Die Spaltung des Wassers erfolgt an der Lumenseite, die Bildung des NADPH und des ATP an der Stromaseite. Der Gradient der in das Lumen transportierten Protonen treibt die ATP-Synthese (nach HELDT, 1996).

85 %) in dichter Packung. In den übrigen Abschnitten des Thylakoidsystems, den sog. exponierten (engl.: exposed) Membranen, die Kontakt mit dem Stroma haben (Stromathylakoide und Granaendmembranen), befinden sich das PSI und die ATP-Synthase. Cyt b_6/f befindet sich sowohl in den „appressed" als auch in den „exposed" Membranen. Zwischen den supramolekularen Partikeln sind nicht partikelgebundene, relativ bewegliche Redoxsysteme vorhanden: Plastochinon (PQ) in der Thylakoidmembran, Plastocyanin (PC) an der Membraninnenseite und Ferredoxin (Fd) an der Membranaußenseite. Diese stellen die funktionelle Verbindung zwischen den größeren Partikeln her. PQ ist in größerer Menge vorhanden (7-10 PQ pro PSII); deshalb wurde die Bezeichnung PQ-Pool eingeführt.

Der nichtzyklische oder offenkettige photosynthetische Elektronentransport, der vom H_2O zum $NADP^+$ führt, erfolgt über eine Sequenz von Redoxsystemen, welche zwei photochemische Reaktionen einschließt. Beim oxygenen Elektronentransport in Algen und höheren Pflanzen sind zwei Photosysteme, PSII und PSI, hintereinander geschaltet. Wenn die Komponenten des Elektronentransportes und die Photosysteme

166

nach ihrem Normalpotential angeordnet werden, ergibt sich ein Zick-Zack-Schema, das auch als Z-Schema bezeichnet wird (Abb. 7.7). Diese Reihenfolge wird offensichtlich auch in der Membran durchlaufen. Das Z-Schema des Elektronentransportes wurde zwischen 1960-1965 von verschiedenen Arbeitsgruppen aufgestellt und ist heute allgemein akzeptiert. In den Reaktionszentren der Photosysteme wird elektronische Anregungsenergie in die Energie chemischer Potentialdifferenzen umgewandelt. Das angeregte und daher energetisch aufgeladene Reaktionszentrum (Chlorophyll a-Dimer), P680* bzw. P700*, tritt in die photochemische Primärreaktion ein. Diese besteht darin, dass das Pigment-Dimer in einer äußerst schnell verlaufenden Reaktion ein Elektron an einen Akzeptor abgibt, der dadurch reduziert wird. Im Reaktionszentrum bleibt kurzfristig eine Elektronenvakanz in Form des oxidierten P680$^+$ bzw. P700$^+$ zurück, die über einen Elektronendonator wieder ergänzt wird.

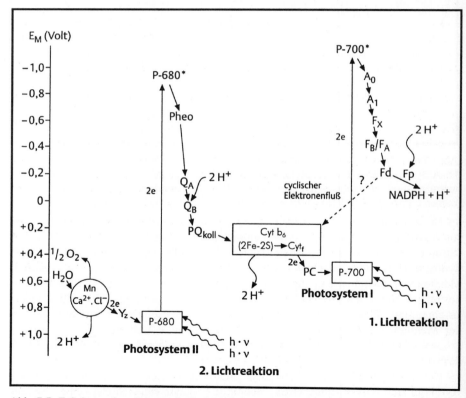

Abb. 7.7: Z-Schema des photosynthetischen Elektronentransportes vom Wasser zum NADP. Cyt Cytochrom, Fd Ferredoxin, [2Fe-2S] Eisen-Schwefel-Zentrum des Rieske-Proteins, Fp Flavoprotein, PQ$_{koll}$ Plastochinon-Kollektiv, PC Plastocyanin (nach RICHTER, 1996).

Die photochemische Primärreaktion im PSII lässt sich im Einzelnen folgendermaßen darstellen:

$$P680^*PheoQ_A \xrightarrow{\text{3 ps}} P680^+Pheo^-Q_A \xrightarrow{\text{300 ps}} P680^+PheoQ_A^-$$

Die Anregung des Reaktionszentrums durch ein Exciton führt zu einer sehr schnellen Ladungstrennung im Picosekunden-Bereich. Von dem Chlorophyllpaar wird ein Elektron auf Pheophytin (Pheo) und dann weiter auf ein festgebundenes Plastochinon (Q_A) übertragen. Dabei entsteht ein Semichinonradikal. Das Elektron wird dann auf ein locker gebundenes Plastochinon (Q_B) übertragen. Dieses nimmt nacheinander insgesamt zwei Elektronen sowie zwei Protonen aus dem Stroma auf und wird dadurch zu einem Hydrochinon (PQH_2) reduziert. Das Hydrochinon wird von dem PSII-Komplex freigesetzt und bildet so das eigentliche Produkt des PSII. Das $P680^+$-Radikal mit einem Redoxpotential von etwa $+1,12$ V ist ein so starkes Oxidationsmittel, dass es einem Tyrosinrest des zentralen D1-Proteins (Tyr161) ein Elektron entreißen kann. Es entsteht ein Tyrosinradikal. Dieser reaktive Tyrosinrest wird in der Literatur auch mit Z oder Y_Z bezeichnet. Die Elektronenlücke im Tyrosinradikal wird durch die Oxidation des sauerstoffentwickelnden Komplexes (OEC, engl.: oxygen evolving complex) aufgefüllt. Die Freisetzung von einem Molekül O_2 aus zwei Molekülen Wasser erfordert die Abgabe von vier Elektronen und damit vier photochemische Reaktionen im PSII. Der $(Mn)_4$-Cluster des OEC durchläuft dabei nach dem Grundzustand S_0 vier verschiedene Oxidationsstufen (S1→S4). Nach Erreichen der vierten Oxidationsstufe (S_4) wird O_2 freigesetzt und der $(Mn)_4$-Cluster geht wieder in den Grundzustand zurück. Bei diesem Prozess werden die aus dem Wasser gebildeten Protonen in das Lumen der Thylakoide abgegeben.

Das durch PSII gebildete Plastohydrochinon (Plastochinol) diffundiert durch die Lipidphase der Thylakoidmembran und findet seine spezifische Andockstelle Q_Z am Cyt b_6/f-Komplex. Dieser empfängt die Elektronen und zwei Protonen vom Plastohydrochinon, welches zum Plastochinon oxidiert wird, und reduziert Plastocyanin. Der Wasserstoff- oder 2-Elektronentransport geht wiederum in den 1-Elektronentransport über. Die zwei Protonen werden in das Thylakoidlumen abgegeben. Der Cyt b_6/f-Komplex kann von seiner Funktion her auch als Plastohydrochinon-Plastocyanin-Oxidoreduktase bezeichnet werden. Aus der Analogie des Cyt b_6/f-Komplexes mit dem Cyt b/c_1-Komplex der Mitochondrien ergibt sich ferner die Vermutung eines zyklischen Elektronentransportes im Cyt b_6/f-Komplex, der als Q-Zyklus bekannt ist. Mit Hilfe des Q-Zyklus kann pro transportiertem Elektron ein zusätzliches Proton vom Stroma in den Intrathylakoidraum transferiert werden (Abb. 7.6, vgl. Kapitel 10.5).

Das durch Cyt b_6/f reduzierte Plastocyanin diffundiert an der Innenseite der Thylakoide, bindet an eine positiv geladene Bindungsstelle des Reaktionszentrums des PSI, überträgt sein Elektron auf das oxidierte $P700^+$ und diffundiert in oxidierter Form zum Cyt b_6/f zurück. Der Elektronenübergang des Plastocyanin beruht auf dem

Valenzwechsel zwischen Cu^+ und Cu^{2+}. Im Reaktionszentrum von PSI führt die Anregung von P700 durch ein Exciton (P700*; $E_m = -1,29$ V) zu einer Ladungstrennung. Man nimmt an, dass P700 sein angeregtes Elektron – möglicherweise über ein Chlorophyll a (A) – auf ein Chlorophyll a-Monomer (A_0; $E_m = -1$ V) überträgt, das seinerseits das Elektron auf A_1, ein gebundenes Phyllochinon (Vitamin K_1; $E_m = -0,8$ V), weiterleitet. Zurzeit herrscht folgende Vorstellung vor:

$$P700^*A_0A_1 \xrightarrow{\ 2\ ps\ } P700^+A_0^-A_1 \xrightarrow{\ 25\ ps\ } P700^+A_0A_1^-$$

Von der Semichinon-Form des Phyllochinons wird das Elektron auf ein Eisen-Schwefel-Zentrum übertragen, das als A_2 oder neuerdings als F_X bezeichnet wird. F_X ist ein [4Fe-4S]-Zentrum mit einem sehr negativen Redoxpotential von $-0,7$ V. Es überträgt ein Elektron auf zwei weitere [4Fe-4S]-Zentren, F_A und F_B; durch diese wird schließlich Ferredoxin ($E_m = -0,42$ V), ein ca. 11 kDa großes, lösliches Protein mit einem [2Fe-2S]-Zentrum, reduziert. Die Reduktion erfolgt auf der Stromaseite der Membran. Reduziertes Ferredoxin liefert die Elektronen für die Reduktion von $NADP^+$, welche ein Hydrid-Ion einbezieht. Diese Reaktion wird von der Ferredoxin-$NADP^+$- Oxidoreduktase katalysiert, einem Flavoprotein mit FAD als Wirkgruppe und dem Status eines peripheren Polypeptids. Mit der Bildung von NADPH + H^+ als Reduktionsäquivalent hat das ursprünglich aus dem Wasser stammende Elektron eine stabile und dennoch reaktionsfähige, weil energiereiche Bindung gefunden.

Neben dem nichtzyklischen oder offenkettigen Elektronentransport ist auch ein zyklischer Elektronentransport möglich, bei dem Elektronen aus dem angeregten PSI in den Grundzustand des PSI zurückfließen. Möglicherweise geschieht dies, indem die Elektronen über Ferredoxin und Cyt b_6 zum $P700^+$ zurückgeleitet werden. Die dabei frei werdende Energie wird zur Synthese von ATP genutzt; man spricht von zyklischer Photophosphorylierung. In welchem Ausmaß eine zyklische Photophosphorylierung unter normalen Stoffwechselbedingungen im Blatt stattfindet, ist noch unklar.

7.6 Photophosphorylierung – Bildung des Energieäquivalents

Peter MITCHELL (1920-1992, Nobelpreis 1978) postulierte 1961 in seiner chemiosmotischen Hypothese, dass bei der Elektronentransport-gekoppelten ATP-Synthese der Atmung und der Photosynthese ein Protonengradient über die Membran als energiereicher Zwischenzustand gebildet werde, dessen protonenmotorische Kraft zum Antrieb der ATP-Synthese diene:

Elektronentransport → Protonengradient → ATP

Diese damals revolutionäre Theorie ist in ihren Grundzügen voll bestätigt worden.

Bei der Beschreibung des Elektronentransports ist schon darauf hingewiesen worden, dass bei einzelnen Übertragungsschritten nicht nur Elektronen zwischen Redoxsystemen transferiert, sondern auch Protonen (H^+-Ionen) durch die Thylakoidmembran in den Intrathylakoidraum befördert werden (Abb. 7.6). Somit arbeiten die beteiligten Redoxsysteme wie Protonenpumpen, angetrieben von der bei Elektronenübergängen anfallenden Redoxenergie. Mit der resultierenden Konzentrierung von Protonen im Binnenraum der Thylakoide wird ein arbeitsfähiges System etabliert, und zwar in Form eines beachtlichen elektrochemischen Potentials, dessen bestimmende Größen die Konzentrationsdifferenz von Protonen (ΔpH^+) und ein Membranpotential sind ($\Delta\Psi$). Die Arbeitsfähigkeit des Protonengradienten entspricht der Änderung der freien Enthalpie beim Fluss der Protonen vom Lumen in das Stroma.

Der Prozess der Photophosphorylierung vollzieht sich an einem weiteren integralen Komplex der Thylakoidmembran, dem ATP-Synthase-Komplex oder CF_1/CF_0-Komplex (Abb. 7.6). Der ATP-Synthase-Komplex besetzt Thylakoidmembranen, deren Außenfläche an das Stroma grenzt. Er gliedert sich in die rundliche „Kopf"-Struktur CF_1 (engl.: coupling factor), welche der Stroma-Seite der Membran aufgelagert ist, und in den membrandurchspannenden Fuß CF_0, welcher als Protonenkanal ausgebildet ist. CF_1 ist ein oligomeres Protein mit der Zusammensetzung $\alpha_3\beta_3\gamma\delta\epsilon$, d. h. von den Untereinheiten α (55 kDa) und β (54 kDa) liegen jeweils drei Ausfertigungen vor. Diese bilden in alternierender Anordnung eine symmetrische Ringstruktur um einen zentralen Hohlraum.

Jeweils eine α- und eine β-Untereinheit bilden zusammen eine Einheit mit der Bindungsstelle für ein Adeninnukleotid, wobei an der Katalyse vor allem die β-Untereinheit beteiligt ist. Die γ-Untereinheit (36 kDa) durchzieht das Zentrum des CF_1-Teils. Konformationsbezogene Wechselwirkungen zwischen den α/β-Paaren und der γ-Untereinheit sorgen für eine sequentielle Aktivierung der katalytischen Zentren. Die ATP-Synthese wird heute allgemein durch einen „Mechanismus energieabhängiger Bindungsänderungen" (Bindungswechselmechanismus, „binding-change"-Hypothese) erklärt (Abb. 7.8). Die Grundzüge dieser Hypothese wurden von 1977 bis 1993 insbesondere von Paul BOYER postuliert (Nobelpreis 1997). Die Hypothese geht davon aus, dass im CF_1 drei identische katalytische Bindungsstellen für ADP und ATP in ihrer Funktion alternieren. Nach dieser „binding-change"-Hypothese wird bei der Synthese von ATP folgender Zyklus durchlaufen: als Erstes werden ADP und P an die sog. leichte Bindungsstelle L (engl.: low) gebunden. Durch eine Konformationsänderung des CF_1 wird die Stelle L in eine feste Bindungsstelle T (engl.: tight) verwandelt, an der unter Ausschluss von Wasser aus ADP und Phosphat ATP synthetisiert wird, wobei das gebildete ATP sehr fest gebunden ist. Durch eine weitere Konformationsänderung wird die Bindungsstelle T in eine offene Bindungsstelle (engl.: open) umgewandelt, und das gebildete ATP wird frei-gesetzt. Ein entscheidender Punkt bei dieser Hypothese ist, dass bei jedem durch die Energie des Protonengradienten getriebenen Konformationswechsel von CF_1 die Konformation der drei Zentren gleichzeitig in die jeweils nächste Konformation übergeht (L $\rightarrow$ T, T $\rightarrow$ O, O $\rightarrow$ L). Die asymmetrische Anordnung der γ-Untereinheit lässt auf eine Drehbewegung relativ zu $(\alpha\beta)_3$ schließen, wodurch dann jeweils die katalytischen Zentren in ihrer Konformation verändert würden.

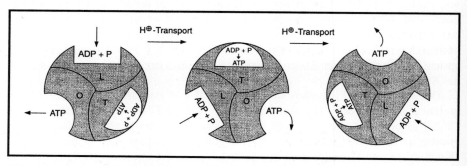

Abb. 7.8: ATP-Synthese nach der „binding-change"-Hypothese (Erklärung s. Text) (HELDT, 1996).

B   Versuche

V 7.1   Die Chloroplasten als Organelle der Photosynthese

V 7.1.1 Lichtmikroskopische Betrachtung von Chloroplasten

Kurz und knapp:
Dieser Versuch gibt erste Auskünfte über Form und Größe der Chloroplasten, sowie über ihre Lage und Verteilung innerhalb der pflanzlichen Zelle.

Zeitaufwand:
25 min

Material:	Blättchen der Wasserpest (*Elodea densa* oder *canadensis*) oder Blättchen von Laubmoosen (z.B. Drehmoos, *Funaria hygrometrica*)
Geräte:	Lichtmikroskop mit Ölimmersionsobjektiv, Objektträger, Deckgläser, Pinzette, Rasierklinge
Chemikalien:	Immersionsöl, 10 %ige Saccharoselösung

Durchführung:
Ein Moosblättchen oder ein kleines, hellgrünes Blättchen der Wasserpest (wenn möglich aus dem Bereich der Gipfelknospe) wird mit Hilfe einer Rasierklinge abgetrennt oder mit der Pinzette abgezupft, in Wasser auf einen Objektträger gebracht und mit einem Deckgläschen abgedeckt. Die lichtmikroskopische Untersuchung kann dann direkt, d.h. ohne Schnitt vorgenommen werden.

Um die Feinstruktur der in der Zelle dicht gepackten Chloroplasten schon im Lichtmikroskop beobachten zu können, werden diese durch ein Quetschen der Blättchen auf einem Objektträger in Saccharoselösung (um die Chloroplasten intakt zu halten) „isoliert". Die Reste der Blätter werden mit der Pinzette entfernt.

Beobachtung:
Man kann im Lichtmikroskop die Lage der Chloroplasten in den Zellen, sowie in vielen Fällen ihre Bewegung mit der Cytoplasmaströmung erkennen. Außerdem sind die Chloroplasten grün gefärbt und von linsenförmiger Gestalt. Bei näherer Betrachtung der Feinstruktur „isolierter" Chloroplasten bei stärkster Vergrößerung (1000 x, Ölimmersion) lässt sich zudem eine körnige Struktur bzw. ein Muster dunklerer Bereiche auf hellerem Grund beobachten.

172

Erklärung:
Die Grünfärbung zeigt, dass in der
pflanzlichen Zelle das Chlorophyll
nur in den Chloroplasten enthalten
ist, sie sind die Organelle der Photosynthese. Sie haben einen Durchmesser von 4-8 µm, sind 2-3 µm
dick und liegen in der Zelle zu mehreren vor, eingebettet in das Cytoplasma. Bei den innerhalb der Chloroplasten beobachteten dunkleren,
körnigen Bereichen handelt es sich
um die Grana, d.h. um Abschnitte, in
denen zahlreiche Granathylakoide
dicht übereinander gestapelt sind.

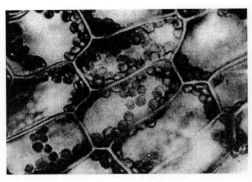

Abb. 7.9: Chloroplasten in den Zellen der Wasserpest (*Elodea canadensis*; 400x, Lichtmikroskop; LICHTENTHALER und PFISTER, 1978).

Ihre Größe liegt an der Auflösungsgrenze des Lichtmikroskops. Der hellere Hintergrund entspricht der von einzelnen Stromathylakoiden durchzogenen Grundsubstanz,
dem Stroma oder der Matrix (s. Abb. 7.1).

Bemerkung:
Selbstverständlich lässt sich die lichtmikroskopische Betrachtung der Chloroplasten
auch anhand von Blattquerschnitten von Bohne, Erbse etc. durchführen. Das hier
verwendete Material erweist sich jedoch als geeigneter. Blätter von *Funaria* sind
z.B. nur im Bereich der Mittelrippe mehrschichtig und ansonsten einschichtig. Die
Herstellung aufwendiger Schnitte entfällt damit.

V 7.2 Isolation und Trennung der Chloroplastenfarbstoffe (Chlorophylle und Carotinoide)

V 7.2.1 Extraktion der Photosynthesepigmente aus Blättern - Gewinnung eines Rohchlorophyllextrakts

Kurz und knapp:
Die Extraktion der Photosynthesepigmente aus frischem Pflanzenmaterial gelingt am
besten mit organischen Lösungsmitteln mittlerer Polarität, welche sich mit Wasser
mischen lassen (z.B. Aceton, Ethanol, Methanol). Folgende Versuche zeigen ver-

schiedene Möglichkeiten zur Herstellung von Rohchlorophyllextrakten, die für weitere Versuche, z.B. chromatographische Trennungen, verwendet werden können.

Zeitaufwand:
Vorbereitung: 5 min, Durchführung: 15 min

Material:	grüne Blätter der Bohne (*Phaseolus vulgaris*), Erbse (*Pisum sativum*), Brennnessel (*Urtica dioica*) oder anderen
Geräte:	Reibschale und Pistill, Messzylinder (100 mL), Glastrichter, Faltenfilter, Erlenmeyerkolben (100 mL), Becherglas (100 mL), Spatel, Alufolie, Wasserbad, Abzug, Waage, Schere, evtl.Scheidetrichter (200 mL), Becherglas (200 mL), Messkolben (50 mL)
Chemikalien:	Methanol, 96 %iges Ethanol, Aceton, Seesand, Calciumcarbonat ($CaCO_3$), evtl. Petroleumbenzin (Siedebereich 50-70 °C), Aqua dest., Natriumchlorid (NaCl), Dinatriumsulfat (Na_2SO_4 wasserfrei)

Durchführung:
Die Extraktion der Pigmente kann mit Hilfe verschiedener Lösungsmittel vorgenommen werden:
a) Extraktion mit Aceton: Etwa 10 g Blattmaterial werden grob zerkleinert und in einer Reibschale nach Zugabe von etwas Seesand, sowie einer Spatelspitze $CaCO_3$, welches die aus den Vakuolen austretenden organischen Säuren neutralisiert und so die Pheophytinbildung verhindert, mit 60 mL Aceton versetzt und für 5-10 Minuten zerrieben, bis eine breiartige Masse entstanden ist. Diese wird durch einen Faltenfilter in ein mit Alufolie umhülltes Becherglas filtriert. Je länger und intensiver der Blattaufschluss durchgeführt wird, desto größer ist die Ausbeute an β-Carotin.
Da der acetonische Rohchlorophyllextrakt nur wenige Tage relativ unverändert im Kühlschrank aufbewahrt werden kann, sollte er entweder möglichst rasch verwendet oder durch Überführung in ein wasserfreies Medium (z.B. Petroleumbenzin) haltbarer gemacht werden. Hierzu wird das Filtrat mit etwa 25 mL Petroleumbenzin in einen Scheidetrichter gegeben und gründlich durchmischt, aber nicht geschüttelt. Anschließend fügt man 50-100 mL halbgesättigte NaCl-Lösung hinzu und schwenkt vorsichtig um. Dabei lösen sich die lipophilen Chloroplastenpigmente in der oberen Petroleumbenzinphase, die sich tiefgrün färbt, während die untere wässrige Phase fast farblos erscheint. Sie wird abgelassen und verworfen. Die zurückbleibende Benzinphase wird weitere 2-3 mal mit jeweils 10 mL Wasser versetzt, wobei sich noch vorhandene Reste von Aceton in der wässrigen Phase lösen und so entfernt werden. Um den Petroleumbenzinextrakt schließlich völlig wasserfrei zu machen, gibt man eine Spatelspitze wasserfreies Na_2SO_4 hinzu, welches die letzten Wasserreste bindet.

Der Extrakt wird dann in einem Messkolben aufgefangen und kann im Dunkeln im Kühlschrank einige Wochen aufbewahrt werden.

b) Extraktion mit Ethanol: Ca. 10 g grob zerkleinertes Blattmaterial werden in einer Reibschale mit etwas Seesand und einer Spatelspitze $CaCO_3$ versetzt, nach Zugabe einer kleinen Menge 96 %igen Ethanols kräftig zerrieben und der entstehende Extrakt in ein Becherglas filtriert, das mit Alufolie umwickelt ist. Dieser Vorgang wird mehrmals wiederholt, bis der in der Reibschale zurückbleibende Blattbrei nahezu farblos ist. Die filtrierte Lösung kann im Dunkeln im Kühlschrank für einige Tage ohne wesentliche Veränderungen aufbewahrt werden.

Die Extraktion der Pigmente lässt sich durch ein kurzes Aufbrühen der Blätter bzw. die Verwendung von heißem Alkohol beschleunigen.

c) Extraktion mit Methanol: Etwa 10 g zerschnittenes oder per Hand grob zerkleinertes Blattmaterial werden zusammen mit einer Spatelspitze $CaCO_3$ in einen Erlenmeyerkolben gegeben, mit 80 mL Methanol versetzt und im Wasserbad bei 50 °C (da der Siedepunkt von Methanol bei 65 °C liegt, sollte diese Temperatur nicht wesentlich überschritten werden) so lange extrahiert, bis das Methanol tiefgrün gefärbt ist. Der Vorgang kann durch Umrühren mit einem Glasstab beschleunigt werden. Anschließend wird der so entstandene Extrakt in ein mit Alufolie umhülltes Becherglas filtriert. Im Kühlschrank ist der methanolische Rohchlorophyllextrakt für einige Tage ohne wesentliche Veränderungen haltbar.

Bemerkung:

Methanol ist giftig beim Einatmen und Verschlucken, Aceton ist leicht flüchtig, deshalb sollten die entsprechenden Extraktionen - wenn möglich - unter einem Abzug durchgeführt werden. Da organische Lösungsmittel außerdem leicht entflammbar sind, sollte nicht in der Nähe von Zündquellen und offenen Flammen gearbeitet werden (elektrisch beheizbares Wasserbad!) und die Vorratsflaschen sofort nach Entnahme der Substanzen verschlossen werden.

V 7.2.2 Trennung der Blattpigmente durch Ausschütteln und durch Verseifung des Chlorophylls

Kurz und knapp:

Dieser Versuch dient der Sichtbarmachung und der Trennung der drei in einem Rohchlorophyllextrakt vorhandenen, für die Photosynthese wichtigen Stoffgruppen der Chlorophylle, der Carotine und der Xanthophylle. Die Isolierung der einzelnen Komponenten beruht auf der Tatsache, dass die verschiedenen Chloroplastenfarbstoffe in bestimmten Lösungsmitteln unterschiedlich gut löslich sind.

Zeitaufwand:
Vorbereitung: Die Vorbereitungszeit entfällt bei Verwendung eines bereits hergestellten Rohchlorophyllextraktes, andernfalls müssen etwa 15 min für die Herstellung
eingeplant werden. Durchführung: 15 min

Material:	ethanolischer Rohchlorophyllextrakt (nach V 7.2.1)
Geräte:	Scheidetrichter (200 mL), Messzylinder (50 mL), 3 Bechergläser (100 mL), Alufolie
Chemikalien:	Benzin, Methanol, Kaliumhydroxid (KOH-Plätzchen)

Durchführung, Beobachtung und Erklärung:
a) Abtrennung der Xanthophylle: 50 mL ethanoli-
scher Rohchlorophyllextrakt werden in einen Scheidetrichter (Abb. 7.10) gegeben und mit ungefähr 25
mL Benzin überschichtet (dabei sollte der Scheidetrichter höchstens zu $^2/_3$ gefüllt sein). Anschließend
wird er mit dem Stopfen verschlossen und vorsichtig
geschüttelt, wobei sowohl der Stopfen als auch der
Auslaufhahn festgehalten werden müssen. Um den
durch das Durchmischen entstandenen Überdruck
aufzuheben, wird bei nach oben gerichtetem Auslauf
der Trichterhahn kurz geöffnet. Dann bringt man den
Scheidetrichter wieder in die richtige Position und
kann nun eine obere tiefgrüne Benzinphase
(Epiphase), sie enthält die Chlorophylle und Carotine,
und eine untere gelb gefärbte alkoholische Schicht
(Hypophase) beobachten. Diese enthält die Xanthophylle, die aufgrund der in den Molekülen enthaltenen Hydroxy- und Epoxy-Gruppen einen etwas pola-

Abb. 7.10: Scheidetrichter mit
Epi- und Hypophase.

reren Charakter aufweisen als die Chlorophylle und Carotine. Sie sind deshalb in der
polaren alkoholischen Phase besser löslich als in der unpolaren Benzinphase. Die
Hypophase, d.h der Xanthophyllauszug wird dann in einem mit Alufolie
(Lichtschutz!) umhüllten Becherglas aufgefangen, die Grenzphase wird verworfen.
Durch nochmaliges Ausschütteln des Auszugs mit Benzin können Chlorophyll- und
Carotinreste entfernt werden.
b) Abtrennung der Chlorophylle: Die im Scheidetrichter verbliebene tiefgrüne Benzinphase wird nun mit 20 mL gesättigter methanolischer Kalilauge versetzt und vorsichtig umgeschüttelt. Dabei färbt sich die Lösung zunächst braun. Nach der Pha-
sentrennung ist die obere Benzinphase, sie enthält die Carotine, jedoch gelb, die
untere methanolische Phase grün. Sie enthält die Chlorophylle a und b, die durch die

Verseifung des im Chlorophyllmolekül enthaltenen Propionsäure-Phytolesters durch KOH (Hydrolyse der Esterbindung durch Alkali) zu Kalium-Chlorophyllid werden. Dieses löst sich besser in Methanol als in Benzin und geht deshalb in die methanolische Phase über. Auch der Chlorophyllauszug wird dann in einem Becherglas aufgefangen, das mit Alufolie umwickelt ist.

c) Gewinnung der Carotine: Die im Scheidetrichter verbliebene goldgelbe Benzinphase entspricht einem Carotinextrakt, der allerdings noch einen gewissen Anteil an Chlorophyll enthält. Aus diesem Grund wird er ein weiteres Mal mit 20 mL methanolischer Kalilauge ausgeschüttelt. Die grünliche Hypophase wird verworfen, die gelbe Epiphase, d.h. der gereinigte Carotinextrakt wird in ein drittes mit Alufolie umhülltes Becherglas gefüllt.

Bemerkung:
Die Extrakte können z.B. für spektroskopische Untersuchungen lichtgeschützt im Kühlschrank für einige Tage aufbewahrt werden.

V 7.2.3 Papierchromatographische Trennung der Chloroplastenfarbstoffe

Kurz und knapp:
Die Chromatographie ist eine der wichtigsten Methoden zur Trennung von Stoffgemischen. Das in diesem Versuch beschriebene Verfahren der Papierchromatographie (PC), bei dem homogenes Filtrierpapier als Trägersubstanz verwendet wird, ist sehr einfach und bringt rasche Ergebnisse. Es zeigt den Schülern, aus welchen Pigmenten sich ein Rohchlorophyllextrakt zusammensetzt, da diese aufgrund der Unterschiede in ihrer chemischen Struktur eine unterschiedliche Löslichkeit und ein unterschiedliches Adsorptionsverhalten aufweisen.

Zeitaufwand:
Vorbereitung: 5 min bei Verwendung eines bereits hergestellten bzw. 20 min zur Herstellung eines acetonischen Rohchlorophyllextrakts, Durchführung: 40-60 min

Material: acetonischer Rohchlorophyllextrakt (nach V 7.2.1)
Geräte: 2 Petrischalenhälften (Durchmesser: 20 cm), Demonstrationsreagenzglas mit passendem Stopfen und Ständer, Draht oder Büroklammer, Chromatographiepapier (Schleicher und Schüll Nr. 2043b;
20 x 20 cm und Reststück für Docht, sowie Streifen von 12 x 1,5 cm),
Becherglas (500 mL), feine Tropfpipette, Haartrockner
Chemikalien: PC-Laufmittel: Petroleumbenzin (Siedeb. 100-140 °C), Petroleumbenzin (Siedeb. 40-60 °C), Aceton im Volumenverhältnis 10 : 2,5 : 2
gemischt

Durchführung:

a) Rundfilterchromatographie:
Mit einer feinen Tropfpipette
wird in der Mitte des
20 x 20 cm großen Chromato-
graphiepapierstückes mehrmals hintereinander ein Tropfen des acetonischen Rohchlo-
rophyll-extraktes aufgebracht,
bis ein intensiv grün gefärbter

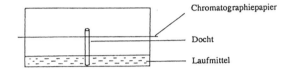

Abb. 7.11: Rundfilterchromatographie.

Fleck entstanden ist. Der Durchmesser des Flecks sollte 1,5 cm nicht übersteigen.
Um ein Auseinanderlaufen des Pigmentextraktes also zu verhindern, muss der Fleck
nach jedem Auftropfen mit dem Kaltluftstrom des Haartrockners getrocknet werden.
Anschließend werden einige Tropfen Aceton in der Mitte des Fleckes aufgesetzt. Die
Farbstoffe wandern jetzt nach außen. Solange das Chromatographiepapier noch
feucht ist, wird die Auftragstelle in der Mitte mit einem Loch
versehen, in das ein aus einem Rest Chromatographiepapier ge-
rollter, etwa streichholzdicker Docht eingesetzt wird. Eine Petrischalenhälfte wird zu einem Drittel mit dem zuvor im Becherglas
angesetzten PC-Laufmittel gefüllt. Dann wird das Chromatographiepapier so auf die Petrischale gelegt, dass der Docht in das
Laufmittel eintaucht. Mit der zweiten Petrischalenhälfte wird das
Papier abgedeckt (Abb. 7.11).

b) Papierchromatographie im Reagenzglas: Bei dieser Chromatographie im kleinen Maßstab wird der acetonische Rohchlorophyllextrakt mittels einer feinen Tropfpipette auf einen besonders
zugeschnittenen Streifen Chromatographiepapier aufgetragen
(Abb. 7.12). Lässt man das zu trennende Substanzgemisch bzw.
den Pigmentextrakt nämlich zunächst durch eine „Brücke" oder
„Taille" laufen, so steigt die Trennschärfe wesentlich an. Der

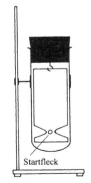

Abb. 7.12: PC im
Reagenzglas
(KRÜGER, 1978).

pigmentbeladene, trockene Papierstreifen wird dann mit einem Draht oder einer zurechtgebogenen Büroklammer an einem Stopfen befestigt und so in ein 1-1,5 cm hoch mit PC-Laufmittel gefülltes Demonstrationsreagenzglas eingebracht, dass er einige Millimeter in das Laufmittel eintaucht und die Glaswände nicht berührt. Der Auftragepunkt des Pigmentextraktes darf dabei nicht selbst vom Laufmittel benetzt werden.
Die Laufzeit beträgt bei beiden Ansätzen ca. 40-50 Minuten.

Beobachtung:
a) Auf dem fertigen Chromatogramm lassen sich von außen nach innen folgende Pigmentringe erkennen: das gelbe β-Carotin (in der Nähe der Laufmittelgrenze), die gelblichen Xanthophylle Lutein und Violaxanthin, eine relativ breite blaugrüne Chlorophyll a-Bande und eine kleinere gelbgrüne Bande von Chlorophyll b. Das Neoxanthin kann mit dem Chlorophyll b zusammenfallen. Es ist dann kaum bzw. nur am inneren Rand dieser Bande sichtbar. In frischen Blattextrakten und bei entsprechender Abpufferung mit $CaCO_3$ ist Pheophytin nur in Spuren enthalten und deshalb im Chromatogramm nicht sichtbar.
b) Auf dem Chromatographiepapierstreifen haben sich nach etwa 40 Minuten die einzelnen Komponenten in klaren Zonen abgesetzt: Das gelbe β-Carotin findet sich oben an der Lösungsmittelfront; darunter folgt eine Zone von gelblichen Xanthophyllderivaten; in weiterem Abstand sieht man das breite blaugrüne Band von Chlorophyll a und darunter die etwas schmalere gelbgrüne Chlorophyll b-Zone. Am unteren Rand dieser Zone ist das Neoxanthin zu erkennen.

Erklärung:
Aufgrund der unterschiedlichen chemischen Struktur unterscheiden sich die Photosynthesepigmente in ihrer Löslichkeit und ihrem Adsorptionsverhalten. Diese Unterschiede werden bei der Papierchromatographie zur Auftrennung der lipophilen Chloroplastenfarbstoffe genutzt, da hier Adsorptionsvorgänge zumindest mitbeteiligt sind. Das organische Lösungsmittel läuft durch Kapillarkräfte vom Auftrags- oder Startpunkt an den Rand des Chromatographiepapiers und nimmt dabei die gelösten Stoffe mit. Diese gelösten Stoffe werden nun durch polare Wechselwirkungen mit dem Trägermaterial, d.h. den Celluloseschichten des homogenen Chromatographiepapiers verschieden stark festgehalten. Die Substanzen wechseln dabei ständig zwischen dem gelösten und dem adsorbierten Zustand. Die mittlere Verweilzeit am Trägermaterial oder Adsorbens bestimmt also die Wanderungsgeschwindigkeit der Stoffe im Laufmittelstrom und bewirkt so die Auftrennung des Substanzgemisches in die einzelnen Komponenten. Allgemein lässt sich festhalten, dass polare Stoffe stärker festgehalten werden als unpolare und deshalb langsamer wandern. Entsprechend ist bei der papierchromatographischen Auftrennung des Rohchlorophyllextraktes in beiden Ansätzen das β-Carotin am weitesten gewandert, da es von den Photosynthe-

sepigmenten am unpolarsten ist. Das β-Carotinmolekül enthält keine hydrophilen Gruppen wie Hydroxy- oder Epoxy-Gruppen (s. Abb. 7.4). Je höher jedoch die Anzahl an hydrophilen Gruppen, desto langsamer bzw. weniger weit laufen die einzelnen Pigmente im Chromatogramm, und selbst der geringfügige chemische Unterschied zwischen Chlorophyll a und Chlorophyll b (bei Chlorophyll b ist die Methylgruppe am C-Atom 7 durch eine Aldehydgruppe ersetzt; s. Abb. 7.2) verleiht dem Chlorophyll b polarere Eigenschaften, weshalb die Chlorophyll b-Bande im Chromatogramm näher zur Auftragsstelle liegt.

Bemerkung:
Es sollte nicht in grellem Licht gearbeitet werden. Zudem sollten die Versuchsansätze während ihrer Entwicklung dunkel aufgestellt werden. Bei der anschließenden Auswertung der Chromatogramme ist darauf zu achten, dass die einzelnen Banden infolge der Oxidation der Pigmente rasch verblassen; eine Markierung der entsprechenden Zonen mit Bleistift ist hilfreich.

V 7.2.4 Chromatographie mit Tafelkreide

Kurz und knapp:
Mit der Chromatographie mit Tafelkreide wird hier eine leicht durchzuführende Alternative zur Papierchromatographie beschrieben, bei der die Auftrennung des Rohchlorophyllextraktes ebenfalls den allgemeinen Regeln einer Adsorptionschromatographie folgt.

Zeitaufwand:
Vorbereitung: 3 min bei Verwendung eines bereits hergestellten bzw. 20 min zur Herstellung eines acetonischen Rohchlorophyllextrakts; Kreide 1 h trocknen, Durchführung: 30 min

Material:	acetonischer Rohchlorophyllextrakt (nach V 7.2.1)
Geräte:	2 intakte Stücke Tafelkreide (z.B. von Lyra oder Pelikan), Becherglas (100mL), Trockenschrank, Haartrockner
Chemikalien:	PC-Laufmittel: Petroleumbenzin (Siedeb. 100-140 °C), Petroleumbenzin (Siedeb. 40-60 °C), Aceton im Volumenverhältnis 10 : 2,5 : 2 gemischt

Durchführung:
Vor Versuchsbeginn wird die Tafelkreide (ein großes Stück für die Chromatographie, sowie ein kleines Stück als „Sockel") eine Stunde bei etwa 100 °C im Trockenschrank getrocknet. Das so vorbehandelte große Kreidestück wird dann mehrmals einige Millimeter in den Pigmentextrakt eingetaucht und mit dem Haartrockner getrocknet. Der Vorgang wird so oft wiederholt, bis das untere Ende der Kreide, d.h. die Startzone intensiv grün gefärbt ist. Anschließend wird ein Becherglas 5-10 mm hoch mit Laufmittel gefüllt und das kleine Kreidestück als Sockel so in das Laufmittel gelegt, dass es gerade mit dem Laufmittel abschließt und damit völlig mit Laufmittel durchtränkt ist. Auf diesen Sockel stellt man dann die mit Pigmenten beladene Kreide, die aufgrund der Kapillarwirkung das Laufmittel aus dem Sockel übernimmt, und lässt den Versuchsansatz 30 Minuten dunkel stehen.

Beobachtung:
Nach etwa 30 Minuten zeichnen sich auf der Kreide mehrere in Größe, Farbe und Intensität unterschiedliche Banden ab: im Bereich der Laufmittelfront die gelbe Bande des β-Carotin, etwas unterhalb ein blaugrüner Streifen von Chlorophyll a und darunter das gelbgrüne Chlorophyll b. Die Xanthophylle sind allerdings nur sehr undeutlich zu erkennen.

Erklärung:
Da auch der Chromatographie mit Tafelkreide die allgemeinen Regeln der Adsorptionschromatographie zugrunde liegen, kann als Erklärung für die Auftrennung des Pigmentextraktes in die einzelnen Komponenten auf die erläuternden Ausführungen zur Papierchromatographie in V 7.2.3 verwiesen werden.

Bemerkung:
Die Chromatographie mit Tafelkreide nimmt zwar etwas weniger Zeit in Anspruch als die Papierchromatographie und erfordert zudem weniger Geräte, andererseits erfolgt die Isolation der einzelnen Farbstoffe aufgrund der geringeren Homogenität der Kreide im Vergleich zum Papier hier weniger deutlich. In einemVorversuch sollte eine geeignete (im feuchten Zustand nicht zerfallende) Kreidesorte ausgesucht werden

V 7.2.5 Dünnschichtchromatographische Trennung der Chloroplastenfarbstoffe

Kurz und knapp:
Mit der Dünnschichtchromatographie (DC) wird in diesem Versuch ein weiteres Verfahren zur Zerlegung eines Pigmentextraktes in die einzelnen Komponenten vorgestellt. Dabei werden nur sehr geringe Substanzmengen benötigt, und durch die verhältnismäßig geringe Ausbreitung der Flecken bzw. Banden bei gleichzeitig großer Trennschärfe wird eine sehr deutliche Trennung der Chloroplastenfarbstoffe erreicht.

Zeitaufwand:
Vorbereitung: 15 min zur Herstellung eines acetonischen Rohchlorophyllextraktes (falls noch nicht vorhanden). Werden keine DC-Fertigplatten verwendet, müssen 40-60 min für die Beschichtung der Platten eingeplant werden. Durchführung: ca. 40 min

Material:	acetonischer Rohchlorophyllextrakt (nach V 7.2.1)
Geräte:	Trennkammer oder großer Standzylinder mit dicht schließendem Deckel, DC-Fertigplatten (Kieselgel F_{254}, Fa. Merck; 5 x 20 oder 20 x 20 cm), Glaskapillaren, Filtrierpapier, Becherglas (200 mL), bei eigenhändiger Beschichtung der Platten: Glasplatten passender Größe, Streichgerät, Arbeitsschablone (gegen Verrutschen), Küchenmixer
Chemikalien:	DC-Laufmittel: Petroleumbenzin (Siedeb. 100-140 °C), Isopropanol, Aqua dest. im Volumenverhältnis 100 : 10 : 0,25 gemischt (Achtung: Aqua dest. zuerst in Isopropanol geben!), bei eigenhändiger Beschichtung der Platten: Kieselgel (silanisiert, z.B. Kieselgel 60 H_{254}, Fa. Merck), Aqua dest.

Durchführung:
Für die eigenhändige Beschichtung von 10 Platten (5 x 20 cm) werden 15 mg Kieselgel und 50 mL Aqua dest. in einem Küchenmixer auf höchster Stufe 1 Minute verrührt. Die Masse wird anschließend etwa 0,25 mm dick mit dem Streichgerät ausgestrichen und luftgetrocknet.

Mit einer 5 µL- oder 10 µL-Glaskapillare werden in einer Höhe von ca. 2,5 cm über dem Plattenrand 10, 20 und 30 µL Pigmentextrakt an zuvor markierten Punkten auf die DC-Platte aufgetragen. Die saubere und trockene Trennkammer wird mit Filtrierpapier ausgekleidet, das mit Laufmittel befeuchtet wird (dabei Spalt freilas-

182

sen, um später die eingestellte Platte beobachten zu können). Anschließend füllt man die Trennkammer etwa 1 cm hoch mit dem in einem Becherglas angesetzten Laufmittel und verschließt sie sofort mit einem Deckel. Nach dem Trocknen der Flecken, wird die DC-Platte so in die mit Laufmittel gefüllte Kammer gestellt, dass die Auftragspunkte nicht

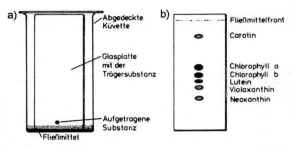

Abb. 7.13: Dünnschichtchromatographie; a) Versuchsaufbau, b) Chromatogramm.

benetzt werden (Abb. 7.13). Falls mehrere Platten in die gleiche Kammer kommen, sollten sie gleichzeitig eingestellt werden. Nach dem Einstellen ist die Kammer sofort wieder zu verschließen. Die Versuchsanordnung sollte bis zum Abschluss der Entwicklung nicht mehr geöffnet und für 30 Minuten dunkel aufgestellt werden, bis eine Laufhöhe von etwa 10 cm erreicht ist.

Beobachtung:
Nach etwa 30 Minuten hat sich der Pigmentextrakt in die einzelnen Komponenten aufgetrennt. Diese sind als deutlich umgrenzte Flecken in unterschiedlicher Höhe auf der DC-Platte zu erkennen. Das β-Carotin befindet sich in der Nähe der Laufmittelfront. Dahinter folgen in absteigender Reihenfolge Chlorophyll a, Chlorophyll b und die Xanthophylle Lutein, Violaxanthin und Neoxanthin.

Erklärung:
Wie bei der Papierchromatographie erfolgt auch hier die Trennung der Pigmente durch das in den Kapillarräumen der Trägersubstanz hochsteigende Laufmittel. Allerdings stellt die beschriebene Dünnschichtchromatographie mit Kieselgelplatten im Gegensatz zur Papierchromatographie in V 7.2.3 keine reine Adsorptionschromatographie dar. Es handelt sich vielmehr bestimmt um eine Verteilungschromatographie, bei der sich die Substanzen je nach ihrer Löslichkeit auf die polare, flüssige stationäre Phase (Isopropanol / Wasser) und die mehr oder weniger unpolare, lipophile mobile Phase (Petroleumbenzin) verteilen. Beide Phasen sind nur begrenzt miteinander mischbar. Stoffe, die in der polaren stationären Phase löslich sind, bewegen sich gar nicht oder nur sehr langsam, Stoffe, die in der unpolaren mobilen Phase löslich sind, bewegen sich schneller fort und wandern weiter. Zugrunde gelegt werden kann der NERNSTsche Verteilungssatz:

$$\alpha = \frac{C_1}{C_2} = \text{konstant}$$ (α = Verteilungskoeffizient; C_1, C_2 = Gleichgewichtskonzentration einer Substanz in der stationären bzw. der mobilen Phase)

Zwei Substanzen mit verschiedenen Verteilungskoeffizienten für ein zweiphasiges Lösungsmittelsystem reichern sich also unterschiedlich in einer Phase an. Diese Tatsache wird bekanntlich beim Ausschütteln von gelösten Substanzen ausgenützt. Wenn die α-Werte nicht stark verschieden sind, benötigt man unter Umständen viele aufeinanderfolgende Ausschüttelvorgänge, um zu reinen Fraktionen zu kommen. Bei der Verteilungschromatographie handelt es sich um eine kontinuierliche Folge vieler derartiger Austauschprozesse zwischen einer stationären Phase, welche an einer inerten, quellbaren Trägerschicht haftet, und einer mobilen Phase. Unter ständiger Neueinstellung der Gleichgewichte zwischen beiden Phasen kommt es dann zu einer Trennung der einzelnen Komponenten. Die Trägerschicht ist also hier am eigentlichen Trennprozeß nicht beteiligt; sie dient lediglich dazu, die stationäre Phase aufzunehmen und der Diffusion entgegenzuwirken.

Bemerkung:
Um eine Ausbleichung der Pigmente zu verhindern, sollte bei der Durchführung und der Auswertung der Dünnschichtchromatographie nicht in grellem Licht gearbeitet werden.

V 7.3 Lichtabsorption der Chloroplastenfarbstoffe

V 7.3.1 Lichtabsorption durch eine Rohchlorophylllösung (Vergleich dicker und dünner Chlorophyllschichten)

Kurz und knapp:
Mit Hilfe dieses Versuches kann gezeigt werden, dass die Photosynthesepigmente aufgrund ihrer konjugierten Doppelbindungen in der Lage sind, Licht bestimmter Wellenlängen im sichtbaren Bereich zu absorbieren.

Zeitaufwand:
Vorbereitung: 15 min zur Herstellung eines methanolischen Rohchlorophyllextraktes (falls noch nicht vorhanden), 20-30 min für den Versuchsaufbau, Durchführung: 5 min

Material:	methanolischer Rohchlorophyllextrakt (nach V 7.2.1)
Geräte:	Diaprojektor, Schlitzblende, Sammellinse, großes Prisma, große, schmale, planparallele Glasküvette (z.B. 6 x 2 cm), Laborboys, Stativmaterial o. ä. zum Fixieren von Linse, Prisma und Küvette, verdunkelbarer Raum, helle Fläche (z.B. Leinwand)
Chemikalien:	eventuell Methanol zum Verdünnen

Durchführung:
Der Versuchsaufbau bzw. das Justieren der Gerätschaften erfolgt gemäß Abb. 7.14.

Das Licht des mit einer Schlitzblende versehenen Diaprojektors wird durch die davor positionierte Sammellinse gebündelt und fällt so auf ein Prisma. Das entstehende Spektrum (von violett über blau, blaugrün, grün, gelbgrün, gelb, orange, hellrot bis dunkelrot) wird in dem verdunkelten Raum auf eine helle Fläche projiziert. Dann füllt man eine große, schmale Glasküvette mit dem methanolischen Rohchlorophyllextrakt und schiebt sie zwischen Projektor und Sammellinse in den Strahlengang. Dabei lässt man das Licht zunächst durch die Breit- und dann durch die Längsseite der Küvette fallen.

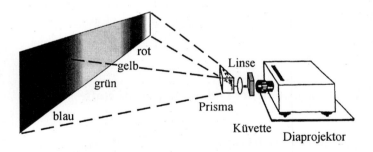

Abb. 7.14: Versuchsaufbau.

Beobachtung:
Beim Durchtritt des Lichtes durch die Breitseite der Küvette (kurzer Weg durch die Lösung) sind von dem ursprünglich von violett bis dunkelrot reichenden Spektrum nur noch die Farben grün und dunkelrot zu erkennen (Abb. 7.14). Dreht man die Küvette so, dass das Licht nun durch die Schmalseite der Küvette (langer Weg durch die Lösung) fällt, verschwindet auch der Grünlichtanteil nahezu vollständig aus dem beobachteten Spektrum, lediglich der Dunkelrotanteil bleibt sichtbar.

Erklärung:
Durch das Prisma wird das für das menschliche Auge sichtbare Weißlicht (es umfasst einen Wellenlängenbereich von etwa 390-760 nm) in die Spektralfarben zerlegt. Jeder Farbe entspricht dabei ein definierter Wellenlängenbereich: violett λ = 390-430 nm; blau λ = 430-470 nm; blaugrün λ = 470-500 nm; grün λ = 500-530 nm; gelbgrün λ = 530-560 nm; gelb λ = 560-600 nm; orange λ = 600-640 nm; hellrot λ = 640-675 nm; dunkelrot λ = 675-760 nm. Fällt nun das weiße Licht zuerst durch eine farbige Lösung, so werden bestimmte Wellenlängen absorbiert und sind folglich im projizierten Spektrum nicht mehr sichtbar. Da die Absorptionsmaxima der Chlorophylle a und b bei 430 und 662 nm bzw. bei 453 und 642 nm liegen (s. Abb. 7.3), werden hellrote und blaue Strahlung von der Rohchlorophylllösung sehr stark, grüne und dunkelrote dagegen weniger bzw. gar nicht absorbiert. Wird die Konzentration oder die Dicke der Chlorophyllschicht durch das Drehen der Küvette (langer Weg durch die Lösung) erhöht, wird auch der größte Teil der grünen Strahlung absorbiert, die so genannte „Grünlücke" geschlossen. Im Spektrum ist folglich nur mehr der Dunkelrotanteil zu beobachten.

Bemerkung:
Da das Justieren von Prisma und Sammellinse, d.h. das Projizieren eines vollständigen Spektrums eine unter Umständen etwas diffizile Angelegenheit ist, sollte die Apparatur vor der Versuchsdurchführung ausprobiert werden.

V 7.3.2 Lichtabsorption durch verschieden dicke Blattschichten

Kurz und knapp:
Aufgrund des in den Chloroplasten vorhandenen Chlorophylls, welches im grünen und dunkelroten Bereich nur schwach bzw. gar nicht absorbiert, erscheinen die meisten Blätter grün. Dieser Versuch soll zeigen, dass bei entsprechend hoher Chlorophyllmenge durch Übereinanderschichten mehrerer Blätter auch die grüne Strahlung absorbiert und damit die „Grünlücke" im Absorptionsspektrum geschlossen wird.

Zeitaufwand:
Vorbereitung: 3 min zum Aufbau der Lichtquelle, Durchführung: 5 min

Material:	grüne Blätter (z.B. Bohne , *Phaseolus vulgaris*; Brennnessel, *Urtica dioica* etc.)
Geräte:	starke Lichtquelle, deren Licht sich bündeln lässt

Durchführung:
Man hält zunächst nur ein Blatt dicht vor die Lichtquelle und schaut direkt darauf. Dann wird schrittweise, d.h. Blatt um Blatt, die Schichtdicke erhöht und die Farbe des durchfallenden Lichtes beobachtet.

Beobachtung:
Das durchfallende Licht erscheint anfangs grün. Mit steigender Anzahl der Blattschichten (z.B. etwa 7 Blätter bei der Bohne) verschwindet die Grünfärbung jedoch, und es wird nur mehr dunkelrotes Licht wahrgenommen.

Erklärung:
Auch wenn die Absorption der Chlorophylle a und b im grünen Bereich nur schwach ist, so ist sie dennoch vorhanden (s. Abb. 7.3). Die Absorption der Chlorophylle im langwelligen Dunkelrotbereich ist dagegen tatsächlich null. Die Affinität des menschlichen Auges ist jedoch - bedingt durch das Absorptionsspektrum des Augenfarbstoffes - für dunkelrote Strahlung geringer als für grüne. Erhöht man nun durch Übereinanderlagern mehrerer Blätter die Menge des Chlorophylls, so kommt es zu einer Steigerung der Absorption des grünen Lichtes, die „Grünlücke" wird geschlossen. Wird auf diese Weise das grüne Licht fast völlig absorbiert und nur mehr die dunkelrote Strahlung durchgelassen, kann auch das menschliche Auge das dunkelrote Licht erkennen.

V 7.3.3 Lichtabsorption durch eine Carotinlösung

Kurz und knapp:
Dieser Versuch macht deutlich, dass nicht nur die Chlorophylle, sondern auch die Carotinoide (Carotine und Xanthophylle, s. Abschnitt 7.3) einen Teil der sichtbaren Strahlung absorbieren. Anhand der Färbung der Carotinoide können schon vorab Vermutungen angestellt werden, in welchem Bereich die Carotinlösung aus Karotten wohl absorbieren wird.

Zeitaufwand:
Vorbereitung: etwa 1 h zur Herstellung einer Carotinlösung, 20-30 min für den Versuchsaufbau, Durchführung: 5 min

Material:	Karotten (*Daucus carota*)
Geräte:	2 Bechergläser (200 mL), Glasstab, Glastrichter, Faltenfilter, Messer, Küchenreibe, Waage, Alufolie, Diaprojektor, Schlitzblende, Sammellinse, großes Prisma, große, schmale, planparallele Glasküvette, Laborboys, Stativmaterial o. ä. zum Fixieren von Linse, Prisma und Küvette, verdunkelbarer Raum, helle Fläche (z.B. Leinwand)
Chemikalien:	Benzin

Durchführung:

Etwa 100 g Karotten werden am besten mit einer Küchenreibe (alternativ mit einem Messer) zerkleinert, wobei das Mark möglichst nicht verwendet werden sollte, wenn es schwächer gefärbt ist. In einem Becherglas werden die geriebenen Karotten mit 40-60 mL Benzin übergossen und mit einem Glasstab umgerührt. Der Karottenbrei sollte völlig mit Benzin bedeckt sein. Diesen Ansatz lässt man abgedeckt für ca. 50 Minuten im Dunkeln stehen, bis sich das Benzin intensiv gelb gefärbt hat. Anschließend wird der Extrakt über einen Faltenfilter in ein zweites, mit Alufolie umhülltes Becherglas filtriert. Kühl und lichtgeschützt ist die Carotinlösung mindestens mehrere Stunden haltbar.

Das Filtrat wird dann in eine große Küvette gefüllt und zwischen Projektor und Sammellinse in den Strahlengang gebracht (Versuchsaufbau gemäß Abb. 7.14).

Beobachtung:

Im projizierten Absorptionsspektrum verschwinden der violette, der blaue und der blaugrüne Anteil.

Erklärung:

Wie bereits ihre Färbung verrät, absorbieren die Carotine vor allem violette, blaue und blaugrüne Anteile sichtbarer Strahlung (390-500 nm). Alle längerwelligen Strahlungsanteile werden dagegen von der Carotinlösung durchgelassen und sind folglich im Spektrum zu beobachten. Wegen ihres Carotingehalts und aufgrund der Tatsache, dass hier die typische Färbung der Carotine nicht wie in den Chloroplasten der höheren Pflanzen durch die Chlorophylle überdeckt wird, erscheinen die Karotten orangegelb.

Bemerkung:

Auch bei diesem Experiment sollte der Versuchsaufbau vor der Versuchsdurchführung ausprobiert werden.

V 7.4 Eigenschaften des Chlorophylls

V 7.4.1 Chlorophyllabbau durch Säuren – Pheophytinbildung; Kupferchlorophyll

Kurz und knapp:
Der Grund für die grüne Färbung des Chlorophylls ist das im Porphyrinring vorliegende System von π-Elektronen, die das Molekül zur Absorption vor allem von hellroter und blauer Strahlung befähigen. Im Zentrum dieses Porphyrinringsystems befindet sich ein Magnesiumion. Der Versuch soll nun aufzeigen, welchen Einfluss die Störung dieses Systems auf das Absorptionsverhalten und damit auf die Färbung des Chlorophylls hat.

Zeitaufwand:
Vorbereitung: 15 min zur Herstellung eines methanolischen oder acetonischen Rohchlorophyllextraktes (sofern nicht schon vorhanden), Durchführung: 10 min

Material:	methanolischer oder acetonischer Rohchlorophyllextrakt (nach V 7.2.1)
Geräte:	3 Reagenzgläser mit Ständer, Becherglas (50 mL), Messzylinder (50 mL), Pipette (10 mL), 2 Tropfpipetten
Chemikalien:	Methanol oder Aceton, 10 %ige Salzsäure (HCl), FEHLING I (7 g $CuSO_4 \cdot 5H_2O$ in 100 mL Aqua dest.)

Durchführung:
Etwa 20 mL des Rohchlorophyllextraktes werden mit der gleichen Menge des entsprechenden Lösungsmittels (Methanol oder Aceton) in ein Becherglas gegeben. Jeweils 10 mL dieser verdünnten Chlorophylllösung werden dann in 3 Reagenzgläser pipettiert. Die beiden ersten Reagenzgläser versetzt man mit 3-4 Tropfen 10 %iger HCl, das dritte Reagenzglas dient der Kontrolle. In den ersten Ansatz werden anschließend zusätzlich ca. 4 Tropfen $CuSO_4$-Lösung FEHLING I gegeben, und es wird vorsichtig geschüttelt.

Beobachtung:
Nach dem Zutropfen der Salzsäure ist ein Farbumschlag von grün nach oliv bis braun zu beobachten. Diese Braunfärbung weicht im ersten Ansatz nach Zusatz der $CuSO_4$-Lösung allmählich (2-3 Minuten) einer erneuten Grünfärbung. Allerdings zeigt sich bei einem Vergleich mit der Chlorophyllkontrolle, dass diese neueingetre-

tene Grünfärbung nicht mit der ursprünglichen identisch ist. War der ursprüngliche Farbton blaugrün, so ist der neue Farbton eher gelbgrün.

Erklärung:
Durch die Säure wird das zentrale Magnesiumion aus dem Porphyrinringsystem des Chlorophyllmoleküls verdrängt und durch 2 Wasserstoffionen ersetzt. Es entsteht so das Magnesium-freie Pheophytin, welches aufgrund dieser Veränderung in der chemischen Struktur ein im Vergleich zum Chlorophyll verändertes Absorptionsverhalten und eine andere Färbung (braun) zeigt. Wird der Pheophytinansatz dann zusätzlich mit CuSO$_4$-Lösung versetzt, so tritt Kupfer an die Stelle des zentralen Magnesiumions. Man spricht vom sogenannten Kupferchlorophyll, welches ebenfalls eine Grünfärbung aufweist, die jedoch nicht mit der Farbe des Magnesium-haltigen Chlorophylls identisch ist.

V 7.4.2 Umfärben von Blättern beim Kochen (Pheophytinbildung)

Kurz und knapp:
Wie dieser Versuch verdeutlicht, lässt sich die Pheophytinbildung nicht nur durch künstlichen Zusatz von Säure im Reagenzglas, sondern auch durch das Eintauchen stark säurehaltiger Blätter in siedendes Wasser nachweisen.

Zeitaufwand:
Vorbereitung: 5 min, Durchführung: 5 min

Material:	Blätter, deren Vakuolen einen hohen Säuregehalt aufweisen (z.B. Sauerklee, *Oxalis acetosella*; Sauerampferarten, *Rumex* spec.)
Geräte:	Becherglas (200 mL), Bunsenbrenner, Ceranplatte mit Vierfuß, Feuerzeug, Pinzette
Chemikalien:	Wasser

Durchführung:
Über einem Bunsenbrenner wird in einem Becherglas Wasser bis zum Sieden erhitzt. In das siedende Wasser werden dann die stark säurehaltigen Blätter für einige Sekunden eingetaucht. Dabei sollte ein Blatt als Kontrolle zurückbehalten werden.

Beobachtung:
Man kann beobachten, dass sich die Blätter augenblicklich, d.h. sofort beim Eintauchen braun verfärben.

Erklärung:
Durch die Hitze werden die Zellen und ihre Membranen zerstört. Die im intakten Zustand in den Vakuolen gespeicherten Säuren können nun austreten und kommen so mit dem in den Chloroplasten vorhandenen Chlorophyll in Kontakt. Sie lösen das komplex gebundene Magnesiumion aus dem Porphyrinring, ersetzen es durch Wasserstoffionen, und es entsteht so das braun gefärbte Pheophytin, was eine Braunfärbung der gesamten Blätter zur Folge hat.

V 7.4.3 Fluoreszenz von Chlorophyll in Lösung (*in vitro*)

Kurz und knapp:
Der Versuch zeigt, dass ein elektronisch angeregtes Chlorophyllmolekül unter bestimmten Bedingungen die absorbierten Lichtquanten auch wieder in Form von längerwelliger, d.h. energieärmerer Strahlung abgeben und dadurch in den energieärmeren Ausgangszustand zurückkehren kann.

Zeitaufwand:
Vorbereitung: falls nicht bereits vorhanden 15 min zur Herstellung eines methanolischen Rohchlorophyllextraktes, Durchführung: 5-10 min

Material:	methanolischer Rohchlorophyllextrakt (nach V 7.2.1)
Geräte:	3 Reagenzgläser mit Ständer, Tropfpipette, UV-Lampe (langwelliges UV = UV-A: ca. 350 nm) und dunkler Hintergrund, verdunkelbarer Raum
Chemikalien:	Methanol, Aqua dest.

Durchführung:
Reagenzglas 1 wird einige Zentimeter hoch mit Methanol gefüllt und fungiert als Kontrolle. In die Reagenzgläser 2 und 3 gibt man unverdünnten bzw. mit Methanol verdünnten Rohchlorophyllextrakt. Die Füllhöhe der 3 Reagenzgläser sollte in etwa identisch sein. Dann werden alle 3 Ansätze im abgedunkelten Raum unter der UV-Lampe betrachtet und miteinander verglichen.

Anschließend gibt man mit einer Tropfpipette schrittweise Aqua dest. in die Reagenzgläser 2 und 3 und beobachtet abermals unter der UV-Lampe und danach im normalen Licht.

Beobachtung:

Bei Bestrahlung mit UV-Licht fluoresziert das Methanol nicht, die Rohchlororophyllösungen zeigen dagegen eine deutliche Rotfluoreszenz, die verdünnte Lösung in Ansatz 3 jedoch stärker als die unverdünnte Lösung.

Setzt man den beiden fluoreszierenden Ansätzen dann tropfenweise Aqua dest. zu, so beobachtet man eine allmähliche Löschung der Fluoreszenz. Im normalen Licht erscheinen die Lösungen nun nicht mehr klar, sondern trübe.

Erklärung:

Durch die energiereiche UV-Strahlung werden die π-Elektronen der Chlorophyllmoleküle in höhere Anregungszustände (2. oder 3. Singulettzustand) versetzt. Diese sind allerdings sehr instabil und gehen innerhalb von etwa 10^{-12} s in den 1. Singulettzustand über, wobei die Energiedifferenz gänzlich als Wärme verloren geht. Erst beim Rückfall vom 1. Singulett- in den Grundzustand kann die Energiefreigabe in Form von Strahlung erfolgen, die jedoch längerwelliger und damit energieärmer ist als die Anregungsstrahlung (Fluoreszenz; vgl. Abb. 7.5). Die beobachtete geringere Fluoreszenz der konzentrierten Chlorophyllösung beruht auf der Tatsache, dass hier das entstehende Fluoreszenzlicht durch eine starke Rückabsorption abgeschwächt bzw. durch Kollision der Chlorophyllmoleküle als Wärme abgegeben wird.

Die Löschung der Fluoreszenz (engl.: quenching) durch Zugabe von Aqua dest. rührt daher, dass das Chlorophyll aus einer echten Lösung in die kolloidale Verteilungsform übergeht. Die Chlorophyllmoleküle besitzen neben dem hydrophilen Porphyringerüst, einen hydrophoben Phytolschwanz (s. Abb. 7.2). In wässriger Lösung ordnen sich die Moleküle deshalb in Form von Micellen zusammen, wobei die hydrophilen Anteile nach außen zum Wasser hin, die hydrophoben Anteile nach innen weisen. Durch die Bildung dieser Chlorophyllaggregate wird die Energieübertragung auf die Nachbarmoleküle und die Energiefreigabe in Form von Wärme begünstigt, die Fluoreszenz erlischt. Zudem führt diese Anordnung zu einer starken Lichtstreuung, weshalb die Lösungen im normalen Weißlicht trübe erscheinen.

Bemerkung:

Um Augenreizungen oder gar -schädigungen zu vermeiden, darf nicht direkt in das UV-Licht geschaut werden!

Sollte die Konzentration der Rohchlorophyllösung nicht hoch genug sein, so kommt es bei einer Verdünnung mit Methanol zu keiner nennenswerten Steigerung der Fluoreszenz.

V 7.5   Photochemische Aktivität

V 7.5.1   Fluoreszenz von Chlorophyll an Blättern (*in vivo*), Steigerung der Chlorophyllfluoreszenz durch Hemmung der Photosynthese mit Herbiziden und durch tiefe Temperatur

Kurz und knapp:
Während in organischen Lösungsmitteln (*in vitro*) etwa 30 % der absorbierten Strahlung wieder als rotes Fluoreszenzlicht emittiert werden, beträgt die Fluoreszenz *in vivo* maximal 3 %. Dieser Versuch dient nicht nur der Darstellung der Fluoreszenz intakter pflanzlicher Systeme, sondern zeigt zudem den Zusammenhang von Fluoreszenzausbeute – als Indikator der für die Photosynthese verlorenen Energie – und Wirkungsgrad der Photosynthese auf.

Zeitaufwand:
Vorbereitung: 5 min, Durchführung: 10-15 min

Material:	weichlaubige, grüne Blätter (z.B. Bohne, *Phaseolus vulgaris*)
Geräte:	UV-Lampe (langwelliges UV = UV-A, ca. 350 nm) und dunkler Hintergrund, verdunkelbarer Raum, Tropfpipette, eventuell Becherglas (50 mL)
Chemikalien:	Lösung eines Photosyntheseherbizids, z. B. 10^{-4} mol/L Lösung von 3-(3,4-Dichlorphenyl)-1,1-Dimethylharnstoff (DCMU; 5,8 mg DCMU in 25 mL Methanol lösen, dann 1 : 10 mit Aqua dest. verdünnen), kleiner Eiswürfel, Aqua dest.

Durchführung:
In einem abgedunkelten Raum wird ein Blatt (Unterseite nach oben) unter einer UV-Lampe betrachtet.

Dann trägt man mit einer Tropfpipette 1-2 Tropfen einer Photosyntheseherbizidlösung auf, verteilt sie etwas und beobachtet wenige Minuten. Als Alternativansatz können frisch abgeschnittene Blätter vor der Betrachtung unter der UV-Lampe auch für etwa 3 Stunden in ein Becherglas mit stärker verdünnter DCMU-Lösung (10^{-5} mol/L) eingestellt werden, sodass der Photosynthesehemmstoff über den Transpirationsstrom in die Blattzellen aufgenommen wird.

Unter ein zweites mit der UV-Lampe bestrahltes Blatt legt man dann einen kleinen Eiswürfel und beobachtet die so abgekühlte Stelle des Blattes genau, bevor man den Eiswürfel wieder entfernt und das Blatt für weitere 3-5 Minuten unter der UV-Lampe betrachtet.

Beobachtung:
Vor dem dunklen Hintergrund der UV-Lampe ist eine schwache Rotfluoreszenz des bestrahlten Blattes zu erkennen.
Diese Rotfluoreszenz wird durch das Auftropfen und Verteilen der Herbizidlösung deutlich verstärkt.
Und auch tiefe Temperaturen, hervorgerufen durch den Eiswürfel, führen zu einer Steigerung der Fluoreszenz in dem betreffenden Blattbereich. Diese vestärkte Fluoreszenz geht allerdings nach Entfernung des Eiswürfels innerhalb weniger Minuten wieder zurück.

Erklärung:
Da in einem intakten Blatt bzw. in den Thylakoiden ein Großteil des absorbierten Lichtes, d.h. der Anregungsenergie, für photochemische Prozesse genutzt wird, ist die hier beobachtete Fluoreszenz des frisch abgeschnittenen mehr oder weniger unversehrten Blattes nur gering. Sind nun aber Fluoreszenz und Photochemie (neben Dissipation und Energietransfer) miteinander konkurrierende Prozesse, so muss jede Störung der Photosynthese zu einer erhöhten Fluoreszenzausbeute führen. Die Blockierung des photosynthetischen Elektronentransportes ist auch der Grund für die verstärkte Fluoreszenz nach Zugabe der Herbizidlösung: DCMU bindet an der Plastochinon-(Q_B)-Bindenische des D_1-Proteins vom Photosystem II, weshalb Plastochinon (PQ) nun nicht mehr zum Plastohydrochinon (PQH_2) reduziert werden kann.
Auch die beobachtete Steigerung der Fluoreszenz durch Zugabe eines Eiswürfels beruht auf der Störung der Photosynthese. Durch die tiefen Temperaturen werden die Enzyme des Photosyntheseapparates gehemmt. Allerdings ist diese Hemmung reparabel, wie die Abschwächung der Fluoreszenz nach Entfernen des Eiswürfels beweist.

Bemerkung:
DCMU als Photosyntheseherbizid (Totalherbizid) wird unter dem Handelsnamen Diuron (Fa. Sigma) zur Unkrautbekämpfung eingesetzt.

V 7.5.2 Photoreduktion von Methylrot durch Chlorophyll und Ascorbinsäure

Kurz und knapp:
Das photochemisch aktive Chlorophyll der Photosysteme I (P700) und II (P680) fungiert nach Anregung mit Licht bestimmter Wellenlänge als Elektronenpumpe. Dabei wird durch die lichtinduzierte Erniedrigung des Redoxpotentials des Chlorophylls ein Elektron auf einen Akzeptor (letztlich NADPH/NADP$^+$) übertragen und die kurzfristig entstehende „Elektronenlücke" durch einen Donator (letztlich H_2O/ ½ O_2) geschlossen (vgl. Abb. 7.7). Der folgende Versuch will nun diese ausschließlich nach Anregung durch Lichtabsorption stattfindende Elektronenübertragung modellhaft veranschaulichen.

Zeitaufwand:
Vorbereitung: 10-15 min zum Ansetzen der Lösungen, 15 min zur Herstellung eines acetonischen Rohchlorophyllextraktes (falls noch nicht vorhanden), Durchführung: ca. 20 min

Material:	acetonischer Rohchlorophyllextrakt (nach V 7.2.1)
Geräte:	5 Reagenzgläser mit Ständer, Messkolben (100 mL), 2 kleine Becher-gläser (25 mL), Pipetten (10 mL, 3 x 2 mL), Spatel, Waage, Alufolie, starke Lichtquelle (z.B. 500 W-Halogenfluter), wassergefüllter Glas-behälter als Wärmeschutz (z.B. Chromatographiekammer)
Chemikalien:	Methylrot, 96 %iges Ethanol, Ascorbinsäure, Natriumdithionit ($Na_2S_2O_4$), Aceton, Aqua dest.

Durchführung:
a) Herstellung der Lösungen: Methylrot: 10 mg Methylrot werden in einem Mess-kolben in 100 mL Ethanol gelöst. Die Methylrotlösung ist über einen längeren Zeit-raum haltbar. Ascorbinsäure: 200 mg Ascorbinsäure abwiegen, aber erst unmittelbar vor Verwendung in 10 mL Aqua dest. lösen. Natriumdithionit: 25 mg $Na_2S_2O_4$ ab-wiegen, aber ebenfalls erst unmittelbar vor der Verwendung in 2 mL Aqua dest. lösen.

b) Bereitung der Versuchsansätze nach folgender Tabelle:

Versuchs-ansatz	Methyl-rot	Chloro-phyll-extrakt	Ascorbin-säure	Aqua dest./ Aceton	Natrium-dithionit	Licht
1	5 mL	2 mL	2 mL	—	—	abdunkeln (Alufolie)
2	5 mL	2 mL	2 mL	—	—	belichten
3	5 mL	2 mL	—	2 mL Aqua dest.	—	belichten
4	5 mL	—	2 mL	2mL Aceton	—	belichten
5	5 mL	—	—	—	2 mL	keine Belichtung nötig

Alle Versuchsansätze müssen gründlich durchmischt werden. Der Halogenfluter wird im Abstand von etwa 30 cm, der Wärmeschutz unmittelbar vor der Lichtquelle aufgestellt.

Beobachtung:
Versuchsansatz 1: Der Ansatz hat auch nach 15 Minuten noch die ursprüngliche bräunliche Färbung.
Versuchsansatz 2: Bereits nach 4 Minuten beginnt sich der bräunliche Ansatz zu entfärben. nach 12-15 Minuten ist die Entfärbung vollständig abgeschlossen, der Ansatz zeigt nun eine Grünfärbung, die ungefähr dem Farbton des Rohchlorophyllextraktes entspricht.
Versuchsansatz 3: Wie bei Ansatz 1 ist auch hier nach 15 Minuten kein Farbumschlag zu beobachten.
Versuchsansatz 4: Wie bei den Ansätzen 1 und 3 ist auch hier nach 15 Minuten kein Farbumschlag zu beobachten.
Versuchsansatz 5: Nach Zugabe von $Na_2S_2O_4$ entfärbt sich die Lösung spontan.

Erklärung:
Der Azofarbstoff Methylrot wird durch Reduktion, d.h. durch Aufnahme von Elektronen, entfärbt. Für diese Reduktion wird jedoch ein stark negativer Elektronendonator, wie etwa das Natriumdithionit in Ansatz 5, benötigt. Es besitzt ein so negati-

ves Redoxpotential ($S_2O_4^{2-}$ + 2 H_2O $\longleftrightarrow$ 2 SO_3^{2-} + 4 H^+ + 4 e^-, $E_0' = -1,99$ V), dass es Elektronen unmittelbar auf das Methylrot übertragen kann. Es kommt somit zu einer spontanen Entfärbung des Ansatzes. Die Ascorbinsäure ($E_0' = 0,06$ V) ist dagegen allein nicht fähig, das Methylrot zu reduzieren (Ansatz 4). Auch das Chlorophyll alleine vermag das Methylrot nicht zu entfärben (Ansatz 3). Nur wenn Chlorophyll und Ascorbinsäure kombiniert und belichtet werden, kommt es zur Reduktion des Farbstoffes (Ansatz 2; die Dunkelkontrolle in Ansatz 1 zeigt keine Reaktion). Ob nun allerdings das Chlorophyll selbst – nach Anregung durch Lichtabsorption – seine Elektronen auf das Methylrot (Akzeptor, analog zum $NADPH/H^+$) überträgt und das vorübergehend entstehende Elektronendefizit durch Elektronen der Ascorbinsäure (Donator, analog zum $H_2O/^1/_2O_2$) behoben wird, oder ob das Chlorophyll nur eine katalysierende Funktion hat und die Elektronen direkt von der Ascorbinsäure auf das Methylrot transferiert werden, kann nicht mit endgültiger Sicherheit entschieden werden.

Bemerkung:
Da Natriumdithionit gesundheitsschädlich ist, sollte der Kontakt mit Augen und Haut vermieden werden. Berührungsstellen sind sofort abzuwaschen.

V 7.5.3 Einfacher Versuch zur HILL-Reaktion mit DCPIP (Dichlorphenolindophenol) als Elektronenakzeptor

Kurz und knapp:
Unter einer HILL-Reaktion versteht man allgemein die Sauerstoffentwicklung isolierter Chloroplasten bei gleichzeitiger Reduktion eines künstlichen Elektronenakzeptors (HILL-Reagenz). Dieser Versuch beschreibt eine sehr anschauliche, weil mit einem farbigen HILL-Reagenz operierende HILL-Reaktion, die zudem noch einfach und deshalb für die Schule gut geeignet ist, da eine aufwendige Isolation der Chloroplasten entfällt.

Zeitaufwand:
Vorbereitung: 20 min zum Ansetzen des Phosphatpuffers und der Lösungen, Mörser und Pistill 1 h vor Versuchsbeginn im Kühlschrank kalt stellen, Durchführung: 20-30 min

Material:	frische Blätter der Erbse (*Pisum sativum*) oder Bohne (*Phaseolus vulgaris*)
Geräte:	Mörser und Pistill, engmaschige Gaze (Nylon, Kunstseide o. ä., alternativ: Verbandmull, Watte, Trichter, kleines Becherglas), Messzylinder (100 mL), 4 Bechergläser (2 x 100 mL, 2 x 50 mL), Messkolben (500 mL), Spatel, Waage, Trichter, Faltenfilter, Kühlschrank, 4 Reagenzgläser mit Ständer, Pipetten (1 x 10 mL, 3 x 1 mL), Alufolie, Lichtquelle (z.B. 200 W-Glühbirne), Eisbad
Chemikalien:	Dinatriumhydrogenphosphat ($Na_2HPO_4 \cdot 2\ H_2O$), Kaliumdihydrogenphosphat (KH_2PO_4), Natriumchlorid (NaCl), Magnesiumchlorid ($MgCl_2 \cdot 6\ H_2O$), Saccharose, 2,6-Dichlorphenolindophenol (DCPIP), 3-(3,4-Dichlorphenyl)-1,1-dimethylharnstoff (DCMU), Methanol, Aqua dest.

Durchführung:

a) Herstellung des Phosphatpuffers (pH 7): 3,18 g $Na_2HPO_4 \cdot 2\ H_2O$, 0,56 g KH_2PO_4, 1,46 g NaCl und 0,51 g $MgCl_2 \cdot 6\ H_2O$ werden in 500 mL Aqua dest. gelöst und in einen Messkolben gegeben.

Es kann auch eine geringere Menge der Lösung angesetzt werden, doch ist der Puffer im Kühlschrank durchaus einige Zeit haltbar und kann deshalb auf Vorrat hergestellt werden.

b) Herstellung der DCPIP- und DCMU-Lösungen: 25 mg DCPIP in 50 mL Aqua dest. lösen und anschließend filtrieren. 5,8 mg DCMU in 25 mL Methanol lösen und dann 1 : 10 mit Aqua dest. verdünnen.

c) Bereitung der Versuchsansätze: In 50 mL Pufferlösung werden 1,2 g Saccharose gelöst und in das Eisbad gestellt (Isolationsmedium). Dann schlägt man etwa 2 g grob zerkleinerte, frische Blattspreiten in Gaze ein und hält diese oben zu bzw. verschließt sie mit einem Gummi. In diesem Säckchen werden die Blätter in den 1 Stunde im Kühlschrank vorgekühlten Mörser gegeben und unter Zusatz von 20 mL gekühltem, saccharosehaltigen Puffer (Isolationsmedium) für ca. 1 Minute kräftig zerrieben. Das entstehende dunkelgrüne Isolat wird ebenfalls auf Eis gelagert. Alternativ können die Blätter auch ohne Gaze homogenisiert werden. Allerdings muss das entstehende Homogenat dann durch 3 Lagen Mull und 1 Lage Watte filtriert werden.

Anschließend wird 1 mL des dunkelgrünen Isolats mit den verbliebenen 30 mL des gekühlten, saccharosehaltigen Puffers verdünnt und gut durchmischt. Diese verdünnte Lösung wird dann in 4 saubere Reagenzgläser pipettiert, d.h. zur Bereitung der eigentlichen Versuchsansätze verwendet, die anhand der Tabelle erfolgt:

Versuchsansatz	Chloroplasten-Isolat	DCPIP	DCMU	Licht
1	7 mL	0,2 mL	—	abdunkeln (Alu)
2	7 mL	0,2 mL	0,2 mL	belichten
3	7 mL	0,2 mL	—	belichten
4 (Kontrolle)	7 mL	—	—	belichten

Alle Ansätze werden gründlich durchmischt, in etwa 30 cm Abstand vor der Lichtquelle aufgestellt und beobachtet.

Beobachtung:
Versuchsansatz 1: Die ursprüngliche blaugrüne Färbung bleibt während des gesamten Versuchs unverändert erhalten.
Versuchsansatz 2: Die ursprüngliche blaugrüne Färbung bleibt während des gesamten Versuchs unverändert erhalten.
Versuchsansatz 3: Bereits nach 3 Minuten ist ein Verblassen der Blaufärbung bzw. eine erste Verschiebung von Blaugrün nach grün zu beobachten. Die Entfärbung setzt sich fort, bis die Lösung nach 10-15 Minuten eine gelbgrüne Farbe hat, die mit der Färbung des Kontrollansatzes 4 identisch ist.
Versuchsansatz 4 (Kontrolle): Die gelbgrüne Färbung des verdünnten Chloroplastenisolats bleibt während des gesamten Versuchs unverändert erhalten.

Erklärung:
Das hier verwendete DCPIP ist ein so genanntes HILL-Reagenz, d.h. es fungiert als künstlicher Akzeptor für die in den Chloroplasten transportierten und in der intakten Zelle schließlich auf den Endakzeptor NADPH/NADP$^+$ übertragenen Elektronen. Es übernimmt die Elektronen aus der Elektronentransportkette im Bereich des Plastochinon-Pools (PQ-Pool) sowie nach dem Photosystem I. DCPIP ist im oxidierten Zustand blau, im reduzierten Zustand (DCPIPH$_2$) farblos. Da nur bei Versuchsansatz 3 eine Entfärbung der blaugrünen Lösung zu beobachten war, kann auch nur hier eine Reduktion des in den Versuchsansätzen 1-3 vorhandenen DCPIP zum DCPIPH$_2$ stattgefunden haben. Nur hier sind die Voraussetzungen für ein reibungsloses Ablaufen des photosynthetischen Elektronentransports erfüllt. Im Ansatz 1 fehlt dagegen die Belichtung, die zur Anregung des Chlorophylls nötig ist. In Ansatz 2 verhindert

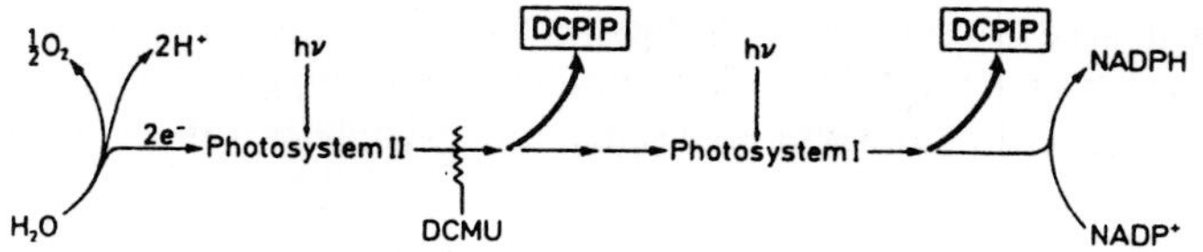

Abb. 7.15: Photosynthetisches Elektronentransportsystem (nach Schopfer, 1989).

DCMU die Reduktion des Plastochinons zum Plastohydrochinon durch Blockierung der Plastochinon-(Q_B)-Bindenische und hemmt so die Elektronentransportkette, sodass das DCPIP als künstlicher Endakzeptor nicht reduziert werden kann (Abb. 7.15).

V 7.5.4 Einfacher Versuch zur HILL-Reaktion mit Ferricyanid als Elektronenakzeptor

Kurz und knapp:
Dieses Experiment zur HILL-Reaktion mit Kaliumferricyanid als Elektronenakzeptor, das ebenso wie der vorhergehende Versuch einen Einblick in die Photochemie der Chloroplasten gibt, ist sehr einfach und schnell durchzuführen, weil hier lediglich eine Chloroplastenaufschwemmung mit Wasser nötig ist. Eine aufwendige Isolation oder die Herstellung eines Puffers entfällt.

Zeitaufwand:
Vorbereitung: 10 min zum Ansetzen der Lösungen, Durchführung: 30 min

Material:	frische Blätter der Erbse (*Pisum sativum*), der Bohne (*Phaseolus vulgaris*) oder des Fleißigen Lieschens (*Impatiens walleriana*)
Geräte:	Mörser und Pistill, Schere, engmaschige Gaze (Nylon, Kunstseide o. Ä., alternativ: Verbandmull, Watte, Trichter, kleines Becherglas), Messzylinder (50 mL), 3 Bechergläser (50 mL), Spatel, Waage, 2 Reagenzgläser mit Ständer, Pipette (2 mL), 3 Pasteurpipetten, Glasplatte oder Glaspetrischalenhälfte auf weißem Untergrund, Alufolie, Lichtquelle (z.B. 200 W-Glühbirne)
Chemikalien:	Kaliumhexacyanoferrat (III) ($K_3[Fe(CN)_6]$, Kaliumferricyanid, Rotes Blutlaugensalz), Kaliumhexacyanoferrat (II) ($K_4[Fe(CN)_6]$, Kaliumferrocyanid, Gelbes Blutlaugensalz), Eisen(III)chlorid ($FeCl_3 \cdot 6 H_2O$), Aqua dest.

Durchführung:
a) Herstellung der Lösungen: Es werden eine 1 %ige Lösung von Rotem Blutlaugensalz, eine 1 %ige Lösung von Gelbem Blutlaugensalz und eine 0,1 %ige $FeCl_3$-Lösung hergestellt.

b) Bereitung der Versuchsansätze: Etwa 2 g Blattspreiten werden eventuell mit einer Schere grob zerkleinert, in Gaze eingeschlagen und in einen Mörser gegeben. Nach

Zusatz von etwa 20 mL Aqua dest. werden die Blätter kräftig zerrieben bis das Blatt-isolat dunkelgrün gefärbt ist. 2 mL dieses Isolats werden dann mit weiteren 20 mL Aqua dest. verdünnt, gut durchmischt und auf 2 Reagenzgläser verteilt, von denen eines vollständig mit Alufolie umhüllt und abgedeckt ist (Lichtschutz). In beide Ansätze gibt man mit einer Pasteurpipette je 10 Tropfen Ferricyanid-Lösung und belichtet anschließend für etwa 25 Minuten in 30 cm Entfernung von der Lichtquelle. Nach Beendigung der Belichtung pipettiert man von jedem Ansatz 3 Tropfen auf eine Glasplatte und setzt jeweils einen Tropfen FeCl$_3$-Lösung hinzu. Zum Vergleich werden außerdem Blindproben mit Rotem und Gelbem Blutlaugensalz hergestellt.

Beobachtung:
Bei dem belichteten Ansatz, sowie bei der Lösung des Gelben Blutlaugensalzes zeigt sich eine Blaufärbung. Allerdings ist auch bei der Dunkelkontrolle eine leichte, je-doch im Vergleich zum belichteten Ansatz wesentlich schwächere Blaufärbung zu beobachten.

Erklärung:
Gelbes Blutlaugensalz reagiert mit FeCl$_3$ bei einem Molverhältnis von 1 : 1 zu lösli-chem (K[Fe'''Fe''(CN)$_6$]) bzw. bei einem Überschuss an Eisen(III)ionen zu unlösli-chem Berlinerblau (Fe'''[Fe'''Fe''(CN)$_6$]$_3$). Die deutliche Blaufärbung des belichteten Ansatzes lässt deshalb darauf schließen, dass hier das zugesetzte Rote zum Gelben Blutlaugensalz reduziert wurde. Die aus der Photolyse des Wassers stammenden Elektronen werden vom Ferricyanid nach dem Photosystem I aus der Elektronen-transportkette entnommen, wobei dann Fe^{3+} zu Fe^{2+} reduziert wird:

$$4\ [Fe(CN)_6]^{3-} + 2\ H_2O \xrightarrow[\text{Chloroplasten}]{\text{Licht}} 4\ [Fe(CN)_6]^{4-} + 4\ H^+ + O_2$$

Kapitel 8 Photosynthese II: Substanzumwandlung und Ökologie der Photosynthese

A Theoretische Grundlagen

8.1 Einleitung

Ausgangsstoffe der Photosynthese der Pflanzen sind die energiearmen anorganischen Moleküle Wasser und Kohlendioxid, die in einer komplexen biochemischen Reaktionsfolge zunächst zu Kohlenhydraten umgesetzt werden, hauptsächlich zu Saccharose und Stärke. Als Nebenprodukt entsteht Sauerstoff, der zum Teil von der Pflanze selbst veratmet, hauptsächlich aber an die Atmosphäre abgegeben wird. Die vereinfachte Bruttogleichung der Photosynthese der Pflanzen lautet:

$$CO_2 + \ 2\ H_2O \xrightarrow{\text{Licht}} (CH_2O) + \ H_2O + \ O_2 \quad \Delta G^{\circ\prime} = +\ 479\ kJ \cdot mol^{-1}\ CO_2$$

$$\text{oder}\ 6\ CO_2 + 12\ H_2O \xrightarrow{\text{Licht}} C_6H_{12}O_6 + 6\ H_2O + 6\ O_2 \quad \Delta G^{\circ\prime} = +2872\ kJ \cdot mol^{-1}\ Hexose$$

Bei diesem Prozess wird das Kohlendioxid auf die Stufe des Kohlenhydrates reduziert. Die Reduktionsäquivalente [H] werden dem Wasser entnommen, dessen Sauerstoff dabei frei wird. Man bezeichnet diesen Typ der Photosynthese, der bei allen höheren Pflanzen und Algen sowie bei den Cyanobacteria (Blaualgen) vorkommt, als oxygene Photosynthese.

Die Photosynthese einiger Bakteriengruppen unterscheidet sich von diesem Typ der oxygenen Photosynthese dadurch, dass sie als Donator für die Reduktionsäquivalente nicht Wasser, sondern z. B. reduzierte Schwefelverbindungen oder organische Substanzen benötigt:

$$6\ CO_2 + 12\ H_2S \xrightarrow{\text{Licht}} C_6H_{12}O_6 + 6\ H_2O + 12\ S$$

In diesem Fall führt die Photosynthese nicht zur Entwicklung von Sauerstoff, sondern zur Abscheidung von Schwefel oder von dehydrierten organischen Verbindungen.

Der oxygene Photosyntheseprozess der Algen und höheren Pflanzen führte zur Bildung der oxidierenden sauerstoffhaltigen Atmosphäre, die wir heute besitzen. Man schätzt, dass jährlich auf der gesamten Erdoberfläche (Kontinente + Süßwasser + Ozeane) durch die Photosynthese ungefähr 275 x 10^{12} kg CO_2 assimiliert, ca. 200 x 10^{12} kg O_2 produziert und in der gebildeten organischen Substanz ungefähr 3 x 10^{18} kJ an Energie gespeichert werden. Die Photosynthese erfüllt somit zugleich zwei notwendige Funktionen für den Bestand des Lebens: a) Durch Umwandlung von Sonnenlichtenergie in chemische Energie wird dem Leben extraterrestrische Energie zugeführt, die in den reduzierten organischen Verbindungen gespeichert wird. b) Durch die Bildung von Sauerstoff wird die Nutzung der in den reduzierten organischen Verbindungen angelegten chemischen Energie ermöglicht.

8.2 Die CO_2 -Assimilation (CALVIN-Zyklus)

Die energiereichen Produkte des photosynthetischen Elektronentransportes ($NADPH+H^+$ und ATP) werden an der Stromaseite der Thylakoidmembranen gebildet. Sie stehen prinzipiell für alle endergonen Reaktionen zur Verfügung, zu denen der Chloroplast durch seine Ausstattung mit Enzymen und Substraten befähigt ist. Die Synthesekapazität der Chloroplasten ist außerordentlich vielseitig. Sie umfasst praktisch alle Bereiche des Grundstoffwechsels. Die Assimilation des CO_2 zu Kohlenhydraten ist aber die bei weitem wichtigste Syntheseleistung des Chloroplasten. Die CO_2-Assimilation ist eingebettet in einen zyklischen Prozess, der nach seinem Entdecker als CALVIN-Zyklus (Melvin CALVIN 1911-1997, Nobelpreis 1961) oder auch als reduktiver Pentosephosphat-Zyklus bezeichnet wird. Das komplexe Geschehen des CALVIN-Zyklus vollzieht sich in drei Phasen: (1) Fixierung von CO_2 über einen spezifischen Akzeptor: carboxylierende Phase; (2) Umwandlung des entstandenen Bindungsproduktes zum Zuckerphosphat: reduzierende Phase und (3) Rückbildung des Akzeptors aus dem anfallenden Zuckerphosphat: regenerierende Phase.

Carboxylierende Phase. Schlüsselreaktion für die photosynthetische CO_2-Assimilation ist die Bindung von CO_2 an den Akzeptor Ribulose-1,5-bisphosphat (RuBP), eine zweifach phosphorylierte Ketopentose (Abb. 8.1). Die Reaktion ist stark exergonisch ($\Delta G^{\circ\prime}$ = -35 kJ·mol^{-1}; *in vivo* ΔG ≈ -40 kJ·mol^{-1}) und daher irreversibel. Das Enzym, das diese Reaktion katalysiert, wird als Ribulosebisphosphat - Carboxylase/Oxygenase (RubisCO) bezeichnet, da es auch eine Nebenreaktion katalysiert, bei der das Ribulosebisphosphat mit O_2 reagiert (s. Abschnitt 8.3).

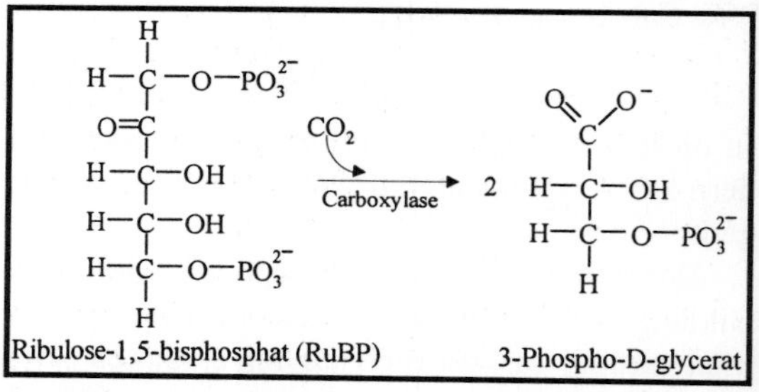

Abb. 8.1: Carboxylierung von RuBP mit Hilfe der RubisCO in zwei Moleküle 3-Phospho-D-glycerat (3-Phosphoglyerat).

Durch den Ablauf der Carboxylasereaktion entstehen 2 Moleküle 3-Phospho-D-glycerat (3-Phosphoglycerat). Die katalytische Reaktion besteht aus mehreren Teilschritten, die heute bekannt sind und in neuen Lehrbüchern der Pflanzenbiochemie beschrieben werden.

Reduzierende Phase. Die nachfolgende reduktive Umformung von 3-Phospho-D-glycerat (3-Phosphoglycerat) zu D-Glycerinaldehyd-3-phosphat ist stark endergonisch und bedarf der Zufuhr von Energie; sie wird über die Spaltung von ATP, dem Energieäquivalent und Produkt der Photophosphorylierung, verfügbar. Den benötigten Wasserstoff liefert das Reduktionsäquivalent NADPH+H$^+$, das andere Endprodukt des photochemischen Reaktionsbereiches (Abb. 8.2).

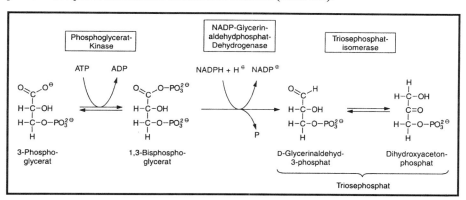

Abb. 8.2: Umsetzung von 3-Phospho-D-glycerat zu Triosephosphat (HELDT, 1996).

Regenerierende Phase. Da die Bindung von CO_2 entscheidend von der Verfügbarkeit des Akzeptors abhängt, muss D-Ribulose-1,5-bisphosphat ständig und effektiv nachgebildet werden. Dies geschieht, indem sich fünf von sechs gebildeten Triosephosphat-Molekülen in einer komplizierten Reaktionsfolge wieder zu Ribulosebisphosphat umsetzen. Aus fünf Triosephosphaten (C_3) entstehen 3 Pentosephosphate (C_5). Als Zwischenverbindungen entstehen Zucker mit 6, 4 und 7 C-Atomen (Abb. 8.3). Alle gebildeten Pentosephosphate werden zu Ribulosephosphat umgesetzt und mit ATP zu Ribulosebisphosphat phosphoryliert. Die Phosphoribulokinase-Reaktion ((8) in Abb. 8.3) ist die zweite Stelle des CALVIN-Zyklus, die ATP als Produkt des Lichtprozesses braucht (1 ATP pro regenerierende Phase).

Reingewinn des CALVIN-Zyklus und Export. Die Fixierung von einem Molekül CO_2 erfordert insgesamt zwei Moleküle NADPH in der reduzierenden Phase und drei ATP (zwei ATP für die reduzierende Phase und ein ATP für die Phosphorylierung von Ribulose-5-phosphat zu Ribulose-1,5-bisphosphat). Das Ergebnis sind zwei Moleküle Triosephosphat. Jedes sechste Triosephosphat-Molekül ist Reingewinn des Zyklus und steht für weitere Umsetzungen zur Verfügung (Abb. 8.4). Das in den

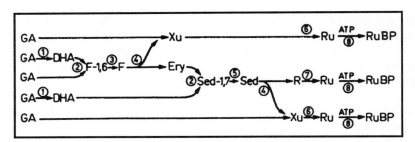

Abb. 8.3: Schema der regenerierenden Phase des CALVIN-Zyklus. GA Glycerinaldehyd-3-phosphat, DHA Dihydroxyacetonphosphat, F-1,6 Fructose-1,6-bisphosphat, F Fructose-6-phosphat, Ery Erythrose-4-phosphat, Sed-1,7 Sedoheptulose-1,7-bisphosphat, Sed Sedoheptulose-7-phosphat, Xu Xylulose-5-phosphat, R Ribose-5-phosphat, Ru Ribulose-5-phosphat, RuBP Ribulose-1,5-bisphosphat; (1) Triosephosphatisomerase, (2) Aldolase, (3) Fructose-1,6-bisphosphat-1-phosphatase, (4) Transketolase, (5) Sedoheptulose-1,7-bisphosphat-1-phosphatase, (6) Ribulose-5-phosphat-3-epimerase, (7) Ribosephosphatisomerase, (8) Phosphoribulokinase (LIBBERT, 1993).

Chloroplasten gebildete Dihydroxyacetonphosphat wird über den Phosphat-Translokator im Gegentausch mit Phosphat in das Cytosol transportiert, wo es zum Aufbau des Transportmoleküls Saccharose verwendet werden kann. Dabei wird anorganisches Phosphat frei, das wieder in die Chloroplasten über den Phosphat-Translokator zurücktransportiert wird. Im Chloroplasten kann auch Fructose-6-phosphat weiter reagieren zu Glucose-6-phosphat, das dann über Glucose-1-phosphat die Bausteine für die Bildung der Assimilationsstärke liefert, welche als mittelfristiger Speicher dient. Diese Festlegung in unlöslicher, makromolekularer Form verhindert gleichzeitig einen gefährlichen Anstieg des osmotischen Wertes im plastidären Kompartiment. In der Nacht wird die gespeicherte Stärke (transitorische Stärke) mobilisiert, das entstehende Triosephosphat als Dihydroxyacetonphosphat in das Cytosol exportiert und dort zum Aufbau von Transportmolekülen verwendet.

Aktivierung des CALVIN-Zyklus im Licht. Der CALVIN-Zyklus weist insgesamt vier irreversible Schritte auf: die

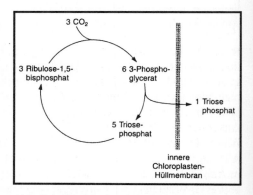

Abb. 8.4: Fünf Sechstel des bei der Photosynthese gebildeten Triosephosphats sind für die Regenerierung von Ribulose-1,5-bisphosphat erforderlich. Ein Triosephosphat ist das eigentliche Produkt und kann von der Zelle genützt werden (HELDT, 1996).

Carboxylasereaktion, die hydrolytische Abspaltung des Phosphatrests in Position 1 von Fructose- und Sedoheptulosebisphosphat und die Phosphorylierung von Ribulose-5-phosphat. Spezifische Regulationsprozesse sorgen dafür, dass diese Schlüsselenzyme des reduktiven Pentosephosphatweges nur im Licht aktiv und im Dunkeln ausgeschaltet sind.

8.3   Lichtatmung (Photorespiration)

Bei den meisten Pflanzen, den C_3-Pflanzen (sie heißen so, da das erste Carboxylierungsprodukt die C_3-Verbindung 3-Phosphoglycerat ist, s. Abschnitt 8.2), ist der respiratorische Gaswechsel, d. h. Sauerstoffaufnahme und CO_2-Abgabe, im Licht um ein Mehrfaches höher als im Dunkeln. Dieser im Licht erhöhte Gasaustausch wird Photorespiration oder Lichtatmung genannt. Die Ähnlichkeit mit dem an Mitochondrien gebundenen normalen Atmungsgaswechsel, der auch im tierischen Organismus vorhanden ist, ist nur formal. Im Mechanismus und hinsichtlich der an ihr beteiligten Zellstrukturen unterscheiden sich Atmung und Photorespiration grundsätzlich. Die Photorespiration ist eng mit der Photosynthese und dem Glykolsäurestoffwechsel in der Pflanze verbunden. Ausgangspunkt ist die Doppelfunktion der Ribulosebisphosphat - Carboxylase/Oxygenase. Dieses Enzym verfügt neben der carboxylierenden Eigenschaft noch über die einer Oxygenase (Abb. 8.5). Als Folge der Oxygenierungs-

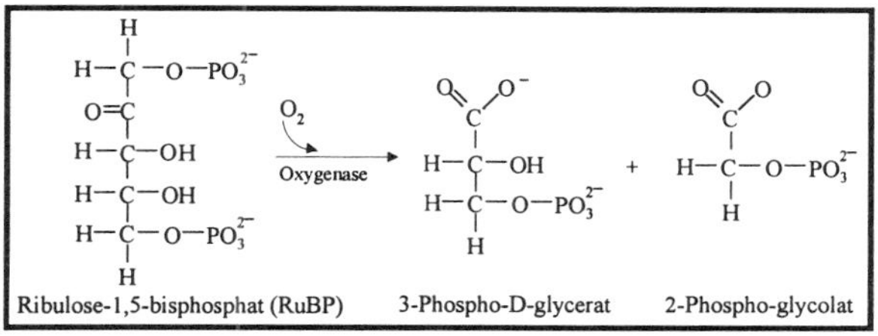

Abb. 8.5: RubisCO katalysiert eine Nebenreaktion, bei der das RuBP mit O_2 reagiert. hierbei wird ein Molekül 3-Phospho-D-glycerat und ein Molekül 2-Phosphoglycolat gebildet.

aktivität der RubisCO ent-steht in großen Mengen 2-Phosphoglycolat, das im Photorespirationsweg in die Aminosäuren Glycin und Serin umgewandelt oder in Form von 3-Phosphoglycerat für den CALVIN-Zyklus zurückgewonnen werden kann. Hierbei handelt es sich um ein komplexes Reaktionsgeschehen, welches in verschiedenen Kompartimenten einer photosynthetisch aktiven Zelle abläuft und Umsetzungen beinhaltet, welche insgesamt durch Sauerstoffverbrauch und Freisetzung von CO_2 den typischen Gaswechsel bedingen (Abb. 8.6).

Mit der Photorespiration ist ein massiver Kreislauf von NH_4^+ verbunden. Das bei der Decarboxylierung von Glycin freigesetzte NH_4^+ wird in den Chloroplasten reas-

206

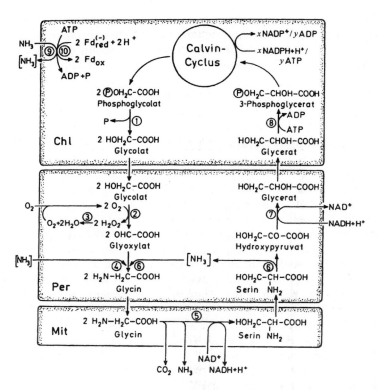

Abb. 8.6: Photorespirationsweg und seine Kompartimentierung. Chl Chloroplast, Per Peroxisom, Mit Mitochondrium. (1) Phosphoglycolatphosphatase, (2) Glycolatoxidase, (3) Katalase, (4) Glutamat-Glyoxylat-Aminotransferase, (5) Glycindecarboxylase und Serinhydroxymethyltransferase, (6) Serin-Glyoxylat-Aminotransferase, (7) Hydroxypyruvatreduktase, (8) Glyceratkinase, (9) und (10) Glutaminsynthetase und Glutamatsynthase (LIBBERT, 1993).

similiert (Abb. 8.6). Die Refixierung wird durch den gleichen Enzymapparat katalysiert, der auch an der Nitratassimilation beteiligt ist, wobei die Rate der NH_4^+-Refixierung ein Vielfaches der assimilatorischen Nitratreduktion ausmacht.

CO_2 und O_2 konkurrieren an der RubisCO, daher hemmt CO_2 und fördert O_2 die Oxygenasefunktion. Temperaturerhöhung steigert den Anteil der Photorespiration aus zwei Ursachen: erstens sinkt die Affinität der RubisCO für CO_2, zweitens sinkt die Wasserlöslichkeit von CO_2 stärker als diejenige von O_2. Aufgrund des Antagonismus zwischen CO_2-verbrauchenden und CO_2-produzierenden Vorgängen ist es sehr schwierig, die tatsächliche Photosyntheserate (reelle Photosynthese) zu bestimmen. Gaswechselmessungen können vielmehr nur die Differenz zwischen reeller

Photosyntheserate und Photorespiration (und mitochondrialer Atmung) erfassen. Diese Differenz wird als apparente Photosynthese bezeichnet:

reelle Photosynthese - (Photorespiration + mitochondriale Atmung) =
apparente Photosynthese

Die Photorespiration vermindert den Gewinn an Kohlenstoff durch die CO_2-Assimilation beträchtlich. Man hat geschätzt, dass der Kohlenstoff-Gewinn durch die Photosynthese für die betroffene Pflanze um 30 % höher sein könnte, wenn es die Photorespiration nicht gäbe. Die Funktion der Photorespiration ist angesichts der großen, durch sie verursachten Photosyntheseverluste schwer zu begreifen. Eine Teilfunktion ist zweifellos die als Hauptweg für die Biosynthese von Glycin und Serin. Nach einer anderen Erklärung ist die Oxygenierung als eine unvermeidbare Nebenreaktion der RuBP-Carboxylase in Gegenwart von Sauerstoff zu betrachten, vielleicht im Zusammenhang damit, dass sich die Evolution der Photosynthese in Abwesenheit von O_2 vollzogen hat. Dann ist die Photorespiration als ein Mechanismus zur Wiederaufbereitung (Recycling) zwangsläufiger Photosyntheseverluste anzusehen, der immerhin 75 % des Verlustes (3 der 4 C-Atome von zweimal Glycolat) rettet. Der Photorespirationsweg kann für die Pflanze auch nützlich sein, indem er unter extremen Bedingungen zusammen mit dem Calvin-Zyklus zur Beseitigung von Produkten des Lichtprozesses, d. h. von Reduktions- und Energieäquivalenten, dient. Eine derartige Situation liegt vor, wenn die Spaltöffnungen bei Blättern unter vollem Licht wegen Wassermangel geschlossen sind und dadurch kein CO_2 aufgenommen werden kann. Unter dieser Bedingung liefert der Calvin-Zyklus RuBP für die Oxygenasereaktion (Abb. 8.5). Eine Überreduktion und Überenergetisierung des Photosyntheseapparates kann schwere Schäden verursachen. Die Photorespiration als zunächst unvermeidliche Nebenreaktion gewinnt so eine Schutzfunktion.

8.4 C_4-Pflanzen

Pflanzen, die ihre photosynthetische CO_2-Assimilation ausschließlich über den CALVIN-Zyklus mit der C_3-Verbindung 3-Phosphoglycerat als primärem Fixierungsprodukt betreiben, werden C_3-Pflanzen genannt. Bei einer größeren Anzahl von Pflanzen unterschiedlicher systematischer Zugehörigkeit tritt demgegenüber eine Variante der CO_2-Assimilation auf, die sich durch eine Reihe von Besonderheiten auszeichnet. Als primäres Fixierungsprodukt treten Säuren mit 4 C-Atomen auf: Oxalacetat, Malat und Aspartat. Danach spricht man von C_4-Pflanzen bzw. vom C_4-Typ oder dem C_4-Dicarbonsäurezyklus der Photosynthese. Die CO_2-Assimilation findet bei den C_4-Pflanzen in einem Zweistufenprozess statt, bei dem die primäre

208

Fixierung des CO_2 (C_4-Prozess) und die Kohlenhydratbildung (C_3-Prozess, CALVIN-Zyklus) in zwei räumlich getrennten Bereichen des Blattes erfolgen. Über den C_4-Typ der Photosynthese verfügen insbesondere Pflanzen aus Verbreitungsgebieten mit hohen Temperaturen und periodischer Trockenheit (Tropen und Subtropen). Zu ihnen gehören Kulturgräser mit außergewöhnlich hoher Stoffproduktion wie Mais und Zuckerrohr. Inzwischen weiß man, dass der C_4-Typ der Photosynthese bei höheren Pflanzen, Monocotyledonen wie Dicotyledonen, weit verbreitet ist.

Strukturelle Besonderheiten. Der Blattquerschnitt der C_4-Pflanzen zeigt einen andersartigen Aufbau des Assimilationsgewebes als bei den C_3-Pflanzen (Abb. 8.7). Anstelle des Palisaden- und Schwammparenchyms findet man bei den C_4-Pflanzen eine so genannte Kranzanatomie. Die Leitbündel, in denen sich die Siebröhren und die Xylemgefäße befinden, sind kranzartig von einer Scheide von Zellen (Bündelscheidenzellen) umgeben, die zahlreiche Chloroplasten besitzen. Diese werden durch Mesophyllzellen ebenfalls kranzartig umschlossen, die ihrerseits Kontakt mit dem interzellulären Gasraum der Blätter haben. Berücksichtigt man die dreidimensionale Realität, so werden aus den Kränzen natürlich entsprechende Röhren. Diese Anordnung der assimilatorisch tätigen Zellen hat bereits 1904 Gottlieb HABERLANDT (1854 -1945) in seinem berühmten Buch „Physiologische Pflanzenanatomie" (3. Auflage) beschrieben und eben „Kranztyp" genannt.

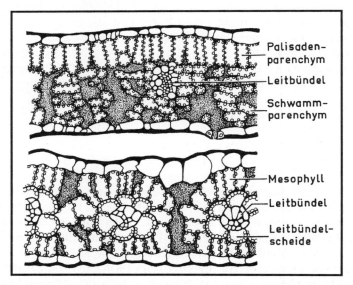

Abb. 8.7: Blattaufbau (Querschnitt) bei typischen C_3- und C_4-Pflanzen. Objekte: Nieswurz (*Helleborus purpurescens*; C_3, oben), Mais (*Zea mays*; C_4, unten) (MOHR und SCHOPFER, 1992).

Die Grenze zwischen Mesophyll- und Bündelscheidenzellen wird durch eine sehr große Anzahl von Plasmodesmen (feine plasmatische Verbindungen) unterbrochen. Diese Plasmodesmen ermöglichen einen Diffusionsstrom von Metaboliten zwischen den Mesophyll- und Bündelscheidenzellen.

In Maisblättern unterscheiden sich die Chloroplasten aus Mesophyll- und Bündelscheidenzellen in ihrer Struktur. Während die Chloroplasten aus Mesophyllzellen ausgeprägte Granabezirke aufweisen, enthalten die Bündelscheidenchloroplasten in erster Linie Stromathylakoide; es finden sich dort nur wenige Granabezirke. Dementsprechend besitzen Bündelscheidenchloroplasten eine sehr niedrige Photosystem II-Aktivität. Die Funktion der Stromathylakoide der Bündelscheidenchloroplasten besteht daher in erster Linie in der Bereitstellung von ATP durch zyklische Photophosphorylierung über das Photosystem I. Dieser Chloroplasten-Dimorphismus tritt in der Regel immer dann bei einer C_4-Pflanzenart auf, wenn Malat am Dicarbonsäurezyklus beteiligt ist.

Biochemie des C_4-Dicarbonsäurezyklus (NADP-Malat-Enzymtyp). Im Cytosol der Mesophyllzellen katalysiert Phosphoenolpyruvat (PEP)-Carboxylase die Bindung von CO_2 aus HCO_3^- an Phosphoenolpyruvat (Abb. 8.8). Die Reaktion ist stark exergonisch und damit irreversibel. Die Bildung des Bicarbonats (HCO_3^-) aus CO_2 wird durch ein im Cytosol der Mesophyllzellen lokalisiertes Enzym, die Carboanhydrase, katalysiert. Das bei der Carboxylierung des Phosphoenolpyruvats entstehende Oxalacetat

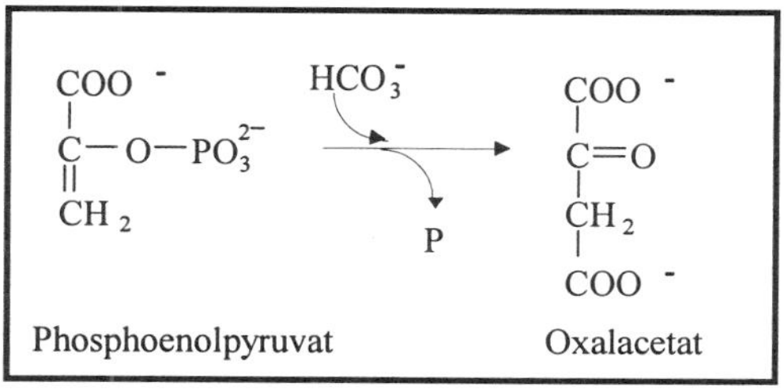

Abb. 8.8: Durch das Enzym Phosphoenolpyruvat-Carboxylase reagiert Phosphoenolpyruvat mit HCO_3^- zu Oxalacetat.

wird nach Transport in die Mesophyllchloroplasten durch eine spezifische Malat-Dehydrogenase mit Hilfe von lichtproduziertem $NADPH + H^+$ zu Malat reduziert (Abb. 8.9). Das Malat diffundiert über Plasmodesmen in die Bündelscheidenzellen, gelangt durch spezifischen Transport in die Bündelscheidenchloroplasten und wird dort durch die decarboxylierende, NADP-spezifische Malat-Dehydrogenase (NADP-Malat-Enzymtyp) in CO_2 und Pyruvat zerlegt; gleichzeitig entsteht $NADPH + H^+$ (Abb. 8.9). Das CO_2 wird durch die RubisCO zur Carboxylierung von Ribulose-1,5-bisphosphat genutzt. Malat liefert nicht nur CO_2, sondern auch Reduktionsäquivalente für den CALVIN-Zyklus. Wenn deren Menge nicht ausreicht, so kann ein indirekter Transfer von NADPH und ATP von den Mesophyllchloroplasten in die Bündelscheidenchloroplasten durch einen Triosephosphat-3-Phosphoglycerat-Shuttle erfolgen. Das durch die Decarboxylierung von Malat entstehende Pyruvat wird über

210

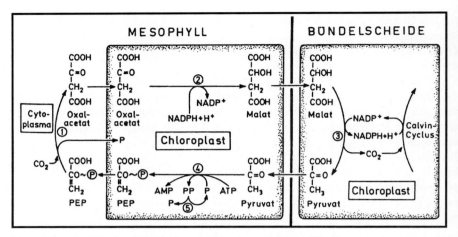

Abb. 8.9: C$_4$-Dicarbonsäurezyklus, Malattyp (NADP-Malat-Enzymtyp). (1) PEP-Carboxylase, (2) Malatdehydrogenase, (3) NADP-Malatenzym, (4) Pyruvat-Phosphat-Dikinase, (5) Pyrophosphatase (LIBBERT, 1993).

einen spezifischen Translokator aus den Chloroplasten exportiert, diffundiert über Plasmodesmen in die Mesophyllzellen und wird – wiederum über einen spezifischen Translokator – in die Mesophyllchloroplasten transportiert. Dort wird Pyruvat wieder zu Phosphoenolpyruvat umgesetzt. Die Bildung von PEP aus Pyruvat ist sehr energiebedürftig und verbraucht zwei energiereiche Phosphatbindungen (ATP wird zu AMP umgesetzt). PEP wird durch einen spezifischen Translokator im Gegentausch mit anorganischem Phosphat aus dem Chloroplasten exportiert.

Bei dem geschilderten NADP-Malat-Enzymtyp erfolgt die CO$_2$-Freisetzung unter Reduktion von NADP$^+$ in den Bündelscheidenchloroplasten und die Transportverbindungen zwischen den beiden Zelltypen sind Malat und Pyruvat. Der C$_4$-Stoffwechsel im Mais, Zuckerrohr und der Mohrenhirse verläuft nach diesem NADP-Malat-Enzymtyp. Darüber hinaus existieren bei den C$_4$-Pflanzen noch zwei weitere biochemische Variationen, die nach der Art der Freisetzung des CO$_2$ in den Bündelscheidenzellen als NAD-Malat-Enzymtyp und als Phosphoenolpyruvat-Carboxykinasetyp bezeichnet werden. Bei diesen C$_4$-Pflanzen findet man als Transportverbindungen die Aminosäuren Aspartat und Alanin anstelle von Malat und Pyruvat.

Physiologische und ökologische Bedeutung des C$_4$-Stoffwechsels. Der C$_4$-Dicarbonsäurezyklus kann als eine Hilfseinrichtung zur Unterstützung des CALVIN-Zyklus betrachtet werden. Im Bereich der Mesophyllzellen erfüllt er eine Sammelfunktion für CO$_2$, das in gebundener Form zu den Chloroplasten der Bündelscheide in den Einzugsbereich des CALVIN-Zyklus transportiert und dort konzentriert wird

(„CO$_2$-Pumpe"). Der entscheidende Punkt für den Ablauf der C$_4$-Photosynthese ist somit das Vorhandensein einer biochemischen Pumpe, durch die das CO$_2$ von der sehr niedrigen Konzentration von etwa 5 µM in den Mesophyllzellen auf eine Konzentration von etwa 70 µM in den Bündelscheidenzellen angehoben wird. Diese erhöhte CO$_2$-Konzentration im Bereich der RubisCO in den Bündelscheidenchloroplasten muss auch die Photorespiration einschränken; das wenige photorespiratorische CO$_2$, das in den Bündelscheidenzellen gebildet wird, kann außerdem durch den Kranz aus PEP-Carboxylase, der in Form des Mesophylls die Quelle der Photorespiration umschließt, wieder reassimiliert werden. Im Endeffekt erlaubt der C$_4$-Dicarbonsäureweg bei tropisch-subtropischen Bedingungen und starker Beleuchtung extrem hohe Photosyntheseleistungen.

C$_4$-Pflanzen sind in der Regel in warmen und zeitweise trockenen Gebieten beheimatet. Eine günstige Voraussetzung ist hierfür, dass C$_4$-Pflanzen in der Lage sind, den Wasserverbrauch durch Transpiration während der Photosynthese wesentlich zu verringern. Eine Erhöhung des stomatären Diffusionswiderstandes durch Verengung der Stomata vermindert den Diffusionsfluss des Wasserdampfes aus der C$_4$-Pflanze. Sie benötigen daher nur 400 bis 600 Mol Wasser für die Fixierung von einem Mol CO$_2$; dies entspricht etwa der Hälfte des entsprechenden Wasserverbrauches von C$_3$-Pflanzen. Im Gegenzug müssen C$_4$-Pflanzen durch den erhöhten Diffusionswiderstand sich einen hohen Diffusionsgradient für CO$_2$ zu Eigen machen, um einen ausreichenden CO$_2$-Diffusionsfluss in das Blattinnere zu gewährleisten. Dies bedeutet, dass bei einer CO$_2$-Außenkonzentration von 350 ppm eine Innenkonzentration im Blatt von 150 ppm und damit eine CO$_2$-Konzentration in der wässrigen Phase der Mesophyllzellen von nur etwa 5 µM vorhanden ist. Die Reaktion der PEP-Carboxylase mit HCO$_3^-$, das in Gegenwart von Carboanhydrase in wesentlich höherer Konzentration (ca. 40 fach) vorliegt als CO$_2$, sowie das Anreicherungsverfahren durch den C$_4$-Dicarbonsäureweg beseitigen jedoch den CO$_2$-Mangel und bilden somit ebenfalls die Voraussetzung für den verminderten Wasserverbrauch.

C$_4$-Pflanzen haben den weiteren Vorteil, dass sie wegen der hohen CO$_2$-Konzentration in den Bündelscheidenchloroplasten mit weniger RubisCO auskommen. Da RubisCO das Hauptprotein der Blätter ist, brauchen C$_4$-Pflanzen weniger Stickstoff zur Bildung des Photosyntheseapparates als C$_3$-Pflanzen. Bei niedrigeren Temperaturen ist der geringere Gehalt an RubisCO allerdings ein wesentlicher Nachteil für die C4-Pflanzen, da dann der geringere Enzymgehalt die Photosyntheseleistung entsprechend stark herabsetzt.

Insgesamt ist zu beachten, dass der C$_4$-Dicarbonsäurezyklus eine Anpassung der Pflanzen an höhere Temperaturen und zeitweisen Wassermangel darstellt. Der Vorteil der C$_4$-Pflanzen macht sich erst bei Temperaturen oberhalb von 25 °C bemerkbar. Mit dem C$_4$-Dicarbonsäurezyklus haben wir den biochemischen Hintergrund einer ökologischen Adaptation an Wärme und Wassermangel kennen gelernt.

8.5 Crassulaceen-Säurestoffwechsel (CAM)

Einen besonderen Typ der ökologischen Anpassung an wasserarme Standorte besitzen die sog. CAM-Pflanzen. Diese Variante der CO_2-Assimilation wurde bei sukkulenten Arten der Crassulaceen (Dickblatt-Gewächse) früh und besonders eingehend erforscht und ist in dieser Familie weit verbreitet: CAM ist somit die Abkürzung für „crassulacean acid metabolism". In der Nacht speichern diese Pflanzen in ihren großen Vakuolen erhebliche Mengen an Säuren, vor allem Äpfelsäure, was mit einem starken Abfall des pH-Wertes verbunden ist. Am Tag verschwindet die Säure wieder aus den Vakuolen und damit verbunden steigt der pH-Wert an. Diesem „diurnalen Säurerhythmus" liegt ein zellphysiologischer und biochemischer Mechanismus zugrunde, der viele Ähnlichkeiten mit der C_4-Photosynthese hat. Der CAM findet sich besonders bei vielen Spross- und Blattsukkulenten; er kommt allerdings auch bei semisukkulenten Arten vor. Eine wesentliche anatomische Voraussetzung für CAM sind Assimilationsgewebe, deren Zellen große Vakuolen sowie Chloroplasten aufweisen. Man spricht auch von einer Mesophyll-Sukkulenz. Bisher sind 28 Monokotylen- und Dikotylen-Familien bekannt, in denen CAM-Pflanzen vorkommen. Hinzu kommen einige sukkulente tropische Farne – ein Hinweis auf die frühe Etablierung von CAM während der Phylogenie. CAM-Pflanzen repräsentieren etwa 6 % der geschätzten 260 000 Arten an bekannten Gefäßpflanzen.

Reaktionsabläufe bei CAM-Pflanzen im Nacht-Tag-Wechsel. CAM-Pflanzen zeigen vorwiegend eine nächtliche CO_2-Aufnahme – eine im Pflanzenreich nur hier anzutreffende Erscheinung – verbunden mit einer nächtlichen Zunahme an Äpfelsäure. Am Tage schließen die Spaltöffnungen, sodass die CO_2-Aufnahme zum Erliegen kommt, während die Äpfelsäure abgebaut wird. Die biochemische Reaktionsfolge beginnt in der Nacht mit der Bindung von CO_2 aus der durch die geöffneten Stomata einströmenden Außenluft. Akzeptorverbindung ist Phosphoenolpyruvat (PEP), welches im Gegensatz zum C_4-Weg hier beim Abbau von Stärke anfällt. Aber auch lösliche Zucker können in manchen CAM-Pflanzen als Kohlenstoffspeicher für die Bildung von PEP dienen. Katalysiert wird die Bindungsreaktion von der PEP-Carboxylase (Abb. 8.8). Die Reduktion des entstehenden Oxalacetats erfolgt – anders als beim C_4-Weg – im Cytosol unter Mitwirkung einer NAD-spezifischen Malat-Dehydrogenase. Das gebildete Malat (Salz der Äpfelsäure), welches auch partiell in andere Carbonsäuren umgewandelt werden kann, wird größtenteils in die große Zellsaftvakuole überführt und gespeichert. Diese Akkumulation im Verlauf der Nacht ist von einer starken Ansäuerung begleitet (pH-Wert: 3,5 - 4,0). Der Eintransport von Malat in die Zellsaftvakuole, welcher gegen ein Konzentrationsgefälle erfolgt, erfordert Energie. Der energieverbrauchende Schritt besteht im Transport von

Protonen durch die H^+-ATPase der Vakuolenmembran. Das durch das Protonenpotential über einen Malatkanal aufgenommene Malat wird in den Vakuolen durch die steigende Ansäuerung als Äpfelsäure, der protonierten Form von Malat, gespeichert.

Das in der Nacht gespeicherte Malat wird während des Tages aus der Vakuole durch einen regulierten Ausfluss über den Malatkanal wieder entlassen. Analog zum C_4-Stoffwechsel erfolgt auch beim CAM-Stoffwechsel die Freisetzung des CO_2 in verschiedenen Pflanzen auf unterschiedliche Weise, entweder über NADP-Malat-Enzym, NAD-Malat-Enzym oder auch über Phosphoenolpyruvat-Carboxykinase. Beim NADP-Malat-Enzymtyp wird das Malat durch einen spezifischen Translokator in die Chloroplasten aufgenommen und dort unter Bildung von NADPH decarboxyliert. Das CO_2 dient als Substrat der RubisCO. Somit wird die Synthese von Kohlenhydrat mit „endogenem" CO_2 betrieben: Die Stomata bleiben am Tage weitgehend geschlossen, um Wasserverlust zu vermeiden. Mit dem Efflux von Äpfelsäure aus der Vakuole beginnt dort der pH-Wert auf 7,5 - 8,0 anzusteigen („Absäuerung").

Während die C_4-Pflanzen die primäre Fixierung des CO_2 zu Malat und die eigentliche reduktive Assimilation des CO_2 im CALVIN-Zyklus gleichzeitig, aber räumlich getrennt in verschiedenen Geweben ablaufen lassen (Zweistufenprozess), führen die CAM-Pflanzen diese beiden Teilprozesse in der gleichen Zelle zeitlich getrennt hintereinander durch (Zweizeitenprozess). Sie erreichen dadurch eine außerordentliche Ökonomie des Wasserhaushaltes und sind so an trockenen Standorten anderen Pflanzen gegenüber im Vorteil.

Die nächtliche CO_2-Aufnahme erfordert natürlich ein Öffnen der Stomata. Während der Nacht herrscht allerdings bei wesentlich niedrigeren Temperaturen hohe relative Luftfeuchte. Damit ist der Gradient des Wasserpotentials zwischen Blatt und Außenluft wesentlich geringer als am Tage, und die Transpirationsrate bleibt nachts niedrig. Das ökologisch vorteilhafte Verhalten der Stomata der CAM-Pflanzen wird von den biochemischen Prozessen des CAM in den Mesophyllzellen gesteuert. Die Steuerung erfolgt über Änderungen der CO_2-Konzentration in den Interzellularen. Der Wasserbedarf der CO_2-Assimilation beträgt bei der CAM-Photosynthese nur 5 bis 10 % des entsprechenden Betrages bei der Photosynthese von C_3-Pflanzen. Dafür ist nicht zuletzt wegen der eingeschränkten Speichermöglichkeit für Malat der tägliche Zuwachs an Biomasse bei den CAM-Pflanzen sehr niedrig. Daher wachsen bei CAM-Stoffwechsel Pflanzen im Allgemeinen nur langsam.

Der CAM hilft nicht nur Wasser zu sparen, sondern auch aufzunehmen. Die nächtliche Äpfelsäure-Anhäufung erhöht den osmotischen Druck in den Vakuolen der assimilierenden Organe beträchtlich und schafft eine treibende Kraft für die Wasseraufnahme aus der Umgebung, vor allem nach Taubildung in der Nacht.

CAM-Pflanzen sind häufig Bewohner periodisch trockener Wuchsplätze und substratarmer Standorte: Sämtliche Kakteen und die meisten Asclepiadaceen und Euphorbien in den Sukkulentensteppen und Wüsten der Subtropen und Tropen sind CAM-Pflanzen. Auf allen diesen Standorten ist die zeitliche Trennung von nächtlicher CO_2-Fixierung und CO_2-Verarbeitung am folgenden Tag ökologisch vorteilhaft. Dadurch ist die Kohlenstoffversorgung ohne ernstliche Gefährdung des Wasserhaushaltes gesichert.

8.6   Anpassung an die Lichtbedingungen

Die Standorte, an denen höhere Pflanzen gedeihen, können sich bezüglich der Lichtintensität um mehr als zwei Zehnerpotenzen unterscheiden. Es ist deshalb nicht überraschend, dass sich speziell an die jeweiligen Standorte angepasste Formen von sog. Schattenpflanzen und Sonnenpflanzen herausgebildet haben. Genetisch determinierte Schattenpflanzen können an einem sonnigen Standort nicht gedeihen, da sie Strahlenschäden erleiden. Andererseits wachsen Sonnenpflanzen an einem schattigen Standort nicht mehr oder zu langsam und kommen nicht zur Reproduktion. Während z. B. Kiefern, Birken und Lärchen schon sterben, wenn sie dauernd weniger als $^1/_9$ des vollen Tageslichtes erhalten, kommen Buchen und Weißtannen noch mit $^1/_{60}$, Sauerklee mit $^1/_{100}$ aus. Am besten sind oft blütenlose Pflanzen an niedere Lichtintensitäten angepasst. Der niedrige Lichtbedarf von Moosen und Farnen zeigt sich vor allem bei der Besiedelung von Höhleneingängen. Moosprotonema soll in Höhlen noch bei $^1/_{2000}$ bis $^1/_{10000}$ des vollen Tageslichtes gedeihen.

Die Mehrzahl der höheren Pflanzen ist allerdings in der Lage, sich dem Faktor Licht in einem weiten Bereich anzupassen. Je nach der durchschnittlichen Lichtintensität am Standort bilden sie beim Wachstum Schattenblätter oder Sonnenblätter aus. An den Nord- und Südseiten bzw. Außen- und Innenseiten von Baumkronen kann man dieses Phänomen an derselben Pflanze beobachten. Selbst innerhalb eines Blattes können an der Ober- und Unterseite unterschidiche Differenzierungen der Chloroplasten auftreten. Die bei der Anpassung an die Lichtbedingungen entstehenden morphologischen und physiologischen Veränderungen sind von grundsätzlicher Bedeutung, da sie die photosynthetische Produktivität und schließlich das Überleben im Pflanzenbestand wesentlich mitbestimmen.

Blattquerschnitte lassen erkennen, dass das Starklichtblatt in der Regel wesentlich dicker ist als das Schwachlichtblatt. Es besitzt eine besonders deutlich ausgeprägte Differenzierung des assimilatorischen Gewebes in Palisadenparenchym und Schwammparenchym. Oft ist das Palisadenparenchym von Starklichtblättern sogar mehrschichtig. Ein weiterer struktureller Unterschied betrifft die Feinstruktur der Chloroplasten. Schwachlichtchloroplasten besitzen große Granastapel, während die Grana der Starklichtchloroplasten nur aus wenigen Thylakoiden bestehen (eine umfassende Beschreibung der Schwachlicht-Starklichtanpassung findet sich bei WILD und BALL 1997).

B   Versuche

V 8.1   Nachweis des bei der Photosynthese gebildeten Sauerstoffs

V 8.1.1   Pflanzen machen „verbrauchte" Luft wieder „frisch"

Kurz und knapp:
Bereits 1771 beobachtete der Engländer Joseph PRIESTLEY (1733-1804), dass ein Minzezweig in der Lage war, Luft, die durch Tiere oder eine brennende Kerze „verdorben" worden war, wieder in „gute" oder „frische" Luft zu verwandeln. Er legte damit den Grundstein für die Entdeckung und Erforschung der Photosynthese als einem Prozess, bei dem grüne Pflanzen Kohlendioxid (CO_2) und Wasser (H_2O) mit Hilfe von Licht in organische Substanz und Sauerstoff (O_2) umwandeln. Der folgende Versuch soll dieses Grundexperiment Priestleys nachvollziehen und verdeutlichen, dass die Photosynthese der grünen Pflanzen stets mit der Bildung von Sauerstoff verbunden ist.

Zeitaufwand:
Vorbereitung: etwa 20 min zum Vorbereiten und Fertigmachen der Versuchsansätze, Standzeit der Ansätze im Tag-Nacht (Hell-Dunkel)-Rhythmus mindestens 4 Tage, Durchführung: 10-15 min für den Kerzentest

Material:	Sprosse von Pflanzen, die nicht zu leicht welken (z.B. Efeu, *Hedera helix*)
Geräte:	6 Einmachgläser mit dicht schließendem Deckel (1 oder 2 L mit Schnappverschluss), eventuell Gummiringe zur Abdichtung, 6 Bechergläser (100 mL), 6 Teelichter, 6 Holzspieße (Länge 15-20 cm), Strohhalm, Alufolie, Dunkelsturz (Schrank o. Ä.), Stoppuhr (oder Uhr mit Sekundenzeiger)
Chemikalien:	Leitungswasser

Durchführung:
a) Vorbereitung: Um die Atmosphäre in den Einmachgläsern möglichst wenig zu stören, sollten die Teelichter rasch eingestellt werden. Man steckt deshalb je einen Holzspieß so fest zwischen den Kerzeneinsatz und die Kerzenummantelung, dass er nicht mehr herausrutscht und die Teelichter mit Hilfe dieses „Griffes" problemlos in

das Glas überführt werden können. Falls die Spieße zu lang sind, müssen sie so weit gekürzt werden, dass sie bei geschlossenem Glas nicht an den Deckel stoßen.

Da die Dochtlänge einen deutlichen Einfluss auf die Flammengröße und damit die Brenndauer der Kerzen hat, sollten zudem Teelichter mit etwa gleich langen Dochten verwendet werden. In einem Vorversuch lässt sich feststellen, ob die Kerzen in den verschlossenen Gläsern gleich lange brennen.

Weiterhin kann vor dem eigentlichen Versuch getestet werden, welche Auswirkungen die ausgeatmete Luft auf die Brenndauer hat. Dazu atmet man bei leicht geöffnetem Deckel über einen Strohhalm mehrere Male kräftig in ein Einmachglas aus und verschließt es danach sofort. Anschließend wird in das beatmete und in ein unbeatmetes Kontrollglas je ein brennendes Teelicht eingestellt und die Zeit bis zum Verlöschen der Kerzen gemessen.

b) Bereitung der Versuchsansätze: Drei Bechergläser werden mit Alufolie umhüllt (gegen Algenbesiedlung im Licht), mit Leitungswasser gefüllt und in drei Einmachgläser gestellt. Glas 1 wird anschließend sofort verschlossen und dient als Kontrolle. In Glas 2 wird ein frisch abgeschnittener, vitaler Pflanzenspross in das mit Alufolie umwickelte Becherglas eingestellt und so platziert, dass später ein störungsfreies Einführen der brennenden Kerze möglich ist. In die Gläser 2 und 3 wird dann bei nur mehr leicht geöffnetem Deckel über einen Strohhalm mehrere Male (z.B. jeweils vier mal) tief ausgeatmet und die Gläser danach sofort luftdicht verschlossen. Anschließend stellt man alle drei Ansätze für mindestens vier Tage am Fenster oder einem anderen hellen Ort auf.

c) In der gleichen Weise wie eben beschrieben werden drei weitere Versuchsansätze vorbereitet, luftdicht verschlossen und unter einem Dunkelsturz, in einem Schrank o. Ä. für ebenfalls 4 Tage dunkel gestellt.

Nach vier Tagen wird in die belichteten, sowie in die dunkel platzierten Gläser je ein brennendes Teelicht eingestellt und die Zeit bis zum Verlöschen der Kerzen in den jeweiligen Versuchsansätzen mit einer Stoppuhr gemessen. Die ermittelten Werte der belichteten und der abgedunkelten Ansätze werden untereinander verglichen.

Beobachtung:
Wie bereits der Vorversuch zeigt, hat die ausgeatmete Luft einen deutlichen Einfluss auf die Brenndauer der Kerze. Diese ist in dem mit Atemluft gefüllten Glas eindeutig kürzer als in dem mit Umgebungsluft gefüllten Ansatz.

Bei dem belichteten Ansatz (b) beobachtet man nach vier Tagen ebenfalls eine Verkürzung der Brenndauer des Teelichtes in dem mit Atemluft gefüllten Glas 3 im Vergleich zur Kontrolle mit Umgebungsluft (Glas 1). Dagegen lässt sich bei dem zusätzlich mit einer Pflanze beschickten beatmeten Ansatz in Glas 2 eine verlängerte Brenndauer des Teelichtes bis hin zum Kontrollwert feststellen.

Bei dem dunkel gestellten Ansatz (c) kann man nach vier Tagen eine im Vergleich zur Kontrolle verkürzte Brenndauer des Teelichtes in dem mit Atemluft gefüllten Glas und eine noch weiter reduzierte Brenndauer im Glas mit Atemluft und Pflanze beobachten.

Pflanzen sind offensichtlich in der Lage, bei ausreichender Belichtung „verbrauchte" Luft zu verbessern, wohingegen Dunkelheit eine weitere „Verschlechterung" der Luft durch die Pflanze zur Folge hat.

Erklärung:

Wie bereits 1771 von dem Franzosen Antoine Laurent LAVOISIER (1743-1794) erstmals erkannt worden war, wird bei Verbrennungsprozessen O_2 verbraucht. Ist also die O_2-Menge in den geschlossenen Einmachgläsern durch die brennende Kerze verbraucht bzw. für den weiteren Verbrennungsprozess nicht mehr ausreichend, kommt es zum Erlöschen der Flamme. Dies ist in den mit Atemluft gefüllten Gläsern deshalb schneller der Fall, da hier der Sauerstoffgehalt im Vergleich zu den mit Umgebungsluft gefüllten Ansätzen geringer ist. So besteht die Umgebungsluft, d.h. die Atmosphäre zu etwa 78 % aus Stickstoff, 0,04 % aus Kohlendioxid und 21 % aus Sauerstoff, während die Ausatemluft neben 78 % Stickstoff, nur mehr etwa 16 % Sauerstoff, dafür aber 4 % Kohlendioxid enthält.

Die Beobachtung, dass sich in dem belichteten Ansatz mit Atemluft und Pflanze die Brenndauer der Kerze bis auf den Wert der Kontrolle verlängert, beruht auf der Tatsache, dass grüne Pflanzen in der Lage sind, bei ausreichender Belichtung Photosynthese zu betreiben. Da bei der Photosynthese von der Pflanze unter Verbrauch von H_2O und CO_2 nicht nur organische Substanz aufgebaut, sondern auch O_2 freigesetzt wird, erhöht sich so die O_2-Konzentration im beatmeten Einmachglas. Das Teelicht brennt länger. Der frei werdende O_2 stammt dabei aus der Photolyse des Wassers gemäß der Gleichung:

$$2\ H_2O \xrightarrow[\text{grünes Blatt}]{\text{Licht}} 4\ e^- + 4\ H^+ + O_2 \uparrow$$

Da die grünen Pflanzen H_2O als Elektronendonator des photosynthetischen Elektronentransports und damit für die CO_2-Reduktion verwenden, ist diese Photosynthese stets mit der Bildung und Freisetzung von O_2 verbunden.

Umgekehrt wird von der Pflanze bei der im Dunkeln ablaufenden Atmung – ebenso wie bei der Atmung von Tier und Mensch – O_2 verbraucht und CO_2 abgegeben. Entsprechend erlischt die Kerze bei den dunkel platzierten Ansätzen am schnellsten in dem Glas mit Atemluft und Pflanze. Denn hier ist der im Vergleich zur Umgebungsluft ohnehin geringere O_2-Gehalt durch den O_2-Verbrauch der atmenden Pflanze zusätzlich erniedrigt.

Bemerkung:
Dieser Versuch eignet sich gut als Einstieg in die Thematik der Photosynthese und der Lebensweise grüner Pflanzen schon in der Unterstufe. Außerdem lässt sich der Versuch auch zur Demonstration und Veranschaulichung der Biokreisläufe von CO_2, O_2 und H_2O verwenden, wie es in Abbildung 8.10 aufgezeigt wird:

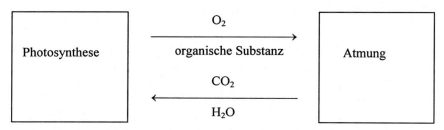

Abb. 8.10: Die Biokreisläufe von CO_2, O_2 und H_2O.

V 8.1.2 „Nagelprobe": Abhängigkeit der Sauerstoffbildung vom Licht

Kurz und knapp:
Wasserpflanzen, wie z.B. die Wasserpest (*Elodea*), eignen sich unter anderem deshalb so gut für einen Nachweis der photosynthetischen Sauerstoffproduktion, da in einem „Unterwasserversuch" die Freisetzung von Sauerstoff (O_2) in Form von an die Wasseroberfläche steigenden Gasbläschen optisch sichtbar wird. In diesem Versuch wird der Nachweis, dass es sich bei dem von der Pflanze bei der Photosynthese freigesetzten Gas tatsächlich um Sauerstoff handelt, mit Hilfe eines Eisennagels erbracht, der bei Anwesenheit von Wasser und Sauerstoff rostet.

Zeitaufwand:
Vorbereitung: 5-10 min, Durchführung: 2-3 Tage Standzeit der Versuchsansätze, 5 min zur Auswertung des Versuchs

Material:	2 frische, etwa gleich lange Sprosse der Wasserpest (*Elodea densa* oder *E. canadensis*)
Geräte:	3 Schraubdeckelgläser mit dicht schließendem Deckel (250 mL, z.B. leere Marmeladegläser), 3 große Eisennägel, Feile, Spatel, Rasierklinge, Topf und Heizplatte (Wasserkocher, Tauchsieder o. Ä.), Dunkelsturz (Schrank o. Ä.)
Chemikalien:	Aqua dest., Natriumhydrogencarbonat (NaHCO$_3$)

Durchführung:

Zunächst wird etwa ein Liter Aqua dest. in einem Topf zum Sieden gebracht und für einige Minuten gekocht, um den im Wasser gelösten Sauerstoff (O$_2$) so weit wie möglich zu entfernen. Nach dem Abkühlen wird das abgekochte Wasser dann auf die drei Gläser verteilt. Diese sollten jeweils randvoll gefüllt werden. Da durch das Kochen nicht nur der O$_2$, sondern auch das darin gelöste Kohlendioxid (CO$_2$) aus dem Wasser entfernt wurde, gibt man in alle drei Ansätze zusätzlich eine Spatelspitze NaHCO$_3$ (als CO$_2$-Lieferant). Anschließend werden die drei Gläser mit je einem großen Eisennagel beschickt. Eine eventuell vorhandene Rostschutzschicht ist durch vorheriges Abfeilen der Nägel zu entfernen. Ein Glas wird nun möglichst luftdicht verschlossen und dient als Kontrolle (Achtung: Da beim Zudrehen der Deckel meist etwas Wasser überläuft, empfiehlt es sich, eine Petrischale oder ein Handtuch unterzulegen.). In die übrigen zwei Gläser gibt man zusätzlich je einen frisch abgeschnittenen vitalen Spross der Wasserpest und verschließt auch hier möglichst luftdicht. Der Kontrollansatz sowie ein Ansatz mit *Elodea* werden dann an einem Fenster oder einem anderen hellen Ort aufgestellt. Der zweite *Elodea*-Ansatz wird dunkel platziert.

Die Auswertung erfolgt nach zwei bis drei Tagen.

Beobachtung:

Bereits nach 20-30 Minuten lassen sich in dem belichteten *Elodea*-Ansatz kleine Gasbläschen im Bereich der Blätter und der Schnittstelle des Sprosses der Wasserpest beobachten, während im abgedunkelten Ansatz sowie bei der Kontrolle keine Gasentwicklung festzustellen ist.

Nach zwei Tagen dann ist der Nagel im belichteten *Elodea*-Ansatz mit einer rotbraunen Rostschicht überzogen, die nach drei Tagen bereits abzublättern beginnt. Die Nägel in den übrigen Gläsern sind dagegen nahezu unverändert blank.

Erklärung:

Bei den beobachteten Gasblasen im belichteten *Elodea*-Ansatz handelt es sich um den von der Photosynthese der Pflanze gebildeten O$_2$. Dass es sich bei dem aufsteigenden Gas tatsächlich um O$_2$ handelt, beweist dann die nach ein bis zwei Tagen deutlich zu erkennende Rostschicht des betreffenden Eisennagels. Eisen rostet nur dann, wenn es mit Wasser und O_2 in Berührung kommt. Genauer wird Eisen an feuchter Luft oder in CO_2- und O_2-haltigem Wasser unter Bildung von Eisen(III)-oxid-Hydrat = $Fe_2O_3 \cdot H_2O$ („Rost") angegriffen, indem sich zunächst Eisencarbonate bilden, die dann der Hydrolyse unterliegen. Die auf diesem Weg gebildete Oxidhaut ist nicht zusammenhängend, sondern springt in Schuppen ab und legt frische Metalloberflächen frei, sodass der Rostvorgang weiter in das Innere fortschreiten kann.

Die Tatsache, dass in dem Ansatz ohne Licht keine Gasentwicklung und kein Rosten der Nägel zu erkennen war, zeigt zudem, dass die Photosynthese nur unter Anwesenheit dieses exogenen Faktors ablaufen kann.

Den Beweis dafür, dass der für das Rosten des Nagels verantwortliche O_2 tatsächlich von der Wasserpest stammt, liefert schließlich die Kontrolle. Da auch hier keinerlei Rostspuren zu beobachten sind, kann der O_2 nicht von außen aus der Luft, sondern vielmehr nur von der Pflanze selbst stammen.

Bemerkung:
Auch dieser Versuch lässt sich gut schon in der Unterstufe durchführen; eventuell sogar in Form einer „Hausaufgabe", wobei die Spatelspitze $NaHCO_3$ aus der Schulsammlung durch eine Messerspitze Natron (vom „Plätzchenbacken") ersetzt werden kann.
Die Wasserpest-Pflanzen sind im Aquarienhandel (Zoohandlung) zu beziehen.

V 8.1.3 Sauerstoffnachweis mit Indigocarmin: Abhängigkeit der Sauerstoffbildung von Kohlendioxid, Licht und Temperatur

Kurz und knapp:
Die Photosynthese ist von einer Vielzahl exogener Faktoren abhängig, die ihre Intensität und damit auch die pflanzliche Produktivität bestimmen. Großen Einfluss auf die Leistungsfähigkeit der Photosynthese haben vor allem das Licht, der Kohlendioxidgehalt der Atmosphäre, die Temperatur und die Wasserversorgung der Pflanze. Der folgende Versuch soll zeigen, dass bei einem Mangel eines der genannten Faktoren die Photosynthese nicht oder nur eingeschränkt abläuft. Als Maß für die Photosynthese gilt dabei der von den Pflanzen abgegebene Sauerstoff (O_2), der qualitativ in Form einer Farbreaktion nachgewiesen wird.

Zeitaufwand:
Vorbereitung: 30 min, Durchführung: ca. 40 min

Material:	frische, etwa gleich lange (z.B. 6 cm) Sprosse der Wasserpest (*Elodea densa* oder *E. canadensis*)
Geräte:	6 Demonstrationsreagenzgläser mit Ständer, 5 Büroklammern (Draht o. Ä.), 2 Weithalserlenmeyerkolben, 3 Bechergläser (1 x 1000 mL, 1 x 500 mL, 1 x 100 mL), Analysenwaage, 2 Wägeschälchen, Bürette, Magnetrührer, Alufolie, 2 Thermometer, temperierbares Wasserbad, Lichtquelle (z.B. 200 W-Glühbirne), Rasierklinge, Pinzette, Strohhalm
Chemikalien:	Indigocarmin (Indigosulfonat-Dinatriumsalz), Natriumdithionit ($Na_2S_2O_4$), Paraffinöl, Aqua dest., Eiswürfel, Leitungswasser

Durchführung:

a) Auswahl geeigneter Sprossstücke: Mit einer Rasierklinge schneidet man mehrere Sprossstücke von etwa 6 cm Länge möglichst schräg ab und beschwert die Sprossspitzen mit einer Büroklammer, einem Draht o. Ä. Dann werden die Sprosse in ein großes Becherglas mit Leitungswasser gebracht und belichtet. Aus den nach oben zeigenden Schnittstellen beginnen allmählich Gasbläschen auszutreten. Man wählt nun die Sprossstücke aus, die in etwa gleich starke Bläschenbildung aufweisen.

b) Titration: Vor der Titration werden in einem 500 mL-Becherglas 25 mg Indigocarmin in 500 mL Aqua dest. und in einem 100 mL-Becherglas 400 mg $Na_2S_2O_4$ in 40 mL Aqua dest. gelöst. Die $Na_2S_2O_4$-Lösung füllt man dann in eine Bürette und stellt das Becherglas mit der blau gefärbten Indigocarminlösung auf einem Magnetrührer darunter. Nun wird tropfenweise so lange $Na_2S_2O_4$-Lösung zugegeben, bis ein Farbumschlag nach gelb erfolgt. Beim Umrühren sollten keine blauen Schlieren mehr sichtbar sein. Es empfiehlt sich mit zwei bis vier Tropfen über den Farbumschlag hinaus zu titrieren, damit sich die Lösung beim Umfüllen in die Reagenzgläser nicht wieder blau verfärbt.

Die nicht benötigte $Na_2S_2O_4$-Lösung sollte nicht direkt verworfen, sondern bis zum Ende des Versuches aufbewahrt werden.

c) Bereitung der Versuchsansätze: Die gelblich gefärbte Indigocarminlösung wird nun in fünf der sechs Reagenzgläser gefüllt und durch mehrmaliges Hineinpusten von Atemluft über einen Strohhalm mit CO_2 angereichert.

Der restliche Teil (etwa 100 mL) wird zurückbehalten und das darin gelöste Kohlendioxid (CO_2) durch Abkochen im Wasserbad weitgehend entfernt. Sollte sich die Lösung im Verlauf des Kochens wieder blau färben, so wird tropfenweise so viel von der zurückbehaltenen $Na_2S_2O_4$-Lösung zugesetzt, bis gerade wieder ein Farbumschlag eintritt. Nachdem die nun CO_2-arme Lösung im Eisbad auf Raumtemperatur abgekühlt worden ist, wird sie ebenfalls in ein Reagenzglas gefüllt.

Eines der fünf beatmeten Reagenzgläser wird dann mit Paraffinöl überschichtet und dient als Kontrolle (Reagenzglas 1). In die übrigen Reagenzgläser wird mittels einer Pinzette je eines der zuvor ausgewählten Sprossstücke eingebracht und untergetaucht. Anschließend erfolgt auch hier eine Überschichtung mit Paraffinöl, die verhindern soll, dass Luft-O_2 in die Lösung eintritt und so zu einer Oxidation des Indigocarmins führt. Einer der beatmeten *Elodea*-Ansätze wird dann als Lichtschutz vollständig mit Alufolie umhüllt (Reagenzglas 2). Ein zweiter beatmeter Ansatz wird in einen mit heißem Wasser gefüllten Weithalserlenmeyerkolben eingestellt und auf etwa 35 °C erwärmt (Reagenzglas 5), ein dritter beatmeter Ansatz in einem weiteren mit Eiswasser gefüllten Weithalserlenmeyerkolben auf ca. 8 °C abgekühlt (Reagenzglas 6).

Anschließend positioniert man alle Ansätze in möglichst gleichem Abstand (z.B. 25 cm) vor einer Lichtquelle und beobachtet.

Zusammenfassend erfolgt die Bereitung der Versuchsansätze also gemäß folgender Tabelle:

Reagenzglas	*Elodea*	Licht	CO_2	Temperatur
1	—	+	+	25 °C
2	+	—	+	25 °C
3	+	+	—	25 °C
4	+	+	+	25 °C
5	+	+	+	35 °C
6	+	+	+	8 °C

Beobachtung:

Reagenzglas 1: Auch nach 20 Minuten Belichtung ist die Lösung nahezu unverändert gelb gefärbt.

Reagenzglas 2: Auch nach 20 Minuten ist die Lösung nahezu unverändert gelb gefärbt.

Reagenzglas 3: Auch nach 20 Minuten Belichtung ist die Lösung nahezu unverändert gelb gefärbt.

Reagenzglas 4: Nach ca. 5-6 Minuten zeigen sich erste blaue Schlieren; nach 15 Minuten hat sich die ursprünglich gelbe Lösung deutlich blau gefärbt.

Reagenzglas 5: Nach ca. 3-4 Minuten zeigen sich erste Blaue Schlieren; nach 15 Minuten hat sich die ursprünglich gelbe Lösung intensiv dunkelblau gefärbt.

Reagenzglas 6: Nach etwa 12 Minuten zeigen sich erste leichte blaue Schlieren in der Umgebung des Sprosses; nach 20 Minuten durchziehen einzelne blaue Schlieren die noch immer gelbliche Lösung.

Erklärung:

Bei dem verwendeten Indigocarmin handelt es sich um einen Redoxindikator, der im reduzierten Zustand gelb und im oxidierten Zustand blau ist (Abb. 8.11). Die O_2-Produktion der *Elodea*-Sprosse wird somit chemisch durch die Oxidation von redu-

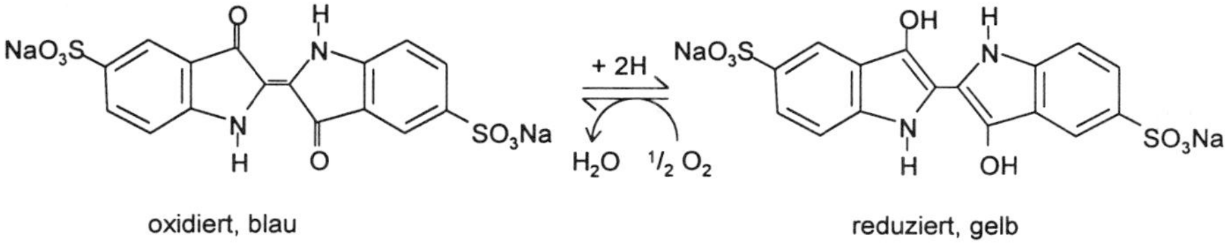

Abb. 8.11: Der Redoxfarbstoff Indigocarmin.

ziertem, gelben zu oxidiertem, blauen Indigocarmin nachgewiesen. Die Zeit bis zum Auftreten einer Verfärbung und die Intensität der Färbung sind dabei ein Maß für die photosynthetische O_2-Produktion bzw. die Photosyntheseaktivität der Pflanze unter den gegebenen Bedingungen.

Die oben beschriebenen Beobachtungen zeigen folglich, dass die Pflanze nicht photosynthetisch aktiv ist, wenn ihr Licht oder CO_2 fehlen (vgl. Reagenzgläser 2 und 3 ohne Blaufärbung). Weiterhin lassen die Versuchsergebnisse Rückschlüsse auf den Einfluss der Temperatur auf die Photosyntheseintensität zu. Diese ist – entsprechend der Blaufärbung der verschieden temperierten Ansätze – bei tiefen Temperaturen deutlich geringer als bei Raumtemperatur und scheint ihr Temperaturoptimum sogar noch oberhalb der Raumtemperatur zu haben (vgl. Reagenzgläser 4 bis 6: zunehmende Blaufärbung mit steigender Temperatur).

Dass die unterschiedlich intensiven Färbungen sowie das Auftreten von Blaufärbungen überhaupt allein auf die O_2-Produktion der *Elodea* zurückzuführen ist, beweist die während der gesamten Versuchsdauer gelb gefärbte Kontrolle ohne Pflanze (vgl. Reagenzglas 1).

Bemerkung:
Die geschilderten Versuchsbedingungen können problemlos abgewandelt und variiert werden. Allerdings erfordert der Versuch ein relativ zügiges und exaktes Arbeiten. So sollten die Ansätze möglichst rasch mit *Elodea* beschickt und mit Paraffin überschichtet werden, um die Bildung blauer Schlieren durch eindringenden Luftsauerstoff zu vermeiden. Beim Titrieren ist zu beachten, dass der Umschlagspunkt nicht zu weit überschritten wird, da sonst die Zeit bis zum Einsetzen der Farbreaktion beim Belichten der Pflanzen zu lang wird. Außerdem sollte stets die gesamte Menge der Indigocarminlösung und nicht jeder Ansatz einzeln titriert werden, um zu gewährleisten, dass jedes Reagenzglas in etwa die gleiche Menge an $Na_2S_2O_4$ enthält und der Farbumschlag somit bei vergleichbaren O_2-Konzentrationen erfolgt.

Da $Na_2S_2O_4$ gesundheitsschädlich ist, sollte der Kontakt mit Haut und Augen vermieden werden. Berührungsstellen sind sofort abzuwaschen.

V 8.1.4 Messung der Photosyntheseintensität mit der Aufschwimmmethode

Kurz und knapp:

Infiltriert man frisch ausgestanzte Blattscheibchen im Wasserstrahlpumpenvakuum mit wässrigen Lösungen, dann werden sie spezifisch schwerer als diese und sinken in ihnen ab. Im Verlauf der Photosynthese sammelt sich der bei der Photolyse des Wassers freigesetzte Sauerstoff (O_2) in den „luftfreien" Interzellularen an, das spezifische Gewicht der Scheibchen verringert sich, und sie schwimmen auf. Die Zeit bis zum Aufschwimmen kann dabei als relatives Maß für die Intensität der Photosynthese verwendet werden. Im folgenden Versuch soll nun die Abhängigkeit der Photosyntheseintensität von der Beleuchtungsstärke gezeigt werden.

Zeitaufwand:

Vorbereitung: ca. 15 min, Durchführung: ca. 30 min

Material:	frische, unbeschattete Blätter von Tollkirsche (*Atropa belladonna*), Bohne (*Phaseolus vulgaris*) o. Ä. (möglichst keine Blätter mit starker Behaarung oder stark ausgeprägter Wachsschicht verwenden, da diese aufgrund der schlechten Benetzbarkeit nicht oder nur schwer infiltrierbar sind)
Geräte:	3 Bechergläser (2 x 100mL, 1 x 250 mL), Messkolben (250 mL), Saugreagenzglas mit durchbohrtem Stopfen, Wasserstrahlpumpe, Korkbohrer (Rohrdurchmesser z.B. 6 mm), kleine Styroporplatte, 2 Glaspetrischalenhälften, Spatel, Pinzette, Sonde, Overheadprojektor (oder andere Lichtquelle), Waage, Stoppuhr, Rasierklinge, einige Blätter weißes Papier
Chemikalien:	Citronensäure, Dinatriumhydrogenphosphat ($Na_2HPO_4 \cdot 12\ H_2O$), Natriumhydrogencarbonat ($NaHCO_3$), Aqua dest.

Durchführung:

a) Herstellung des Citronensäure/Na_2HPO_4-Puffers: Man stellt zunächst 50 mL einer 0,1 molaren Citronensäurelösung und 200 mL einer 0,2 molaren Na_2HPO_4-Lösung her. Dazu werden 0,96 g Citrat in 50 mL Aqua dest. und 14,33 g $Na_2HPO_4 \cdot 12\ H_2O$ in 200 mL Aqua dest. gelöst. 45,6 mL dieser Citrat- und 154,4 mL der Na_2HPO_4-Lösung gibt man dann in einen Messkolben und setzt 2,2 g $NaHCO_3$ zu. Nach vollständiger Lösung wird mit Aqua dest. auf 250 mL aufgefüllt.

b) Bereitung der Versuchsansätze: Zum Ausstanzen der Blattscheibchen legt man frisch abgeschnittene Blätter mit der Unterseite nach oben auf eine Styroporplatte. Dann sticht man mit einem scharfen Korkbohrer 30 bis 40 Scheibchen aus, wobei

Bereiche, in denen größere Rippen oder Blattadern verlaufen, ausgespart werden sollten. Die ausgestanzten Blattscheibchen werden sofort in ein mit 20-30 mL Citronensäure/Na_2HPO_4-Puffer gefülltes Saugreagenzglas überführt. Dieses wird anschließend mit einem durchbohrten Stopfen verschlossen und an eine Wasserstrahlpumpe angeschlossen.

Für die Infiltration lässt man die Wasserstrahlpumpe kräftig laufen und hält den Daumen ca. 30 Sekunden lang fest auf die Stopfenöffnung bis Blasen im Reagenzglas aufsteigen. Dann hebt man den Daumen abrupt an und unterbricht so das Vakuum im Saugreagenzglas. Dieser Vorgang wird sooft wiederholt, bis die Blattscheibchen mehr oder weniger glasig aussehen und spontan bzw. bei leichtem Schütteln auf den Gefäßboden absinken.

Die infiltrierten Scheibchen werden dann in einem Zug in ein Becherglas gegeben und von dort auf zwei Glaspetrischalenhälften verteilt, die mit noch einmal durchmischtem Citronensäure/Na_2HPO_4-Puffer gefüllt sind. Dabei ist möglichst rasch und in gedämpftem Licht zu arbeiten. Jeder Ansatz sollte 10-15 Blattscheibchen enthalten, die zu Versuchsbeginn alle einzeln und ohne sich gegenseitig zu überdecken am Boden der Petrischalen positioniert werden. (Je nach verwendetem Blattmaterial kann es zu einem Zusammenrollen und Verkleben der einzelnen Scheibchen nach der Infiltration kommen. Beim Überführen und Ausbreiten der Scheibchen sollte deshalb vorsichtig und mit stumpfen Sonden gearbeitet werden, um die Blattstücke nicht zu beschädigen.)

Im Anschluss stellt man beide Ansätze auf einem Overheadprojektor auf, wobei man die auf die erste Petrischale einwirkende Lichtintensität durch das Unterlegen von z.B. drei Blättern Papier verringert. Mit dem Einschalten des Projektors bzw. dem Einsetzen der Belichtung startet man die Stoppuhr, beobachtet und notiert die Zeitpunkte, an denen die Blattscheiben zur Oberfläche aufschwimmen.

Beobachtung:

In dem voll belichteten Ansatz ist ein früheres und schnelleres Aufschwimmen der Blattscheibchen zu beobachten als in dem Ansatz mit Papierunterlage. Insgesamt ist die durchschnittliche Zeit bis zum Aufschwimmen bei höherer Lichtintensität deutlich kürzer als bei geringerer Lichtintensität.

Erklärung:

Durch die Infiltration mit dem bicarbonathaltigen Citronensäure/Na_2HPO_4-Puffer, der wegen der Zugabe von $NaHCO_3$ gleichzeitig auch als Kohlendioxidquelle (CO_2-Quelle) dient, wird die Luft aus den Interzellularen der Blattscheiben verdrängt. Sie sinken ab. Mit der Beleuchtung setzt dann die Photosynthese ein, in deren Verlauf durch die Photolyse des Wassers O_2 freigesetzt wird. Dieser verdrängt nun die Flüssigkeit aus den Interzellularen und bewirkt so ein Aufschwimmen der Blattscheibchen. Das schnellere Aufschwimmen der Blattscheibchen bei höherer Lichtintensität zeigt außerdem, dass unterhalb der Lichtsättigung die Photosyntheseleistung der Pflanzen mit steigender Beleuchtungsstärke zunimmt.

Bemerkung:
Es ist darauf zu achten, dass tatsächlich unbeschattetes Blattmaterial für den Versuch verwendet wird, da andernfalls die Gefahr besteht, dass sich die Pflanze bezüglich ihrer Photosyntheseleistung den geringen Lichtintensitäten angepasst hat.

V 8.2 Nachweis der photosynthetisch gebildeten Stärke in Blättern

V 8.2.1 Die Chloroplasten als Ort der photosynthetischen Stärkebildung

Kurz und knapp:
Bei den meisten höheren Pflanzen erfährt die Glucose im Anschluss an den eigentlichen Assimilationsprozess eine Umwandlung zur so genannten Assimilationsstärke. Diese sammelt sich vorübergehend in den Chloroplasten an, wenn der Abtransport infolge intensiver Photosynthese nicht mit der Anlieferung der Kohlenhydrate mithalten kann. Durch Anfärben mit Iodkaliumiodid-Lösung sollen in diesem Versuch die winzigen Stärkeeinschlüsse lichtmikroskopisch sichtbar gemacht und die Chloroplasten so als Orte der photosynthetischen Stärkebildung erkennbar werden.

Zeitaufwand:
Vorbereitung: mehrere Stunden zur Belichtung des Stärkeansatzes, sowie mindestens 12 Stunden für den Dunkelansatz, Durchführung: 20-30 min

Material:	Sprosse der Wasserpest (*Elodea densa* oder *E. canadensis*) oder von Laubmoosen (z.B. Drehmoos, *Funaria hygrometrica*)
Geräte:	2 Bechergläser (1000 mL), Lichtmikroskop mit Ölimmersionsobjektiv, Objektträger, Deckgläser, Pinzette, Rasierklinge, Tropfpipette, Spatel, Filterpapierstreifen, Lichtquelle (z.B. 200 W-Glühbirne), wassergefüllter Glasbehälter als Wärmeschutz, Dunkelsturz (Schrank o. Ä.)
Chemikalien:	Iodkaliumiodid-Lösung (IKI-Lösung, Lugolsche Lösung, s. V 1.3.2), Natriumhydrogencarbonat ($NaHCO_3$), Immersionsöl, Leitungswasser

Durchführung:
a) Bereitung der Versuchsansätze: Einige Sprosse der Wasserpest werden in einem mit Leitungswasser gefüllten Becherglas, dem zur Erhöhung der Photosyntheserate eine Spatelspitze $NaHCO_3$ zugesetzt worden ist, mit Hilfe einer 200 W-Glühbirne, vor die zusätzlich eine wassergefüllte Chromatographiekammer als Wärmefilter gestellt wird, für mehrere Stunden beleuchtet. Ein Parallelansatz wird für mindestens 12 Stunden dunkel gestellt.
b) Mikroskopieren der Versuchsansätze: Von den belichteten und den unbelichteten Sprossen werden im Bereich der Sprossspitze mit der Pinzette einige Blättchen abgezupft, in einen Tropfen Iodkaliumiodid-Lösung auf einen Objektträger gebracht und mit Deckgläsern abgedeckt. Anschließend wird mikroskopiert.

Beobachtung:
In den Chloroplasten der belichteten Blättchen ist die Assimilationsstärke in Form winziger dunkel gefärbter Körnchen gut zu erkennen (Abb.8.12). Die Chloroplasten der unbelichteten Blättchen sind dagegen stärkefrei.

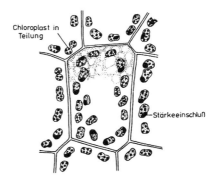

Erklärung:
Die beobachtete blau-violette Färbung der Stärkekörner als typischem Stärkenachweis beruht auf der Einlagerung von Iodmolekülen in die schraubenförmig gewundenen Stärkemoleküle, was eine starke Absorption der langwelligen sichtbaren Strahlung und damit eine blau-violette Färbung zur Folge hat.

Abb. 8.12: Chloroplasten mit Stärkeeinschlüssen (KUHN und PROBST, 1983).

Bei der Bildung und Speicherung der auf diese Weise nachgewiesenen Assimilationsstärke handelt es sich um einen diurnalen Vorgang. Tagsüber bzw. während der Belichtung kommt es in der Zelle infolge reger Photosynthese zu einem Zuckerüberschuss. Diesem Überschuss begegnet die Pflanze durch Überführung der osmotisch wirksamen Glucose in die osmotisch unwirksame Form der Stärke. Es kommt zur Bildung von Stärkekörnern. Diese Stärkebildung ist jedoch reversibel, d.h. die Stärke wird in der Nacht wieder mobilisiert und die Abbauprodukte abtransportiert bzw. bei der im Dunkeln ablaufenden Atmung verbraucht. Man spricht deshalb auch von transitorischer Stärke. Entsprechend muss der Stärkenachweis bei den dunkel gestellten Sprossen der Wasserpest negativ ausfallen.

V 8.2.2 Abhängigkeit der Stärkebildung vom Licht

Kurz und knapp:
Die in den Chloroplasten der meisten höheren Pflanzen ablaufende Stärkebildung (Stärkepflanzen) beruht auf der Kohlendioxid-Assimilation im Licht und damit auf der Photosynthese. Mit der Iodstärkereaktion, einer charakteristischen Farbreaktion, die auf die Einlagerung von Iodmolekülen in die Helixstruktur der Stärkemoleküle zurückzuführen ist, lassen sich nun die Regionen eines Blattes erkennen, in denen Stärke aufgebaut wird und die folglich photosynthetisch aktiv sind. Durch geeignete Versuchsanordnungen können so die zur Photosynthese notwendigen Faktoren qualitativ nachgewiesen werden.

Im folgenden Versuch werden bestimmte Bereiche eines Blattes mit Hilfe einer Schablone abgedeckt. Die Iodstärkereaktion soll dann zeigen, dass nur die vom Licht getroffenen Blattregionen zur Kohlendioxid-Assimilation und damit zur Stärkebildung fähig sind.

Zeitaufwand:
Vorbereitung: ca. 10 min, 2 Tage für die Belichtung der Versuchsansätze (Pflanzen sollten außerdem 12 Stunden vor Versuchsbeginn dunkel gestellt werden), Durchführung: ca. 15 min

Material:	großblättrige Pflanzen mit flächig entwickelten grünen Blättern (z.B. Bohne, *Phaseolus vulgaris*; Gurke, *Cucuma sativa* u. a. Ungeeignet sind Blätter von manchen Einkeimblättrigen, da sie Zucker statt Stärke speichern)
Geräte:	Schablonen (aus schwarzem Tonpapier, Alufolie, Karton etc.), Büroklammern, Standzylinder (zum Abstützen der Schablone-tragenden Blätter), Lichtquelle, große mit Wasser gefüllte Glasküvette als Wärmefilter, 2 Bechergläser (500 mL), große Glaspetrischale, elektrisch beheizbares Wasserbad (Kochplatte o. Ä.), Glasstab, Pinzette, Rasierklinge, weißer Karton
Chemikalien:	Methanol (alternativ: 96 %iger Alkohol), Iodkaliumiodid-Lösung (IKI-Lösung, Lugolsche Lösung, s. V 1.3.2), Leitungswasser

Durchführung:
a) Bereitung der Versuchsansätze: Die verwendeten Pflanzen sollten zwölf Stunden vor Versuchsbeginn dunkel gestellt werden, damit die Blätter zu Versuchsbeginn weitgehend stärkefrei sind. An einem dem Sonnenlicht zugekehrten Blatt wird dann mit Hilfe von Büroklammern eine Schablone befestigt, die einen breiten Streifen des

Blattes mit Ausnahme der Buchstaben LICHT, STÄRKE o. Ä. abdeckt. Das so umhüllte Blatt wird mit einem hohen Standzylinder abgestützt, um ein Abknicken zu vermeiden. Diesen Versuchsansatz stellt man bei Tageslicht mindestens zwei Tage auf, schneidet dann (am Nachmittag!) das Versuchsblatt mit einer Rasierklinge ab und führt anschließend den Stärkenachweis durch.

Wird das Blatt einer künstlichen Lichtquelle ausgesetzt (z.B. im Winter oder an trüben Tagen), so ist zusätzlich für einen Wärmeschutz zwischen Lichtquelle und Pflanze zu sorgen.

b) Durchführung des Stärkenachweises: Um die im intakten Zustand mehr oder weniger undurchlässigen Zellmembranen durchlässig zu machen, werden die frisch abgeschnittenen Blätter für etwa 2 Minuten in kochendes Wasser getaucht. Anschließend gibt man die Blätter mit Hilfe einer Pinzette in ein mit heißem Methanol (Der Siedepunkt von Methanol bei 65 °C sollte nicht überschritten werden!) gefülltes Becherglas und belässt sie darin, bis sie sich weitgehend entfärbt haben. Die Pigmentextraktion kann durch Umrühren mit einem Glasstab beschleunigt werden. Die entfärbten Blätter werden dann mit Wasser abgespült und in einer Petrischale mit Iodkaliumiodid-Lösung übergossen. Nach fünf bis zehn Minuten sind die Blätter „entwickelt" und können auf einem weißen Untergrund betrachtet werden.

Beobachtung:
Das belichtete Blatt färbt sich nur in den Bereichen dunkelviolett bis schwarz, die nicht von der Schablone abgedeckt waren und somit vom Licht getroffen werden konnten (Abb. 8.13).

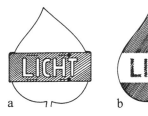

Erklärung:
Wie Julius SACHS (1832-1897) bereits 1864 zeigte, wird von der Pflanze tagsüber, d.h. bei Belichtung, Stärke in den Chloroplasten

Abb. 8.13: Licht-Stärkeprobe. a mit Schablone, b nach Stärkenachweis.

gebildet und in der Nacht wieder abgebaut. Bei der Stärkebildung handelt es sich folglich um einen diurnalen Prozess. Während der im Licht ablaufenden Photosynthese wird Kohlendioxid (CO_2) in Kohlenhydrate umgewandelt und in Form von Stärke gespeichert. Aus diesem Grund ist bei dem hier beschriebenen Schablonenversuch nur in den belichteten, photosynthetisch aktiven Bereichen des Blattes die Bildung oder das Vorhandensein von Stärke zu beobachten. Im Dunkeln wird diese Assimilationsstärke dann wieder mobilisiert und die Kohlenhydrate aus den Chloroplasten bzw. den Blättern abtransportiert oder bei der Atmung verbraucht.

Bemerkung:
Methanol ist giftig beim Einatmen und Verschlucken und zudem – wie alle organischen Lösungsmittel – leicht entflammbar. Es sollte deshalb nicht in der Nähe von Zündquellen und offenen Flammen gearbeitet werden (elektrisch beheizbares Wasserbad!).

V 8.2.3 Abhängigkeit der Stärkebildung vom Kohlendioxidgehalt der Luft

Kurz und knapp:
In diesem Versuch wird einem Blatt durch „Aufkleben" auf einen mit Kalilauge gefüllten Standzylinder das Kohlendioxid (CO_2) vorenthalten. Der anschließend durchgeführte Stärkenachweis soll dann zeigen, dass das Blatt nur dann Stärke bilden kann, wenn der Kohlendioxidgehalt der Luft für die Photosynthese ausreichend ist.

Zeitaufwand:
Vorbereitung: ca. 15 min, 2-3 Tage für die Belichtung der Versuchsansätze (Pflanzen sollten außerdem 12 Stunden vor Versuchsbeginn dunkel gestellt werden), Durchführung: ca. 15 min

Material:	Pflanze mit großen, grünen Blättern (z.B. Bohne, *Phaseolus vulgaris*)
Geräte:	2 Standzylinder (250 mL), 2 auf dem Zylinderrand aufliegende Glasdeckel, Lichtquelle, große mit Wasser gefüllte Glasküvette als Wärmefilter, 2 Bechergläser (500 mL), große Glaspetrischale, elektrisch beheizbares Wasserbad (Kochplatte o. Ä.), Glasstab, Pinzette, Rasierklinge, weißer Karton
Chemikalien:	5 %ige Kaliumhydroxid-Lösung (KOH-Lösung, Kalilauge), 5 %ige Natriumhydrogencarbonatlösung ($NaHCO_3$-Lösung), Vaseline, Methanol (alternativ: 96 %iger Alkohol), Iodkaliumiodid-Lösung (IKI-Lösung, Lugolsche Lösung, s. V 1.3.2), Leitungswasser

Durchführung:
a) Bereitung der Versuchsansätze: Die verwendete Pflanze sollte zwölf Stunden vor Versuchsbeginn dunkel gestellt werden, damit die Blätter zu Versuchsbeginn weitgehend stärkefrei sind. Am Versuchstag selbst wird dann zunächst ein Standzylinder mit 200 mL 5 %iger KOH-Lösung, der andere mit 200 mL 5 %iger $NaHCO_3$-Lösung gefüllt. Danach bestreicht man die Ränder der Zylinder mit Vaseline und klebt je ein

Blatt der verwendeten Pflanze auf die Standzylinder auf. Die Blattunterseite mit den Spaltöffnungen muss dabei nach unten weisen. Außerdem ist darauf zu achten, dass der überstehende Teil der Blattspreite nicht mit Vaseline beschmiert wird, damit der Gasaustausch über die Spaltöffnungen nicht gehemmt wird. Um die Standzylinder möglichst luftdicht abzuschließen, beschwert man die Blätter zusätzlich mit einer Glasplatte und belichtet die Ansätze anschließend für zwei bis drei Tage mit

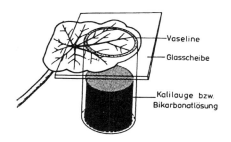

Abb. 8.14: CO_2-Stärkeprobe (KUHN und PROBST, 1983).

einer künstlichen Lichtquelle oder an einem hellen Fenster. Nach drei Tagen werden die Blätter mit einer Rasierklinge abgeschnitten, vorsichtig von den Standzylindern gelöst und der Stärkenachweis durchgeführt (Abb. 8.14).

b) Durchführung des Stärkenachweises: Der Stärkenachweis wird wie in V 8.2.2 durchgeführt.

Beobachtung:

Das über der KOH-Lösung angebrachte Blatt zeigt einen runden gelb-braun gefärbten stärkefreien Bereich, der der eingekitteten Fläche entspricht. Das über der NaHCO$_3$-Lösung angebrachte Blatt weist dagegen auch in dem während der Belichtung abgekitteten Bereich eine intensiv dunkelviolette bis schwarze Färbung auf.

Erklärung:

Neben dem Licht ist der CO_2-Gehalt der Luft ein weiterer die Photosynthese begrenzender Faktor. So ist eine optimale Photosynthese und CO_2-Assimilation nur dann möglich, wenn ausreichend CO_2 zur Verfügung steht.

Durch die KOH-Lösung wird nun nicht nur das in der Luftsäule des Standzylinders vorhandene CO_2 gebunden, sondern dem Blatt zusätzlich das durch die Atmung erzeugte CO_2 entzogen:

$$H_2O \; + \; CO_2 \; \longleftrightarrow \; H_2CO_3$$
$$H_2CO_3 \; + \; 2\,KOH \; \longleftrightarrow \; 2\,H_2O \; + \; K_2CO_3$$

Die Pflanze kann somit in dem abgekitteten Bereich nicht mehr mit CO_2 versorgt werden. Infolgedessen wird die photosynthetische CO_2-Assimilation und damit auch die Stärkebildung verhindert.

Im Gegensatz dazu wird in dem mit NaHCO$_3$-Lösung gefüllten Standzylinder CO_2 auf folgende Weise freigesetzt:

$$2\,NaHCO_3 \quad \longleftrightarrow \quad H_2O \;+\; CO_2 \;+\; Na_2CO_3$$

Die Pflanze ist darum auch in dem während des Versuchs abgekitteten Bereich ausreichend mit CO_2 versorgt, kann folglich optimal Photosynthese betreiben und somit Stärke bilden.

Bemerkung:
Methanol ist giftig beim Einatmen und Verschlucken und zudem – wie alle organischen Lösungsmittel – leicht entflammbar. Es sollte deshalb nicht in der Nähe von Zündquellen und offenen Flammen gearbeitet werden (elektrisch beheizbares Wasserbad!).

V 8.3   Beobachtungen und Experimente bei C_4-Pflanzen

V 8.3.1 Vergleichende Betrachtung der Blattquerschnitte von C_3- und C_4-Pflanzen im Lichtmikroskop

Kurz und knapp:
Die C_4-Pflanzen weisen eine Reihe anatomischer Besonderheiten auf, die im folgenden Versuch durch eine vergleichende Betrachtung von selbst hergestellten Blattquerschnitten von C_3- und C_4-Pflanzen deutlich gemacht werden sollen.

Zeitaufwand:
Durchführung: ca. 45 min

Material:	Blatt einer C_3-Pflanze (z.B. Rotbuche, *Fagus sylvatica*; Bohne, *Phaseolus vulgaris* u.a.), Blatt einer C_4-Pflanze (z.B. Mais, *Zea mays*)
Geräte:	Lichtmikroskop mit Ölimmersionsobjektiv, Objektträger, Deckgläser, Rasierklingen (fabrikneu!), Pinzette, Pinsel, Styropor oder Holundermark, Filterpapier (Zellstoff o. Ä.)
Chemikalien:	Immersionsöl, Leitungswasser

Durchführung:
Um die anatomischen Unterschiede zwischen C_3- und C_4-Pflanzen eindeutig erfassen zu können, ist die Herstellung möglichst dünner Blattquerschnitte nötig. Aus diesem

Grund empfiehlt es sich, die Blätter zwischen Styropor oder Holundermark zu schneiden.

Man spannt also die Blätter zwischen zwei Styroporstücke oder zwei Holundermarkspalthälften und drückt diese mit Daumen und Zeigefinger fest zusammen. Um eine glatte Schnittfläche zu erhalten, kann der erste Schnitt etwas dicker geführt und dann verworfen werden. Die einzelnen Schnitte sollten nun genau senkrecht zur Längsrichtung des Blattes geführt werden. Dazu setzt man eine scharfe, am besten fabrikneue Rasierklinge vor dem Objekt auf dem Styropor bzw. dem Holundermark an und zieht sie unter leichtem Druck in Richtung auf den Körper durch das Objekt. Die Schnitte werden anschließend mit einem feinen Pinsel abgestreift oder mit Hilfe einer Pinzette in einen Tropfen Wasser auf einen Objektträger gebracht und mit einem Deckglas abgedeckt. Dabei sollte man das Deckglas mit der Kante neben dem Wassertropfen ansetzen und es langsam nach unten gleiten lassen, um die Bildung von Luftblasen zu vermeiden. Eventuell überschüssiges Wasser kann am Rande des Deckglases mit Filterpapier oder einem Papiertaschentuch abgesaugt werden.

Danach legt man die Objektträger unter ein Lichtmikroskop und vergleicht den Blattaufbau der verschiedenen Präparate.

Beobachtung und Erklärung:
Im Lichtmikroskop werden die Unterschiede im Blattaufbau von C_3- und C_4-Pflanzen sehr deutlich. So zeigen die Blätter der C_3-Pflanzen einen zweischichtigen Aufbau des Assimilationsgewebes. Es besteht aus einem ein- oder zweischichtigen Palisadenparenchym mit schmalen, säulenförmigen Zellen und einem Schwammparenchym mit mehr oder weniger unregelmäßig geformten Zellen, in dem auch die Leitbündel vorliegen (vgl. Abb.8.7). Beide Zelltypen enthalten lichtmikroskopisch mehr oder weniger gleich aussehende Chloroplasten.

Bei den C_4-Pflanzen lässt sich ein von dieser horizontalen Schichtung abweichender Blattaufbau beobachten. Hier ist das photosynthetische Gewebe radiär um die Leitbündel angeordnet („Kranztyp"), wobei sich zwei Zelllagen unterscheiden lassen: ein innerer Ring von relativ großen Zellen, die so genannte Leitbündelscheide, und ein äußerer Kranz von locker stehenden Mesophyllzellen (vgl. Abb. 8.7). Beide Zelltypen enthalten Chloroplasten, wobei die Chloroplasten der Mesophyllzellen bei genauer Betrachtung etwas dunkler grün gefärbt scheinen.

Bemerkung:
Das Anfertigen dünner, für die vergleichende anatomische Betrachtung geeigneter Blattquerschnitte kann den Schülerinnen und Schülern anfänglich Schwierigkeiten bereiten. Eine gewisse Zeit zum „Üben" sollte deshalb bei der Planung des Versuches mit eingerechnet werden.

V 8.3.2 Stärkebildung in Maisblättern

Kurz und knapp:
In den Blättern der C$_4$-Pflanzen findet eine Arbeitsteilung zwischen den Mesophyll-zellen und den die Leitbündel kranzförmig umgebenden Bündelscheidenzellen statt. In den ersteren erfolgt der vorübergehende Einbau von Kohlendioxid (CO$_2$) in eine Dicarbonsäure (C$_4$-Dicarbonsäureweg), in den letzteren der CO$_2$-Einbau nach dem CALVIN-Zyklus und die Bildung der Kohlenhydrate. Dieser Versuch soll nun zeigen, dass in Maisblättern die Stärkebildung in den Bündelscheidenchloroplasten erfolgt.

Zeitaufwand:
Vorbereitung: 10 min, 2 Tage zur Belichtung der Ansätze, Durchführung: ca. 30-40 min

Material:	6 frisch abgeschnittene Blätter von jungen Maispflanzen (*Zea mays*)
Geräte:	4 Bechergläser (2 x 50 mL, 2 x 100 mL), Waage, eventuell Licht-quelle, Wasserbad (elektrisch beheizbar), 2 große Petrischalenhälften, Spatel, Glasstab, Lichtmikroskop (eventuell mit Ölimmersions-objektiv), Objektträger, Deckgläser, Rasierklinge (fabrikneu!), Pinzette, Pinsel, Tropfpipette, Styropor oder Holundermark, weißer Karton
Chemikalien:	Glucose, Methanol (alternativ: 96 %iger Alkohol), Iodkaliumiodid-Lösung (IKI-Lösung, Lugolsche Lösung, s. V 1.3.2), Leitungswasser, eventuell Immersionsöl

Durchführung:
a) Bereitung der Versuchsansätze: In einem Becherglas werden 500 mg Glucose in 15 mL Leitungswasser gelöst. Ein zweites Becherglas wird mit 15 mL Leitungswas-ser gefüllt. In beide Gläser stellt man nun je drei frisch abgeschnittene, etwa gleich weit entwickelte Maisblätter und positioniert die Ansätze an einem Fenster oder vor einer künstlichen Lichtquelle.

Nach zwei Tagen Belichtung wird dann der Stärkenachweis an ganzen Blättern sowie an Blattquerschnitten durchgeführt.

b) Durchführung des Stärkenachweises an ganzen Blättern: Nach zwei Tagen werden aus dem Glucose- sowie aus dem Leitungswasseransatz jeweils zwei Maisblätter entnommen und – nach Ansätzen getrennt (damit es im weiteren Versuchsverlauf nicht zu Verwechselungen kommt!) – für ein bis zwei Minuten in kochendes Wasser getaucht, um die Zellmembranen durchlässig zu machen. Anschließend gibt man die Blätter mit Hilfe einer Pinzette in ein mit heißem Methanol (der Siedepunkt von

Methanol bei 65 °C sollte nicht überschritten werden!) gefülltes Becherglas und belässt sie darin, bis sie sich weitgehend entfärbt haben. Die Pigmentextraktion kann durch Umrühren mit einem Glasstab beschleunigt werden. Die entfärbten Blätter des Glucose- sowie des Leitungswasseransatzes werden dann mit Wasser abgespült und in je einer Petrischale mit Iodkaliumiodid-Lösung übergossen. Nach einigen Minuten spült man die Blätter noch einmal mit Wasser ab und betrachtet sie danach auf einem weißen Untergrund oder im Durchlicht.

Es empfiehlt sich, zusätzlich eine Lupe bzw. die schwächste Vergrößerung des Mikroskops zu benutzen.

c) Durchführung des Stärkenachweises an Blattquerschnitten: Die nicht verwendeten Maisblätter der beiden Ansätze werden für die Herstellung von möglichst dünnen Blattquerschnitten verwendet. Die Herstellung der Blattquerschnitte erfolgt entsprechend der Beschreibung von V 8.3.1. Die Schnitte werden mit einem feinen Pinsel oder mit Hilfe einer Pinzette in einen Tropfen Iodkaliumiodid-Lösung auf einen Objektträger gebracht und mit einem Deckglas abgedeckt. Dabei sollte man das Deckglas mit der Kante neben dem Flüssigkeitstropfen ansetzen und es langsam nach unten gleiten lassen, um die Bildung von Luftblasen zu vermeiden.

Anschließend werden die Präparate mikroskopiert.

Beobachtung:

Betrachtet man die entfärbten und mit Iodkaliumiodid-Lösung entwickelten Maisblätter vor einem weißen Hintergrund im Durchlicht bzw. bei schwächster Vergrößerung unter dem Mikroskop, so beobachtet man bei dem Glucoseansatz in Längsrichtung der Blätter verlaufende, schwärzliche Streifen. Bei den Kontrollblättern, sprich: dem Leitungswasseransatz, sind keine Streifen oder sonstige schwärzliche Verfärbungen zu erkennen.

Auch bei den in Iodkaliumiodid-Lösung gebrachten Blattquerschnitten zeigen nur die Querschnitte des Glucoseansatzes einen positiven Stärkenachweis. In den Schnitten des Kontrollansatzes fehlt die Stärkebildung. Bei Betrachtung der Schnitte der mit Glucose behandelten Blätter mit einer stärkeren Vergrößerung wird außerdem deutlich, dass in den Maisblättern fast ausschließlich die Chloroplasten der Leitbündelscheide schwarze Stärkekörnchen enthalten, während die Chloroplasten der Mesophyllzellen stärkefrei sind.

Erklärung:

Da die jungen Maispflanzen die durch die Photosynthese gebildeten Kohlenhydrate vollständig für den Stoffwechsel und zur Biomasseproduktion (Wachstum) verbrauchen, können diese nicht in Form von Assimilationsstärke gespeichert werden. Folglich muss der Stärkenachweis bei den in Leitungswasser gestellten Maisblättern negativ ausfallen. Sie betreiben zwar Photosynthese und produzieren Kohlenhydrate, verbrauchen diese aber wieder.

Werden die Maisblätter dagegen über den Transpirationsstrom zusätzlich mit Glucose versorgt, so kann die überschüssige Glucose zu Stärke umgesetzt und gespeichert werden. Die Stärkesynthese findet dabei in den Chloroplasten der Bündelscheidenzellen statt, weil sie über die Enzyme der Stärkesynthese verfügen und den Leitbündeln anliegen.

Die Tatsache, dass die Stärkesynthese in den Chloroplasten der Bündelscheidenzellen erfolgt, ist auch der Grund für die durch den Stärkenachweis an ganzen Blättern hervorgerufene schwärzliche Streifung der mit Glucose behandelten Blätter. Da die Bündelscheidenzellen die Leitbündel nämlich röhrenförmig umgeben, führt die Färbung der Stärke in den Bündelscheidenzellen zur Bildung von in Längsrichtung der Blätter entlang der Leitbündel verlaufenden dunkelvioletten bis schwarzen Streifen.

Bemerkung:
Methanol ist giftig beim Einatmen und Verschlucken und zudem – wie alle organischen Lösungsmittel – leicht entflammbar. Es sollte deshalb nicht in der Nähe von Zündquellen und offenen Flammen gearbeitet werden (elektrisch beheizbares Wasserbad!).

Außerdem könnte die Herstellung der Blattquerschnitte den Schülerinnen und Schülern anfänglich Schwierigkeiten bereiten, sodass die für die Versuchsdurchführung angegebene Zeitspanne eventuell verlängert werden muss.

V 8.3.3 Nachweis des nichtzyklischen Elektronentransportes in den Mesophyllchloroplasten von Maisblättern mit Hilfe der HILL-Reaktion

Kurz und knapp:
Die Chloroplasten in den Mesophyll- und Bündelscheidenzellen der Maisblätter unterscheiden sich in ihrer Struktur (Chloroplastendimorphismus). Während die Chloroplasten der Mesophyllzellen ausgeprägte Granabezirke aufweisen, enthalten die Bündelscheidenchloroplasten kaum Granabezirke, sondern überwiegend Stromathylakoide. Folglich ist hier die Aktivität vom Photosystem II und dementsprechend des nichtzyklischen Elektronentransports sehr niedrig. Der folgende Versuch soll nun mit Hilfe von Nitroblautetrazoliumchlorid als HILL-Reagenz nachweisen, dass der nichtzyklische Elektronentransport überwiegend in den Chloroplasten der Mesophyllzellen abläuft.

Zeitaufwand:
Vorbereitung: 15 min, Durchführung: ca. 45 min

Material:	Blatt einer mehr als 3 Wochen alten Maispflanze (*Zea mays*)
Geräte:	3 Bechergläser (2 x 100 mL, 1 x 25 mL), Messkolben (50 mL), Messzylinder (50 mL), Pipette (10 mL), Pipettierhilfe, Analysenwaage, pH-Meter, Spatel, Lichtmikroskop (eventuell mit Ölimmersionsobjektiv), Objektträger, Deckgläser, Rasierklinge (fabrikneu!), Pinzette, Pinsel, Pasteurpipette, Styropor oder Holundermark, Filterpapierstreifen
Chemikalien:	Kaliumdihydrogenphosphat (KH_2PO_4), Dinatriumhydrogenphosphat ($Na_2HPO_4 \cdot 12\ H_2O$), p-Nitroblautetrazoliumchlorid (pNBT), 1 molare Salzsäure (HCl), Saccharose, Aqua dest.

Durchführung:

a) Herstellung des HILL-Reagenz: Für die Herstellung von 100 mL Puffer-Lösung bzw. HILL-Reagenz werden in einem 100 mL-Becherglas 544 mg KH_2PO_4 (0,04 mol/L), 716 mg $Na_2HPO_4 \cdot 12\ H_2O$ (0.02 mol/L) sowie 100 mg Nitroblautetrazoliumchlorid (Konzentration 1 mg/mL Reagenz) in 100 mL Aqua dest. gelöst. Anschließend stellt man mit Hilfe eines pH-Meters und unter Zugabe von 1 molarer HCl den pH-Wert des Puffers auf 6,2 ein. Das so hergestellte HILL-Reagenz kann im Kühlschrank gelagert werden.

Für den Versuch werden 140 mg Saccharose in 2 mL pNBT-Puffer gelöst.

b) Bereitung der Versuchsansätze: Von einem frischen, vital aussehenden Maisblatt werden dünne Querschnitte hergestellt, da nur so eine Unterscheidung in Mesophyll- und Bündelscheidenzellen möglich ist. Die Herstellung der Blattquerschnitte erfolgt entsprechend der Beschreibung von V 8.3.1. Die Schnitte werden mit einem feinen Pinsel oder mit Hilfe einer Pinzette auf einen Objektträger übertragen. Es empfiehlt sich, die Schnitte erst in einen Tropfen Wasser zu bringen und sie unter dem Mikroskop auf ihre Brauchbarkeit hin zu untersuchen.

Hat man ein geeignetes Objekt ausgewählt, belässt man es bei günstiger Vergrößerung (z.B. 400 x) im Beobachtungsfeld und stellt die Mikroskopierleuchte möglichst hell. Dann wird mit einer Pasteurpipette ein größerer Tropfen der vorbereiteten pNBT-Lösung neben das Deckglas gebracht und mit einem auf der gegenüberliegenden Deckglasseite angesetzten Filterpapierstreifen unter das Deckglas gesaugt. Das Objekt wird so allmählich vom HILL-Reagenz umspült. Sollte es dabei zu einem „Wegschwimmen" des Schnittes kommen, so muss dieser wieder in das Blickfeld geholt werden.

Anschließend wird das Präparat auf Farbveränderungen in den Chloroplasten hin beobachtet.

Beobachtung:
Bereits nach wenigen Minuten haben sich die Chloroplasten der Mesophyllzellen schwärzlich verfärbt, während die Bündelscheidenchloroplasten noch grün erscheinen. Allmählich werden aber auch diese dunkler und nehmen eine graue Färbung an.

Erklärung:
Die beobachtete Schwärzung der Chloroplasten beruht auf der Reduktion des wasserlöslichen, mehr oder weniger ungefärbten Tetrazoliumchlorid zu wasserunlöslichem, stark gefärbten Formazan (Abb. 8.15). Eine Reaktion findet nur da statt, wo ein Reduktionsvermögen vorhanden ist. Das ist in den Chloroplasten der Mesophyllzellen der Fall. Hier ist durch das Vorkommen zahlreicher Granaregionen auch das hauptsächlich granaständige Photosystem II in ausreichendem Maß vorhanden, sodass der vollständige nichtzyklische Elektronentransport ablaufen kann. Dabei wird am Photosystem II im Licht Wasser gespalten und Protonen, Elektronen sowie molekularer Sauerstoff freigesetzt. Die Elektronen durchlaufen die photosynthetische Elektronentransportkette und dienen letztlich zusammen mit Protonen der Reduktion von $NADP^+$ zu $NADPH + H^+$ (vgl. Abb. 7.7). Das Nitroblautetrazoliumchlorid ist nun in der Lage, an die Stelle des $NADP^+$ zu treten bzw. die Elektronen schon früher aus der Elektronentransportkette abzuziehen.

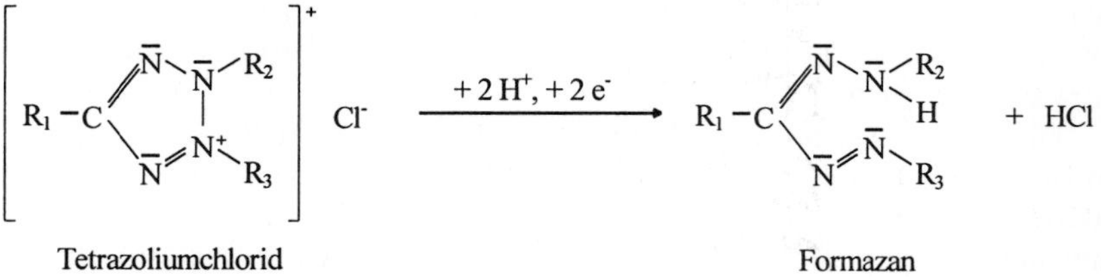

Tetrazoliumchlorid   Formazan

Abb. 8.15: Reduktion von Tetrazoliumchlorid zu Formazan.

In den Chloroplasten der Bündelscheidenzellen dominieren dagegen die Stromathylakoide, sodass – verursacht durch den „Mangel" an Photosystem II – hier nicht ständig Elektronen durch die Wasserspaltung in die Elektronentransportkette eingespeist werden. Infolgedessen ist auch die Versorgung des Nitroblautetrazoliumchlorids mit Elektronen reduziert, die Färbung der Bündelscheidenchloroplasten fällt so deutlich schwächer aus.

Bemerkung:
Nitroblautetrazoliumchlorid ist gesundheitsschädlich beim Verschlucken oder bei Berührung mit der Haut. Kontaktstellen sollten deshalb sofort mit Wasser abgewaschen, und beim Pipettieren unbedingt eine Pipettierhilfe benutzt werden.

V 8.3.4 Nachweis der unterschiedlichen Photosynthese-Effektivität von C₃- und C₄-Pflanzen

Kurz und knapp:
C_4-Pflanzen können unter günstigen Umweltbedingungen (hohe Lichtintensität und hohe Temperatur) Kohlendioxid (CO_2) effektiver assimilieren als C_3-Pflanzen. Die vorgeschaltete Anreicherung von Kohlendioxid durch den C_4-Dicarbonsäurezyklus („CO_2-Pumpe") führt dazu, dass die Kohlendioxidkonzentration in den Bündelscheidenzellen wesentlich höher ist als in der Interzellularenluft und in den Mesophyllzellen (s. Abschnitt 8.4). Das optimale Kohlendioxidangebot fördert in den Chloroplasten der Bündelscheidenzellen die Kohlendioxidfixierung durch die Ribulose-1,5-bisphosphat-Carboxylase/Oxygenase (RubisCO) im CALVIN-Zyklus. Zugleich wird durch den Kohlendioxid-Konzentrierungsmechanismus der Prozess der Photorespiration stark vermindert.
Die unterschiedliche Photosynthese-Effektivität von C_3- und C_4-Pflanzen soll im folgenden Versuch demonstriert werden.

Zeitaufwand:
Vorbereitung: ca. 25 min, Durchführung: ca. 60 min

Material:	frische Blätter einer C_3-Pflanze (z.B. Bohne, *Phaseolus vulgaris*; Erbse, *Pisum sativum* u.a.) und einer C_4-Pflanze (z.B. Mais, *Zea mays*, älter als 3 Wochen) mit etwa gleichen Blattspreitengewichten
Geräte:	6 Bechergläser (1 x 1000 mL, 1 x 100 mL, 4 x 25 mL), Messzylinder (50 mL), 3 Weithalserlenmeyerkolben (200 mL) mit passenden Gummistopfen, 2 Pipetten (1 x 2 mL, 1 x 10 mL), Pipettierhilfe, Spatel, Strohhalm, Pinzette, Rasierklinge, Lichtquelle (z.B. 200 W-Glühbirne), wassergefüllte Glasküvette als Wärmeschutz, Analysenwaage, weißer Karton
Chemikalien:	Natriumhydrogencarbonat ($NaHCO_3$), Bromthymolblau, Aqua dest.

Durchführung:
a) Herstellung der Indikatorlösung: Zunächst stellt man eine 0,1 millimolare $NaHCO_3$- sowie eine 0,5 %ige Bromthymolblau-Lösung her. Dazu werden 8,4 mg $NaHCO_3$ in 1 L bzw. 0,1 g Bromthymolblau in 20 mL Aqua dest. gelöst. Anschließend versetzt man 50 mL der $NaHCO_3$-Lösung mit 0,5 mL der Bromthymolblau-Lösung und bläst über einen Strohhalm so lange CO_2-reiche Atemluft in den Ansatz bis die Lösung deutlich gelb gefärbt ist.

b) Bereitung der Versuchsansätze: In drei 25 mL-Bechergläser werden je 10 mL Aqua dest. pipettiert. In eines der Gläser wird dann ein mit einer Rasierklinge frisch abgeschnittenes Maisblatt, in ein zweites Glas ein Bohnenblatt eingestellt. Das dritte Glas bleibt leer und dient der Kontrolle. Die Blätter sollten nach dem Abschneiden möglichst rasch in die wassergefüllten Bechergläser überführt werden. Außerdem ist durch Wiegen zu überprüfen, dass sie etwa gleiche Blattspreitengewichte aufweisen. Dafür wird das mit Wasser gefüllte Glas ohne Blatt auf die Waage gestellt und auf „Null" austariert. So kann das Blatt direkt eingebracht und sein Gewicht bestimmt werden, ohne dass es zu einer Austrocknung der Schnittfläche kommt.

Im Anschluss pipettiert man jeweils 10 mL der hergestellten Indikatorlösung in drei Weithalserlenmeyerkolben und stellt mit Hilfe einer Pinzette je eines der vorbereiteten Bechergläser (zwei mit Blattmaterial, eines ohne Blattmaterial) ein. Alle drei Ansätze werden sofort mit passenden, eventuell angefeuchteten Gummistopfen luftdicht verschlossen und auf einem weißen Untergrund in ca. 20 cm Entfernung vor einer hellen Lichtquelle positioniert. Als Wärmeschutz dient eine große, mit Wasser gefüllte Glasküvette.

Die Färbung der Indikatorlösung in den einzelnen Ansätzen wird über einen längeren Zeitraum in regelmäßigen Abständen beobachtet und protokolliert.

Beobachtung:
Beispielprotokoll:

Belichtungszeit [min]	Mais	Bohne	Kontrolle
0	gelb	gelb	gelb
15	grün-gelb	gelb	gelb
30	grün	grün-gelb	gelb-grün
45	blau-grün	grün	gelb-grün
60	blau	grün	gelb-grün
75	intensiv blau	blau-grün	gelb-grün

Erklärung:
Zwischen der $NaHCO_3$-haltigen Indikatorlösung und dem Gasraum der luftdicht verschlossenen Erlenmeyerkolben stellt sich folgendes Gleichgewicht ein:

Gasraum: CO_2
          $\downarrow\uparrow$
Lösung: $H_2O + CO_2 \longleftrightarrow H_2CO_3 \longleftrightarrow HCO_3^- + H^+$

In den Probeansätzen entnehmen die belichteten, photosynthetisch aktiven Blätter CO_2 aus dem Gasraum und stören so das Gleichgewicht. Das System strebt nun danach, dieses Gleichgewicht wieder herzustellen, indem vermehrt Protonen (H^+) und Hydrogencarbonationen (HCO_3^-) über die Kohlensäure (H_2CO_3) zu CO_2 und H_2O reagieren. Durch dieses verstärkte Ablaufen der Rückreaktion sinkt jedoch die Protonenkonzentration der Indikatorlösung und ihr pH-Wert (= der negative dekadische Logarithmus der Wasserstoffionenkonzentration) steigt an.

Der zugesetzte Indikator Bromthymolblau weist den Vorgang nach. Er schlägt bei pH 6 von gelb nach grün und bei pH 7,6 von grün nach blau um. Die Geschwindigkeit des Farbumschlags bzw. des pH-Anstiegs ist damit ein Maß für die Photosyntheseintensität, der Grad des Farbumschlags bzw. des pH-Anstiegs ein Maß für die CO_2-Affinität. Der schnellere Farbumschlag beim Mais gegenüber der Bohne zeigt eine höhere Photosyntheseleistung der C_4- gegenüber der C_3-Pflanze an. Die zudem zu beobachtende intensivere Blaufärbung der Indikatorlösung des Mais-Ansatzes, die im Bohnen-Ansatz auch nach langem Stehenlassen nicht erreicht wird, beweist außerdem, dass die C_4-Pflanzen in der Lage sind, den CO_2-Vorrat stärker auszuschöpfen.

Die auch in der Kontrolle eintretende Farbveränderung beruht auf einer anfänglichen leichten Alkalisierung der Indikatorlösung, schreitet aber nicht weiter fort.

V 8.3.5 Kohlendioxid-Konkurrenz zwischen C_3- und C_4-Pflanzen

Kurz und knapp:
Bei den C_3-Pflanzen ist der respiratorische Gaswechsel, d.h. Sauerstoffaufnahme und Kohlendioxidabgabe, im Licht wesentlich höher als im Dunkeln. Dies ist eine Folge der im Licht stattfindenden Photorespiration oder Lichtatmung (s. Abschnitt 8.3). Die Photorespiration wirkt der Photosynthese entgegen und vermindert ihre sichtbare Bilanz (apparente Photosynthese) beträchtlich. Außerdem geben dadurch C_3-Pflanzen an eine Atmosphäre, die nur wenig Kohlendioxid (CO_2) enthält, mehr Kohlendioxid ab als sie aufnehmen. Diejenige Kohlendioxid-Konzentration der Luft, bei der Kohlendioxid-Aufnahme und -Abgabe durch die Pflanze im Gleichgewicht stehen, wird als Kohlendioxid-Kompensationspunkt bezeichnet; er liegt für C_3-Pflanzen bei 40-80 $\mu L \cdot L^{-1}$ (0,004-0,008 %) Kohlendioxid in der Atmosphäre. Demgegenüber besitzen C_4-Pflanzen eine sehr geringe Kohlendioxid-Abgabe im Licht. Dies ergibt sich aus der hohen Kohlendioxid-Anreicherung in den Bündelscheidenchloroplasten, die den Prozess der Photorespiration vermindern, sowie durch die Refixierung von gebildetem Kohlendioxid in den kranzartig angeordneten Mesophyllzellen (s. Abschnitt 8.4). C_4-Pflanzen haben daher einen sehr niedrigen Kohlendioxid-Kompensationspunkt (etwa 5 $\mu L \cdot L^{-1}$ = „low-compensation-point"-Pflanzen).

Dieses unterschiedliche Verhalten von C_3- und C_4-Pflanzen soll im folgenden Versuch demonstriert werden, in dem eine C_3- und eine C_4-Pflanze in einem geschlossenen System um das im Gasraum vorhandene Kohlendioxid konkurrieren.

Zeitaufwand:
Vorbereitung: 20 min, Durchführung: 6-8 Tage Beleuchtung des Versuchsansatzes, 5 min für die Auswertung

Material:	Topfpflanzen von Bohne (*Phaseolus vulgaris*) und Mais (*Zea mays*). Die Pflanzen sollten mindestens 3-4 Wochen alt sein und einzeln oder in geringer Dichte unter stärkeren Lichtbedingungen angezogen werden (am besten in Hydrokultur).
Geräte:	2 große Einmachgläser mit fest verriegelbarem Deckel (2 L, Gummidichtung und Schnappverschluss), 4 Bechergläser (100 mL), Lichtquelle (z.B. 200 W-Glühbirne), Alufolie
Chemikalien:	Leitungswasser, Nährlösung (z.B. Flori 9)

Durchführung:
Zum Schutz gegen Algenansiedlung im Licht werden vier 100 mL-Bechergläser mit Alufolie umhüllt und etwa zu $^2/_3$ mit Nährlösung gefüllt. Dann entnimmt man zwei Bohnen- und zwei Maispflanzen mitsamt Wurzeln aus den Anzuchtsgefäßen und befreit sie (eventuell unter fließendem Wasser) von anhaftendem Substrat. Dabei sollte sehr vorsichtig vorgegangen werden, um die Wurzeln möglichst nicht zu beschädigen. Die so gereinigten Pflanzen werden sofort in je eines der vorbereiteten Bechergläser überführt. Jedes der beiden großen Einmachgläser wird nun mit einer Bohnen- und einer Maispflanze beschickt. Sollte dabei innerhalb eines Ansatzes die Blattspreitenfläche der Bohnenpflanze wesentlich größer sein als die der Maispflanze, so können zwei Maispflanzen in ein Becherglas eingestellt werden. Anschließend füllt man etwa 1 cm hoch Leitungswasser in beide Einmachgläser und verschließt einen Ansatz luftdicht. Blätter und Sprossachse der Pflanzen sollten dabei nicht allzu stark abgeknickt oder in das zur Befeuchtung eingefüllte Wasser am Gefäßboden eingetaucht werden. Der zweite Ansatz dient der Kontrolle und bleibt offen.

Beide Einmachgläser werden dann für mehrere Tage ständig (ohne Unterbrechung durch eine Dunkelphase) mit einer hellen Lichtquelle beleuchtet (z.B. in 30 cm Entfernung unter einer 200 W-Glühlampe) und beobachtet.

Beobachtung:
Nach zwei bis drei Tagen sind im geschlossenen System bei der Bohnenpflanze erste Welkungserscheinungen besonders im Bereich der Primärblätter zu beobachten. Nach vier bis fünf Tagen welken auch jüngere Sprossteile oder fallen sogar ab. Nach

sieben bis acht Tagen sind die Primärblätter vertrocknet, die übrigen Sprosselemente welk. Die Maispflanze des geschlossenen Systems zeigt dagegen keine bzw. nur minimale Welkungserscheinungen und sieht auch nach acht Tagen noch weitgehend vital aus. Eine nach zwei Tagen eventuell zu erkennende Braunfärbung der unteren, kleineren Blätter der Maispflanze kann – zeitlich etwas nach hinten versetzt – auch bei der Kontrollpflanze stattfinden und lässt sich somit nicht auf einen CO_2-Mangel zurückführen.

Die Pflanzen des nicht verschlossenen Kontrollansatzes weisen demgegenüber auch nach sieben Tagen keine nennenswerten Welkungserscheinungen auf. Beide, sowohl Mais- als auch Bohnenpflanze, sind vollständig grün und turgeszent.

Erklärung:

Im geschlossenen System sinkt durch die photosynthetische Aktivität der eingestellten Pflanzen der CO_2-Gehalt der Einmachglas-Atmosphäre stetig ab. Wird schließlich eine CO_2-Konzentration erreicht bzw. unterschritten, die dem CO_2-Kompensationspunkt der C_3-Pflanzen (je nach Spezies und Temperatur bei 40-80 $\mu L \cdot L^{-1}$, das sind ca. 10-20 % der CO_2-Konzentration der Atmosphäre) entspricht, so ist die C_3-Pflanze (Bohne) nicht mehr in der Lage eine positive Nettophotosynthese zu betreiben. Statt CO_2 zu binden, gibt sie nun im Zuge der respiratorischen Prozesse (Photorespiration und mitochondriale Atmung) ständig CO_2 ab, sodass es letztlich zu einem Absterben der Pflanze kommt.

Demgegenüber verfügen die C_4-Pflanzen über einen wesentlich niedrigeren CO_2-Kompensationspunkt (etwa 5 $\mu L \cdot L^{-1}$). Die C_4-Pflanze (Mais) ist demnach auch dann noch in der Lage, eine positive Nettophotosynthese zu betreiben, wenn die CO_2-Konzentration so gering ist, dass die C_3-Pflanze dies nicht mehr kann und atmet. Das während der respiratorischen Prozesse von der C_3-Pflanze abgegebene CO_2 kann daher von der C_4-Pflanze zum Aufbau organischer Substanz genutzt werden. So wächst im geschlossenen System die C_4- auf Kosten der C_3-Pflanze.

Anders verhält es sich im offenen System (Kontrollansatz). Das bei der Photosynthese verbrauchte CO_2 wird hier aus der Atmosphäre nachgeliefert, sodass die CO_2-Konzentration stets oberhalb des CO_2-Kompensationspunktes der C_3-Pflanze bleibt. Beiden Pflanzen ist es dadurch möglich, eine positive Nettophotosynthese zu betreiben, CO_2 in Form von organischer Substanz zu fixieren und zu wachsen.

V 8.4   Experimente zum Crassulaceen-Säurestoffwechsel (CAM)

V 8.4.1 Kohlendioxid-Fixierung der CAM-Pflanzen bei Nacht

Kurz und knapp:
Im Gegensatz zu den übrigen Pflanzen nehmen die sog. CAM-Pflanzen (CAM = crassulacean acid metabolism) nachts über die geöffneten Spaltöffnungen Kohlendioxid (CO_2) auf und bauen es in verschiedene Carbonsäureanionen, hauptsächlich Malat (= Salz der Äpfelsäure), ein. Diese werden dann in großen Vakuolen bis zum Morgen gespeichert. Durch den Abbau jener Carbonsäuren am Tag und die damit verbundene Freisetzung von Kohlendioxid ist es den CAM-Pflanzen möglich, die Spaltöffnungen tagsüber geschlossen zu halten, und dennoch Photosynthese (Kohlendioxid-Assimilation) zu machen (s. Abschnitt 8.5).
Anhand des Farbumschlags einer Indikatorlösung soll im folgenden Versuch diese allein den CAM-Pflanzen zukommende Fähigkeit der nächtlichen Kohlendioxid-Fixierung nachgewiesen werden.

Zeitaufwand:
Vorbereitung: 15 min, 12-24 h zum Dunkelstellen der Ansätze, Durchführung: 5 min zur Auswertung

Material:	frisch abgeschnittene Blätter einer C_3-Pflanze, z.B. Bohne (*Phaseolus vulgaris*) o. Ä. und einer CAM-Pflanze, z.B. Mauerpfeffer (z.B. *Sedum morganianum* oder andere *Sedum*-Arten)
Geräte:	6 Bechergläser (1 x 1000 mL, 1 x 100 mL, 4 x 25 mL), Messzylinder (50 mL), 3 Weithalserlenmeyerkolben (200 mL) mit passenden Gummistopfen, 2 Pipetten (1 x 2 mL, 1 x 10 mL), Pipettierhilfe, Spatel, Strohhalm, Pinzette, Rasierklinge, Dunkelsturz (Schrank, Alufolie o. Ä.), Analysenwaage
Chemikalien:	Natriumhydrogencarbonat ($NaHCO_3$), Bromthymolblau, Aqua dest.

Durchführung:
a) Herstellung der Indikatorlösung: Zunächst stellt man eine 0,1 millimolare $NaHCO_3$- sowie eine 0,5 %ige Bromthymolblau-Lösung her. Dazu werden 8,4 mg $NaHCO_3$ in 1 L bzw. 0,1 g Bromthymolblau in 20 mL Aqua dest. gelöst. Anschließend versetzt man 50 mL der $NaHCO_3$-Lösung mit 0,5 mL der Bromthymolblau-Lösung und bläst über einen Strohhalm so lange kohlendioxidreiche Atemluft in den Ansatz bis die Lösung deutlich gelb gefärbt ist.

b) Bereitung der Versuchsansätze: Man gibt einige frisch geerntete *Sedum*-Blätter in ein 25 mL-Becherglas. In ein zweites Becherglas werden ein frisch abgeschnittenes Bohnenblatt sowie etwas Aqua dest. eingefüllt, um ein vorzeitiges Welken des Blattes zu verhindern. Das dritte Becherglas dient der Kontrolle und enthält ebenfalls etwas Aqua dest., jedoch kein Blattmaterial. Die so vorbereiteten Bechergläser werden dann mit Hilfe einer Pinzette in drei Weithalserlenmeyerkolben eingestellt, in die man anschließend 10 mL der zuvor hergestellten Indikatorlösung pipettiert. Danach werden die Kolben mit passenden, eventuell leicht angefeuchteten Gummistopfen luftdicht verschlossen und für mindestens zwölf Stunden dunkel gestellt.

Am nächsten Tag wird die Färbung der Indikatorlösung in den verschiedenen Ansätzen kontrolliert und verglichen.

Beobachtung:

Im *Sedum*-Ansatz ist nach etwa 14 Stunden ein Farbumschlag der Indikatorlösung von gelb nach grün zu beobachten, während die Indikatorlösung im Bohnen- sowie im Kontrollansatz ihre ursprüngliche gelbe Farbe behalten hat.

Erklärung:

Zwischen der $NaHCO_3$-haltigen Indikatorlösung und dem Gasraum der luftdicht verschlossenen Erlenmeyerkolben stellt sich ein Gleichgewicht zwischen CO_2, H_2CO_3 und HCO_3^- ein (s. V 8.3.4). Da die Bohnenpflanze bzw. das Bohnenblatt im Dunkeln nicht in der Lage ist, Photosynthese zu betreiben, ist es ihr auch nicht möglich, das vorhandene CO_2 zu fixieren. Sie verbraucht vielmehr den im Gasraum ebenfalls vorhandenen Sauerstoff (O_2) zum Abbau organischer Substanz. Sie atmet also und gibt dabei zusätzlich CO_2 in den Gasraum ab. Infolge dieser Erhöhung der CO_2-Konzentration im Gasraum läuft nun die Hinreaktion des in seinem Gleichgewicht gestörten Systems verstärkt ab, sodass es letztlich zu einer Erhöhung der Protonen(H^+)-Konzentration und damit einer Erniedrigung des pH-Wertes (= der negative dekadische Logarithmus der Wasserstoffionenkonzentration) der Indikatorlösung des Bohnenansatzes kommt. Da der zugesetzte Indikator Bromthymolblau unterhalb eines pH-Wertes von 6 eine gelbe Färbung aufweist, ändert auch die fortschreitende Ansäuerung der Indikatorlösung nichts an ihrer gelben Farbe.

Der zu den CAM-Pflanzen gehörende Mauerpfeffer ist dagegen in der Lage, auch im Dunkeln CO_2 über die Spaltöffnungen aufzunehmen und in Form von Malat zu fixieren. Er entnimmt damit CO_2 aus dem Gasraum und stört so das Gleichgewicht. Das System strebt nun danach, dieses Gleichgewicht wieder herzustellen, indem vermehrt Protonen (H^+) und Hydrogencarbonationen (HCO_3^-) über die Kohlensäure (H_2CO_3) zu CO_2 und H_2O reagieren. Durch dieses verstärkte Ablaufen der Rückreaktion sinkt jedoch die Protonenkonzentration der Indikatorlösung und ihr pH-Wert steigt an. Wird dabei der pH-Wert von 6 überschritten, schlägt die Bromthymolblaulösung von gelb nach grün um.

Dass der beobachtete Farbumschlag der Indikatorlösung des *Sedum*-Ansatzes tatsächlich auf der CO_2-Fixierung durch die Pflanze bzw. die *Sedum*-Blätter und nicht auf äußeren Einflüssen beruht, beweist dann die Kontrolle. Denn auch hier hat die Indikatorlösung ihre ursprünglich gelbe Farbe behalten.

V 8.4.2 Diurnaler Säurerhythmus der CAM-Pflanzen: pH-Bestimmung im Zellsaft

Kurz und knapp:
CAM (crassulaceen acid metabolism)-Pflanzen speichern nachts in ihren großen Vakuolen erhebliche Mengen an Säuren, vor allem Äpfelsäure, was mit einem starken Abfall des pH-Wertes verbunden ist. Am Tag verschwindet die Säure wieder aus den Vakuolen und damit verbunden steigt der pH-Wert an. Diesem „diurnalen Säurerhythmus" liegt ein zellphysiologischer und biochemischer Mechanismus zugrunde, der viele Ähnlichkeiten mit der C_4-Photosynthese hat. Im Gegensatz zum C_4-Typus sind hier jedoch Kohlendioxid-Fixierung in Form von Malat (= Salz der Äpfelsäure) und Kohlenhydratsynthese nicht räumlich, sondern zeitlich getrennt (Zweizeitenprozeß).
Der folgende Versuch soll die nächtliche Kohlendioxid-Fixierung und -Speicherung sowie den Abbau der gespeicherten Carbonsäuren mit Hilfe einer vergleichenden Messung der pH-Werte der Zellsäfte belichteter und dunkel gestellter CAM-Pflanzen demonstrieren.

Zeitaufwand:
Vorbereitung: 10 min, 24 h zur Belichtung bzw. zum Dunkelstellen der Ansätze, Durchführung: ca. 20 min

Material:	*Sedum*-Pflanzen (z.B. *Sedum morganianum* o.a. *Sedum*-Art)
Geräte:	5 Bechergläser (1 x 1000 mL, 4 x 25 mL), 1 Weithalserlenmeyerkolben (200 mL) mit passendem Gummistopfen, 2 Glaspetrischalen, 1 kleiner Faltenfilter, Pinzette, Lichtquelle (z.B. 200 W-Glühbirne), Dunkelsturz (Schrank o. Ä.), Trockenschrank, Knoblauchpresse, pH-Indikatorstäbchen für den sauren Bereich (z.B. Acilit, Fa. Merck), eventuell elektrisches pH-Meter, Alufolie
Chemikalien:	10 %ige Natriumhydroxidlösung (NaOH-Lösung, Natronlauge), Wasser

Durchführung:

a) Bereitung der Versuchsansätze: Von den Versuchspflanzen werden ausreichend Blätter abgenommen, sodass der Boden zweier Petrischalen und eines Weithalserlenmeyerkolbens damit einlagig bedeckt werden kann. Um eine homogene Mischung zu erhalten, sollten die geernteten Blätter vor der Überführung in die Versuchsgefäße vorsichtig durchmischt werden. Anschließend verteilt man die Blätter gleichmäßig auf die Petrischalen und den Erlenmeyerkolben, in den zusätzlich mit Hilfe einer Pinzette ein etwa zur Hälfte mit 10 %iger Natronlauge gefülltes 25 mL-Becherglas eingebracht wird. Zur Vergrößerung der Flüssigkeitsoberfläche kann ein kleiner Faltenfilter in die Lauge gestellt werden. Dann verschließt man den Kolben mit einem passenden Gummistopfen und stellt ihn ebenso wie eine der mit Blattmaterial gefüllten Petrischalen für 24 Stunden dunkel. Die zweite Petrischale mit Blattmaterial wird mit dem zugehörigen Deckel abgedeckt und mit einer hellen Lampe für 24 Stunden belichtet (Abstand zwischen Lampe und Petrischale z.B. 20-25 cm). Dabei ist darauf zu achten, dass der Deckel der Petrischale nicht luftdicht abschließt (eventuell Keile aus Alufolie anfertigen). Außerdem sollte ein zur Hälfte mit Wasser gefülltes 1000 mL-Becherglas als Wärmefilter zwischen Lampe und Petrischale aufgestellt werden.

b) Gewinnung der Presssäfte: Nach 24 Stunden Belichtung bzw. Dunkelstellen und unmittelbar vor der Gewinnung der Presssäfte werden die Blätter durch Erhitzen abgetötet. Dazu stellt man die Petrischalen sowie den Erlenmeyerkolben, aus dem man zuvor den Stopfen und das Becherglas mit Natronlauge entfernt hat, für ca. zehn Minuten in einen auf 105 °C vorgeheizten Wärmeschrank. Nach dieser Behandlung sollten die Blätter ein mehr oder weniger glasiges Aussehen haben. Sie werden dann mit einer Knoblauchpresse ausgepresst und der entstehende Presssaft in drei 25 mL-Bechergläsern aufgefangen. Um die pH-Werte der Presssäfte der verschiedenen Ansätze dabei nicht zu verfälschen, sollte die Knoblauchpresse nach jedem Pressvorgang gründlich ausgespült und abgetrocknet werden.

c) pH-Bestimmung der Zellsäfte: In die auf diese Weise gewonnenen Presssäfte wird anschließend je ein pH-Indikatorstäbchen kurz eingetaucht oder mit einem Tropfen der jeweiligen Flüssigkeit befeuchtet. Anhand der Färbung des Indikatorstäbchens bzw. im Vergleich mit der beiliegenden Farbskala stellt man nun den (ungefähren) pH-Wert (= der negative dekadische Logarithmus der Wasserstoffionenkonzentration) der Presssäfte der einzelnen Ansätze fest. Zur genauen pH-Wert-Bestimmung kann zusätzlich ein elektrisches pH-Meter verwendet werden.

Beobachtung:

Den höchsten pH-Wert weist der Presssaft der belichteten Probe auf (z.B. pH 5). Eine Mittelstellung nimmt der dunkelgestellte Ansatz mit Natronlauge, d.h. ohne CO_2 ein (z.B. pH 4,4). Und den niedrigsten pH-Wert liefert der Presssaft der dunkelgestellten CO_2-haltigen Probe (z.B. pH 4).

Erklärung:
In der Nacht fixieren die CAM-Pflanzen das über die Spaltöffnungen aufgenommene CO_2 durch Bindung an den primären Akzeptor Phosphoenolpyruvat (vgl. Abb. 8.8). Das entstehende Oxalacetat wird weiter reduziert zu Malat (= Salz der Äpfelsäure), welches größtenteils in die Zellsaftvakuole überführt und dort gespeichert wird. Die Akkumulation von Äpfelsäure führt notwendigerweise zu einer nächtlichen Absenkung des pH-Wertes des Zellsaftes. Entsprechend ist auch im Versuch der pH-Wert des Dunkelansatzes ohne CO_2-Entzug am niedrigsten.

Die Tatsache, dass auch in dem Dunkelansatz, in dem das Luft-CO_2 durch die zugesetzte Natronlauge entfernt wurde, ein relativ niedriger pH-Wert zu beobachten ist, lässt vermuten, dass hier das von den CAM-Pflanzen bei der Atmung freigesetzte CO_2 sofort refixiert und in Form von Malat abgespeichert wird. Dieser Ansatz bzw. diese Versuchsanordnung könnte somit die Anpassung der CAM-Pflanzen an extrem trockene Verhältnisse darstellen, die selbst nachts kein Öffnen der Spaltöffnungen gestatten.

Das in der Nacht gespeicherte Malat wird während des Tages wieder aus der Vakuole entlassen und CO_2 bei den verschiedenen Pflanzenarten auf je unterschiedliche Weise freigesetzt. Dieses „endogene" CO_2 kann dann in den CALVIN-Zyklus eingeschleust und zur Synthese von Kohlenhydraten genutzt werden. Der Ausfluss des Malates aus der Vakuole im Licht führt – wie auch die Versuchsbeobachtung zeigt – zu einer „Absäuerung" des Zellsaftes und damit zu einem Anstieg des pH-Wertes.

Bemerkung:
Um tatsächlich eindeutige Unterschiede in den pH-Werten der jeweiligen Presssäfte zu erhalten, ist es nötig, die CAM-Pflanzen einem gewissen Trockenstress auszusetzen.

V 8.5 Anpassung höherer Pflanzen an die Lichtbedingungen

V 8.5.1 Vergleichende anatomische Betrachtung von Sonnen- und Schattenblättern

Kurz und knapp:
Da sich die Standorte, an denen höhere Pflanzen gedeihen, bezüglich der Lichtintensität um mehr als zwei Zehnerpotenzen unterscheiden können, ist es nicht verwunderlich, dass sich an die jeweiligen Standorte optimal angepasste Pflanzen, so ge-

nannte Licht- und Schattenpflanzen, entwickelt haben. Jedoch ist die Mehrzahl der höheren Pflanzen in der Lage, sich dem Faktor Licht in einem weiten Bereich anzupassen. In Abhängigkeit von den herrschenden Lichtbedingungen bilden sie beim Wachstum Licht- oder Schattenblätter aus, die sich in ihrem Bau deutlich voneinander unterscheiden. Dieses Phänomen, das an den Außen- und Innenseiten von Baumkronen sogar an derselben Pflanze beobachtet werden kann, soll im folgenden Versuch gezeigt werden.

Zeitaufwand:
Vorbereitung: 5 min, Durchführung: ca. 45 min

Material:	Licht- und Schattenblatt der Rotbuche (*Fagus sylvatica*) o. Ä. Die Lichtblätter erhält man am besten auf der Außenseite der Krone eines frei stehenden Baumes, die Schattenblätter auf der Innenseite der Krone, in Stammnähe.
Geräte:	Lichtmikroskop, Objektträger, Deckgläser, Rasierklingen (fabrikneu!), Pinzette, Pinsel, Styropor oder Holundermark, Filterpapier
Chemikalien:	Leitungswasser

Durchführung:
a) Makroskopische Betrachtung der Blätter: Zunächst werden ein Licht- und ein Schattenblatt der Buche im Hinblick auf die äußere Gestalt miteinander verglichen. Dabei sollte unter anderem auf die Blattgröße bzw. die Fläche der Blattspreiten, die Blattdicke sowie eine eventuelle Behaarung der Blätter geachtet werden.
b) Mikroskopische Betrachtung der Blätter: Um die anatomischen Unterschiede zwischen Licht- und Schattenblättern noch genauer erfassen zu können, ist die Herstellung und der Vergleich möglichst dünner Blattquerschnitte sinnvoll. Die Herstellung der Schnitte wird in V 8.3.1 beschrieben. Die Schnitte werden mit einem feinen Pinsel oder mit Hilfe einer Pinzette in einen Tropfen Wasser auf einem Objektträger gebracht und mit einem Deckglas abgedeckt. Dabei sollte man das Deckglas mit der Kante neben dem Wassertropfen ansetzen und es langsam nach unten gleiten lassen, um die Bildung von Luftblasen zu vermeiden. Eventuell überschüssiges Wasser kann am Rande des Deckglases mit Filterpapier oder einem Papiertaschentuch abgesaugt werden.
Danach legt man die Objektträger unter ein Lichtmikroskop und vergleicht den Blattaufbau der verschiedenen Präparate.

250

Beobachtung:
Schon bei der makroskopi-
schen Betrachtung lassen sich
Unterschiede in der Anatomie der Licht- und Schattenblätter feststellen. So sind die
Lichtblätter der Buche kleiner, dicker und derber als
Schattenblätter.
Die makroskopischen Be-
obachtungen finden auch im
mikroskopischen Vergleich
ihre Bestätigung. Die Lichtblätter bilden eine im Vergleich zu den Schattenblät-

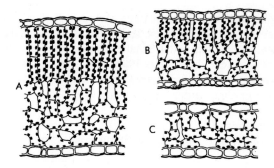

Abb. 8.16: Querschnitte durch ein Laubblatt von *Fagus sylvatica*. A Sonnenblatt, B Blatt mittleren Lichtgenusses, C Schattenblatt (STRASBURGER, 1998).

tern dickere Cuticula aus. Außerdem weisen sie eine ausgeprägte Differenzierung
des assimilatorischen Gewebes (Mesophyll) in das ein- oder sogar mehrschichtige
Palisadenparenchym, welches aus schmalen, säulenförmigen Zellen besteht, und das
Schwammparenchym mit seinen mehr oder weniger unregelmäßig geformten Zellen
auf. Das Palisadenparenchym der Schattenblätter ist dagegen nur einschichtig und
die Zellen wirken hier insgesamt etwas rundlicher und unregelmäßiger (Abb. 8.16).
Eine eindeutige Unterscheidung des Mesophylls in Schwamm- und Palisadenparenchym wird so erschwert.

Erklärung:
Die beobachtete Differenzierung in Licht- und Schattenblätter stellt eine ökologische
Anpassung der Pflanze an die verschiedenen Lichtbedingungen dar. So bietet die
dickere Cuticula und die kleinere Blattoberfläche den Lichtblättern an ihrem helleren
und wärmeren Standort einen höheren Verdunstungsschutz. Die veränderte Blatt-
morphologie der Schattenblätter zielt auf eine Vergrößerung der dem Licht ausge-
setzten Blattfläche ab; außerdem sparen diese an der Verfestigung der Zellwand-
strukturen.
    Untersuchungen über die biochemischen und feinstrukturellen Anpassungen auf
zellulärer Ebene und im molekularen Bereich konnten zeigen, daß es sich bei den
Anpassungen an unterschiedliche Lichtbedingungen um komplexe, ausbalancierte
Veränderungen vieler struktureller und funktioneller Komponenten handelt, vor
allem um Veränderungen der Blattanatomie, der Pigmentverhältnisse, der Enzym-
und Redoxsysteme sowie der Thylakoidstruktur der Chloroplasten. Die Anpassung
an das Schwachlicht ist primär eine Frage des ökonomischen Gebrauchs der zur
Verfügung stehenden Lichtenergie.

Kapitel 9   Dissimilation I: Glykolyse und Gärung (anaerobe Dissimilation)

A   Theoretische Grundlagen

9.1   Einleitung

Unter Dissimilation versteht man den Abbau organischer Verbindungen im Stoffwechsel zum Zwecke der Energiegewinnung. Die bei der Photosynthese unter Aufwand von Lichtenergie aufgebauten energiereichen Moleküle dienen nur teilweise als Bausteine für das weitere Wachstum der Pflanze. Ein erheblicher Anteil der Assimilate wird vielmehr in geeigneter Form und an geeignetem Ort gespeichert, um zu gegebener Zeit unter Freisetzung von Energie wieder dissimiliert zu werden. Auf diese Weise kann die autotrophe Pflanze für eine begrenzte Zeit unabhängig von der Energiezufuhr durch die Sonne leben. Im Gegensatz zur Photosynthese ist die Dissimilation nicht auf bestimmte Gewebe beschränkt, sondern eine Eigenschaft aller lebenden Zellen.

Die beiden Formen der Dissimilation sind Atmung und Gärung. Die am weitesten verbreitete Form der Dissimilation ist die Atmung oder Respiration. Sie ist ein Oxidationsprozess, bei dem Sauerstoff verbraucht wird und Kohlendioxid entsteht. Bei der Respiration werden die verwendeten Substrate unter beträchtlichem Energiegewinn vollständig zu energiearmen, anorganischen Endprodukten (CO_2, H_2O) abgebaut. Da dieser Abbauweg nur unter Beteiligung von Sauerstoff zu beschreiten ist, spricht man auch von aerobem Stoffabbau.

Mit Gärung oder Fermentation bezeichnet man Wege des Energiestoffwechsels, die anaerob, d. h. ohne Sauerstoff als Oxidationsmittel, ablaufen. An Stelle der Elektronenübertragung in der Atmungskette auf Sauerstoff und damit der Wasserbildung treten andere Abfangreaktionen für [H] auf, welche relativ stark reduzierte organische Verbindungen liefern, die unter den gegebenen Bedingungen nicht weiter metabolisiert werden können. Je nach Art des Endproduktes der Gärung lassen sich verschiedene Typen von Gärungen unterscheiden. Während Mikroorganismen eine große Zahl verschiedener Gärungsprodukte liefern können, sind es bei den höheren Pflanzen im wesentlichen Ethanol und/ oder Lactat, die sich unter anaeroben Bedingungen in den Zellen akkumulieren.

9.2   Bereitstellung des Ausgangssubstrates

Glucose ist auch für pflanzliche Organismen der wichtigste Betriebsstoff der Energiegewinnung. Wichtigste Quelle für Glucose sind die Polysaccharide, vor allem Stärke. Für den enzymatischen Abbau von Stärke gibt es zwei Möglichkeiten: entweder den hydrolytischen oder den phosphorolytischen Weg. Stärke wird hydrolytisch durch Amylasen zum Disaccharid Maltose, Maltose ihrerseits durch das Enzym Maltase zu Glucose zerlegt. Dieser Abbauweg ist für die Mobilisierung von Reservestärke speziell in den Zellen der Speicherorgane charakteristisch. Der zweite Weg ist allerdings energetisch vorteilhafter. Hier wird Stärke unter Phosphorylierung am C_1 durch das Enzym Phosphorylase in Glucose-1-phosphat zerlegt. Die Energie der Glykosidbindung, die bei Amylaseeinwirkung als Wärme verloren geht, bleibt somit in der Phosphatbindung erhalten. Da somit der einleitende Phosphorylierungsschritt (s.u.) entfällt, wird ein ATP (Adenosintriphosphat) eingespart. Glucose-1-phosphat muss lediglich noch durch Phosphoglucomutase zu Glucose-6-phosphat umgeformt werden, um in die Glykolyse eingehen zu können. Außer den Kohlenhydraten können auch andere Stoffe, vor allem Lipide und in Samen auch Proteine, als Reserven für die Energiegewinnung dienen.

9.3   Glykolyse

Bei der Glykolyse (gr.: glykos = süß, lysis = Spaltung) wird ein Molekül Glucose in einer Reihe von enzymkatalysierten Reaktionen zu zwei Molekülen Brenztraubensäure (Anion: Pyruvat) abgebaut. Im Verlauf der sequentiellen Reaktionen der Glykolyse wird ein Teil der aus Glucose freigesetzten Energie in Form von ATP (Adenosintriphosphat) gespeichert. Die Glykolyse läuft im Cytoplasma (Cytosol) der Zelle ab. Sie kann sowohl in Gegenwart von Sauerstoff (aerob) als auch ohne Sauerstoff (anaerob) ablaufen. Der aerobe und der anaerobe Abbau der Glucose unterscheiden sich erst in der Weiterverarbeitung des bei der Glykolyse entstandenen Pyruvats:

$$\text{Glucose} \xrightarrow{\text{Glykolyse}} \text{Pyruvat} \begin{cases} \text{Gärungsprodukte (anaerob)} \\ CO_2 + H_2O \quad \text{(aerob)} \end{cases}$$

In der Abbildung 9.1 ist die komplette Reaktionsfolge der Glykolyse dargestellt. Wird in den Glykolyseweg freie Glucose eingeschleust, muss zunächst unter Verbrauch von ATP eine Phosphorylierung des Moleküls erfolgen, wobei Glucose-6-

phosphat entsteht. Diese unter zellulären Bedingungen irreversible Reaktion wird durch Hexokinase (1) katalysiert. Phosphohexose-Isomerase (Phosphoglucoisomerase) (2) katalysiert die folgende reversible Isomerisierung von Glucose-6-phosphat, einer Aldose, zu Fructose-6-phosphat, einer Ketose. In der zweiten der beiden Aktivierungsreaktionen der Glykolyse katalysiert Phosphofructokinase-1 (3) die Übertragung einer Phosphatgruppe von ATP auf Fructose-6-phosphat, wobei Fructose-1,6-bisphosphat gebildet wird. Diese Reaktion ist unter zellulären Bedingungen ebenfalls irreversibel.

Phosphofructokinase-1 ist wie Hexokinase ein regulatorisches Enzym. Es bildet die wichtigste Regulationsstelle der Glykolyse. Die Aktivität von PFK-1 wird immer dann erhöht, wenn der ATP-Vorrat der Zelle erschöpft ist oder wenn ATP-Abbauprodukte, ADP und AMP (vor allem Letzteres) im Überschuss vorhanden sind. Das Enzym wird hingegen gehemmt, wenn der Zelle reichlich ATP zur Verfügung steht und dieses durch den Abbau von anderen Brennstoffen, z. B. Fettsäuren, in ausreichender Menge nachgeliefert wird. Fructose-2,6-bisphosphat, das dem Produkt dieser Reaktion strukturell ähnelt, aber kein Zwischenprodukt der Glykolyse ist, ist ein wirksamer Stimulator für das Enzym.

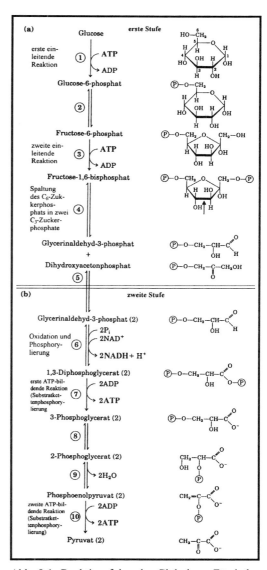

Abb. 9.1: Reaktionsfolge der Glykolyse. Für jedes Glucosemolekül, das die erste Stufe (a) durchläuft, werden zwei Moleküle Glycerinaldehyd-3-phosphat gebildet, die beide die zweite Stufe (b) durchlaufen (nach LEHNINGER, NELSON, COX, 1994).

Das Enzym Fructose-1,6-bisphosphat-Aldolase (4), häufig einfach als Aldolase bezeichnet, katalysiert eine reversible Spaltung des C_6-Zuckerphosphats in zwei verschiedene Triosephosphate, Glycerinaldehyd-3-phosphat, eine Aldose, und Dihydroxyacetonphosphat, eine Ketose. Die Keto- und die Aldo-Form des Triosephosphats stehen über eine gemeinsame Enol-Form im Gleichgewicht (4% D-Glycerinaldehyd-3-phosphat und 96% Dihydroxyacetonphosphat), dessen Einstellung durch das fünfte Enzym der Glykolysesequenz, Triosephosphat-Isomerase (5), rasch besorgt wird.

Der Energiegewinn wird in der zweiten Stufe („Ertragsstufe") der Glykolyse ausbezahlt. Im ersten Schritt der zweiten Glykolysestufe reagiert Glycerinaldehyd-3-phosphat zu 1,3-Diphosphoglycerat (3-Phospho-D-glyceroyl-1-phosphat), katalysiert durch Glycerinaldehyd-3-phosphat-Dehydrogenase (6). Die Aldehydgruppe von Glycerinaldehyd-3-phosphat wird dehydriert, und zwar nicht, wie man erwarten könnte, zu einer freien Carboxygruppe, sondern zu einem Anhydrid aus Carbonsäure und Phosphorsäure. Dieses so genannte Acylphosphat hat eine sehr hohe freie Standardenthalpie der Hydrolyse ($\Delta G^{\circ\prime}$ = -49,4 kJ $\cdot$ mol^{-1}). Der Wasserstoffakzeptor ist das Coenzym NAD$^+$. Das Enzym Phosphoglycerat-Kinase (7) überträgt die energiereiche Phosphatgruppe von der Carboxygruppe des 1,3-Diphosphoglycerats auf ADP, wobei ATP und 3-Phosphoglycerat entstehen. Die Bildung von ATP durch eine Phosphatgruppenübertragung bezeichnet man als Substratkettenphosphorylierung. Das Enzym Phosphoglycerat-Mutase (8) katalysiert eine reversible Verschiebung der Phosphatgruppe zwischen C-3 und C-2 des Glycerins, wobei 2-Phosphoglycerat entsteht. Dann erfolgt die Umwandlung der energiearmen Esterbindung des Phosphat-Restes in eine energiereiche Bindung. Das geschieht durch Eliminierung von einem Molekül Wasser aus 2-Phosphoglycerat mit Hilfe des Enzyms Enolase (9). Das Produkt dieser Reaktion ist Phosphoenolpyruvat (PEP, Brenztraubensäure). Obwohl 2-Phosphoglycerat und Phosphoenolpyruvat annähernd die gleiche Gesamtenergiemenge enthalten, führt die Abspaltung des Wassermoleküls aus 2-Phosphoglycerat zu einer Umverteilung von Energie innerhalb des Moleküls; die Änderung der freien Standardenthalpie bei der Hydrolyse der Phosphatgruppe ist deshalb für Phosphoenolpyruvat wesentlich größer ($\Delta G^{\circ\prime}$ = -61,9 kJ $\cdot$ mol^{-1}) als für 2-Phosphoglycerat ($\Delta G^{\circ\prime}$ = -17,6 kJ $\cdot$ mol^{-1}). Der letzte Schritt der Glykolyse ist die von Pyruvat-Kinase (10) katalysierte Übertragung der Phosphatgruppe an PEP auf ADP. Bei dieser Reaktion, der zweiten Substratkettenphosphorylierung, tritt das Produkt Pyruvat zunächst in seiner Enolform auf. Die Enolform tautomerisiert jedoch rasch und nicht-enzymatisch zur Ketoform des Pyruvats, der bei pH 7 vorherrschenden Form.

Die Nettoausbeute der Glykolyse beträgt zwei Moleküle ATP pro Molekül eingesetzter Glucose, da in der Ertragsstufe vier ATP-Moleküle gebildet werden, aber in der Vorbereitungsstufe bereits zwei ATP-Moleküle investiert wurden. In der zweiten Stufe wird ferner auch durch die Bildung von zwei Molekülen NADH + H$^+$ pro Molekül Glucose Energie konserviert. Damit erhält man die Gesamtgleichung für die Glykolyse:

$$\text{Glucose} + 2\,\text{NAD}^+ + 2\,\text{ADP} + 2\,\text{P}_i \rightarrow 2\,\text{Pyruvat} + 2\,\text{NADH} + 2\,\text{H}^+ + 2\,\text{ATP} + 2\,\text{H}_2\text{O}$$

Die weitere Verwendung des Produktes Pyruvat hängt vom Zelltyp und den Stoffwechselbedingungen ab.

9.4   Gärung (anaerober Stoffwechsel)

Der Durchsatz durch die Glykolyse kann nur dann kontinuierlich erfolgen, wenn das gebildete NADH + H$^+$ ständig wieder zu NAD$^+$ zurückgebildet wird. Unter aeroben Bedingungen geschieht das in den Mitochondrien in der Atmungskette. Unter anaeroben Bedingungen können die bei der Glykolyse gebildeten 2 NADH nicht in der Atmungskette umgesetzt werden. Bei Anaerobiose, d. h. bei Abwesenheit von Sauerstoff, dienen daher organische Substanzen als Wasserstoffakzeptoren. Durch deren Reduktion entstehen verhältnismäßig energiereiche Endprodukte. Man bezeichnet diese unvollständigen Oxidationen als Gärungen und benennt sie nach ihren Endprodukten, z. B. alkoholische Gärung nach dem entstehenden Ethanol, Milchsäuregärung nach der Milchsäure usw. Die meisten Gärungen führen über Pyruvat als Intermediat. Dieses entsteht in der Regel auf dem Glykolyse-Weg. Die Gärungen sind anaerob, sodass Pyruvat oder ein Folgeprodukt als H-Akzeptor fungieren. Da wegen der energiereichen Endprodukte der Energiegewinn bei Gärungen, bezogen auf die umgesetzte Substratmenge, wesentlich geringer ist als bei der Atmung, verbrauchen Gärer weit größere Substratmengen, um ihren Energiebedarf zu decken. Die Gärungsprodukte werden häufig in großen Mengen ausgeschieden. Nach moderner Auffassung besteht das entscheidende Merkmal einer Gärung (Fermentation) in der Bildung relativ energiereicher Endprodukte; die Gärung erfolgt in den meisten Fällen in Abwesenheit von Sauerstoff und entspricht dann der ursprünglich von Louis PASTEUR (1822-1895) geprägten Definition.

Gärungen kommen vor allem bei niederen, heterotrophen Organismen vor (Hefen und anderen Pilzen, Bakterien). Fakultative Anaerobier sind sowohl zur aeroben als auch zur anaeroben Dissimilation befähigt, während die obligaten Anaerobier ausschließlich die anaerobe Dissimilation betreiben. Höhere Pflanzen sind generell auf ein hohes Sauerstoffangebot angewiesen, welches Stoffwechsel und Wachstum gewährleistet. Daher werden die meisten ihrer Gewebezellen schon durch eine kurzfristige Unterversorgung mit Sauerstoff irreversibel geschädigt. Dennoch gibt es Ausnahmen: Hierzu gehören viele Wasserpflanzen, welche Anpassungsmechanismen entwickelt haben, um den natürlicherweise im Wasser auftretenden Restriktionen in

256

der Sauerstoff-Diffusion und die damit verbundene Unterversorgung ihrer Gewebe zu begegnen. Gleiches trifft für die Samen vieler höherer Pflanzen zu. Man nimmt an, dass ihre Schale während der die Keimung einleitenden Quellung undurchlässig für Sauerstoff ist, und deshalb die Zellen der umschlossenen Gewebe auf anaerobe Dissimilation angewiesen sind.

Die alkoholische Gärung. Das Endprodukt dieser Gärung ist der Ethylalkohol (Ethanol). Zunächst wird Pyruvat decarboxyliert (Abb. 9.2). Das Produkt dieser Reaktion, Acetaldehyd, wird durch das in der Glykolyse entstandene NADH + H$^+$ reduziert. Dabei entsteht Ethanol. Die alkoholische Gärung wird vor allem von Mikroorganismen, insbesondere von Hefepilzen, durchgeführt. Aber auch Gewebe höherer Pflanzen sind unter Sauerstoffmangel zur alkoholischen Gärung fähig. Für die bei Anoxia entscheidende Weichenstellung in Richtung Ethanol-Bildung aus Pyruvat, dem Endprodukt der Glykolyse, sorgt die Pyruvat-Decarboxylase, welche die Zerlegung in CO_2 und Acetaldehyd in irreversibler, stark exergonischer Reaktion katalysiert. Dieses cytosolische Enzym wird konstitutiv bei zahlreichen Pflanzenspecies in recht unterschiedlichen Gewebezellen exprimiert. Seine Aktivität steigt signifikant mit einsetzender Anoxia an, z. B. beim Mais auf das 5-9fache.

Die Energieausbeute ist bei der alkoholischen Gärung gering. Sie beträgt, wie in der Glykolyse, 2 Mole ATP pro Mol Glucose. Zur Deckung ihres Energiebedarfs müssen die Hefen deshalb beträchtliche Zuckermengen umsetzen, was zu einer raschen Anreicherung des Alkohols führt. Daneben ist die Hefe allerdings auch zum oxidativen Abbau befähigt. So ist z. B. eine starke Zellvermehrung stets mit einem Umschalten auf den oxidativen Abbau verbunden (PASTEUR-Effekt). Die Hefe ist also ein fakultativer Anaerobier. Die alkoholische Gärung wird vom Menschen in großem Umfang zur Herstellung alkoholischer Getränke und von reinem Alkohol genutzt. Bei der Bäckerhefe dient das bei der Gärung entstehende CO_2 zur Auflockerung des Teiges. Neuerdings werden Abfallkohlenhydrate (z. B. Zuckerrohr- und Maisabfälle) vergoren, um auf diesem Weg Alkohol zur technischen Nutzung (Treibstoff) zu gewinnen.

Milchsäuregärung. Diese ist typisch für den tierischen Muskel

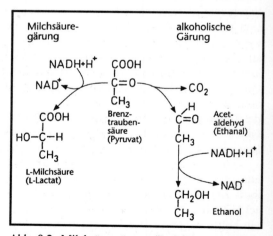

Abb. 9.2: Milchsäuregärung (Reduktion von Pyruvat zu L-Lactat) und Alkoholische Gärung (CO_2-Abspaltung aus Pyruvat und Reduktion von Ethanal zu Ethanol) (KULL, 1993).

sowie für verschiedene Bakterien, vor allem Arten von *Lactobacillus* und *Strepto-coccus*; sie tritt auch bei Protozoen, Pilzen, Grünalgen und höheren Pflanzen auf. Das auf dem Glykolyseweg entstehende Pyruvat dient selbst als Wasserstoffakzeptor unter unmittelbarer Bildung von Milchsäure (homofermentative Milchsäuregärung):

$$CH_3\text{-}CO\text{-}COOH + NADH + H^+ \xrightarrow{\text{Lactat--Dehydrogenase}} CH_3\text{-}CHOH\text{-}COOH + NAD^+$$

Wie bei der Ethanolbildung entstehen 2 Mole ATP pro Mol Glucose.

Die Milchsäurebakterien sind an der Säuerung der Milch und damit an der Er-zeugung von Sauermilchprodukten (Joghurt, Käse) oder von Sauergemüse (Sauer-kraut, Saure Gurken) beteiligt. Die Säurebildung, die erst bei pH-Werten unter 4 zum Stillstand kommt, hemmt das Wachstum konkurrierender Mikroorganismen und schließlich auch die Vermehrung der Milchsäurebakterien (negatives Feedback). Hiermit kommt ein durchaus erwünschter Konservierungseffekt zustande. Milchsäure-gärung setzt auch in Wurzeln sowie in keimenden Samen einiger Spezies bei Sau-erstoffmangel ein, wird aber dann relativ schnell von der beginnenden Alkoholgä-rung überlagert oder abgelöst.

Oxidation des Alkohols zu Essigsäure (Essigsäuregärung). Dem geringen Ener-giegewinn der alkoholischen Gärung entsprechend ist das Ethanol noch ein recht energiereiches Produkt, das von anderen Organismen unter Energiegewinn oxidativ weiter umgesetzt werden kann. Hier sind die Vertreter der Bakteriengattung *Ace-tobacter* zu nennen, die den Alkohol zu Essigsäure umsetzen:

$$CH_3\text{-}CH_2OH \rightarrow CH_3\text{-}COOH$$

Die Reaktion umfasst im Einzelnen zwei Dehydrierungsschritte. Im ersten wird der Alkohol zu Acetaldehyd dehydriert. Unter Wasseranlagerung entsteht ein nicht be-ständiges Hydrat, das unter nochmaliger Dehydrierung in Essigsäure übergeht. Der abgespaltene Wasserstoff wird durch das NADH + H$^+$ auf die Atmungskette übertra-gen, wo die Endoxidation erfolgt. Diese auch als Essigsäuregärung bezeichnete Oxi-dation des Alkohols verläuft also aerob und würde somit, der PASTEURschen Defini-tion gemäß, nicht zu den Gärungen zählen.

Unter Betonung der biochemischen Abläufe stellt man den klassischen Gärungen, die unter anaeroben Bedingungen ablaufen, solche Fermentationen, die unter Zufüh-rung von Sauerstoff betrieben werden, als oxidative Gärungen oder unvollständige Oxidationen gegenüber. Sie spielen heute eine wichtige Rolle in der mikrobiellen Biotechnologie. Gärung und der gleichbedeutende Begriff Fermentation haben in der industriellen Mikrobiologie eine erweiterte Bedeutung erhalten. Zur Information über weitere biologisch wichtige und bekannte Gärungen, z. B. die Propionsäuregä-rung, die Buttersäuregärung, die Ameisensäuregärung u. a., die von verschiedenen Mikroorganismen, bisweilen auch nebeneinander, durchgeführt werden, sei auf die Lehrbücher der Mikrobiologie verwiesen.

B   Versuche

V 9.1   Versuche zur Glykolyse und alkoholischen Gärung

V 9.1.1 Die Entstehung von Reduktionsäquivalenten im Verlauf der Glykolyse

Kurz und knapp:
Der folgende Versuch geht von gärenden Hefezellen aus, in denen der aus der Gly-
kolyse stammende Wasserstoff durch den Farbstoff 2,6-Dichlorphenolindophenol
(DCPIP) abgefangen wird. Diese Wasserstoffaufnahme von DCPIP wird durch den
Farbumschlag des Farbstoffes DCPIP von blau-violett nach farblos sichtbar.

Zeitaufwand:
Vorbereitung des Gärungsansatzes: 20 min, Durchführung: 2 min

Material:	Frischhefe oder Trockenhefe (*Saccharomyces cerevisiae*)
Geräte:	Erlenmeyerkolben (250 mL), auf den Erlenmeyerkolben passenden Stopfen mit Gäraufsatz, Spatel, Stativ, Stativklemme, Wasserbad (35 °C)
Chemikalien:	8 %ige Rohrzucker-Lösung, 2,6-Dichlorphenolindophenol (DCPIP)

Durchführung:
Man füllt 100 mL Rohrzucker-Lösung in
den Erlenmeyerkolben und löst darin 5 g
Frisch- bzw. 1,4 g Trockenhefe. Danach
befestigt man den Erlenmeyerkolben an
einem Stativ und stellt den Ansatz so
lange ins Wasserbad (für etwa 10 Minuten), bis eine deutliche Gärungsaktivität
erkennbar wird. Indem man für kurze Zeit
den Gäraufsatz vom Erlenmeyerkolben
abnimmt, fügt man der Hefe-Zucker-
Lösung eine Spatelspitze DCPIP bei,
sodass sich der Ansatz blau-violett färbt.
Anschließend erfolgt die Beobachtung.

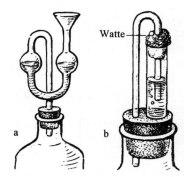

Abb. 9.3: a) handelsüblicher, b) selbst-
gebauter Gäraufsatz (BRAUNER und
BUKATSCH, 1980).

Beobachtung:
Schon nach kurzer Zeit verliert der Ansatz seine blau-violette Farbe und nimmt wieder die ursprüngliche Färbung der Hefe-Zucker-Lösung an.

Erklärung:
Bei DCPIP handelt es sich um einen Redoxfarbstoff (Elektronenakzeptor), der den aus der Glykolyse stammenden Wasserstoff von NADH + H⁺ übernimmt, noch bevor die Reduktion des Ethanals zu Ethanol stattfinden kann. Durch die Aufnahme von Wasserstoff wird das blau-violette DCPIP in seine farblose Leuko-Form (DCPIP · H_2) überführt:

NAD⁺   DCPIP· H_2 (farblos)

NADH + H⁺   DCPIP (blau-violett)

Der Durchsatz durch die Glykolyse kann dann kontinuierlich erfolgen, wenn das gebildete NADH + H⁺ ständig wieder zu NAD⁺ zurückgebildet wird. Unter anaeroben Bedingungen kann das bei der Glykolyse gebildete NADH + H⁺ nicht in der Atmungskette umgesetzt werden. Bei den echten Gärungen wird der Wasserstoff auf organische H-Akzeptoren übertragen, die dadurch reduziert und als Gärungsprodukte häufig in großen Mengen ausgeschieden werden. Bei der alkoholischen Gärung wird Pyruvat zu Ethanal (Acetaldehyd) decarboxyliert und dieses dann mit Hilfe des bei der Dehydrierung des Glycerinaldehyd-3-phosphates gebildeten NADH + H⁺ zu Ethanol reduziert (Abb. 9.4).

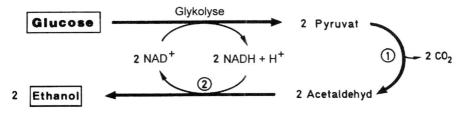

Abb. 9.4: Vergärung von Glucose durch Hefe. (1) Pyruvat-Decarboxylase, (2) Alkohol-Dehydrogenase.

V 9.1.2 Die Substratabhängigkeit der alkoholischen Gärung

Kurz und knapp:
Die meisten Prozesse der Dissimilation (z.B. die Atmung, die alkoholische Gärung, in vielen Fällen auch die Milchsäuregärung) beginnen mit der Glykolyse. Mikroorganismen vergären nur diejenigen Kohlenhydrate, die in die Zellen aufgenommen werden und dort enzymatisch angegriffen werden können. Disaccharide werden erst nach vorausgegangener Spaltung vergoren.

Im folgenden Versuch soll die Vergärbarkeit verschiedener Kohlenhydrate durch gärende Hefepilze am Beispiel von Glucose (Traubenzucker, s. Abb. 1.1), Fructose (Fruchtzucker, s. Abb. 1.1), Lactose (Milchzucker, s. Abb. 1.2), Saccharose (Rohrzucker, s. Abb. 1.2) und anhand von saccharosehaltigen bzw. -freien Getränken (Cola und zuckerfreie Cola) demonstriert werden.

Zeitaufwand:
Ansetzen der Lösungen: 15 min, Wartezeit: 15-30 min

Material:	Frischhefe oder Trockenhefe (*Saccharomyces cerevisiae*)
Geräte:	6 kleine Bechergläser (je 50 mL), 1 Becherglas (100 mL),
	6 Gärröhrchen nach EINHORN, Glaspipette (10 mL), Glasstab,
	3 Petrischalen, Bunsenbrenner, Vierfuß mit Ceranplatte, Siedesteinchen, Wärmeschrank
Chemikalien:	10 %ige Lösungen von Glucose, Fructose, Lactose und Saccharose, je 25 mL zuckerhaltige Cola (entspricht etwa einer 10 %igen Saccharoselösung) und zuckerfreie Cola (Cola light)

Durchführung:
Zunächst werden in vier kleinen Bechergläsern 25 mL der jeweiligen Zuckerlösung hergestellt. Um die Kohlensäure zu entfernen, wird die zuckerhaltige und die zuckerfreie Cola für etwa 15 Minuten mit dem Bunsenbrenner erhitzt und anschließend auf handwarme Temperatur abgekühlt. In das größere Becherglas wiegt man 15 g Frischhefe oder 4,2 g Trockenhefe ein, fügt 25 mL warmes Wasser hinzu und verrührt den Ansatz zu einer homogenen Suspension. Nachdem jede Zuckerlösung mit 5 mL Hefelösung versetzt wurde, füllt man in jedes Gärröhrchen so viel des Hefe-Zucker-Gemisches ein, dass der geschlossene Schenkel der Gärröhrchen vollständig gefüllt und frei von Luftblasen ist. Dann werden je zwei Gärröhrchen mit untergestellten Petrischalenhälften, die eventuell überlaufende Flüssigkeit auffangen sollen, in den auf 40 °C vorgeheizten Wärmeschrank gestellt. Nach 15-30 Minuten kann die Auswertung erfolgen.

Beobachtung:
Bereits nach wenigen Minuten kann man im Glucose-, Fructose- und Saccharose-Ansatz sowie im Gärröhrchen mit zuckerhaltiger Cola beobachten, wie sich im geschlossenen Schenkel der Gärröhrchen eine Gasphase bildet, die das Hefe-Zucker-Gemisch aus den Öffnungen der Gärröhrchen presst. Die Ansätze mit Lactose und der zuckerfreien Cola zeigen dagegen keine Veränderung.

Erklärung:
Unter den Temperaturbedingungen des Wärmeschrankes beginnen die Hefepilze bei geeignetem Substrat intensiv zu gären, wobei gasförmiges Kohlendioxid (CO_2) gebildet wird. Dabei kann man davon ausgehen, dass mit einer

Abb. 9.5: Gärröhrchen nach EINHORN.

höheren Gärungsaktivität der Hefe eine verstärkte CO_2-Entstehung einhergeht; dementsprechend ist die Gärungsaktivität im Glucose- und Fructose-Ansatz besonders hoch. Der Grund hierfür liegt in der Tatsache, dass Hefe die Monosaccharide Glucose und Fructose zur direkten Gärung verwerten kann. Saccharose ist zwar ein Disaccharid, jedoch besitzen Hefepilze das Enzym Saccharase (früher auch Invertase genannt), das die Saccharose durch hydrolytische Spaltung in ihre Bestandteile (Glucose und Fructose) zerlegt, die in der Glykolyse zu Pyruvat (Fructosebisphosphat-Weg) und anschließend zu Alkohol umgesetzt werden.

Zur Spaltung des Disaccharids Lactose in die Bestandteile Glucose und Fructose ist das Enzym β-Galactosidase notwendig, welches jedoch den Hefezellen fehlt. Das Vergären von Lactose ist Hefepilzen aus diesem Grund nicht möglich. Auch die Süßstoffe der zuckerfreien Cola (z.B. Aspartam, Cyclamat u.a.) stellen – nicht zuletzt aufgrund ihres niedrigen Energiepotentials – ungeeignete Substrate der Gärung dar.

Bemerkung:
Es empfiehlt sich, die Lösungsansätze von Fruchtzucker und Rohrzucker etwas zu erwärmen, um eine schnellere Lösung dieser Zucker zu erreichen.

Das Enzym β-Galactosidase kommt bei Milchsäurebakterien und vielen Darmbakterien, u.a. *Escherichia coli*, vor. Lactose wird von Säugetieren gebildet und mit der Milch ausgeschieden, bzw. mit dieser aufgenommen.

V 9.2   Alkoholische Gärung

V 9.2.1   Die Entstehung von Kohlendioxid bei der alkoholischen Gärung

Kurz und knapp:
Bei der Bildung von Ethanol (Ethylalkohol) durch anaeroben Abbau von Glucose
wird Kohlendioxid (CO_2) freigesetzt:

$$C_6H_{12}O_6 \longrightarrow 2\ C_2H_5OH + 2\ CO_2$$

Im folgenden Versuch soll die Bildung von Kohlendioxid bei der alkoholischen
Gärung von Hefepilzen nachgewiesen werden.

Zeitaufwand:
Vorbereitung und Durchführung: 25 min

Material:	Frischhefe oder Trockenhefe (*Saccharomyces cerevisiae*)
Geräte:	Erlenmeyerkolben (500 ml) mit passendem, durchbohrtem Stopfen mit Gäraufsatz, weiterer Stopfen, Erlenmeyerkolben (100 mL) mit passendem Stopfen, Wasserbad (35 °C), Faltenfilter
Chemikalien:	0,05 mol/L Bariumhydroxid ($Ba(OH)_2$), Rohrzucker

Durchführung:
Man suspendiert in dem größeren Erlenmeyerkolben 10 g Frischhefe oder 2,8 g
Trockenhefe in 250 mL Aqua dest. und fügt 60 g Zucker hinzu. Der Erlenmeyerkolben wird anschließend mit einem Stopfen verschlossen, in welchen ein mit Aqua
dest. gefüllter Gäraufsatz eingelassen ist. Der Gärungsansatz wird für 15 Minuten in
ein 35 °C warmes Wasserbad gestellt. Währenddessen filtriert man etwa 50 mL
$Ba(OH)_2$-Lösung in den kleineren Erlenmeyerkolben, der sofort mit einem Stopfen
verschlossen wird. Sobald die Hefepilze eine deutliche Gärungsaktivität zeigen,
nimmt man kurz den Gäraufsatz mitsamt Stopfen vom Erlenmeyerkolben ab und
ersetzt das Aqua dest. aus dem Gäraufsatz durch etwas $Ba(OH)_2$-Lösung. Danach
platziert man den Gäraufsatz wieder auf den Erlenmeyerkolben und verschließt den
Gäraufsatz leicht mit einem weiteren Stopfen.

Beobachtung:
Die Gärungsaktivität erkennt man am Entweichen von Gasblasen durch das Aqua
dest. des Gäraufsatzes. Die $Ba(OH)_2$-Lösung in dem Gäraufsatz trübt sich sofort
durch einen weißen Niederschlag.

Erklärung:
Bei der alkoholischen Gärung erfolgt beim Übergang von Pyruvat zu Acetaldehyd (Ethanal) eine durch das Enzym Pyruvat-Decarboxylase katalysierte Abspaltung von CO_2 (s. Abb. 9.2 und 9.4), das durch den im Ansatz sich bildenden Überdruck unter Blasenbildung durch das Aqua dest. des Gäraufsatzes entweicht. Wird der Gäraufsatz mit $Ba(OH)_2$-Lösung gefüllt, findet eine Reaktion von $Ba(OH)_2$ mit dem aufsteigenden CO_2 zu schwer löslichem Bariumcarbonat ($BaCO_3$) statt, das als weißer Niederschlag ausfällt:

$$CO_2 + Ba(OH)_2 \longrightarrow BaCO_3\downarrow + H_2O$$

V 9.2.2 Der Nachweis von Acetaldehyd als Zwischenprodukt der alkoholischen Gärung

Kurz und knapp:
Im folgenden Versuch wird der bei der alkoholischen Gärung von Hefepilzen entstehende Acetaldehyd unter dem Einfluss von zugegebenem Sulfit blockiert. Der „blockierte" Acetaldehyd kann anschließend freigesetzt und als solcher nachgewiesen werden.

Zeitaufwand:
Vorbereitung und Durchführung: 40 min

Material:	Frischhefe oder Trockenhefe (*Saccharomyces cerevisiae*)
Geräte:	3 Demonstrationsreagenzgläser mit passenden, durchbohrten Stopfen, 2 Gäraufsätze, Stativ, 2 Stativklemmen, Wasserbad (35 °C)
Chemikalien:	10 %ige Saccharose-Lösung (Rohrzucker), Natriumsulfit (Na_2SO_3), Acetaldehyd, 5 %ige Piperidin-Lösung, 5 %ige Nitroprussidnatrium-Lösung

Durchführung:
Zunächst werden zwei Demonstrationsreagenzgläser mit je 50 mL Zuckerlösung beschickt, wobei in einem der beiden Ansätze zusätzlich 0,1 g Natriumsulfit (Na_2SO_3) gelöst wird. Anschließend suspendiert man in beiden Ansätzen je 5 g Frischhefe oder 1,4 g Trockenhefe und platziert beide Reagenzgläser mit Hilfe eines Stativs und zweier Stativklemmen in einem auf 35 °C vorgeheiztem Wasserbad. Nach 30 Minuten entnimmt man jedem Reagenzglas 5 mL Flüssigkeit, die in zwei leere Reagenzgläser gefüllt wird. In ein weiteres Reagenzglas gibt man 10 mL Acet-

aldehyd (Kontrolle). Alle drei Ansätze werden mit 1 ml Nitroprussidnatrium-Lösung und 2 mL Piperidin versetzt.

Beobachtung:
Nach Zugabe von Nitroprussidnatrium und Piperidin färbt sich der Ansatz mit Natriumsulfit und die Acetaldehyd-Lösung blau bis blau-violett, während die Farbe der Kontrolllösung unverändert (d.h. orange) bleibt.

Erklärung:
Der Gärungsansatz ohne Natriumsulfit zeigt keine Farbveränderung, da der bei der Decarboxylierung von Pyruvat entstehende Acetaldehyd durch Aufnahme von Wasserstoff zu Ethanol reduziert wird.
   Im Ansatz mit Natriumsulfit wird der bei der Gärung als Zwischenprodukt entstehende Acetaldehyd blockiert:

$$CH_3 - \underset{\underset{O}{\overset{\|}{}}}{\overset{\overset{H}{|}}{C}} + 2\,Na^+ + SO_3^{2-} + H_2O \;\rightleftharpoons\; \left[CH_3 - \underset{\underset{SO_3^-}{\overset{\backslash}{}}}{\overset{\overset{H}{|}}{C}} -OH \right]^- + 2\,Na^+ + OH^-$$

Bei Zugabe von Nitroprussidnatrium und Piperidin kommt es zur Rückbildung von Acetaldehyd und Formierung eines blauen bis blau-violetten Farbkomplexes (Reaktion nach RIMINI).
   Die Farbe des dritten Ansatzes dient als Kontrolle und zeigt, dass die im Ansatz mit Natriumsulfit beobachtete blau-violette Färbung tatsächlich von dem Komplex des Acetaldehyds mit Piperidin und Nitroprussidnatrium herrührt.

Bemerkung:
Die Gärung in Gegenwart von Sulfit ist in der Industrie zur Erzeugung von Glycerin eingesetzt worden (Gärungsumlenkung durch Sulfit). Die Glycerinproduktion beruht darauf, dass Acetaldehyd abgefangen wird und daher nicht als Wasserstoffakzeptor fungieren kann. An die Stelle von Acetaldehyd tritt als Wasserstoffakzeptor das Dihydroxyacetonphosphat; es wird zu Glycerin-3-phosphat reduziert und zu Glycerin dephosphoryliert.
   Bei Zusatz von Alkali (NaHCO$_3$, Na$_2$HPO$_4$) zum Gäransatz kommt es ebenfalls zur Bildung von Glycerin, weil Acetaldehyd zu Ethanol und Acetat dismutiert und somit die Funktion als Wasserstoffakzeptor nicht erfüllen kann.
   Acetaldehyd stellt auch ein Zwischenprodukt des Ethanolabbaus in der Leber dar. In Verknüpfung mit bestimmten biogenen Aminen (z.B. Dopamin, Tryptamin) kann Acetaldehyd halluzinatorisch wirksame Stoffe bilden, die möglicherweise für die Entstehung der Alkoholsucht mitverantwortlich sind.

Achtung: Piperidin ist gesundheitsschädlich; nicht verschlucken, Hautkontakt meiden. Beim Pipettieren, auch des Nitroprussidnatriums, Peleusball oder Pipettenpumpe verwenden.

V 9.2.3 Der Nachweis von Ethanol durch Verbrennen

Kurz und knapp:
Bei folgendem Nachweis von Ethanol macht man sich zu Nutze, dass Ethanol zusammen mit Borsäure und Schwefelsäure zu Borsäureethylester reagiert, welcher mit grün gesäumter Flamme verbrennt.

Zeitaufwand:
Vorbereitung und Durchführung: 10 min

Geräte:	2 kleine Glasschälchen ($\varnothing$ ca. 5 cm), Spatel, Streichhölzer
Chemikalien:	mind. 50 %iges Alkoholgetränk (z.B. gekaufter Schnaps, Rum, Destillat), 60 %iges Labor-Ethanol, 10 %ige Borsäurelösung, konz. Schwefelsäure (H_2SO_4)

Durchführung:
In 2 Glasschälchen werden je 5 mL Alkoholgetränk bzw. als Kontrolle 5 mL Laborethanol gefüllt. Beiden Ansätzen fügt man jeweils 1 mL Borsäure und drei Tropfen Schwefelsäure hinzu. Anschließend entzündet man die Gemische mit Hilfe eines Streichholzes.

Beobachtung:
Die Flamme beider Ansätze hat zunächst eine fahle, blaue Farbe, wobei sich in beiden Fällen nach etwa einer halben Minute ein grüner Flammensaum bildet.

Erklärung:
Ethanol reagiert unter Wasserabspaltung mit der Borsäure zu Borsäureethylester; dabei wird Schwefelsäure als wasserentziehendes Mittel eingesetzt:

$$3\ C_2H_5OH + B(OH)_3 \rightleftharpoons B(OC_2H_5)_3 + 3\ H_2O$$

Zunächst verbrennt reiner Alkohol mit blass-blauer Flamme; erst anschließend entzündet sich der entstandene Borsäureethylester, welcher mit grün gesäumter Flamme verbrennt.

V 9.2.4 Der Nachweis von Ethanol mit Kaliumdichromat

Kurz und knapp:
Neben dem Alkoholabbau, der vor allem in der Leber stattfindet, entledigt sich der menschliche Organismus des konsumierten Ethanols auch zu einem geringen Teil durch dessen Ausscheidung im Urin, im Schweiß und in der Atemluft; diese Ausscheidung macht etwa 5 % des konsumierten Alkohols aus.

Auf das relativ konstante Verhältnis des Alkoholgehalts der Atemluft und jenem des Bluts stützt sich das Messprinzip der Polizei, welches in kurzer Zeit und mit geringem Aufwand eine ungefähre Bestimmung der Blut-Alkoholkonzentration bei Verkehrsteilnehmern ermöglicht. Bis vor wenigen Jahren erfolgte die polizeiliche Alkoholbestimmung durch „Acotest®"-Geräte (z.B. Fa. Dräger Sicherheitstechnik GmbH, Lübeck), bestehend aus einem Prüfröhrchen, einem Luftmessbeutel und einem Mundstück. Das Messprinzip beruht darauf, dass sechswertiges, oranges Dichromat des Teströhrchens in Anwesenheit von konzentrierter Schwefelsäure (H_2SO_4) durch Ethanol zu grünem, dreiwertigem Chrom reduziert wird. Durch Nachvollziehen der „Alcotest®"-Methode im Reagenzglas soll im folgenden Versuch ein weiteres Verfahren des Alkoholnachweises demonstriert werden.

Zeitaufwand:
Vorbereitung: 10 min, Beobachtung: 10 min

Geräte:	3 Demonstrationsreagenzgläser mit Reagenzglasständer, Wasserbad (50 °C), Thermometer, 2 Stative, 3 Stativklemmen
Chemikalien:	Schnaps (z.B. 35 %ig), 0,5 %ige Kaliumdichromat-Lösung ($K_2Cr_2O_7$), konz. Schwefelsäure (H_2SO_4), 60 %iges Ethanol

Durchführung:
Drei Demonstrationsreagenzgläser werden mit je 5 mL Kaliumdichromatlösung und 5 mL Schwefelsäure (H_2SO_4) beschickt. Einem Ansatz fügt man 15 mL Aqua dest. hinzu; den beiden anderen Ansätzen wird jeweils die gleiche Menge an Schnaps bzw. 60 %igem Laborethanol zugegeben. Alle drei Ansätze werden mit Hilfe von Stativen in einem auf 50 °C vorgeheizten Wasserbad befestigt.

Beobachtung:
Zu Beginn des Versuches sind alle drei Versuchsansätze orange gefärbt. Die Farbe der Probe mit dem 60 %igem Laborethanol schlägt rasch ins Blaugrüne um, während der Ansatz mit dem Schnaps langsamer blau-grün wird. Die Kontrolle mit Aqua dest. dagegen behält unverändert ihre orangene Farbe bei.

Erklärung:
Die charakteristischste Eigenschaft der Chromate ist ihre stark oxidierende Wirkung, da sie ein großes Bestreben haben, in die Stufe des dreiwertigen (grünen) Chroms überzugehen. Die Oxidationswirkung ist in saurer Lösung besonders stark. So oxidiert Kaliumdichromat Ethanol zu Acetaldehyd:

$$3\ C_2H_5OH + K_2Cr_2O_7 + 8\ H^+ \rightarrow 3\ CH_3CHO + 2\ Cr^{3+} + 7\ H_2O + 2\ K^+$$
$$\text{(orange)} \qquad\qquad\qquad \text{(grün)}$$

Die Protonen auf der linken Seite der Reaktionsgleichung stammen von der zugegebenen Schwefelsäure, die im wässrigen Zustand dissoziiert. Ist genügend Dichromat vorhanden, so kann der aus Ethanol hervorgegangene Acetaldehyd über Acetat bis zu CO_2 weiter oxidiert werden. Im Kontrollansatz mit Wasser bleibt die Reduktion des Chroms und der damit verbundene Farbumschlag aus.

Bemerkung:
Heute werden zur Alkoholkontrolle von Verkehrsteilnehmern meistens Messgeräte verwendet, die auf physikalischer Grundlage arbeiten. Die Dräger Alcotest 7110 Evidential-Messtechnik benutzt zur Messung die Absorption von Infrarot-Strahlung durch die Alkoholmoleküle, die sich in der Atemluft befinden. Die mit dem Instrument Alcotest 7110 ermittelten Atemalkohol-Werte haben in der Bundesrepublik Deutschland auch vor Gericht Beweiskraft. Dafür legten die Parlamentarier die Grenzwerte auf 0,4 und 0,25 Milligramm je Liter Atemluft fest; in den rechtlichen Folgen entspricht das 0,8 und 0,5 Promille Blutalkohol.

V 9.2.5 Die Teiglockerung durch Hefe

Kurz und knapp:
Im Haushalt wird Hefe als Treibmittel zum Zweck der Lockerung des Teiges von Broten und Kuchen u.a. eingesetzt. Beim Gärungsvorgang, der in den Backbüchern als „Gehen des Teiges" bezeichnet wird, findet in den Hefezellen eine Spaltung des Rohrzuckers durch das Enzym Saccharase in die Bestandteile Glucose und Fructose statt. Diese Einfachzucker werden aufgrund der anaeroben Verhältnisse im Teiggemisch von den Hefezellen vergoren, wobei Kohlendioxid (CO_2) gebildet wird. Das gasförmige CO_2 übt beim Entweichen auf die Teigmasse Druck aus und treibt sie auseinander. Die Klebereiweiße des Mehls sind für die zähflüssige Konsistenz des Teiges verantwortlich und verhindern, dass der Teig immer wieder in sich zusammenfällt.

Im folgenden Versuch soll die CO_2-Entstehung beim Gärungsvorgang eines Hefeteiges durch die Aufschwemm-Methode nachgewiesen werden.

Zeitaufwand:
Vorbereitung und Durchführung: 15 min

Material:	Frischhefe oder Trockenhefe (*Saccharomyces cerevisiae*), Weizenmehl (Type 405), Rohrzucker (Saccharose)
Geräte:	großes Becherglas (1000 mL), 2 kleinere Bechergläser (je 250 mL) Glasstab, Thermometer

Durchführung:
In zwei kleinere Bechergläser werden je 10 g Mehl und je 1,5 g Zucker eingewogen. Einem der beiden Ansätze werden 5 g Frischhefe oder 1,4 g Trockenhefe hinzugefügt. Danach wird beiden Ansätzen gerade so viel handwarmes Leitungswasser hinzugefügt, dass ein kompakter Teig entsteht. Beide Teigansätze werden zu je einem Kloß geformt und dann sofort nebeneinander in ein mit 40 °C warmem Leitungswasser gefülltes großes Becherglas gelegt.

Beobachtung:
Zunächst sinken beide Teigklöße auf den Boden des Becherglases ab. Nach etwa 3 Minuten Wartezeit jedoch schwimmt der Kloß mit Hefe an die Wasseroberfläche, während der Teig ohne Hefe am Boden des Becherglases liegen bleibt.

Erklärung:
Der Hefeteig wie auch der Teig ohne Hefe sind spezifisch schwerer als Wasser, was man an ihrem anfänglichen Herabsinken auf den Boden des Becherglases erkennen kann. Aufgrund der Gärungsaktivität der Hefe wird im Hefeteig CO_2-Gas gebildet, das zum größten Teil im Teig zurückgehalten wird. Ab einer bestimmten Menge an durch Gärung entstandenem CO_2 erhält der Hefekloß einen dermaßen starken Auftrieb, dass er bis zur Wasseroberfläche emporsteigt.

Im Kontrollansatz ohne Hefe bleibt die CO_2-Produktion und das damit verbundene Aufschwimmen des Teiges aus.

Bemerkung:
Bäckerhefe soll den Teig durch CO_2-Produktion auftreiben, also stark gären. Sie wird in Tanks unter starker Belüftung (aerobe Bedingungen) gezogen. Im „Zulaufverfahren" wird Zucker kontinuierlich nur so langsam zugesetzt, dass er das Hefewachstum begrenzt. Auf diese Weise wird das Auftreten von Gärungsprodukten vermieden, und der gesamte Zucker wird zum Wachstum genutzt. Als Stickstoff-

quelle dient Ammonium. Suppline (Ergänzungsstoffe) beziehen die wachsenden Hefen aus zugesetzter Weizenmaische.

V 9.2.6 Die Temperaturabhängigkeit der Hefe-Enzyme

Kurz und knapp:
Die Enzymkatalyse ist – wie alle chemischen Reaktionen – temperaturabhängig (s. V 3.2.5). Neben der Beschleunigung der Reaktionsgeschwindigkeit bewirkt die steigende Temperatur eine abnehmende Enzymstabilität. Im folgenden Versuch soll die Gärungsaktivität der Hefepilze eines Hefeteiges anhand der Volumenzunahme des Teiges bei verschiedenen Umgebungstemperaturen bestimmt werden.

Zeitaufwand:
Vorbereitung: 15 min, Beobachtungszeit: 30-40 min

Material:	Frischhefe oder Trockenhefe (*Saccharomyces cerevisiae*), Weizenmehl (Type 405), Trockeneis
Geräte:	Becherglas (200 mL), Glasstab, 5 Messzylinder (je 100 mL), Styroporgefäß, 2 Thermometer, 2 Wasserbäder (40 °C und 65 °C), Stativ, Stativklemme, Stoppuhr
Chemikalien:	Saccharose (Rohrzucker)

Durchführung:
70 g Mehl und 4 g Zucker werden in ein Becherglas eingewogen, mit Wasser auf 150 mL aufgefüllt und zu einem homogenen Teig vermengt. Nachdem man 30 mL der Teigmischung in einen Messzylinder abgefüllt hat (Kontrollansatz), suspendiert man in der übrigen Teigmasse 7,5 g Frischhefe oder 2,1 g Trockenhefe (Hefeteig). Anschließend werden die restlichen 4 Messzylinder mit je 30 mL des Hefeteiges beschickt. Der Kontrollansatz ohne Hefe und ein Hefeansatz verbleiben bei Zimmertemperatur. Von den übrigen Hefeansätzen wird jeweils einer in ein mit Eis gefülltes Styroporgefäß, in ein auf 40 °C vorgeheiztes Wasserbad (1. Thermometer) und in ein auf 65 °C vorgeheiztes Wasserbad (2. Thermometer) gestellt. Unmittelbar nach Beendigung dieser Vorbereitungen startet man eine Stoppuhr und hält für eine Dauer von 30-40 Minuten alle 5 Minuten die Füllhöhe der einzelnen Ansätze in einer Tabelle fest. Zur zusätzlichen Verdeutlichung der Versuchsergebnisse empfiehlt es sich, die ermittelten Messwerte als graphische Darstellung in ein Koordinatensystem (Höhe der Ansätze gegen Zeit) zu übertragen.

Beobachtung:
Der Kontrollansatz und der Ansatz im Eisbad lassen keine Volumenveränderung erkennen. Der Hefeansatz bei einer Zimmertemperatur von etwa 20 °C zeigt über den gesamten Versuchsverlauf einen leichten aber kontinuierlichen Anstieg des Teigvolumens. Wesentlich schneller verläuft die Volumenzunahme des Ansatzes im Wasserbad von 65 °C, jedoch nähert sich die Verlaufskurve dieses Ansatzes schon nach etwa 10 Minuten ihrem Optimum, um dann in der restlichen Versuchszeit nicht mehr oder nur noch in geringem Maße weiter anzusteigen bzw. wieder abzufallen. Die Volumenzunahme des Hefeteiges im Wasserbad von 40 °C liegt in den ersten 10-15 Minuten unter jener des Ansatzes bei 65 °C. Dann aber steigt die Verlaufskurve des 40 °C-Ansatzes steil an, lässt die Werte der übrigen Kurven weit unter sich und erreicht an der 30-Minuten-Markierung des Koordinatensystems ihr Optimum. Lässt man diesen Ansatz noch länger stehen, so ist bei den folgenden Messwerten eine Volumenabnahme des Hefeteiges festzustellen, was in einer zunächst steil abfallenden Volumenkurve ersichtlich wird, die anschließend wieder in einen flacheren, wenn auch immer noch fallenden Verlauf übergeht.

Erklärung:
Das bei der Gärung der Hefepilze gasförmige CO_2 übt auf die Teigmasse Druck aus und treibt sie auseinander. Die insgesamt größte Volumenzunahme des Hefeteiges findet im 40 °C-Ansatz statt. Diese Tatsache legt nahe, dass in diesem Temperaturbereich die für die Gärung verantwortlichen Hefeenzyme optimal wirksam sind. Jedoch nimmt die Teigmasse die Umgebungstemperatur nur allmählich an, und so verläuft die Volumenkurve anfangs schwach und dann immer steiler ansteigend, bis nach ca. 30 Minuten das Optimum erreicht wird. Die Volumenabnahme des Teiges bei längerer Versuchsbeobachtung ist damit zu erklären, dass ab einem bestimmten Zeitpunkt der Zucker verbraucht ist und die Hefezellen daher ihre Gärungsaktivität einstellen. Da der Teigmasse demzufolge bald die größte Menge an CO_2 entwichen ist, nimmt auch der Druck im Innern des Teiges ab, und er fällt in sich zusammen.

Die Zimmertemperatur stellt zwar keine optimale Bedingung für die Gärungsenzyme der Hefepilze dar, dennoch ist auch für die Probe bei Zimmertemperatur Gärungsaktivität zu verzeichnen. Der Verlauf der Volumenkurve ist zwar nur leicht, aber während der gesamten Versuchszeit kontinuierlich ansteigend. Die schwache Gärungsaktivität in diesem Ansatz bedeutet gleichzeitig einen geringeren Substratverbrauch, sodass hier auch gegen Ende der Beobachtungszeit noch genügend Zucker vorhanden ist, um die Gärungsaktivität der Hefezellen aufrechtzuerhalten.

Auch im Ansatz des 65 °C warmen Wasserbades dauert es eine gewisse Zeit, bis der Hefeteig die Umgebungstemperatur angenommen hat. Man kann im Vergleich zu den anderen Ansätzen am steileren Anstieg der Volumenkurve ersehen, dass zu Beginn des Versuchs Temperaturbedingungen vorliegen, die einen nahezu optimalen Wirkungsgrad der Hefeenzyme ermöglichen. Jedoch nach etwa 10 Minuten hat dieser Versuchsansatz seine größte Ausdehnung angenommen und beginnt in der folgenden Zeit, noch lange bevor das Gärungsoptimum erreicht wurde, zu stagnieren bzw. zusammenzufallen. Auf Grund dessen kann ausgeschlossen werden, dass der Zucker als Gärungssubstrat aufgebraucht wurde. Das Stagnieren der Volumenzunahme und das anschließende Zusammenfallen des Teiges ist vielmehr damit zu begründen, dass die Enzyme der Hefe – wie die Klebereiweiße des Mehls – bei Temperaturen von 65 °C zu denaturieren beginnen.

Die niedrigen Temperaturen im Eisbad verhindern die Aktivität der Hefe-Enzyme vollständig, und auch im Kontrollansatz kann, hier jedoch mangels Hefe, keine Gärung stattfinden.

Bemerkung:
Dieser Versuch liefert eine Erklärung für die Anweisung in Hefeteig-Backrezepten, in denen gefordert wird, man solle den Hefeteig an einem warmen Ort gehen lassen.

V 9.2.7 Die Energieausbeute gärender Hefepilze

Kurz und knapp:
Aufgrund der geringen Energieausbeute bei der Gärung müssen Hefezellen und überhaupt alle Organismen mit Gärungsstoffwechsel zur Deckung des Energiebedarfs große Mengen an Substrat umsetzen. Im folgenden Versuch soll der Energiegewinn einer gärenden Hefesuspension ermittelt werden. Dabei wird die Gewichtsabnahme durch Kohlendioxidabgabe eines Gärungsansatzes gemessen, die dann durch die Kenntnis der stöchiometrischen Verhältnisse in der Bruttogleichung der alkoholischen Gärung in die Menge an gebildetem Adenosintriphosphat (ATP) und damit an gewonnener Energie pro Zeiteinheit umgerechnet werden kann.

Zeitaufwand:
Vorbereitung: 10 min, Beobachtung: 10 min

Material:	Frischhefe oder Trockenhefe (*Saccharomyces cerevisiae*)
Geräte:	Becherglas (1000 mL), Erlenmeyerkolben (250 mL), Gäraufsatz mit passendem Stopfen, Alufolie, Digitalwaage (Anzeige bis 0,01 g)
Chemikalien:	Rohrzucker

Durchführung:

10 g Frischhefe oder 2,8 g Trockenhefe und 45 g Rohrzucker werden in einem Erlenmeyerkolben durch Zugabe von 145 mL handwarmem Leitungswasser gelöst. Anschließend wird auf den Erlenmeyerkolben ein passender Stopfen gesetzt, in den ein mit Aqua dest. gefüllter Gäraufsatz eingelassen ist. Danach platziert man den Erlenmeyerkolben in einem mit 40 °C-warmem Leitungswasser gefüllten Becherglas und lässt den Versuchsansatz stehen, bis eine deutliche Gärungsaktivität zu erkennen ist. Nun wird die Temperatur des Wasserbades überprüft und gegebenenfalls bei deutlicher Temperaturabnahme mit warmem Leitungswasser wieder auf 40 °C eingestellt. Dann stellt man das Wasserbad mit dem Versuchsansatz auf eine Digitalwaage, deckt das Wasserbad möglichst dicht mit Alufolie ab und tariert die Waage aus. Es ist unbedingt darauf zu achten, dass die Geräte nach außen hin völlig trocken sind, da verdampfende Wassertröpfchen das Messergebnis verfälschen würden.

In einem Zeitraum von insgesamt 10 Minuten wird der Masseverlust des Gärungsansatzes pro Minute in einer Tabelle notiert. Die in der Tabelle notierten Werte können anschließend als graphische Darstellung in ein Koordinatensystem übertragen werden.

Beobachtung:

Die graphische Darstellung des Masseverlustes zeigt einen angenähert linearen Verlauf, wobei je nach Wahl der Darstellungsweise entweder der Masseverlust zunimmt (Geradengleichung mit positiver Steigung) oder die Masse der Hefelösung abnimmt (Geradengleichung mit negativer Steigung).

Erklärung:

Bei der Gärung der Hefezellen wird Kohlendioxid freigesetzt, welches durch das Aqua dest. des Gäraufsatzes in Form von Bläschen entweicht und als Masse der Hefelösung verloren geht. Mit den Messergebnissen werden folgende Berechnungen vorgenommen (Beispielprotokoll):

1. Ermittlung des Mittelwertes n des Gewichtsverlusts pro Minute aus den zehn Messwerten n_1, n_2,..., n_{10}:
   $(n_1+n_2+....+n_{10})/10 = n$ [g CO_2 · min^{-1}]
2. Berechnung der im Versuchsansatz gebildeten molaren CO_2-Menge und der Energiemenge (am Beispiel von einem n = 0,027 g CO_2-Verlust · min^{-1}): Es gilt:
   44 g CO_2 = 1 mol CO_2; 0,027 g CO_2 = x mol CO_2
   x = 0,027 · 1/ 44 = 6,1363 · 10^{-4} [mol CO_2 · min^{-1}]
   Es werden somit pro Minute 6,1363 · 10^{-4} mol CO_2 gebildet. Aus der Bruttogleichung der alkoholischen Gärung

$$C_6H_{12}O_6 + 2\ ADP + 2\ P_i \xrightarrow{\text{Hefe}} 2\ C_2H_5OH + 2\ ATP + 2\ CO_2 + 2\ H_2O$$

ist zu ersehen, dass die molare Menge an gebildetem CO_2 gleich der molaren Menge an gewonnenem ATP ist, d.h. man kann davon ausgehen, dass $6,1363 \cdot 10^{-4}$ mol ATP pro Minute in den Hefezellen gebildet werden. Da 1 mol ATP unter physiologischen Standardbedingungen (25 °C, 1 bar, Spaltung von 1 mol ATP zu 1 mol ADP und P_i, aber bei pH 7) eine Energiemenge von ca. 35 kJ konserviert, ergibt sich für die Hefesuspension ein Gewinn von $35 \cdot 6,1363 \cdot 10^{-4} = 214,77 \cdot 10^{-4} = 0,0215$ kJ pro Minute bzw. 1,29 kJ pro Stunde.

3. Berechnung der Energieausbeute: Die obige Bruttogleichung der alkoholischen Gärung zeigt zugleich, dass die Menge an verbrauchter Glucose halb so groß ist wie jene an gebildetem CO_2. Der Glucoseverbrauch in diesem Versuchsansatz beträgt demnach $6,1363 \cdot 10^{-4}/2 = 3,0681 \cdot 10^{-4}$ mol pro Minute. Entsprechend den Bruttogleichungen der Photosynthese (s. Kapitel 8.1) und der aeroben Dissimilation (s. Kapitel 10. 1) stehen in 1 mol Glucose 2872 kJ an freier Energie (Triebkraft für chemische Reaktionen) zur Verfügung. Dem Glucoseverbrauch pro Minute entspricht somit ein Verlust an freier Enegie von $3,0681 \cdot 10^{-4} \cdot 2872 = 0,8812$ kJ. Die von den Hefezellen für biologische Prozesse gewonnene Energie liegt demnach bei 2,44 % der in der Glucose enthaltenen freien Energie.

Bemerkung:
ATP übernimmt als universelles Energieäquivalent die Funktion eines Transportmetaboliten für chemische Energie überall (ubiquitär) im Stoffwechsel von Mikroorganismen, Pflanzen und Tieren einschließlich des Menschen. ATP besitzt insbesondere ein hohes Gruppenübertragungspotential für die endständige Phosphatgruppe. Dies geschieht unter Mitwirkung spezifischer Enzyme, der Kinasen. Für *in vivo*-Verhältnisse (d.h. in der lebenden Zelle) gelten jedoch keine Standardbedingungen; für die Veränderung der freien Energie (freien Enthalpie) bei der hydrolytischen Spaltung von ATP *in vivo* sind daher Werte zwischen 40 und 50 kJ $\cdot$ mol^{-1} wahrscheinlicher.

Ein Mol (SI-Symbol: mol) einer molekularen Substanz besteht aus $6,022 \cdot 10^{23}$ (Avogadro-Zahl) Molekülen und hat die Masse in Gramm, deren Zahlenwert der relativen Molekülmasse entspricht. Die relative Molekülmasse ergibt sich aus der Summe der relativen Atommassen aller Atome des Moleküls; sie wurde früher Molekulargewicht genannt. Die Masse eines Mols nennt man die molare Masse (oder Molmasse). Das Mol gehört zu den SI-Basiseinheiten und ist als diejenige Stoffmenge definiert, die aus genau so vielen Teilchen (z.B. Atome, Ionen, Moleküle) besteht, wie Atome in 12 g des Kohlenstoff-Isotops ^{12}C vorhanden sind.

V 9.2.8 Die Herstellung von Met

Kurz und knapp:
Vergorenes Honigwasser (Met, Honigwein) mit Würzstoffen war schon den Griechen und Römern bekannt. Nach Pytheas (griechischer Seefahrer und Geograph in der zweiten Hälfte des 4. Jh. v. Chr.) bildete Met das gewöhnliche Getränk der Bevölkerung im Norden, v.a. der Germanen. Heute wird Met u.a. noch in Großbritannien, Schweden und Österreich gebraut.

Honig alleine kann nicht vergoren werden, da sein Zuckergehalt mit 78-80 % zu hoch ist. Erst nach Verdünnung mit Wasser auf eine Zuckerkonzentration von etwa 30 % kann eine Gärung optimal ablaufen. Dabei können bis zu 17 Vol.-% Alkohol (Ethanol) entstehen; da aber der Zucker meistens nicht vollständig vergoren wird, liegt der Alkoholgehalt des Mets meist bei 12-14 Vol.-%.

Zeitaufwand:
Vorbereitung: 60-90 min (inkl. Abkühlungszeit), Gärungszeit: mind. 3-4 Wochen

Material:	flüssige Reinzucht-Weinhefe (*Saccharomyces ellipsoides*, Südweinrasse, z.B. Kitzinger Reinzuchthefe für Portwein)
Geräte:	Wasserbad (50 °C), Becherglas (2 L) oder Kochtopf, Thermometer, Kochlöffel, Gärflasche (2 L, mindestens 10 % Steigraum), Stopfen mit eingelassenem Gäraufsatz
Chemikalien:	Bienenhonig (möglichst mild), Weizenmehl, 1 Tablette Hefenährsalz (enthält Ammoniumhydrogenphosphat $(NH_4)_2HPO_4$ und Ammoniumsulfat $(NH_4)_2SO_4$), 80 %ige Milchsäure (Acidum lactum; wird in Weinbereitungsbüchern bei säurearmem Gärgut empfohlen)

Durchführung:
Man erwärmt den Honig (½ kg) vorsichtig im Wasserbad auf 50 °C, ebenso erhitzt man die vorgesehene Wassermenge (1 L) auf 50 °C und gibt den Honig langsam und unter ständigem Rühren in das Wasser. Eine Erhöhung über 50 °C schadet der Qualität des Honigs. Nach der restlosen Auflösung des Honigs lässt man die Lösung auf 25-20 °C erkalten (diesen Vorgang kann man mit einem kalten Wasserbad beschleunigen), fügt 6 g Milchsäure, 1 Tablette (= 0,8g) Hefenährsalz, 1 Kultur Reinzuchthefe und – da Honig keine gärfördernd wirkenden Trubstoffe enthält – 2 g Mehl hinzu. Das Gärgefäß darf nicht ganz gefüllt sein (mindestens 10 % Steigraum belassen), damit der bei der Gärung entstehende Schaum nicht in dem Gäraufsatz hochsteigt. Dann wird der Ansatz mit einem Stopfen mit eingelassenem Gäraufsatz oder mit

einer Gummikappe mit Gäraufsatz verschlossen und bei relativ konstanter Zimmer-temperatur (18-25 °C) aufgestellt. Die Gärung kann dadurch unterstützt werden, dass der Inhalt der Gärflasche täglich durch Schwenken durcheinander gewirbelt wird.

Beobachtung und Erkärung:
Den Verlauf der Gärung kann man an der Bildung von CO_2-Gas verfolgen. Das gasförmige CO_2 steigt im Ansatz nach oben, erzeugt einen gewissen Druck auf den inneren Flüssigkeitsspiegel des Gäraufsatzes und entweicht deutlich sichtbar und hörbar als Gasbläschen durch das Wasser im Becher des Gäraufsatzes. Auf diese Weise kann man genau beobachten, wann die Gärung einsetzt, wie sie sich steigert und schließlich wieder abklingt. Nach 3-4 Wochen ist der entstandene Alkohol deut-lich durch Geschmacksprobe zu erkennen. Nach etwa zwei Monaten steigen im Was-ser des Gäraufsatzes keine Blasen mehr auf und der Jungwein kommt in das Stadium einer Selbstklärung. Der Schaumhut verschwindet und die Hefe mit allen Trubteil-chen setzt sich in einer deutlich abgegrenzten Schicht am Boden ab. Beim Umfüllen des Mets in andere Gefäße ist darauf zu achten, dass der Bodensatz in der Gärflasche zurückbleibt.

Bemerkung:
Die Reinzuchthefe und das Hefenährsalz können bei auf Gärungszubehör speziali-sierten Versandbetrieben oder in einem Drogeriemarkt gekauft werden. Ein Vertrei-berverzeichnis liefert z.B. Firma Paul Arauner GmbH & Co KG, D-97306 Kitzin-gen/ Main. Die im Rezept angegebene Milchsäure ist in Apotheken erhältlich.
    Für die Hausweinbereitung können entsprechend größere Ansätze praktiziert werden und die Gärung kann in einem speziellen Gärballon stattfinden. Durch Zuga-be von ca. 10-15 % Fruchtsaft (z.B. Apfelsaft, Traubensaft) wird die Gärung geför-dert und der Wein schmeckt später fruchtiger. Es ist außerdem sinnvoll, wenn in diesem Saft etwa 4-6 Tage vor dem Ansetzen des Weines eine Kultur Reinzuchthefe vermehrt wird, wobei man sie in einer mit einem Wattebausch verschlossenen Fla-sche stehen lässt. Zur Geschmacksabrundung und -verfeinerung können entweder vor, besser aber nach der Gärung, Gewürze (Nelken, Ingwer, Muskatnuss, Kalmus, Zimt, Hopfen u.a.) und Kräuterauszüge zugesetzt werden. Die vollständige Klärung des Jungweins wird durch Abziehen von der Hefe, Behandlung mit Schwefeltablet-ten und durch kühle Lagerung herbeigeführt. Die vorher empfohlene Probeentnahme, sowie das Abziehen soll so geschehen, dass die Gärflasche ruhig bleibt und der Trub am Boden nicht aufgewirbelt wird. Die zweckmäßigste Art des Abziehens besteht darin, dass man einen Gummischlauch an einen dünnen Stab gebunden in das Gefäß einführt und nur wenig unterhalb der Flüssigkeitsoberfläche hält, bis man so weit abgehebert hat, dass der Bodensatz erreicht wird. Den verbleibenden Trub kann man noch filtrieren, um auch noch den Rest des Jungweines zu bekommen. Im Interesse der Haltbarkeit empfiehlt es sich nun, dem Wein auf 10 L eine Schwefel-Tablette

(1 g) zuzugeben, die vorher zerstoßen und in etwas Jungwein aufgelöst wurde. Die Schwefellösung wird dann dem Jungwein gründlich zugemischt. Der Jungwein soll nun kühl gelagert werden, damit sich seine Geschmacksstoffe entfalten können. Dazu ist das Gefäß mit einem dichten Verschluss zu versehen. Sollte sich nochmals ein Trub absetzen, so ist dieser wiederum durch Abziehen zu eliminieren. Schließlich kann dann der Jungwein in Flaschen abgefüllt, verkorkt und etikettiert werden.

Für die Hobby-Hausweinbereitung verschiedenster Art kann folgendes Buch empfohlen werden: Kitzinger Weinbuch, Paul Arauner GmbH, D-97306 Kitzingen, Main (1996).

V 9.2.9 Die schädigende Wirkung von Alkohol

Kurz und knapp:
Hoch konzentriertes Ethanol wird häufig zum Sterilisieren von Gegenständen eingesetzt – schon an dieser Tatsache ist sein lebensvernichtender Einfluss zu ersehen. Da vor dieser schädigenden Wirkung auch die Hefezellen nicht geschützt sind, wird das Gärungsprodukt bevorzugt in das umliegende Medium abgegeben. Im menschlichen Körper stellt die Leber den Hauptabbauort von Ethanol dar; aus diesem Grund sind die Hepatocyten bei übermäßigem Alkoholkonsum besonders gefährdet.

Zeitaufwand:
Vorbereitung: 5 min, Durchführung: 10 min

Material:	Grünalge *Spirogyra* spec. (aus dem Garten- oder Schulteich), alkoholisches Getränk (Wein, Schnaps o. Ä.)
Geräte:	2 Bechergläser (je 50-100 mL), 3 Glasschälchen, Tropfpipette mit Pipettierhilfe, weißes Blatt Papier
Chemikalien:	30 %iges Labor-Ethanol, 3 %ige FeCl₃-Lösung (Eisen-III-chlorid)

Durchführung:
Ein Becherglas beschickt man mit Labor-Ethanol, das andere mit alkoholischem Getränk. In beide Ansätze werden für drei Minuten mehrere *Spirogyra*-Algen-Fäden gegeben, wobei man darauf achten sollte, ein wenig von der Alge für den späteren Kontrollansatz in Wasser zurückzubehalten. Nach der Inkubationszeit in Alkohol legt man die Algen der beiden Ansätze in je ein Glasschälchen. Das dritte Glas-

schälchen füllt man mit unbehandelten Algenfäden (Kontrolle). Alle drei Ansätze stellt man auf eine weiße Unterlage und beträufelt sie mit 3-4 Tropfen Eisen-III-chlorid-Lösung.

Beobachtung:
Die in Alkohol inkubierten Algen nehmen eine schwarze Färbung an, während die Kontrolle ihre grüne Färbung beibehält.

Erklärung:
Ethanol wirkt strukturschädigend auf die Membranen der *Spirogyra*-Alge, sodass deren Vakuolen-Inhaltstoffe (z.b. Gerbstoffe) mit $FeCl_3$ des Umgebungsmediums in Kontakt kommen und zu schwarzen Farbkomplexen reagieren. Im Kontrollansatz, der nicht mit Ethanol in Berührung kam, bleiben die Inhaltstoffe der Vakuolen durch intakte Membranen vom $FeCl_3$ getrennt, und die Farbreaktion kann nicht stattfinden.

Bemerkung:
Spirogyra ist eine häufig in Tümpeln und Seen vorkommende Fadenalge, die zur Ordnung der Jochalgen (Zygnematales) gehört; sie kann unter dem Lichtmikroskop leicht an der typischen schraubigen Anordnung ihrer Chloroplasten identifiziert werden (s. Abb. 4.8). Bei der Suche sollte man in ruhigen, stehenden Gewässern auf gelb-grüne Watten achten. Ein weiteres, leicht zu ertastendes Merkmal ist die glatte Schleimschicht, die die Fäden umgibt; sie fühlen sich glitschig an.
Ethanol wird im Magen und Darm schnell resorbiert. Die Geschwindigkeit der Resorption hängt allerdings von verschiedenen Umständen ab. Fett- und eiweißreiche Speisen verzögern z.B. die Aufnahme des Alkohols. Im Organismus wird Ethanol sehr schnell verteilt. Muskulatur und Gehirn nehmen viel auf, Fettgewebe und Knochen dagegen wenig. Näherungsweise stehen dem Ethanol 70 % des Körpers als Verteilungsraum zur Verfügung. Die schnelle und vollständige Resorption des Ethanols einer Flasche Bier (0,5 L mit 4 Vol.% = 16 g Ethanol) führt also bei einem 70 kg schweren Menschen (Verteilung in $70 \cdot 70/100 = 49$ kg) zu einem Blutspiegel von ca. 16 g/49 kg = 0,33 Promille. Die Wirkung des Alkohols auf den Menschen reicht je nach konsumierter Menge von anregender und verdauungsfördernder Wirkung über motorische Koordinationsstörungen und schwere Rauschzustände bis hin zum Atemstillstand. Die letale Konzentration liegt bei etwa 4 Promille.

V 9.3 Milchsäuregärung

V 9.3.1 Die Herstellung von Joghurt

Kurz und knapp:
Joghurtbakterien vergären Milchzucker-haltiges Substrat (Schaf-, Ziegen-, Büffel-, Kuhmilch) zu Lactat unter Bildung von zwei Molekülen ATP (Adenosintriphosphat). Im Gegensatz zu Hefepilzen besitzen Milchsäurebakterien das Enzym Galactosidase, das sie zur Spaltung des Milchzuckers (Lactose) in seine Bestandteile Galactose und Glucose befähigt, die über den Glycolyse-Weg zu Pyruvat abgebaut werden. Danach findet jedoch nicht wie bei der alkoholischen Gärung eine Decarboxylierung, sondern eine Hydrierung des Pyruvats statt, aus der schließlich das Endprodukt der Milchsäuregärung, Lactat, hervorgeht (s. Abb. 9.2).

An der Herstellung von Joghurt sind zwei Arten von homofermentativen, thermophilen Milchsäurebakterien beteiligt: *Lactobacillus bulgaricus* und *Streptococcos thermophilus*. *L. bulgaricus* besitzt Stäbchenform, während *S. thermophilus* Ketten aus kugelförmigen Einzelzellen bildet. Die beiden Bakterienarten fördern sich durch ihr Zusammenleben (Mutualismus). So verringert *S. thermophilus* den Sauerstoffgehalt der Milch und fördert damit die Entwicklung des anaeroben *L. bulgaricus*. Dieser seinerseits setzt beim Eiweißabbau die Aminosäure Valin frei, die wiederum *S. thermophilus* benötigt.

Zeitaufwand:
Vorbereitung: ca. 30 min, Gärungszeit: 10-12 h

Material:	Joghurt mit Joghurtkulturen oder gefriergetrocknete Joghurtkulturen (z.B. *Acidophilus/Bifido*-bio-ferment; erhältlich im Naturkostladen oder z.B. bei BIONIC® Biotechnologisches Laboratorium GmbH & Co. KG, P.O. Box 1149, 25891 Niebüll), Vollmilch
Geräte:	Kochtopf, mehrere Schraubdeckelgläser, Wärmeschrank oder Joghurtbereiter, Thermometer, Indikatorpapier oder pH-Meter

Durchführung:
1 L Vollmilch wird in einem Topf kurz auf 90 °C erhitzt und dann bei verschlossenem Topfdeckel auf etwa 40 °C abgekühlt. Dann erfolgt die Beimpfung der Milch mit Joghurtkulturen: man rührt entweder als Starterkultur zwei Teelöffel von schon vorhandenem Joghurt mit aktiv lebenden Joghurtkulturen in die Milch oder kann

stattdessen auch eine Packung gefriergetrockneter Joghurtkulturen in der warmen Milch lösen.

Danach wird die beimpfte Milch bis auf einen kleinen Rest in vorher gereinigte Gläser gefüllt, die mit Schraubdeckeln oder mit Haushaltsfolie verschlossen werden. Bei der zurückbehaltenen beimpften Milch bestimmt man mit Hilfe von Indikatorstäbchen (oder pH-Meter) den pH-Wert, der als Messwert vor der Milchsäuregärung festgehalten wird. Das „Bebrüten" der Joghurtkulturen erfolgt bei 40 °C für 10-12 Stunden in einem Wärmeschrank oder einem handelsüblichen Joghurtbereiter (in diesem Fall ist die Gebrauchsanweisung des jeweiligen Gerätes zu beachten). Haben sich die Ansätze verfestigt, werden sie im Kühlschrank abgekühlt und können dort bis zum Verzehr für einige Tage aufbewahrt werden. Nach vollzogener Milchsäuregärung wird mit Indikatorstäbchen erneut der pH-Wert gemessen und mit dem Wert vor der Bebrütung verglichen.

Beobachtung:

Die Joghurt-Ansätze haben nach 10-12 Stunden eine cremig-feste Konsistenz angenommen. Der pH-Wert des gerade beimpften Ansatzes liegt im neutralen Bereich (pH 7); jener des fertigen Joghurts beträgt etwa pH 4.

Erklärung:

Die Ansäuerung ist u.a. auf die bei der Milchsäuregärung stattfindende Bildung von Lactat zurückzuführen, das 60 % der entstandenen Säuren ausmacht. Dies bedeutet für die säuretoleranten Michsäurebakterien keine Beeinträchtigung ihrer im vorliegenden Ansatz günstigen Lebensbedingungen; jedoch werden zahlreiche Mikroorganismen (z.B. Fäulnisbakterien), deren pH-Optima in höheren Bereichen liegen, zurückgedrängt. Die beim Sauerwerden entstehende Milchsäure bindet die in der Milch vorhandenen Calcium-Ionen, wodurch das Casein frei wird und sich abscheidet. Der Eiweißanteil der Milch erreicht eine Höhe von 34 bis 60 g pro Liter und besteht zu 76 % bis 86 % aus Casein. Durch die Abkühlung der verfestigten Ansätze wird die Säuerung unterbrochen, damit der Joghurt nicht zu sauer wird.

Bemerkung:

Das charakteristische Aroma des Joghurts wird hauptsächlich durch Acetaldehyd hervorgerufen, der in Konzentrationen von 20-50 ppm (parts per million) vorliegt. Ebenfalls geschmacksbestimmend sind die im Joghurt enthaltenen Säuren, unter welchen die Milchsäure dominiert, die den angenehm-frischen Geschmack im Wesentlichen hervorruft.

V 9.3.2 Die Herstellung von Sauerkraut

Kurz und knapp:
Durch Zugabe von Salz zu zerkleinerten Blättern des Weißkohls wird den Blatt-schnitzeln Flüssigkeit entzogen. Die auf den inneren Kohlblättern vorhandenen Milchsäurebakterien (*Leuconostoc mesenteroides, Lactobacillus plantarum* und *Lactobacillus brevis*) kommen so mit den Zuckern des Zellsaftes in Kontakt, die zu Lactat (Milchsäure) vergoren werden. Neben Milchsäure entstehen insbesondere durch *Leuconostoc* und *Lactobacillus* auch Ethanol, Kohlendioxid und Essigsäure, weshalb in diesem Fall nicht (wie bei der Milchsäuregärung des Joghurts) von einer homofermentativen, sondern von einer heterofermentativen Milchsäuregärung ge-sprochen wird. Das entstandene Lactat dient einerseits als Konservierungsmittel durch Hemmung der Fäulnisbakterien, die ein neutrales bis alkalisches Milieu bevor-zugen, und ruft andererseits den für Sauerkraut typischen mild-säuerlichen Ge-schmack hervor.

Zeitaufwand:
Vorbereitung: ca. 30 min, Gärung: 1-2 Wochen

Material:	Weißkohl (Weißkraut)
Geräte:	1 Einmachglas (2 L) oder 2 Einmachgläser (je 1 L) mit Deckel, Gummidichtungen und Verschlussmechanismus, Holzstampfer, 1-2 Gärstempel (z.B. ein stabiles, schmales Marmeladenglas), Messer, evtl. Gemüsehobel, pH-Indikatorstäbchen
Chemikalien:	Kochsalz (NaCl)

Durchführung:
Zunächst wird der Weißkohl nach Entfernen der äußeren und beschädigten Blätter mit Hilfe eines Messers und eines Gemüsehobels in möglichst kleine Streifen ge-schnitten (die Blätter dürfen nicht gewaschen werden, da sonst die Milchsäurebakte-rien entfernt werden). Die Blattschnitzel werden nun schichtweise in ein Einmach-glas gegeben, wobei jede Schicht Weißkohl mit Kochsalz bestreut und mit einem Holzstampfer (oder mit der Faust) zusammengepresst wird. Die zugegebene Salz-menge sollte zwischen 1,5 und 2 Gewichtsprozent liegen. Wenn die gesamte Menge an Weißkohl eingefüllt ist, wird sie so lange mit dem Holzstampfer bearbeitet, bis der ausgetretene Zellsaft etwa 2 cm über den Kohlschnitzeln steht. Damit die entste-hende Lake nicht wieder versickert und sich somit Luft im Ansatz ansammelt, muss auf die zusammengepreßten Weißkohlschnitzel auch weiterhin Druck ausgeübt wer-den. Dazu kann ein Marmeladenglas dienen, das durch die Öffnung des Einmachgla-

ses passt und das zuvor mit heißem Wasser weitestgehend sterilisiert wurde. Der Gärstempel wird nun auf die eingepressten Kohlschnitzel gedrückt und das Einmachglas mit einem Deckel fest verschlossen. Dann lagert man den Ansatz für 1-2 Wochen bei 18-24 °C.

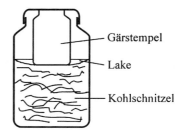

Abb. 9.6: Sauerkraut; Gefäß mit Stempel (nach REISS, 1989).

Beobachtung:

Wenige Stunden nach Beendigung der Vorbereitungen sind die ersten Kohlendioxidbläschen zu beobachten. Nach etwa 24 Stunden öffnet man kurz den Deckel, damit das sich bildende Kohlendioxid den Luftsauerstoff herausdrücken kann. Am Ende der Gärungszeit ist der pH-Wert des Ansatzes erheblich gesunken, und zwar von pH 7 auf etwa pH 4,4.

Erklärung:

Wie bei der Joghurtherstellung produzieren Milchsäurebakterien durch Gärung Lactat, dessen konservierende Wirkung die Vermehrung von Fremdkulturen erschwert.

Bemerkung:

Das Einsäuern von Weißkohl (Weißkraut) zur Verlängerung seiner Haltbarkeit ist eine sehr alte Technik der Konservierung. Sauerkraut wird noch heute u.a. aufgrund seines hohen Vitamin C-Gehalts (10-38 mg/100 g) als ein außerordentlich gesundes Nahrungsmittel geschätzt und diente im 17. und 18. Jahrhundert auf Segelschiffen als Vorbeugemaßnahme gegen den gefürchteten Skorbut (ausgelöst durch Vitamin C-Mangel). Außerdem enthält Sauerkraut erhebliche Mengen an Blutdruck senkend wirkendem Cholin, ernährungsphysiologisch wichtige Mineralstoffe (Calcium, Kalium, Natrium, Phosphor, Eisen) und Ballaststoffe, die die Darmaktivität anregen.

V 9.4   Essigsäurebildung

V 9.4.1 Die Herstellung von Weinessig

Kurz und knapp:

Im Unterschied zu den eigentlichen Gärungen handelt es sich bei der Essigsäurebildung um einen aeroben Vorgang. Übereinstimmung mit den klassischen Gärungen herrscht aber darin, dass der Abbau der Gärungsmaterialien unvollständig bleibt. Infolgedessen ergibt sich auch hier nur ein relativ geringer Energiegewinn. So erklärt es sich, dass bei den oxidativen Gärungen ebenfalls große Stoffmengen zum Umsatz gelangen.

Die Essigsäuregärung wird fast ausschließlich von Bakterien hervorgerufen, so namentlich von *Acetobacter-* und *Gluconobacter*-Arten. Die natürlichen Standorte der Essigsäurebakterien sind Pflanzen. Wo zuckerreiche Säfte freiwerden, finden sich Hefen mit Essigsäurebakterien vergesellschaftet.

Zeitaufwand:
Vorbereitung: 15 min, Gärungszeit: 1-2 Wochen

Material:	ungeschwefelter Wein (rot oder weiß), Essigmutter (erhältlich z.B. bei Paul Arauner GmbH & Co KG, D-97306 Kitzingen/ Main)
Geräte:	Saftflasche (1 L), Kochtopf, Bunsenbrenner mit Vierfuß und Ceranplatte oder Küchenherd, Thermometer, Papiertaschentücher, Gummring, bauchige Glasflasche (2 L)

Durchführung:
Zunächst werden 300 mL Wein (am besten eignen sich billige, ungeschwefelte Tafelweine) zur Reduktion der im Wein enthaltenen Keime auf 60-70 °C erhitzt, auf etwa 30 °C durch Stehenlassen abgekühlt und anschließend in eine gut gespülte Glasflasche gegeben. Damit der Essigansatz möglichst viel Kontakt mit Luftsauerstoff erhält, ist eine Flasche zu wählen, in der der Ansatz eine relativ große Oberfläche bildet. Der Ansatz wird anschließend mit 200 mL warmem Wasser und mit 100 mL der Essigmutter gut vermischt. Danach deckt man die Flasche mit einem Papiertaschentuch ab, das man mit einem Gummiring befestigt. So gelangt ausreichend Luftsauerstoff in den Ansatz. Der Essigansatz wird etwa eine Woche bei 22-26 °C aufgestellt und täglich ein- bis zweimal geschüttelt. An dieser Stelle kann der Versuch beendet und ausgewertet werden.

Um jedoch hochwertigen Speiseessig zu erhalten, versetzt man erneut 600 mL Wein mit 400 mL Wasser. Das Gemisch füllt man in eine bauchige Glasflasche mit 2 L Fassungsvermögen und fügt 200 mL der selbst hergestellten Ansatzkultur hinzu. Die Flasche wird mit einem Papiertaschentuch und einem Gummiring verschlossen. Das Gefäß wird bei 22 bis 26 °C aufgestellt und

Abb. 9.7: Kulturgefäß zur Gewinnung von Speiseessig.

gelegentlich geschüttelt, wobei der Papierverschluss nicht benetzt werden darf. Die Gärung kommt zum Stillstand, wenn der Alkoholgehalt unter 1 % gesunken ist. Dies ist nach frühestens einer Woche der Fall. Wenn der Essig bei der Geschmacksprobe ausreichend sauer schmeckt, kann er verwendet werden. Dazu wird er durch einen Kaffeefilter in kleinere Flaschen filtriert, die wegen der anschließenden Nachgärung zunächst ebenfalls mit Papier verschlossen werden sollten; später können sie dann verkorkt oder verschraubt werden. Der im Gärgefäß verbleibende Essig kann erneut als Starterkultur eingesetzt werden.

Beobachtung:

Nach einer Woche zeigt der Ansatz eine leichte Trübung, und an seiner Oberfläche hat sich ein hautartiges Gebilde abgelagert. Weiterhin ist die entstandene Essigsäure deutlich am Geruch zu erkennen.

Erklärung:

Bei dem nach der ersten Woche entstandenem hautartigen Gebilde handelt es sich um eine so genannte Kahmhaut. Sie setzt sich aus Essigsäurebakterien zusammen, die sich wegen ihrer Vorliebe für sauerstoffreiches Medium an der Oberfläche des Ansatzes sammeln. Der resorbierte Alkohol wird in den Zellen zu Essigsäure oxidiert, die an die Flüssigkeit abgeschieden wird (Abb. 9.8).

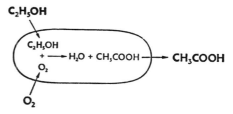

Abb. 9.8: Ethanoloxidation zu Essigsäure.

Bemerkung:

Die für chemische Synthesen erforderliche Essigsäure wird heute überwiegend synthetisch hergestellt (z.B. aus Methanol und Kohlenmonoxid). Demgegenüber produziert man die für die Lebensmittelindustrie oder Speisewürze bestimmte Essigsäure biotechnologisch mit Hilfe von Essigsäurebakterien. Der Grundstoff Ethanol (etwa verdünnter Branntwein) muss dann noch mit Mineralstoffen und Zuckern angereichert werden. Bei modernen Verfahren werden die Essigsäurebakterien in der Substratlösung (submers) kultiviert und durch Luft ansaugende Rührer mit Sauerstoff versorgt. Dadurch kann der Herstellungsprozess auf 24 Stunden verkürzt werden, während er bei älteren Verfahren 6 bis 8 Tage dauert. Speiseessig enthält 5 bis 16 % Essigsäure.

Kapitel 10 Dissimilation II: Atmung (aerobe Dissimilation)

A Theoretische Grundlagen

10.1 Einleitung

Der Gesamtvorgang der aeroben Dissimilation entspricht formal der Umkehrung der CO_2-Assimilation in der Photosynthese. Aus Glucose entsteht CO_2 und Wasser, wobei freie Energie verfügbar wird:

$$C_6H_{12}O_6 + 6\ O_2 + 6\ H_2O \rightarrow 6\ CO_2 + 12\ H_2O; \quad \Delta G^{o\prime} = -2872\ kJ \cdot mol^{-1}\ \text{Glucose}$$

In der Zelle wird Energie kontrolliert in Teilbeträgen und in einer Form freigesetzt, welche die Synthese von ATP ermöglicht. Grundlage für diese Portionierung ist ein aufwendiger, komplexer Prozess, welcher von Glucose ausgeht und in dessen Verlauf mehrfach Wasserstoff bzw. Elektronen abgespalten und schließlich auf Sauerstoff übertragen werden. Die Kohlenstoffkette, ursprünglich Träger des Wasserstoffs, ist damit überflüssig geworden und wird folgerichtig als CO_2 eliminiert. Die zahlreichen Reaktionsschritte sind in grünen und pigmentfreien Pflanzenzellen identisch und bilden einen einheitlichen Stoffwechselweg, welcher sich in mehrere Reaktionsbereiche gliedert.

10.2 Mitochondrien

Mitochondrien sind der Ort der Zellatmung. Sie sind meist von lang gestreckter, fädiger Gestalt, können jedoch auch sehr kurz und fast kugelig sein. Entsprechend schwankt ihre Länge zwischen einem bis mehreren µm, während ihr Durchmesser 0,5-1,5 µm beträgt. Das Vorkommen der Mitochondrien ist auf die Eukaryoten (Organismen, deren Zellen echte Zellkerne besitzen) beschränkt. Ihre Anzahl pro Zelle wird weitgehend von deren Stoffwechselaktivität bestimmt. Die Vermehrung der Mitochondrien erfolgt durch Querteilung. Bei der Zellteilung werden sie offenbar passiv auf die beiden Tochterzellen verteilt. Bei den meisten Spezies Höherer

Pflanzen überträgt der weibliche Gamet (Eizelle) die Mitochondrien auf die nächste Generation, bei einigen wenigen der männliche Gamet. Die Abgrenzung gegen das cytosolische Kompartiment übernimmt wie beim Chloroplasten eine Hülle aus zwei Biomenbranen, die ebenfalls in Zusammensetzung und Funktion Unterschiede aufweisen. Während die Permeabilität der Außenmembran durch ihren Besatz mit porenbildenden Proteinkomplexen (Porine) ungewöhnlich hoch ist, zeigt sich die Innenmembran nur wenig und selektiv permeabel. Den Import von Proteinen über die beiden Hüllmembranen besorgen – ähnlich wie beim Chloroplasten – gesonderte Membransysteme. Die mitochondriale Innenmembran enthält den Enzymapparat der Atmungskette. Zur Vergrößerung der Membranoberfläche ist die Innenmembran in Form von Röhren (Tubuli) oder Membranfalten (Cristae) in die Matrix eingestülpt.

10.3   Umwandlung von Pyruvat in Acetyl-Coenzym A

Unter aeroben Bedingungen wird das Produkt des glykolytischen Abbaus, Pyruvat (s. Kapitel 9.3), vollständig oxidiert und die Energie für die Zelle nutzbar gemacht. Bei allen eukaryotischen Organismen (Pflanzen, Pilze, Tiere) läuft dieser Prozess in den Mitochondrien ab. Man kann drei Stufen unterteilen:
1. die oxidative Bildung von Acetyl-Coenzym A aus Pyruvat, Fettsäuren und bestimmten Aminosäuren;
2. den Abbau von Acetyl-Resten durch den Citratzyklus (Citronensäurezyklus, Tricarbonsäurezyklus), wodurch CO_2 und Elektronen geliefert werden;
3. die Übertragung von Elektronen auf molekularen Sauerstoff in der Atmungskette, gekoppelt an die Phosphorylierung von ADP zu ATP.

Die Aufnahme des Pyruvats, dem Endprodukt der Glykolyse, aus dem Cytoplasma (Cytosol) in die Matrix der Mitochondrien wird durch einen Pyruvat-Translokator in der inneren Mitochondrienmembran vermittelt (Translokatoren sind Proteine, die einen spezifischen Membrantransport vermitteln). Die Decarboxylierung und Dehydrierung von Pyruvat erfolgt durch den Pyruvat-Dehydrogenase-Komplex, der in mehreren Kopien drei nacheinander aktiv werdende Enzyme enthält. Die strukturelle Integration dieses Multienzym-Komplexes ermöglicht einen koordinierten und sehr effektiven Ablauf der einzelnen Reaktionsschritte, denn die Zwischenprodukte werden nicht frei. Insgesamt wird Folgendes bewirkt:

Pyruvat Acetaldehyd (enzymgebunden) Acetyl-Coenzym A

Die Carboxylgruppe des Pyruvats wird als CO_2 abgespalten (Decarboxylierung); der Wasserstoff wird auf NAD^+ übertragen (oxidativer Schritt); der verbleibende C_2-Rest (Essigsäure- oder Acetyl-Rest) wird an ein Trägermolekül, das Coenzym A (CoA-SH) gekoppelt und damit in eine reaktionsfähige Form gebracht (Acetyl-CoA oder auch „aktivierte Essigsäure"). In dieser Form steht das C_2-Fragment zur Verarbeitung im Citratzyklus bereit.

10.4   Citratzyklus

In der zweiten Stufe der Zellatmung tritt Acetyl-CoA (aktivierte Essigsäure) in den Citratzyklus ein, indem es in der Eröffnungsreaktion mit dem Akzeptor Oxalacetat (Oxalessigsäure) kondensiert. Diese Reaktion wird durch das Enzym Citrat-Synthase katalysiert (Abb. 10.1). Das Enzym Aconitase (Aconitat-Hydrolase) katalysiert die Reaktion von Citrat zu Isocitrat. Die Oxidation des Isocitrats zu α-Ketoglutarat erfolgt durch die NAD-Isocitrat-Dehydrogenase. Es kommt zur Abspaltung von CO_2 und über die Zwischenstufe Oxalosuccinat entstehen $NADH + H^+$ und α-Ketoglutarat (2-Oxoglutarat). Der nächste Schritt ist eine weitere oxidative Decarboxylierung, bei der α-Ketoglutarat von dem α-Ketoglutarat-Dehydrogenase-Komplex (2-Oxoglutarat-Dehydrogenase) zu Succinyl-CoA und CO_2 umgesetzt wird; als Elektronenakzeptor wirkt NAD^+. Der α-Ketoglutarat-Dehydrogenase-Komplex gleicht strukturell und funktionell sehr dem Pyruvat-Dehydrogenase-Komplex. Die Energie aus der Oxidation von α-Ketoglutarat wird durch die Bildung der Thioesterbindung von Succinyl-CoA konserviert. Durch die Succinat-Thiokinase (Succinyl-CoA-Synthase) wird die freie Enthalpie bei der Hydrolyse dieses Thioesters zur Bildung von ATP (oder GTP) genutzt (Substratketten-phosphorylierung). Das gebildete Succinat wird anschließend durch die Succinat-Dehydrogenase zu Fumarat oxidiert. Die spezifische Succinat-Dehydrogenase ist ein Flavoprotein, dessen Wirkgruppe FAD (Flavin-adenin-dinucleotid) den Wasserstoff übernimmt und ihn direkt in die Atmungskette weiterreicht. Succinat-Dehydrogenase ist im Gegensatz zu den übrigen Enzymen des Citratzyklus ein integraler Bestandteil

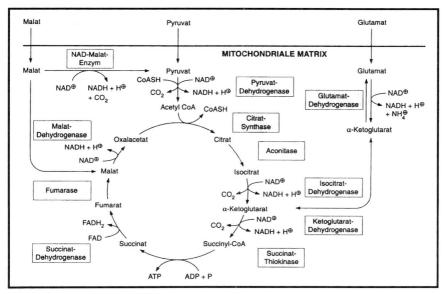

Abb. 10.1: Reaktionen im Citratzyklus (Heldt, 1996).

der inneren Mitochondrienmembran (Komplex II). Durch die Fumarase (Fumarat-Hydratase) wird an die C=C-Doppelbindung des Fumarats Wasser angelagert und es entsteht dabei L-Malat. Die Malat-Dehydrogenase katalysiert den letzten Schritt des Citratzyklus; unter Reduktion von NAD^+ wird Oxalacetat gebildet. Mit der Regeneration von Oxalacetat als der spezifischen Akzeptorverbindung schließt sich der Kreis. Der Fluss von Kohlenstoffatomen aus Pyruvat in und durch den Citratzyklus wird vor allem bei der Umwandlung von Pyruvat in Acetyl-CoA und beim Eintritt von Acetyl-CoA in den Zyklus (Citrat-Synthase-Reaktion) kontrolliert.

Im Citratzyklus wird somit das Acetat über eine Reihe von Reaktionen schrittweise vollständig abgebaut. Die C-Atome werden durch Decarboxylierungsschritte als CO_2 entfernt, und der Wasserstoff wird auf NAD^+ und FAD übertragen. Außerdem wird eine energiereiche Phosphatbindung in Form des ATP (bei Säugern GTP) geschaffen. Zum Abschluss wird der Akzeptor Oxalacetat regeneriert. In der Bilanz führt der Acetatabbau über den Citratzyklus zu 2 CO_2, einer energiereichen Phosphatbindung und 8 Reduktionsäquivalenten. Davon stehen 6 in Form von $NADH + H^+$ und 2 als $FADH_2$ zur Verfügung. Sie werden in das ATP-erzeugende System der Atmungskette eingeschleust.

Der Citratzyklus ist der zentrale Abbauweg des aeroben Stoffwechsels, in den letztlich die C-Skelette der Speicherstoffe einmünden. Er steht aber nicht nur im Dienste der terminalen Oxidation, sondern er liefert gleichzeitig auch Ausgangsstoffe für Synthesen. Damit wird der Citratzyklus zum Mittler zwischen katabolen und anabolen Reaktionssequenzen. Um den dadurch verursachten Abfluss von Zwischenverbindungen des Citratzyklus auszugleichen, existieren Auffüllungsreaktionen, sog. anaplerotische Reaktionen, die insbesondere die Funktion haben, Oxalacetat als Akzeptor des Acetyl-CoA nachzubilden (Abb. 10.1).

10.5   Endoxidation, Atmungskette

Die in Serie ablaufenden Reaktionsschritte der Glykolyse, der Pyruvatoxidation und des nachgeschalteten Citratzyklus ergeben je Mol eingesetzter Glucose insgesamt 6 Mol CO_2, 10 Mole $NADH + H^+$ und 2 Mole $FADH_2$. Der in der allgemeinen Reaktionsgleichung (s. Kapitel 10.1) enthaltene molekulare Sauerstoff dient in einer abschließenden Reaktionsfolge indirekt der Oxidation der reduziert vorliegenden Wirkgruppen, wobei Wasser gebildet wird:

$$2 \, NADH + H^+ + O_2 \rightarrow 2 \, H_2O, \quad \Delta G^{o\prime} = -217 \, kJ \cdot mol^{-1}$$

Diese Umsetzung entspricht zwar formal der stark exergonischen Knallgasreaktion (da sie nicht vom freien Wasserstoff ausgeht, ist die Energiefreisetzung etwas geringer), doch wird die relativ große Energiemenge nicht schlagartig frei, sondern in kleinen Teilbeträgen, welche sehr effektiv als chemische Energie konserviert werden. Grundlage hierfür ist eine Sequenz von Redoxsystemen (Elektronentransportkette), in welcher der Wasserstoff bzw. die Elektronen mit abfallender Potentialstärke dem Sauerstoff zugeführt werden.

Die elektronenübertragenden Redoxkomponenten der Atmungskette sind – bis auf zwei – in vier supramolekularen Membrankomplexen zusammengefasst, von denen drei der eigentlichen Atmungskette zugerechnet werden: NADH-Ubichinon-Reduktase (Komplex I), Ubichinon-Cytochrom c-Reduktase (Komplex III) und Cytochrom-Oxidase (Komplex IV) (Abb. 10.2); der Komplex II, Succinat-Ubichinon-Reduktase (Succinat-Dehydrogenase), hat direkte Zulieferfunktion für Wasserstoff über $FADH_2$ aus dem Citratzyklus (s. Absatz 10.4). Ubichinon und Cytochrom c fungieren als bewegliche Überträger und stellen die Verbindung im Elektronentransport zwischen den Komplexen her, sodass ein gerichteter Elektronenfluss durch die Kette vom $NADH + H^+$ bzw. $FADH_2$ bis zum Sauerstoff gewährleistet ist. Die bei den Übergängen anfallende Redoxenergie wird zum Aufbau eines transmembranen Protonengradienten genutzt (Abb. 10.2).

Der NADH-Ubichinon-Reduktase-Komplex (NADH-Dehydrogenase, Komplex I) füttert die Elektronen von dem bei der Substratzerlegung in der Matrix gebildeten NADH in die Atmungskette ein. Über ein Flavinmononucleotid (FMN) und mehrere Eisen-Schwefel-Zentren gelangen die Elektronen von hier auf Ubichinon.

Ubichinon (UQ/UQH$_2$, auch Coenzym Q genannt) bildet ein Sammelbecken (Pool) für die Elektronen (Wasserstoff), die vom Komplex I und vom Komplex II geliefert werden.

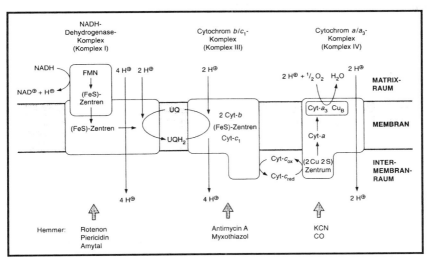

Abb. 10.2: Schematische Darstellung der Anordnung der Komplexe I, III und IV der Atmungskette in der mitochondrialen Innenmembran (HELDT, 1996).

Das reduzierte Ubichinon (UQH$_2$) wird durch den Komplex III oxidiert (Ubichinon-Cytochrom c-Reduktase); er wird wegen der integralen Redoxkomponenten auch als Cytochrom bc$_1$-Komplex bezeichnet. Die Redoxzentren bestehen aus Cytochrom b (Cyt b) mit zwei Häm als prosthetischen Gruppen, einem Eisen-Schwefel-Protein vom Typ [2Fe–2S] (RIESKE-Protein) und einem Cytochrom c$_1$ (Cyt c$_1$). Der Komplex III der Mitochondrien entspricht nach Struktur und Funktion dem Komplex b$_6$f der Chloroplasten (vgl. Kapitel 7.5). Komplex III hat zwei Bindungs- und Reaktionsstellen für Ubichinon, die zur Außen- (Intermembran-) bzw. Innenseite (Matrixseite) orientiert sind. An der äußeren Andockstelle geht vom UQH$_2$ ein Elektron auf das RIESKE-Protein über. Von dessen [2Fe–2S]-Zentrum gelangt es dann über Cyt c$_1$ zum Cyt c (Cytochrom c) und verlässt damit den Komplex. Das verbleibende Semichinon bindet stärker an Komplex III, wobei das Redoxpotential negativer wird, sodass das zweite Elektron auf Cyt b übertragen werden kann. Das Elektron wandert über die beiden Hämgruppen von Cyt b auf ein Ubichinon, welches sich an der inneren Andockstelle von Komplex III befindet. Durch Aufnahme eines zweiten Elektrons von einer zweiten UQH$_2$-Oxidation sowie von zwei Protonen aus dem Matrixraum entsteht UQH$_2$, das sich von der Andockstelle an der Innenseite ablöst, um dann wiederum an der äußeren Andockstelle des

Komplexes in der geschilderten Weise oxidiert zu werden. Dieser zyklische Elektronentransport im Cyt bc_1-Komplex wird als Q-Zyklus bezeichnet. In Kapitel 7.5 wird er auch für den Cyt b_6f-Komplex der Thylakoidmembranen diskutiert. In der Bilanz werden durch den Q-Zyklus zwei zusätzliche Protonen von der Matrixseite in den Intermembranraum transportiert.

Das reduzierte Cyt c diffundiert als stark positiv geladenes kleines Protein (ca. 12 kDa) entlang der hydrophilen Außenseite der inneren Mitochondrienmembran (Abb. 10.2) zum Cyt a/a_3-Komplex, der auch als Komplex IV oder Cytochrom-Oxidase bezeichnet wird. Der Komplex IV hat einen großen hydrophilen Bereich, der in den Intermembranraum hineinragt und die Bindungsstelle für Cyt c trägt. Bei der Oxidation des Cyt c wird das Elektron zunächst auf ein Kupfer-Schwefel-Zentrum, das aus zwei Cu-Atomen besteht (die als Cu_A bezeichnet werden), übertragen. Diese beiden Cu-Atome sind durch zwei S-Atome von Cysteingruppen miteinander verbunden. Das Elektron gelangt dann über Cyt a auf ein sog. binukleares Zentrum, das aus dem Cyt a_3 und einem durch Histidin koordinierten Cu-Atom (Cu_B) besteht. Dieses binukleare Zentrum wirkt als eine Redoxeinheit, in der Cu zusammen mit dem Fe-Atom im Cyt a_3 insgesamt zwei Elektronen aufnimmt:

$$[Fe^{3+} \cdot Cu_B^{2+}] + 2e^- \rightarrow [Fe^{2+} \cdot Cu_B^+]$$

Beim Cyt a_3 ist im Gegensatz zu Cyt a und den anderen Cytochromen der Atmungskette die sechste Koordinationsstelle des Fe nicht durch Aminosäuren des Proteins koordiniert. An diese freie Koordinationsstelle bindet das Sauerstoffmolekül, es liegt dann zwischen Cyt a_3 und Cu_B. So gebunden an das binukleare Zentrum wird das O_2-Molekül durch Aufnahme von vier Elektronen zu Wasser reduziert:

$$O_2 + 4\,e^- \rightarrow 2\,O^{2-} + 4\,H^+ \rightarrow 2\,H_2O$$

Statt O_2 können auch CO und CN^- an die freie Koordinationsstelle des Cyt a_3 sehr fest binden, wodurch die Atmung gehemmt wird. Aus diesem Grund sind Kohlenmonoxid und Blausäure sehr starke Gifte.

10.6 Alternative Wege der NADH-Oxidation in pflanzlichen Mitochondrien (Überlaufmechanismen)

Mitochondrien aus Pflanzen besitzen sog. Überlaufmechanismen, durch die überschüssiges NADH auch ohne Synthese von ATP oxidiert werden kann. Auf der Matrixseite der inneren Mitochondrienmembran ist eine alternative NADH-Dehydrogenase vorhanden (Abb. 10.3), die Elektronen von NADH auf Ubichinon überträgt, ohne dass daran ein Protonentransport gekoppelt ist. Eine Oxidation über diesen Weg erfolgt, wenn der $NADH/NAD^+$-Quotient in der Matrix besonders hoch ist.

Außerdem gibt es in Pflanzenmitochondrien eine alternative Oxidase (Abb. 10.3), durch die Elektronen vom Ubihydrochinon (UQH_2) direkt auf Sauerstoff übertragen werden können, ebenfalls ohne dass dabei Energie durch Protonentransport konserviert wird. Diese alternative Oxidation ist gegenüber CN^--Ionen unempfindlich, sie wird daher auch als Cyanid-resistente Atmung bezeichnet. Der Elektronentransport über die Alternative Oxidase ist als ein Kurzschluss zu verstehen, der bei übermäßiger Reduktion des Ubichinons erfolgt. Die frei werdende Energie geht in Wärme über.

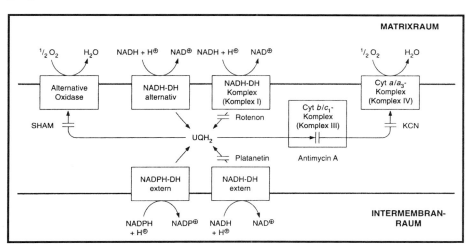

Abb. 10.3: Neben der rotenonempfindlichen NADH-Dehydrogenase (Komplex I) gibt es in pflanzlichen Mitochondrien drei weiter Dehydrogenasen (s. Text), die Elektronen ohne gekoppelten Protonentransport auf Ubichinon übertragen. Die zum Intermembranraum gerichtete (externe) NADH-Dehydrogenase wird durch Platanetin gehemmt. Eine Alternative Oxidase ermöglicht die Oxidation von Ubihydrochinon ohne gekoppelten Protonentransport. Dieser Weg ist unempfindlich gegen Antimycin A und KCN, wird aber durch SHAM gehemmt (HELDT, 1996).

Im Gegensatz zu Mitochondrien aus tierischen Zellen können Pflanzenmitochondrien auch externes, d. h. vom Cytosol angeliefertes NADH und in manchen Fällen auch NADPH, oxidieren. Die Oxidation von externem NADH und NADPH erfolgt über zwei spezifische Dehydrogenasen an der Außenseite der inneren Mitochondrienmembran (Abb. 10.3). Ebenso wie bei der Succinat-Dehydrogenase werden bei diesen beiden externen Dehydrogenasen die Elektronen auf der Stufe des Ubichinons in die Atmungskette eingespeist. Die Oxidation über die externe NADH-Dehydrogenase läuft nur bei sehr hohen Konzentrationen von NADH im Cytosol ab; es kann deshalb auch dieser Weg als Überlaufmechanismus betrachtet werden.

Die Überlaufmechanismen des Elektronentransports der Atmungskette können zur physiologischen Wärmeproduktion (Thermogenese) pflanzlicher Gewebe oder Organe beitragen. Thermogenese findet bei höheren Pflanzen im Blüten- oder Infloreszenz-Gewebe von Spezies aus unterschiedlichen Familien statt. Der bekannteste Fall ist die Aufheizung des terminalen Gewebes (Appendix) am Blütenkolben von *Arum maculatum* (Aronstab).

Unter starkem Lichtüberschuss für die Pflanzen können die Überlaufmechanismen der Atmungskette auch der Ableitung und thermischen Dissipation von überschüssigen Reduktionsäquivalenten aus der photosynthetischen Elektronentransportkette dienen, wobei die Vermittlung zwischen Chloroplast und Mitochondrium durch den Malat/Oxalacetat-Transportmechanismus erfolgen kann. Auf diese Weise können bei starkem Sonnenlicht die Mitochondrien zum Schutz der Chloroplasten vor Photooxidationen beitragen.

10.7 Atmungsketten-Phosphorylierung (oxidative Phosphorylierung)

Wie schon für den photosynthetischen Elektronentransport gezeigt (s. Kapitel 7.6), ist auch der Elektronentransport der Atmungskette mit der Bildung eines elektrochemischen Potentials verbunden. Die Komplexe I, III und IV werden häufig auch als Kopplungsstellen der Atmungskette bezeichnet (Abb. 10.2). Man nimmt an, dass durch den NADH-Dehydrogenase-Komplex (Komplex I) pro zwei Elektronen insgesamt vier Protonen in den Intermembranraum transportiert werden. Vier weitere Protonen können am Cyt b/c$_1$-Komplex (Komplex III) mit Hilfe des UQH$_2$/UQ-Shuttle und des Q-Zyklus an der Matrixseite aufgenommen und in den Intermembranraum freigesetzt werden. Zudem werden durch den Cytochrom a/a$_3$-Komplex (Komplex IV) pro zwei Elektronen mindestens zwei Protonen über die Membran transportiert. Falls diese Stöchiometrien stimmen, würden bei der Oxidation von NADH + H$^+$ insgesamt zehn Protonen transportiert, bei der Oxidation von Succinat dagegen nur sechs.

Beim mitochondrialen Elektronentransport werden die Protonen von der Matrix in den Intermembranraum transportiert, wobei dieser über Poren (die durch Porine gebildet werden) mit dem Cytosol in Verbindung steht. Mitochondrien können keinen größeren Protonengradienten bilden, da die innere Membran der Mitochondrien für Anionen wie Chlorid impermeabel ist. Ein größerer Protonengradient kann nur dann gebildet werden, wenn die Ladung der transportierten Protonen durch die Diffusion eines Anions kompensiert wird. Dies ist an den Thylakoidmembranen in den Chloroplasten der Fall, wo unter Lichteinwirkung der pH-Wert im Thylakoidraum von etwa pH 7,5 auf pH 4,5 absinkt (ΔpH $\approx$ 3). Wenn eine derartige starke Ansäuerung auch im Cytosol aufträte, würde sich dies gravierend auf die Aktivität der sehr vielen im Cytosol vorhandenen Enzyme auswirken. In den Mitochondrien führt der Protonentransport stattdessen zur Ausbildung eines Membranpotentials von $\Delta\psi$ $\approx$ 200 mV, der pH-Gradient beträgt lediglich ΔpH $\approx$ 0,2. Dabei ist die Matrixseite negativ geladen, die Cytosolseite positiv.

Die Nutzung der Energie des Protonengradienten für die Synthese von ATP erfolgt in den Mitochondrien prinzipiell in gleicher Weise wie in den Chloroplasten durch eine ATP-Synthase (s. Kapitel 7.6). Dieser multimere Proteinkomplex der inneren Mitochondrienmembran (Komplex V oder F_1/F_0-Komplex) weist im Prinzip die gleiche Garnitur an Untereinheiten wie das Gegenstück in der Thylakoidmembran auf.

Im Gegensatz zu den Chloroplasten, die ATP hauptsächlich für den Eigenverbrauch synthetisieren, ist in den Mitochondrien das gebildete ATP vorwiegend für den Export in das Cytosol bestimmt. Dies erfordert eine Aufnahme von ADP und Phosphat (P) aus dem Cytosol in die Mitochondrien und eine Abgabe des gebildeten ATP. Das durch den Protonentransport der Atmungskette gebildete Membranpotential bewirkt, dass ATP ex- und ADP importiert wird. Mit dem Austausch von ADP gegen ATP wird eine negative Ladung nach außen abgegeben, der notwendige Ladungsausgleich erfordert den Transport von einem Proton aus den Mitochondrien. Daher werden nicht nur für die ATP-Synthese, sondern auch für den Export des gebildeten ATP aus den Mitochondrien Protonen des Protonengradienten verbraucht.

Es wurde oben beschrieben, dass bei der Oxidation von NADH + H^+ insgesamt zehn Protonen transportiert werden. Falls drei Protonen für die Synthese von ATP und ein weiteres Proton für den Transport verbraucht werden, so würde dies einem P/O-Quotienten (gebildetes ATP pro Sauerstoff (O)) von 2,5 entsprechen. In Abschnitt 10.5 haben wir angegeben, dass die Änderung der freien Enthalpie bei der Oxidation von NADH + H^+ -217 kJ $\cdot$ mol^{-1} beträgt, während für die Synthese von ATP etwa $+50$ kJ $\cdot$ mol^{-1} erforderlich sind. Ein ADP/O von 2,5 bei der Veratmung NADH-abhängiger Substrate bedeutet, dass etwa 58 % der bei der Oxidation abgegebenen freien Enthalpie für die ATP-Synthese genutzt wird.

In der Gesamtheit von Glykolyse, Pyruvatoxidation und Citratzyklus kommt es zur Bildung von 10 NADH + H^+, 2 $FADH_2$ und 4 ATP (2 NADH + H^+ werden bei der Glykolyse im Cytosol gebildet). Wenn wir für die Oxidation von NADH, das in der Matrix der Mitochondrien gebildet wird, ein ADP/O-Verhältnis von 2,5, für das cytosolische NADH von etwa 1,5 und für die Oxidation von $FADH_2$ von ca. 1,5 annehmen, so werden pro Mol an oxidierter Glucose insgesamt etwa 30 Mole ATP gebildet, d. h. es werden etwa 1500 kJ für die Synthese von ATP genutzt. Entsprechend der Bruttogleichung der Atmung (s. Abschnitt 10.1) werden bei der Oxidation von Glucose zu CO_2 und H_2O 2872 kJ/ mol Glucose an freier Energie verfügbar. Daraus ergibt sich ein energetischer Wirkungsgrad von etwa 52 %.

B   Versuche

V 10.1   Kohlendioxidentstehung und Sauerstoffverbrauch bei der Atmung

V 10.1.1   Sichtbarmachen der Atmung

Kurz und knapp:
Die Atmung ist ein Oxidationsprozess, bei dem Sauerstoff verbraucht wird und Kohlendioxid entsteht (s. Kapitel 9.1 und 10.1). Der folgende Versuch demonstriert die Atmungsaktivität keimender Pflanzen anhand ihrer Bildung von Kohlendioxid (CO_2).

Zeitaufwand:
Durchführung: 20 min

Material:	ca. 3 Tage alte Erbsenkeimlinge (*Pisum sativum*), trockene Erbsensamen
Geräte:	Overhead-Projektor, 2 Petrischalen mit Deckel, 2 kleinere, flache Glasschälchen, Tropfpipette, Plastikwanne (ca. 20 x 20 cm), in die Wanne passendes Plastikgitter (oder Küchensieb) (zur Herstellung der Lösungen: Analysenwaage, Messzylinder (100 mL), Spatel)
Chemikalien:	0,04 mol/L Calciumhydroxid ($Ca(OH)_2$), 1 %ige alkoholische Phenolphthaleinlösung (1 mg auf 100 mL mit 96 %igem Ethanol lösen), Vaseline (alternativ: Schlifffett)

Durchführung:
Keimung der Erbsen: Man gibt eine Schicht Erbsen in die Plastikwanne, übergießt diese mit reichlich Leitungswasser. Nach einem Tag gießt man die gequollenen Erbsen durch das Plastikgitter ab, stellt die Erbsen mitsamt dem Gitter in die Wanne, verteilt sie gleichmäßig und füllt nur so viel Wasser nach, dass die Erbsen nicht völlig von Wasser bedeckt sind. Nach zwei Tagen sind deutlich die Keimwurzeln zu erkennen.

Versuchsansatz: Die kleinen Glasschälchen werden in der Mitte der beiden unteren Petrischalenhälften befestigt; den verbleibenden Hohlraum der ersten Petrischale außerhalb der kleinen Schälchen füllt man mit etwa einer Lage trockener Erbsensamen (Kontrollansatz), jenen der zweiten Petrischale mit einer Lage Erbsenkeimlingen. In die kleinen Schälchen in der Mitte der Petrischalen beider Ansätze gibt man jeweils ca. 10 mL einer zuvor mit Phenolphthalein rot-violett gefärbten

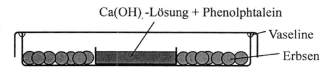

Ca(OH)₂-Lösung + Phenolphtalein
Vaseline
Erbsen

Abb. 10.4: Schematische Darstellung des Versuchsaufbaus.

Ca(OH)₂-Lösung (3 Tropfen Phenolphthalein in 25 mL Ca(OH)₂-Lösung). Anschließend fettet man zur Abdichtung die Ränder der unteren Petrischalenhälften dick (!) mit Vaseline ein, setzt die zugehörigen Deckel auf die Petrischalen und stellt beide Ansätze auf den angeschalteten Overhead-Projektor.

Beobachtung:
Nach ca. 15-20 Minuten entfärbt sich die basische Phenolphtaleinlösung im Ansatz mit den Erbsenkeimlingen, während der Indikator im Kontrollansatz seine Rotviolett-Färbung beibehält.

Erklärung:
Mit der Samenkeimung, die sich an den rein physikalischen Vorgang der Quellung anschließt, beginnt der Atmungsprozess, der die Energieäquivalente (ATP) für die Stoffwechselprozesse der sich entwickelnden Pflanze liefert (s. Kapitel 12.3). Das bei der Atmung entstehende CO_2 löst sich in der stark basisch wirkenden wässrigen Lösung von Ca(OH)₂ unter Bildung des ziemlich leicht löslichen Ca(HCO₃)₂ (Calciumhydrogencarbonat, Calciumbicarbonat): $2\ CO_2 + Ca^{2+} + 2\ OH^- \rightleftharpoons Ca(HCO_3)_2$. Der Vorgang der Neutralisation wird durch die Entfärbung des Indikators Phenolphthalein angezeigt (Phenolphthalein ist bei einem pH-Wert von 8,2 farblos und bei pH 9,8 rotviolett). Die sich im Ruhezustand befindenden trockenen Erbsensamen zeigen hingegen keine Atmungsaktivität; die Ca(OH)₂-Lösung entfärbt sich daher nicht.

Bemerkung:
Zum Gelingen des Versuches ist es wichtig, dass die beiden Petrischalen völlig luftdicht verschlossen sind, da sich sonst auch die Kontrolle durch das CO_2 der Atmosphäre entfärbt.

**V 10.1.2   Die Kohlendioxidentstehung bei der Atmung:
qualitativer Nachweis**

Kurz und knapp:
In diesem Versuch wird das bei der Atmung entstehende Kohlendioxid aufgrund
seiner Reaktion mit Bariumhydroxid ($Ba(OH)_2$) zu schwer löslichem Bariumcarbonat ($BaCO_3$) nachgewiesen.

Zeitaufwand:
Durchführung: 10 min für Versuchsansatz, 24-48 h Standzeit, 5 min für Versuchsdemonstration

Material:	ca. 3-4 Tage alte Erbsenkeimlinge *(Pisum sativum)*, trockene Erbsensamen
Geräte:	2 Gefrierbeutel (1-2 L Volumen), 2 Glasrohre, 2 Gummischläuche (ca. 10 cm), 2 Schlauchklemmen oder Glasventile, Gummiringe, Klebestreifen, 2 Bechergläser (je 100 mL), etwas Alufolie, Fahrrad-luftpumpe, 2 Faltenfilter, Filterpapierschnitzel
Chemikalien:	0,5 %ige Bariumhydroxid- ($Ba(OH)_2$-) Lösung

Durchführung:
Keimung der Erbsen: Siehe V 10.1.1.
Versuchsaufbau: In beide Gefrierbeutel gibt man etwa die gleiche Menge an Filter-
papierschnitzeln, füllt in den ersten Beutel zwei Tassen trockene Erbsensamen
(Kontrollansatz), befeuchtet das Filterpapier im zweiten Beutel und gibt zwei Tassen
Erbsenkeimlinge hinzu. Anschließend werden beide Beutel mit Hilfe von Gummirin-
gen dicht an Glasrohre angeschlossen, wobei man Letztere zusätzlich mit den Gum-
mischläuchen verbindet. Mit den Klebestreifen sollen die Beutel zur zusätzlichen
Abdichtung dicht um die Glasrohre geschlossen werden. Dann werden beide Beutel
mit einer Fahrradluftpumpe aufgepumpt und sogleich mit Schlauchklemmen oder
Glasventilen verschlossen. Nachdem die Dichtheit beider Beutel kontrolliert wurde,
lässt man beide Ansätze einen oder zwei Tage stehen.
Demonstration: Am Tag der Versuchsdemonstration filtriert man zweimal 100 mL
$Ba(OH)_2$ in je ein Becherglas und verschließt ein Becherglas zur kurzen Aufbewah-
rung mit Alufolie. Nach Öffnen der Schlauchklemme oder des Glasventils drückt
man die Luft des Beutels, der die Trockenerbsen enthält, in das unverschlossene
Becherglas und verfährt ebenso mit dem Probeansatz, wobei man das zurückgestellte
Becherglas mit der $Ba(OH)_2$-Lösung verwendet (s. Abb. 10.2).

Beobachtung:
Die Luft aus dem Beutel mit den Erbsenkeimlingen verursacht in der Ba(OH)$_2$-
Lösung einen weißen Niederschlag, während der Beutelinhalt des Kontrollansatzes
die Ba(OH)$_2$-Lösung nicht wesentlich trübt.

Erklärung:
Das bei der Atmung der Erbsenkeimlinge
gebildete CO_2 reichert sich in der Beutelluft
an und reagiert beim Entleeren mit Bariumhydroxid gemäß folgender Gleichung:

$$CO_2 + Ba(OH)_2 \rightarrow BaCO_3\downarrow + H_2O$$

Bei dem weißen Niederschlag handelt es
sich um das in Wasser schwer lösliche
Bariumcarbonat (BaCO$_3$).

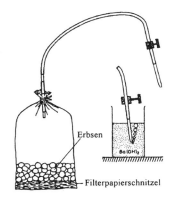

Abb. 10.5: Überführen der Beutelluft in
die Ba(OH)$_2$-Lösung.

Die trockenen, ungekeimten Erbsensamen zeigen demgegenüber keine apparente
Atmungsaktivität, sodass sich kein zusätzliches CO_2 im Plastikbeutel anreichert.

V 10.1.3   Die Kohlendioxidentstehung bei der Atmung: quantitativer Nachweis

Kurz und knapp:
Durch leichte Abwandlung und Erweiterung der Versuchsanordnung von V 10.1.2
kann man eine quantitative Bestimmung der bei der Atmung gebildeten Kohlendi-
oxidmenge durchführen.

Zeitaufwand:
Durchführung: 10 min für Versuchsansatz, 24 h Standzeit, 30 min für Titration und
Auswertung

298

Material:	ca. 3-4 Tage alte Erbsenkeimlinge (*Pisum sativum*)
Geräte:	Gefrierbeutel (1-2 L Volumen), Glasrohr, Gummischlauch (ca.

10 cm), Schlauchklemme oder Glasventil, Gummiring, Klebestreifen, Becherglas (100 mL), etwas Alufolie, Fahrradluftpumpe, Filterpapierschnitzel, Messzylinder (50 mL), Bürette (50 mL), kleiner Trichter, Magnetrührer mit Rührfisch, 4 Erlenmeyerkolben (100 mL), 2 Faltenfilter, Tropfpipette

Chemikalien: 0,1 mol/L Salzsäure (HCl), 0,05 mol/L Bariumhydroxid ($Ba(OH)_2$), 1 %ige alkoholische Phenolphthaleinlösung (1mg in 100 mL 96 %igem Ethanol lösen)

Durchführung:

Keimung der Erbsen und Versuchsaufbau: Siehe V 10.1.2. In diesem Versuch wird jedoch im Unterschied zu V 10.1.2 eine definierte Anzahl (z.B. 100 Stück) gekeimter Erbsen für 24 Stunden in den Beutel gegeben. Ein Kontrollansatz mit trockenen Erbsensamen ist hier nicht notwendig.

Vorbereitung der Titration: Man schließt den Hahn der Bürette und füllt mit Hilfe des Trichters 50 mL HCl in die Bürette. Danach filtriert man 50 mL Ba(HO)$_2$-Lösung durch einen Faltenfilter in den Erlenmeyerkolben und taucht das Schlauchstück, das am Glasröhrchen des Gefrierbeutels angebracht ist, in die $Ba(OH)_2$-Lösung, öffnet die Schlauchklemme und pumpt durch Zusammendrücken des Gefrierbeutels die Luft im Beutel möglichst vollständig in die $Ba(OH)_2$-Lösung.

Tititration des Erbsen-Ansatzes: Durch Zugabe eines Tropfens Phenolphthalein, den man mit Hilfe des Rührfisches und des Magnetrührers gleichmäßig in der $Ba(OH)_2$-Lösung verteilt, färbt sich die Lösung gemäß ihrer stark basischen Eigenschaft rot-violett. Anschließend füllt man 25 mL der gefärbten $Ba(OH)_2$-Lösung in den Messzylinder, den man nun mit Alufolie verschließt und zur Seite stellt. In die restliche, gefärbte $Ba(OH)_2$-Lösung titriert man unter Betätigung des Magnetrührers vorsichtig die HCl-Lösung, bis der Farbumschlag von rot-violett nach farblos erfolgt. Die Menge an verbrauchter HCl-Lösung zum Zeitpunkt des Farbumschlags notiert man und wiederholt den gesamten Titrationsvorgang für die zurückgestellte $Ba(OH)_2$-Lösung, die man zuvor in einen sauberen Erlenmeyerkolben gibt. Aus den auf diese Weise ermittelten Werten wird der Durchschnitt, also der durchschnittliche HCl-Verbrauch des Erbsen-Ansatzes (Ø $_{ERBSEN}$), errechnet.

Kontrolltitration: Um einen Vergleichswert mit ungetrübter $Ba(OH)_2$-Lösung, in der kein CO_2 gelöst wurde, zu erhalten, filtriert man 50 mL frische $Ba(OH)_2$-Lösung in einen Erlenmeyerkolben, versieht die Lösung mit einem Tropfen Phenolphthalein und titriert nach obiger Vorgehensweise 2 x 25 mL der $Ba(OH)_2$-Lösung. Wieder erhält man zwei Werte, die zu dem durchschnittlichen HCL-Verbrauchswert der Kontrollprobe (Ø $_{KONTROLLE}$) verrechnet werden.

Beobachtung:
Beim Einpressen der Luft in die Ba(OH)$_2$-Lösung trübt sich die Lauge sofort.

Erklärung:
Das bei der Atmung der Erbsenkeimlinge gebildete Kohlendioxid reagiert mit Bariumhydroxid gemäß folgender Gleichung:

$$CO_2 + Ba(OH)_2 \rightarrow BaCO_3\downarrow + H_2O \quad (1)$$

Dadurch, dass das CO_2 des Erbsen-Ansatzes mit Ba(OH)$_2$ zu schwer löslichem, als weißer Niederschlag ausfallendem BaCO$_3$ reagiert, werden der Lauge Ba(OH)$_2$-Moleküle entzogen, sodass bei der Titration mit HCl nur die restlichen Ba(OH)$_2$-Moleküle, die mit CO_2 keine Reaktion eingegangen sind, neutralisiert werden. Jedoch kann man nicht verhindern, dass in die Ba(OH)$_2$-Lösung auch CO_2 der Umgebungsluft gelangt, wodurch sich das Messergebnis entsprechend verfälscht. Um diesen Fehler aufzuheben, fertigt man eine Kontrollprobe an: Das Ba(OH)$_2$ der Kontrollprobe entspricht in der Menge und der Konzentration der Lauge des Erbsen-Ansatzes, nimmt aber im Gegensatz dazu kein CO_2 aus der Atmung der Erbsen, sondern nur CO_2 aus der Atmosphäre auf. Da die Werte der Kontrollprobe und jene des Erbsenansatzes voneinander subtrahiert werden (s.u.), hebt sich der durch das atmosphärische CO_2 verursachte Fehler auf. Durch die geringere CO_2-Aufnahme wird der Kontrollprobe weniger Ba(OH)$_2$ entzogen als dem Erbsen-Ansatz, sodass in der Kontrolle mehr Ba(OH)$_2$-Moleküle durch HCl neutralisiert werden. Dies macht sich in einem Mehrverbrauch an HCl bei der Kontrolltitration bemerkbar, der gleich der Differenz aus dem Wert des HCl-Verbrauches des Erbsen-Ansatzes und jenem der Kontrolle (Ø $_{KONTROLLE}$ − Ø $_{ERBSEN}$ = Δ_{HCl}) ist. In dem Ansatz, in welchem mehr CO_2 gebunden ist, können also weniger Ba(OH)$_2$-Moleküle neutralisiert werden. Den Neutralisationsvorgang von Ba(OH)$_2$, durch HCl kann man durch folgende Gleichung beschreiben:

$$Ba(OH)_2 + 2HCl \rightarrow BaCl_2 + 2H_2O \quad (2)$$

Aus dieser Gleichung (2) lässt sich ersehen, dass zwei Moleküle HCl ein Molekül Ba(OH)$_2$ neutralisieren (1 mol verbrauchte HCl entspricht also 1/2 mol Ba(OH)$_2$,). Kennt man nun die Anzahl der HCl-Moleküle, die im Erbsen-Ansatz weniger verbraucht werden, weiß man auch, wie viele Ba(OH)$_2$-Moleküle (nämlich die Hälfte der Anzahl an HCL Molekülen) im Gemisch übrig geblieben sind. Die Stöchometrie der Gleichung (1) wiederum zeigt an, dass Ba(OH)$_2$ und CO_2 im Verhältnis 1:1 reagieren (1 mol Ba(OH)$_2$ entspricht 1 mol CO_2).
Beispielprotokoll: Δ_{HCl} = Ø $_{KONTROLLE}$ − Ø $_{ERBSEN}$ = 22,95 mL− 19,65 mL = 3,3 mL.
Nach Gleichung (2) entspricht 3,3mL HCl mit der Konzentration 0,1 mol · L^{-1} die halbe Menge Ba(OH)$_2$ mit der gleichen Konzentration, also 1,65 mL 0,1 mol · L^{-1} Ba(OH)$_2$. Da gemäß Gleichung (1) die Menge an Ba(OH)$_2$ mit jener an CO_2 gleich-

zusetzen ist, gilt: 1,65 mL 0,1 mol $\cdot$ L^{-1} Ba(OH)$_2$ = 1,65 mL 0,1 mol $\cdot$ L^{-1} CO$_2$. Berechnung der Menge an reinem CO$_2$: Die Molmasse von CO$_2$ beträgt 44 g. Somit gilt 1 mol CO$_2$ = 44 g CO$_2$ und 0,1 mol CO$_2$ = 4,4 g CO$_2$; 1000 mL 0,1 mol $\cdot$ L^{-1} CO$_2$ = 4,4 g CO$_2$; 1,65 mL 0,1 mol $\cdot$ L^{-1} CO$_2$ = x g an reinem CO$_2$; x = 4,4 [g] $\cdot$ 1,65 [mL]/ 1000 [mL] = 0,00726 [g CO$_2$] = 7,26 [mg CO$_2$]. Da immer nur die Hälfte des Gesamtansatzes von 50 mL titriert wurde, muss man die Menge des errechneten CO$_2$-Gehaltes verdoppeln, um den tatsächlichen CO$_2$- Gehalt zu erhalten, also 14,52 [mg CO$_2$]. Die 100 Erbsen im Gefrierbeutel haben also in 24 Stunden 14,52 mg CO$_2$ produziert. So produziert jede Erbse im Schnitt 0,1452 mg CO$_2$ pro Tag.

Bemerkung:
Da die Atmungsaktivität von vielerlei Faktoren abhängt, z.B. von der Temperatur, kann die Menge des bei der Atmung gebildeten CO$_2$ in unterschiedlichen Versuchsdurchgängen variieren. Die Messwerte der Beispielrechnung sind daher nicht als ideales Ergebnis für verschiedene Versuche zu betrachten.

V 10.1.4 Nachweis des Sauerstoffverbrauchs und der Kohlendioxidproduktion bei der Atmung durch den Kerzentest

Kurz und knapp:
Der Verbrennungsvorgang einer Kerze ist eine Oxidationsreaktion, bei der unter Verbrauch von Sauerstoff Ruß (Verbrennungsruß) und Kohlendioxid gebildet wird. Das Brennen einer Kerze ist also immer auch ein Nachweis für die Anwesenheit von genügend Sauerstoff in der Luft.

Nach der ursprünglichen Definition bedeutet die Oxidation eine Vereinigung mit Sauerstoff (lat.: oxygenium). Nach der neuen, erweiterten Definition besteht die Oxidation aus einem Entzug von Elektronen und die oxidierende Wirkung eines Oxidationsmittels in dessen elektronenentziehender Wirkung. In diese Definition fügen sich auch sauerstofffreie Oxidationsmittel zwanglos ein.

Zeitaufwand:
Durchführung: 10 min für Versuchsansatz, 1-2 Tage Standzeit, 5 min für Versuchstest

Material:	ca. 3-4 Tage alte Erbsenkeimlinge (*Pisum sativum*), trockene Erbsensamen
Geräte:	2 Standzylinder (Ø jeweils ca. 10 cm), 2 Glasplatten (als Verschluss), Filterpapierschnitzel, Kerzenstummel oder Teelicht, Draht, Feuerzeug oder Streichhölzer
Chemikalien:	Vaseline

Durchführung:

Keimung der Erbsen: Siehe Vorbereitung von V 10.1.1.
Versuchsaufbau: In beide Standzylinder füllt man je 1 cm hoch Filterpapierschnitzel und befeuchtet diese in dem einen Standzylinder mit Leitungswasser. In den trockenen Standzylinder gibt man so viele Erbsensamen und auf den befeuchteten Ansatz so viele Erbsenkeimlinge, dass jeder Standzylinder etwa zur Hälfte gefüllt ist. Die Ränder der Standzylinder werden dick mit Vaseline eingefettet und die Gefäße mit den Glasplatten luftdicht verschlossen. Die beiden Versuchsansätze bleiben 1-2 Tage stehen. Mit Hilfe des Drahtes, der zur Verlängerung dient, wird die brennende Kerze sofort nach Abheben der Glasplatten einige Sekunden in den Standzylinder mit Erbsensamen und danach in jenen mit Erbsenkeimlingen gehalten.

Beobachtung:

Im Zylinder mit Erbsensamen brennt die Kerze weiter, während sie im Ansatz mit Erbsenkeimlingen sofort erlischt.

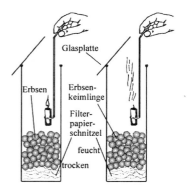

Abb. 10.6: CO_2-Nachweis durch den Kerzentest.

Erklärung:

Die Atmung der Erbsenkeimlinge führt dazu, dass in diesem Standzylinder der Sauerstoffgehalt abnimmt, während gleichzeitig der Kohlendioxidgehalt ansteigt. Die Flamme der Kerze kommt infolgedessen in der veränderten Luft sofort zum Erlöschen. Im Ansatz mit trockenen Erbsen findet demgegenüber keine Atmung der Erbsensamen statt, sodass sich die Zusammensetzung der Luft nicht verändert. Für den Verbrennungsprozess ist daher genügend Sauerstoff vorhanden.

Bemerkung:

Man kann den Kerzentest mit denselben Ansätzen mehrmals wiederholen. Außerdem sollte man eine ausreichende Atmungsaktivität dadurch sichern, dass die Ansätze während der Wartezeit bei nicht zu niedrigen Temperaturen (bei mindestens 20 °C) aufbewahrt werden.

V 10.1.5 Nachweis des Sauerstoffverbrauchs und der Kohlendioxidproduktion von Weizenkeimlingen durch das Warburg- Manometer

Kurz und knapp:
Bei kohlenhydratreichen keimenden Samen ist das durch die Atmung verbrauchte Volumen an Sauerstoff gleich dem Volumen an gebildetem Kohlendioxid, sodass sich in einem geschlossenenen System keine Druckveränderungen ergeben. Durch Abfangen der gebildeten Kohlendioxid-Menge kann man den auf Sauerstoffverbrauch zurückzuführenden Unterdruck in einem geschlossenen System nachweisen.

Zeitaufwand:
Durchführung: 20 min für Versuchsansatz, 30-60 min (je nach zur Verfügung stehenden Zeit) für Versuchsdurchführung

Material:	4 Tage alte Weizenkeimlinge (*Triticum aestivum*)
Geräte:	2 große Saugreagenzgläser, 2 auf die Saugreagenzgläser passende Stopfen, ca. 10 cm Draht, Wattebausch, 2 rechtwinklig gebogene Glasröhrchen (Ø 0,5 cm), 2 Messpipetten (je 2 mL), 4 kurze Schlauchstücke, 2 Bechergläser (50 und 3000 mL), Thermometer, Folienschreiber, 1-2 Stative, 3 Stativklemmen, stabiles Podest von ca. 50-60 cm Höhe (z.B. Holz- oder Pappkiste o. Ä.)
Chemikalien:	Kaliumhydroxid-(KOH-) Plätzchen, Farbstofflösung (z.B. mit Tinte gefärbtes Wasser, Eosin- oder Methylenblaulösung)

Durchführung:
Vorbereitung: Die Anzucht der Weizenkeimlinge erfolgt analog zur Keimung der Erbsen (vgl. V 10.1.1).
Ansatz 1: In ein Saugreagenzglas gibt man ohne weitere Zugaben so viele Weizenkeimlinge, dass etwa ein Drittel der gesamten Füllhöhe erreicht wird.
Ansatz 2: In das zweite Saugreagenzglas füllt man 1 cm hoch KOH-Plätzchen und platziert darauf den als Abstandhalter fungierenden, zu einem kleinen Knäuel gewundenen Draht. Über das Drahtgestell legt man ein lockeres Wattestück und füllt das Saugreagenzglas mit einer dem ersten Ansatz entsprechenden Menge an Wei-

zenkeimlingen. Dann verschließt man beide Reagenzgläser mit befeuchteten Stopfen und verbindet die seitlichen Öffnungen der Reagenzgläser über die gebogenen Glasröhrchen mit den Messpipetten, wobei die Schlauchstücke als Kupplungen verwendet werden. Auf dem Podest platziert man (mit Hilfe von Stativen und Schlauchklemmen) beide Saugreagenzgläser und das Thermometer in dem großen Becherglas, welches mit 28 °C warmem Leitungswasser gefüllt wird, wobei in beiden Ansätzen in den Saugreagenzgläsern die Keimlinge unter die Wasseroberfläche

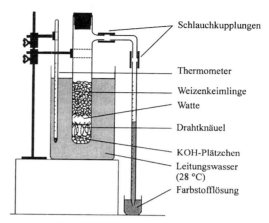

Abb. 10.7: Schematische Darstellung des Versuchaufbaus (Ansatz mit KOH-Plätzchen).

des Becherglases getaucht sein müssen. Nachdem die Weizenkeimlinge innerhalb von 10 Minuten die Temperatur des Wasserbades angenommen haben, füllt man das kleine Becherglas mit etwa 25 mL Farbstofflösung und taucht darin beide vom Podest herabhängende Messpipettenspitzen ein. Sobald man an den Messpipetten mit dem Folienschreiber die Oberflächenlinie der Farblösung markiert hat, beginnt die Zeitmessung. Nach 30-60 Minuten wird die Standhöhe der Farbstofflösung erneut mit dem Folienschreiber an den Pipetten gekennzeichnet.

Beobachtung:
Der Stand der Farbstofflösung im ersten Ansatz hat sich nicht verändert, während der Stand der Farbstofflösung in der Pipette des zweiten Ansatzes mit KOH-Plätzchen um mehrere Skalenteile ansteigt.

Erklärung:
Da die kohlenhydratreichen Weizenkörner bei der Atmung etwa in gleicher Menge O_2 verbrauchen wie sie CO_2 bilden, ändern sich die Druckverhältnisse im geschlossenen System des ersten Ansatzes nicht. Beim zweiten Ansatz jedoch wird das gebildete CO_2 durch das KOH gebunden und somit dem System entzogen. Dadurch entsteht in diesem Saugreagenzglas ein Unterdruck, der durch das Aufsteigen der Farblösung ausgeglichen wird.

Bemerkung:
Falls keine Saugreagenzgläser zur Verfügung stehen, können diese auch durch gewöhnliche Demonstrationsreagenzgläser ersetzt werden. Dabei ersetzt man die

rechtwinklig gebogenen durch U-förmige Glasröhrchen, welche über durchbohrte Stopfen mit den Reagenzgläsern verbunden werden.

Während der gesamten Versuchszeit sollte die Temperatur des Wasserbades kontrolliert werden; allzu starker Temperaturabnahme sollte durch das Nachfüllen von warmem Leitungswasser entgegengewirkt werden.

V 10.1.6 Vergleich der Respirationsquotienten von kohlenhydratreichen und fettreichen Keimlingen

Kurz und knapp:
Den Atmungs- oder respiratorischen Quotienten (RQ) atmender Organismen kann man aus dem Verhältnis des Volumens an gebildetem Kohlendioxid zu dem Volumen an verbrauchtem Sauerstoff ermitteln: RQ = Volumen CO_2/Volumen O_2 bzw. mol CO_2/mol O_2. Aus seinem Wert sind innerhalb gewisser Grenzen Rückschlüsse auf das Substrat des vermessenen Atmungsvorganges möglich. Erfolgt ein vollständiger Abbau von Kohlenhydraten gemäß obiger Bruttogleichung (s. Abschnitt 10.1), so resultiert der Wert 1,0. RQ-Werte unter 1,0 zeigen an, dass Fette (0,7) oder Eiweiße (0,8) als relativ sauerstoffarme Substrate veratmet werden; dies ist der Fall bei der Keimung fett- oder eiweißreicher Samen. Stellen hingegen organische Säuren das Substrat der Atmung, wie teilweise in reifenden Früchten, so resultiert ein RQ größer als 1,0.

Zeitaufwand:
Durchführung: 20 min für Versuchsansatz, 30-60 min (je nach zur Verfügung stehenden Zeit) für Versuchsdurchführung

Material:	3-4 Tage alte Weizenkeimlinge (*Triticum aestivum*) oder Sonnenblumenkeimlinge (*Helianthus annuus*)
Geräte:	2 große Saugreagenzgläser, 2 auf die Saugreagenzgläser passende Stopfen, 2 rechtwinklig gebogene Glasröhrchen (Ø 0,5 cm), 2 Messpipetten (je 2 mL), 4 kurze Schlauchstücke, 2 Bechergläser (50 und 3000 mL), Thermometer, Folienschreiber, 2 Stative, 3 Stativklemmen, stabiles Podest von ca. 40-50 cm Höhe (z.B. Holz- oder Pappkiste o. Ä.)
Chemikalien:	Farbstofflösung (z.B. mit Tinte gefärbtes Wasser, Eosin- oder Methylenblaulösung)

Durchführung:
Mit beiden Materialien – den Weizenkeimlingen im ersten und den Sonnenblumen-keimlingen im zweiten Saugreagenzglas – wird verfahren, wie es für V 10.1.5 beschrieben wird.

Beobachtung:
Der Manometerstand im Ansatz mit den Weizenkeimlingen bleibt unverändert, während im Ansatz mit Sonnenblumenkeimlingen ein deutlicher Anstieg der Farbstofflösung zu verzeichnen ist.

Erklärung:
In kohlenhydratreichen Samen wie den Weizenkörnern entspricht die veratmete O_2-Menge dem Volumen an abgegebenem CO_2, sodass sich insgesamt keine Druckveränderung innerhalb des geschlossenen Systems ergibt. Bei den fettreichen Sonnenblumenkeimlingen übersteigt das Volumen an verbrauchtem O_2 die gebildete CO_2-Menge. Somit entsteht im Reagenzglas des Ansatzes mit den Sonnenblumenkeimlingen ein Unterdruck, der für das Aufsteigen der Farbstofflösung im Glasröhrchen verantwortlich ist.

Bemerkung:
Siehe Bemerkung von V 10.1.5.

V 10.1.7   Gegenüberstellung von Atmung und Photosynthese

Kurz und knapp:
Der Gesamtvorgang der aeroben Dissimilation (Atmung) entspricht summarisch einer Umkehrung der Assimilation bei der Photosynthese. Entsprechend der Bruttogleichung wird bei der Atmung Glucose unter Sauerstoffverbrauch zu Kohlendioxid und Wasser bei gleichzeitiger Energieabgabe zerlegt (s. Abschnitt 10.1), während bei der Photosynthese mit Hilfe von Strahlungsenergie (Licht), Kohlendioxid und Wasser Glucose und Sauerstoff gebildet werden (s. Kapitel 8.1).

Zeitaufwand:
Durchführung: 10 min für Versuchsansatz, 2-24 h Standzeit, 5 min für Auswertung

Material:	2 ca. 10 cm lange Sprosse der Wasserpest (*Elodea densa* oder *canadensis*)
Geräte:	1 Becherglas (400 mL), 3 Erlenmeyerkolben (je 100 mL), 3 auf die Erlenmeyerkolben passende Stopfen, Alufolie
Chemikalien:	0,1 mol/L Natriumhydrogencarbonat (NaHCO$_3$), 1 %ige alkoholische Phenolphthaleinlösung (1 mg in 100 mL 96 %igem Ethanol lösen)

Durchführung:

Im Becherglas stellt man 300 mL 0,1-molare NaHCO$_3$-Lösung her, die man mit 5 mL Phenolphthaleinlösung versetzt, sodass sich das Gemisch rot-violett färbt. Danach füllt man in jeden Erlenmeyerkolben etwa 100 mL der Phenolphthaleinlösung und gibt in zwei Ansätze je einen Spross Wasserpest hinzu; der dritte Ansatz verbleibt als Kontrolle ohne Pflanze. Alle drei Ansätze werden schließlich mit angefeuchteten Stopfen luftdicht verschlossen. Der Kontrollansatz und ein Ansatz mit der Wasserpest werden nun an einen hellen Ort (z.b. auf die Fensterbank) gestellt. Der verbleibende Ansatz mit der Pflanze kommt als Dunkelansatz in einen lichtundurchlässigen Behälter (z.B. in den Schrank oder unter eine Holzkiste), wobei man mit Alufolie einen zusätzlichen Lichtschutz erzielen kann. Nach mindestens 2 h Versuchsdauer kann die Auswertung erfolgen.

Beobachtung:

Der Kontrollansatz ohne Pflanze hat seine ursprüngliche Rotviolett-Färbung beibehalten. Die dem Licht ausgesetzte Probe hat eine deutlich intensivere, dunklere Rotviolett-Färbung angenommen. Der Dunkelansatz dagegen hat sich vollständig entfärbt.

Erklärung:

Im Dunkelansatz kann keine Photosynthese der Wasserpflanze, wohl aber Atmung stattfinden. Das bei der Atmung gebildete CO$_2$ bewirkt eine Neutralisation des Ansatzes und somit eine Entfärbung des Indikators Phenolphthalein. Bei der Wasserpest des belichteten Ansatzes findet sowohl Photosynthese als auch Atmung statt. Da jedoch die Photosyntheseintensität dominiert, kommt es insgesamt zu einem Verbrauch an CO$_2$ und zur Produktion von O$_2$. Da der NaHCO$_3$-Lösung somit CO$_2$-Moleküle entzogen werden, kommt es zu einer strärkeren Alkalisierung der Lösung. Der somit steigende pH-Wert des Lichtansatzes wird durch die Vertiefung der Rotviolett-Färbung des Indikators Phenolphthalein angezeigt.

Bemerkung:

Will man den Versuch über Nacht stehen lassen, so ist es notwendig, den Lichtansatz und die Kontrolle einer künstlichen Lichtquelle auszusetzen. In diesem Fall sollte die

Auswertung jedoch unbedingt am folgenden Tag stattfinden, da sonst die Gefahr besteht, dass sich aufgrund mangelnder Dichtheit alle Ansätze durch Kontakt mit dem CO_2 der Außenluft entfärben.

V 10.1.8 Kohlendioxidentstehung bei der menschlichen Atmung

Kurz und knapp:
Der Organismus von Tier und Mensch gewinnt die Energie für seine Stoffwechsel-prozesse, genau wie auch die Pflanzen, durch die Atmung. Auf zellulärer Ebene ähneln sich die tierische und die pflanzliche Atmung in ihren Grundprozessen sehr stark.

Zeitaufwand:
Durchführung: 5 min

Geräte:	Becherglas (100 mL), Strohhalm, Filterpapier
Chemikalien:	50 mL 0,5 %iges Bariumhydroxid ($Ba(OH)_2$)

Durchführung:
Zuerst filtriert man die $Ba(OH)_2$-Lösung durch den Faltenfilter in das Becherglas und bläst dann sofort über den Strohhalm Atemluft hinein.

Beobachtung:
In der $Ba(OH)_2$-Lösung fällt sofort ein weißer Niederschlag aus.

Erklärung:
Das CO_2 der menschlichen Atemluft reagiert mit der $Ba(OH)_2$-Lösung zu Barium-carbonat, das als weißer Niederschlag die Lösung trübt. Die Reaktion läuft nach folgender Gleichung ab:

$$CO_2 + Ba(OH)_2 \rightarrow BaCO_3\downarrow + H_2O .$$

Bemerkung:
Wird der Versuch von Schülern durchgeführt, kann man die Atemluft in einen Ge-frierbeutel von 2 L Fassungsvermögen blasen, der mit einem Glasrohr versehen ist und mit einem Schlauchstück und einer Schlauchklemme verschlossen werden kann (vgl. V 10.1.2). Anschließend wird die Atemluft durch Öffnen der Schlauchklemme in die $Ba(OH)_2$-Lösung gepresst.

V 10.2   Versuche zu konkreten Reaktionsschritten der Atmung

V 10.2.1   Modellversuch zur Oxidation des Pyruvats

Kurz und knapp:
Die Orte der Zellatmung sind die Mitochondrien (s. Abschnitt 10.2). Die erste Stufe der Atmungsprozesse in den Mitochondrien ist die von einem Multi-Enzym-Komplex, dem Pyruvat-Dehydrogenase-Komplex, katalysierte Umwandlung von Pyruvat in Acetyl-Coenzym A, welches auch „aktivierte Essigsäure" genannt wird (s. Abschnitt 10.3). Der folgende Versuch demonstriert diesen ersten Schritt der zellulären Atmungsprozesse modellhaft, wobei die Rolle des Multi-Enzym-Komplexes von Wasserstoffperoxid (H_2O_2) übernommen wird.

Zeitaufwand:
Durchführung: 5 min

Geräte:	Reagenzglas, Reagenzglasständer, Spatel, Abzug, Messpipette (1 mL)
Chemikalien:	10 %ige Pyruvat-(Brenztraubensäure-)lösung, 30 %ige Wasserstoff-peroxid-Lösung (H_2O_2)

Durchführung:
Man gibt etwa 2 mL Pyruvat-Lösung in das Reagenzglas, fügt ein paar Siedestein-chen bei (zur Oberflächenvergrößerung und Beschleunigung der Reaktion) und pipettiert (unter eingeschaltetem Abzug) 1 mL H_2O_2 hinzu.

Beobachtung:
Nach Zugabe von H_2O_2 beginnt die Pyruvat-Lösung sofort zu brodeln, und es entweicht Essigsäure, welche man durch ihren Geruch identifizieren kann. Gibt man nach Verschwinden des Schaumes einige Krümel Pyruvat-Kristalle zu dem Gemisch, lässt sich die Beobachtung wiederholen.

Erklärung:
Durch die Zugabe des H_2O_2 zu der Pyruvat-Lösung wird Pyruvat decarboxyliert, sodass CO_2 unter Schaumbildung entweicht. Geichzeitig entstehen Essigsäure und Wasser:

$$CH_3{-}CO{-}COOH + H_2O_2 \rightarrow CH_3{-}COOH + CO_2{\uparrow} + H_2O$$

V 10.2.2 Modellversuch zu den wasserstoffübertragenden Enzymen im Citratzyklus

Kurz und knapp:

Bei den Umsetzungen im Citratzyklus findet, katalysiert von dem Enzym Succinat-Dehydrogenase, die Umwandlung von Succinat (Bernsteinsäure) in Fumarat (Fumarsäure) statt (s. Abb. 10.1). Die spezifische Succinat-Dehydrogenase ist ein Flavoprotein, dessen Wirkgruppe FAD (Flavin-adenin-dinucleotid) den Wasserstoff übernimmt und ihn direkt in die Atmungskette weiterreicht. Die Succinat-Dehydrognase ist im Gegensatz zu den übrigen Enzymen des Citratzyklus ein integraler Bestandteil der inneren Mitochondrienmembran (Komplex II).

Im folgenden Versuch wird gezeigt, dass Hefezellen in der Lage sind, Succinat zu oxidieren, wobei der Wasserstoff auf Methylenblau übertragen wird, das dadurch in das farblose Leukomethylenblau übergeht.

Zeitaufwand:
Vorbereitung: 10 min, Durchführung: 20 min

Material:	Frischhefe (*Saccharomyces cerevisiae*), keine Trockenhefe !
Geräte:	2 Bechergläser (500 mL, 100 mL), Wasserbad (35 °C),
	2 Demonstrationsreagenzgläser, Reagenzglasständer, Folienschreiber,
	Stoppuhr
Chemikalien:	0,4 mol/L Natriumsuccinat, 0,005 %ige Methylenblau-Lösung
	(5 mg/100 mL Aqua dest.), Paraffinöl

Durchführung:
Zunächst stellt man mit 12 g Frischhefe in 60 mL Wasser eine Hefesuspension her. Zwei Demonstrationsreagenzgläser werden mit je 5 mL Methylenblau-Lösung beschickt, der jeweils 10 mL Hefesuspension hinzugefügt werden (das Vermengen der gelbbraunen Hefesuspension mit der blauen Methylenblaulösung ergibt ein Gemisch von grünlich-blauer Färbung). In ein Reagenzglas gibt man 10 mL Natriumsuccinat-Lösung, in den anderen Ansatz, der die Kontrolle darstellt, 10 mL Aqua dest. Die beschrifteten Proben werden gut geschüttelt und mit Paraffinöl überschichtet. Anschließend werden die beiden Ansätze in ein auf 35 °C vorgeheiztes Wasserbad gestellt, woraufhin eine Stoppuhr gestartet wird.

Beobachtung:
Nach etwa sechs Minuten hat sich der Ansatz mit der Natriumsuccinat-Lösung entfärbt, während die Kontrolle ihre grün-blaue Farbe beibehält.

310

Erklärung:
Succinat wird durch Succinat-Dehydrogenase zu Fumarat oxidiert. Der Wasserstoff wird von der Wirkgruppe des Enzyms (FAD) übernommen und auf Methylenblau übertragen. Dadurch geht das Methylenblau von seiner farbigen in die farblose Form, das Leukomethylenblau, über, was durch das Entfärben der Lösung angezeigt wird:

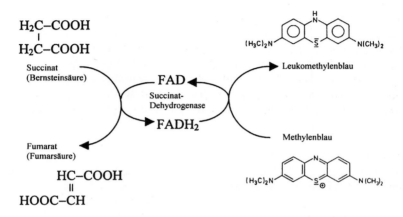

Im Kontrollansatz fehlt Natriumsuccinat als Substrat und Wasserstofflieferant der Reaktion mit Succinat-Dehydrogenase. Darum bleibt die gesamte Reaktion und letztendlich auch die Entfärbung von Methylenblau aus.

Bemerkung:
Es hat sich gezeigt, dass die Verwendung von Trockenhefe für diesen Versuch unter Umständen zu unklaren Versuchsergebnissen führen kann. Aus diesem Grund sei hier der Einsatz von Frischhefe empfohlen. Auch ist zu beachten, dass sich nach längerem Stehen auch die Kontrolle entfärbt. Der Grund hierfür lässt sich in anderen Stoffwechselprozessen der Hefe vermuten, in denen in kleinerem Ausmaß ebenfalls reduzierend wirkende Produkte entstehen, die eine Entfärbung von Methylenblau herbeiführen.

Wegen der leichten Reduzierbarkeit dient Methylenblau als Wasserstoffakzeptor für biochemische Prozesse.

Die meisten organischen Säuren liegen bei physiologischem pH als Anionen, d.h. als Salze, vor. Die Namen der Salze werden von den lateinischen Namen der Säuren gebildet. In der Biochemie verwendet man bevorzugt diese Namen, auch wenn das

Gegenion unbekannt ist oder wenn bei mehrbasigen Säuren unentschieden bleibt, wie viele der Gruppen dissoziiert vorliegen.

V 10.2.3 Dünnschichtchromatographischer Nachweis von Säuren des Citratzyklus in verschiedenen Früchten

Kurz und knapp:
Alle Umsetzungen im Citratzyklus vollziehen sich zwischen organischen Säuren bzw. ihren Salzen (s. Abb. 10.1). Verschiedene Zwischenverbindungen des Citratzyklus (z.B. Zitronensäure, Äpfelsäure) werden bei manchen Pflanzenarten in großen Mengen in den Früchten gespeichert, sodass sie ohne weitere Extraktions- und Reinigungsverfahren mit Hilfe der Dünnschichtchromatographie (DC) nachgewiesen werden können.

Zeitaufwand:
Vorbereitung: 15 min, Durchführung: 15 min für Versuchsansatz, 2-3 h Laufzeit, 24 h Trocknungszeit, 5 min für Auswertung

Material:	Apfelsaft, Grapefruitsaft, Orangensaft
Geräte:	Becherglas (300 mL), cellulosebeschichtete DC-Platte (20 x 20 cm, z.B. Firma Merck), Lineal, Glaskapillaren, Haartrockner, Trennkammer aus Glas, Filterpapier zum Auskleiden der Trennkammer,
Chemikalien:	Essigsäureethylester, Ameisensäure, Bromphenolblau, Natriumformiat, je 5 %ige Lösungen von Citrat (Zitronensäure), Malat (Äpfelsäure)

Durchführung:
Vorbereitung der Trennkammer: Der Essigsäureethylester und die Ameisensäure werden mit Aqua dest. im Verhältnis 100: 40: 10 gemischt, wobei die Gesamtmenge des Laufmittels der Kammergröße angepasst werden sollte. Außerdem ist zu berücksichtigen, dass sich die Startpunkte der zu trennenden Substanzen nach dem Aufstellen der DC-Platte in der Trennkammer über der Oberfläche des Laufmittels befinden müssen. Weiterhin werden dem Laufmittel 0,075 g Natriumformiat und 0,05 g Bromphenolblau hinzugefügt (diese Mengenangaben sind auf etwa 200 mL Laufmittel abgestimmt). Bevor man das Laufmittel in die Trennkammer füllt, kleidet man deren Seitenwände mit Papier aus (evtl. mit Hilfe von Klebestreifen). Auf diese

Weise soll die Luft der Kammer mit Laufmitteldämpfen angereichert werden (Kammersättigung).

Vorbereitung der DC-Platte: Man zieht mit Bleistift und Lineal vorsichtig eine Parallele zum unteren Rand der DC-Platte in 2 cm Abstand, wobei die Celluloseschicht der Platte auf keinen Fall beschädigt werden darf. Anschließend markiert man auf dieser Startgeraden leicht die Auftragspunkte der einzelnen Gemische und Substanzen, deren Abstand vom Rand und untereinander mindestens 2 cm betragen sollte. Die Markierungen können zur Unterscheidung der aufgetragenen Substanzen unterhalb der Startlinie mit Zahlen versehen werden (z.B. 1: Citrat, 2: Orangensaft, 3: Grapefruitsaft, 4: Apfelsaft, 5: Malat):

Auftragen der Startpunkte: Man trägt die Substanzen mit Hilfe der Glaskapillaren durch kurzes, vorsichtiges Auftupfen auf den für die jeweilige Substanz vorgesehenen Startpunkt auf und kann entweder durch Blasen oder durch Betätigen des Haartrockners verhindern, dass die Auftragspunkte zu sehr auseinander laufen. Bei den 5 %igen Vergleichssubstanzen reicht ein einmaliges Tupfen aus; bei den Säften sollte durch 4-5-maliges Auftupfen eine stärkere Konzentration der Säuren erreicht werden. Nach jedem Auftupfen sollte die aufgetragene Substanz mit dem Haartrockner getrocknet werden.

Sind alle Substanzen aufgetragen, stellt man die DC-Platte in die Trennkammer, in die das Laufmittel gefüllt wurde. Außer an der Stelle, an der die DC-Platte an der rückseitigen Wand der Kammer lehnt, sollte keine Verbindung zu den mit Papier ausgekleideten Seitenwänden bestehen. Nach mindestens 2 Stunden ist die Laufzeit der Dünnschichtchromatographie beendet, und die DC-Platte wird zum Trocknen für 24 Stunden unter den Abzug gelegt.

Beobachtung:
Die Substanzen haben sich in blau und gelb gefärbte Flecken aufgetrennt, die von der Startlinie aus unterschiedlich weit gewandert sind.

Erklärung:
Durch die Kapillarwirkung der Celluloseschicht auf der DC-Platte wird das Laufmittel nach oben gesogen. Dabei gehen die aufgetragenen Stoffe je nach deren Polaritätsgrad unterschiedlich starke Wechselwirkungen mit der sich ausbildenden stationären sowie der mobilen Phase ein: Stoffe mit relativ hoher Polarität (mit relativ vielen funktionellen Gruppen) wandern auf der DC-Platte weniger weit, während relativ unpolare Substanzen durch ihre bessere Löslichkeit in der unpolaren Phase weiter von der Startlinie weggetragen werden (s. V.7.2.3). Dadurch, dass also Malat gegenüber Citrat eine Carboxylguppe weniger trägt, ist Malat deutlich unpolarer als Citrat und befindet sich darum weiter entfernt vom Auftragungspunkt.

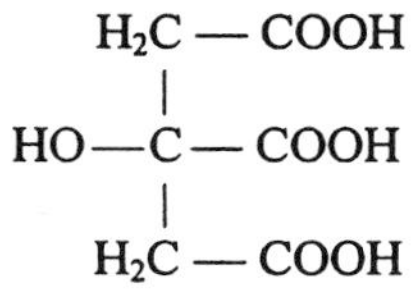

Zitronensäure
(Citrat)

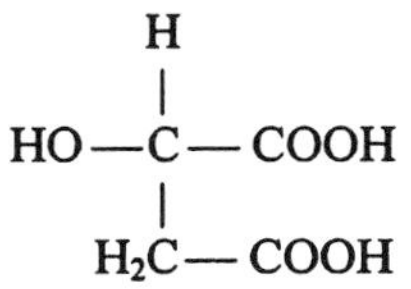

Äpfelsäure
(Malat)

Dass gleiche Substanzen unter denselben Bedingungen gleich weit wandern macht man sich bei der Analyse unbekannter Stoffgemische zu Nutze, indem Vergleichslösungen von bekannter Zusammensetzung (in diesem Versuch handelt es sich dabei um die Citrat- und die Malatlösung) durch ihre Entfernung von der Startlinie die Identität der Inhaltsstoffe der Gemische verraten, die gleich weit gewandert sind.

Da als zusätzliches Mittel der Stoffanalyse dem Laufmittel der Indikator Bromphenolblau beigemischt wurde, welcher im sauren Bereich eine gelbe, im Basischen eine blaue Färbung annimmt, sind die in den aufgetragenen Gemischen enthaltenen Säuren als gelbe Flecken zu erkennen. Je intensiver nun der Gelbton dieser Flecken ist, desto größer ist die jeweilige Stoffmenge in der zu bestimmenden Lösung. So lassen die intensiv gelb gefärbten Flecken des Orangen- und Grapefruitsaftes in gleicher Höhe der Citrat-Flecken auf ein verstärktes Vorkommen von Zitronensäure in Orangen und auch in Grapefruits schließen; die beiden schwächeren Flecken auf der Höhe des Malatfleckes beweisen aber auch die Anwesenheit geringerer Mengen Äpfelsäure in Zitrusfrüchten. Im Apfelsaft dagegen ist der Fleck auf der Höhe des Malats intensiv gefärbt; Äpfelsäure kommt also verstärkt vor, während Zitronensäure nicht nachgewiesen werden kann.

Bemerkung:
Vor der Reifung, beim Fruchtwachstum, steigt der Gehalt der Früchte an Stärke und Säuren (vor allem an Äpfel-, Wein-, Zitronensäure), gespeist durch Zustrom von Saccharose und aus eigener Photosynthese der Frucht. Bei reifenden Früchten werden oft Stärke und organische Säuren abgebaut (bei der Zitrone aber die Letzteren vermehrt), während die Zucker vermehrt werden („Süßwerden" der Früchte). Stellen organische Säuren das Substrat der Atmung, so resultiert ein RQ größer als 1,0 (s. V. 10.1.6)

V 10.2.5 Modellversuch zur Atmungskette

Kurz und knapp:
Während die meisten Enzyme des Citratzyklus in der Mitochondrienmatrix vorliegen, ist die Atmungskette an die innere Mitochondrienmembran gebunden. Die aus der oxidativen Decarboxylierung des Pyruvats und aus den Umsetzungen im Zyklus

als $NADH_2$ (hydriertes $\underline{N}$icotinamid-$\underline{a}$denin-$\underline{d}$inucleotid) und $FADH_2$ (hydriertes $\underline{F}$lavin-$\underline{a}$denin-$\underline{d}$inucleotid) anfallenden Reduktionsäquivalente werden über eine Kaskade von Redoxenzymen geleitet und schließlich auf Sauerstoff übertragen, wobei Wasser gebildet wird (s. Absatz 10.5).

Folgender Versuch soll stark vereinfachend das Prinzip des Elektronentransports in der Atmungskette von dem Coenzym $NADH_2$ bis zum Sauerstoff verdeutlichen. Die Aminosäure Cystein fungiert hierbei im Experiment als Elektronen- und Protonendonator und übernimmt somit die Aufgabe von $NADH_2$. Das Fe^{2+} von dem zugegebenen Eisensulfat übernimmt die Rolle eines Redoxsystems (z.B. Cytochrom), während der Sauerstoff – wie in den Mitochondrien – als Endakzeptor für die Elektronen und Protonen fungiert.

Zeitaufwand:
Vorbereitung: 10 min, Durchführung: 5-10 min

Geräte:	Saugreagenzglas mit passendem Stopfen, Reagenzglasständer, ca. 5 cm langes Schlauchstück, rechtwinklig gebogenes Glasrohr (Ø 0,5 cm), Schlauchklemme, Becherglas (50 mL)
Chemikalien:	Natriumacetat (Puffer), L-Cystein, $FeSO_4$ (Eisen-II-sulfat), Farbstofflösung (Eosin, Methylenblau oder mit Tinte gefärbtes Wasser)

Durchführung:
0,1 g Natriumacetat, 0,1 g Cystein und 0,2 g $FeSO_4$ werden in ein Saugreagenzglas gegeben und in 20 mL Aqua dest. gelöst. Dann verschließt man das Saugreagenzglas mit einem befeuchteten Stopfen, die seitliche Öffnung mit einem Schlauchstück und einer Schlauchklemme. Man schüttelt die Lösung, bis sie sich blau-violett verfärbt hat und lässt sie dann bis zur völligen Entfärbung stehen (was etwa 30 Sekunden dauert). Nach mehrmaliger (mindestens fünfmaliger) Wiederholung dieses Vorganges schließt man an das freie Schlauchende ein rechtwinklig gebogenes Glasrohr an, das man in eine Farbstofflösung im Becherglas taucht. Anschließend entfernt man die Schlauchklemme.

Beobachtung:
Beim Schütteln färbt sich die Lösung blauviolett, entfärbt sich aber wieder, wenn sie ruhig steht. Nach Öffnen der Schlauchklemme steigt die Farbstofflösung im Glasrohr empor und bleibt auch dann in unveränderter Standhöhe, wenn man das Glasrohr aus der Farbstofflösung im Becherglas herauszieht.

Erklärung:

Schüttelt man die Lösung, so kommt sie verstärkt mit dem Sauerstoff der Luft in Kontakt. Der Sauerstoff entzieht den zweiwertigen Eisenionen (Fe^{2+}) Elektronen, wodurch sie zu dreiwertigen Ionen (Fe^{3+}) oxidiert werden. Der Elektronenmangel, der am Eisen entsteht, wird durch das Cystein ausgeglichen, wobei dessen Protonen (H^+) mit dem reduzierten Sauerstoff (O^{2-}) zu Wasser reagieren.

Die dreiwertigen Eisenionen, die beim Elektronenfluss entstehen, bilden mit der

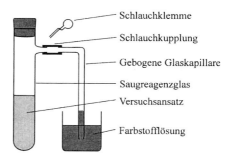

Abb. 10.8: Schematische Darstellung des Versuchsaufbaus.

Aminosäure Cystein (abgekürzte Summenformel: H_2L) Farbkomplexe (vermutlich Bis-Cystein-Komplexe, $[Fe(OH)L_2]^{2-}$, und in geringerem Ausmaß auch Mono-Cystein-Komplexe, $[Fe(OH)L]$), die im alkalischen Milieu des Versuchsansatzes eine blau-violette Färbung tragen. Lässt man die Lösung ruhig stehen, kommt der Elektronenfluss mangels Sauerstoff zum Erliegen. Dass nun die Farbkomplexe unter Bildung von zweiwertigem Eisen und Cystin, die keine farbige Verbindung miteinander eingehen, zerfallen, kann man an der Entfärbung der Lösung erkennen.

Der Anstieg der Farbstofflösung im Glasrohr, der im Versuch stattfindet, ist damit zu erklären, dass der Luftsauerstoff zu Wasser reduziert und somit der Luft im Reagenzglas entzogen wird, wodurch ein Unterdruck im Reagenzglas entsteht.

$$2 \text{ Cystein} \quad \begin{array}{c} \text{farblos} \\ 2\,Fe^{2+} \end{array} \quad \tfrac{1}{2}O_2$$

$$\text{Cystin} \quad 2\,e^- \quad 2\,Fe^{3+} \quad 2\,e^- \quad \begin{array}{c}\text{blau-violett}\end{array} \quad O^{2-}$$

$$2\,H^+ \longrightarrow H_2O$$

Bemerkung:

Cystein wird leicht zu einer dimeren Form oxidiert (dehydriert), die man als Cystin bezeichnet. Beide bilden ein reversibles Redoxsystem:

$$2\ \underset{\underset{CH_2SH}{|}}{\overset{\overset{COOH}{|}}{H_2N-C-H}} \quad \overset{-2H}{\underset{+2H}{\rightleftharpoons}} \quad \underset{\underset{H_2C-S}{|}}{\overset{\overset{COOH}{|}}{H_2N-C-H}} \quad \underset{\underset{S-CH_2}{|}}{\overset{\overset{COOH}{|}}{H_2N-C-H}}$$

Im Cystin sind zwei Cysteinmoleküe kovalent verbunden. Solche Disulfidbrücken treten in vielen Proteinen auf, wo sie eine strukturstabilisierende Funktion ausüben. Besonders angereichert findet es sich im Keratin der Haare.

Die oben beschriebenen blau-violetten Cystein-Komplexe $[Fe(OH)L_2]^{2-}$ und $[Fe(OH)L]$ können sich nur in alkalischem Milieu bilden. In saurer Lösung gehen Cystein und dreiwertiges Eisen eine strahlend blau gefärbte Komplexverbindung $[FeL]^+$ ein.

V 10.2.6 Die Wärmeabgabe bei der Atmung

Kurz und knapp:
Bei der Atmung werden durch oxidativen Abbau von Glucose Reduktionsäquivalente gebildet; diese werden in der Atmungskette auf Sauerstoff übertragen, wobei die freiwerdende Energie in Form von ATP gespeichert wird. Nach neueren Untersuchungen entstehen ca. 30 mol ATP, wenn 1 mol Glucose vollständig zu Kohlendioxid oxidiert wird, wobei 2 mol ATP nicht aus der Endoxidation, sondern aus der Glykolyse stammen. Wie allerdings der folgende Versuch zeigt, wird bei der Atmung – wie bei allen chemischen Prozessen – immer ein gewisser Energiebetrag (bei der Atmung sind es etwa 48 % der in der Glucose konservierten Energie) in Form von Wärme abgestrahlt, die dem Organismus verloren geht (s. Abschnitt 10.7).

Zeitaufwand:
Durchführung: 10 min für Versuchsansatz, bis 2 Tage Standzeit, 5 min für Auswertung

Material:	ca. 3 Tage alte Erbsenkeimlinge *(Pisum sativum)*
Geräte:	2 Thermoskannen, 2 Thermometer, etwas Watte, Filterpapier

Durchführung:
In beide Thermoskannen werden etwa je 1 cm hoch Filterpapierschnitzel gefüllt, wobei in einen Ansatz etwas Wasser zum Befeuchten beigefügt wird. Auf das befeuchtete Filterpapier gibt man so viele Erbsenkeimlinge, dass die Kanne etwa zu 2/3 gefüllt ist; die zweite Kanne dient als Kontrolle und bleibt leer. In beide Thermoskannen stellt man nun je ein Thermometer und verschließt die Öffnungen mit Watte (Abb. 10.9). Anschließend wird die auf den Thermometern angezeigte Ausgangstemperatur notiert. Beide Ansätze stellt man für ein bis zwei Tage bei Zimmertemperatur auf.

Beobachtung:
Das Thermometer des Probeansatzes zeigt eine deutliche Erhöhung der Temperatur, während der Kontrollansatz die vorherrschende Raumtemperatur aufweist.

Erklärung:
Bei den Redoxreaktionen der Elektronentransportkette geht immer ein Teil der frei werdenden chemischen Energie dem Organismus in Form von Wärme verloren.

Pflanzliche Mitochondrien haben im Gegensatz zu tierischen die Möglichkeit, bei besonders hohem $NADH/NAD^+$ - Quotienten im Matrixraum durch so genannte Überlaufmechanismen auch ohne ATP-Synthese eine Oxidation des NADH vorzunehmen, wobei die frei werdende Energie vollständig als Wärme abgegeben wird (s. Abschnitt 10.6).

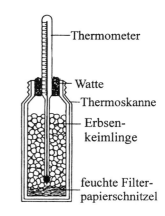

Thermometer

Watte

Thermoskanne

Erbsenkeimlinge

feuchte Filterpapierschnitzel

Abb. 10.9: Versuchsaufbau beim Messen der Atmungswärme.

Kapitel 11 Phytohormone

A Theoretische Grundlagen

11.1 Einleitung

Unter Hormonen (gr.: hormaein = reizen, antreiben) versteht man chemische Substanzen, die in winzigen Mengen in einem bestimmten Teil des Organismus gebildet werden und von dort aus zu einem anderen Teil gelangen, wo ganz spezifische Wirkungen hervorgerufen werden. Dieser klassische Hormonbegriff aus der menschlichen und tierischen Physiologie hat sich auch in der Pflanzenphysiologie weitgehend etabliert, wird aber auch kritisch beleuchtet. Phytohormone (gr.: phyton = Pflanze) sind Botenstoffe, die Entwicklungsprozesse innerhalb eines vielzelligen pflanzlichen Organismus koordinieren. Ein wesentlicher Unterschied zwischen pflanzlichen und tierischen Hormonen besteht in der relativ geringen Organ- und Wirkungsspezifität der Phytohormone. Viele Wachstums- und Entwicklungsvorgänge werden in der gleichen Weise durch mehrere Hormone beeinflusst. Häufig wird bei den pflanzlichen Hormonen eine Wirkungsspezifität erst dann erreicht, wenn mehrere Hormone in einem ganz bestimmten Mengenverhältnis zueinander vorliegen (Interaktion der Hormone). An der Steuerung der meisten Entwicklungsprozesse sind mehrere Hormone in einem komplizierten Zusammenspiel beteiligt. Ein weiteres Unterscheidungsmerkmal stellt die Tatsache dar, dass im Gegensatz zu den tierischen Hormonen die Wirksamkeit aller Phytohormone nicht auf ein einziges Erfolgsorgan begrenzt bleibt. Diese multiplen Hormonwirkungen bedeuten, dass ein- und dasselbe Hormon durchaus mehrere physiologische Antworten bei der betreffenden Pflanze auslösen kann. Oft kann der Syntheseort von Phytohormonen nur sehr allgemein angegeben werden. Als Bildungsorte für Phytohormone kommen des Öfteren die verschiedensten Pflanzenorgane in Betracht. Besondere hormonbildende Organe gibt es bei Pflanzen nicht; alle Phytohormone sind Gewebshormone. Der Ferntransport der Phytohormone erfolgt über die Leitgewebe, der Nahtransport in einem Gewebe von Zelle zu Zelle. Weiterhin ist nicht in jedem Fall das Kriterium erfüllt, dass Bildungsort und Wirkort des Hormons voneinander getrennt sind. Aufgrund derartiger Eigenschaften ist die Bezeichnung Phytohormon nicht immer eindeutig.

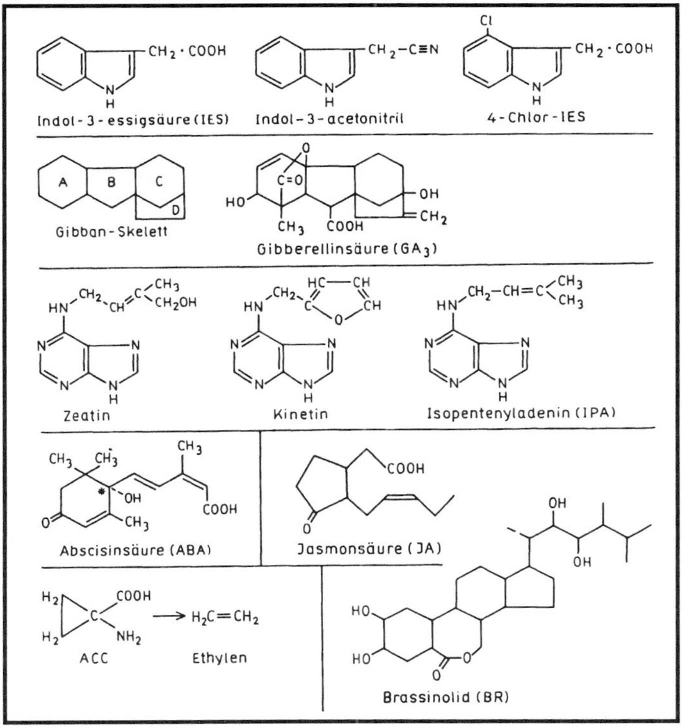

Abb. 11.1: Chemische Strukturen von Phytohormonen (JACOB, JÄGER, OHMANN, 1994).

In Höheren Pflanzen sind insbesondere 5 Gruppen von Phytohormonen allgemein verbreitet: Auxine, Gibberelline, Cytokinine, Abscisine und Ethylen (Ethen) (Abb. 11.1). Die ersten drei Gruppen haben vorwiegend stoffwechselfördernde, die letzten beiden zahlreiche hemmende Wirkungen. Das Phytohormonsystem ist allerdings wesentlich komplexer als aus dieser Einteilung hervorgeht. Neuerdings werden u. a. die Brassinosteroide (Brassinolid in Abb. 11.1), die Jasmonate (Jasmonsäure in Abb. 11.1) und die Oligosaccharine verstärkt untersucht. Dazu kommen weitere, weniger gut erforschte Verbindungen.

Es existieren zahlreiche synthetische chemische Verbindungen, die, wenn sie Pflanzen verabreicht werden, wie Phytohormone wirken, in ihrem chemischen Bau jedoch deutlich von ihnen abweichen. Diese werden als synthetische Wachstumsregulatoren oder auch als synthetische Bioregulatoren bezeichnet. Ihnen kann man die Phytohormone als natürliche Wachstumsregulatoren gegenüberstellen. Synthetische Wachstumsregulatoren werden in vielfältiger Weise in der Praxis eingesetzt. Sie haben eine große wirtschaftliche Bedeutung in der Landwirtschaft sowie im Obst- und Zierpflanzenanbau erlangt.

11.2   Auxine

Den entscheidenden, allgemein anerkannten Beweis für die Existenz dieser Hormone lieferte der holländische Pflanzenphysiologe WENT (1928). Er führte Versuche mit Gräserkoleoptilen durch. Die Keimscheide oder Koleoptile der Poaceae ist ein farbloses Organ, das wie ein Handschuhfinger gebaut ist. Es umhüllt das eingerollte Primärblatt und schützt dieses beim Durchstoßen des Erdreiches nach der Keimung. WENT stellte abgeschnittene Koleoptilspitzen auf Agar und setzte die Agarwürfel dann einseitig auf die Schnittfläche dekapitierter Koleoptilen. Das Hormon drang aus dem Agar in das Gewebe ein und rief eine Krümmung hervor, deren Ausmaß innerhalb gewisser Grenzen von der Zahl der Koleoptilspitzen pro Agarwürfel abhing. Dieser Versuch war zugleich eine ausgezeichnete Grundlage für eine biologische Testmethode zur quantitativen Bestimmung des Hormons. WENT nannte das Hormon „Wuchsstoff". Auch die Bezeichnung „Auxin" (gr.: auxanomai = wachsen) wurde gebräuchlich. Heute weiß man, dass Auxin in allen Höheren Pflanzen vorkommt und für Wachstums- und Differenzierungsprozesse von entscheidender Bedeutung ist. Um 1934 wurde die den Chemikern schon seit 1904 bekannte Verbindung Indol-3-essigsäure (IES, engl.: = indole acetic acid = IAA) aus Urin und Hefe isoliert und nachgewiesen, dass diese Substanz im Biotest als Wuchsstoff wirkt. Erst 1941 gelang der eindeutige Nachweis, dass IES auch in Höheren Pflanzen vorkommt und identisch mit dem von WENT charakterisierten Wuchsstoff ist. IES ist mit hoher Wahrscheinlichkeit das universelle Auxin der Höheren Pflanzen.

Tryptophan ist vermutlich eine häufige, aber nicht die einzige Ausgangssubstanz zur Synthese von IES in der Pflanze. Konjugate von IES mit Zuckern, Aminosäuren oder Proteinen können als inaktive und oft immobile Substanzen in bestimmten Geweben gespeichert werden. Zur Regulation des Auxinspiegels in der Pflanze ist außer der Synthese und der reversiblen Konjugatbildung ein enzymatischer Abbau durch die IES-Oxidase (Oxidation mittels O_2) von großer Bedeutung.

Die Synthese von IES findet hauptsächlich in jungen Blättern, Embryonen und Meristemen (Bildungsgeweben) statt, von wo aus ein Transport zu den Wirkungsorten stattfindet. Der Transport der freien IES kann sowohl im Phloem in verschiedenen Richtungen als auch von Zelle zu Zelle erfolgen. Der Transport von Zelle zu Zelle verläuft in den Sprossachsen und Blättern in basaler Richtung mit einer Geschwindigkeit von 2-15 mm $\cdot$ h^{-1}. An ihm sollen spezifische, im basalen

Bereich der Zellen lokalisierte Translokatoren beteiligt sein, die das Auxinanion durch das Plasmalemma in den Apoplasten befördern. In den Wurzeln wird die IES überwiegend aufwärts transportiert, und zwar im Zentralzylinder mit einer Geschwindigkeit von 4-10 mm · h⁻¹.

Zunächst wurden die Auxine als reine Streckungswuchsstoffe angesehen, da sie in sehr geringen Konzentrationen das Streckungswachstum der Zellen fördern. Die Geschwindigkeit des Wachstums und der Gehalt an freiem Auxin korrelieren. Oberhalb der optimalen Konzentration kommt es zur Wachstumsverzögerung bzw. -hemmung. Die für die Wurzelstreckung optimalen Auxinkonzentrationen liegen wesentlich unter denen für die Achsenstreckung. Bei dem Vorgang der Zellstreckung bewirken Auxine, insbesondere die natürlich vorkommende IES, kurzfristig eine Erhöhung der Plastizität der Zellwand, wobei den Zellwänden der Epidermis als dem Gewebe, welches die Organausdehnung begrenzt, die entscheidende Rolle zukommt. Im Zusammenhang mit einer geförderten Protonenabgabe aus dem Cytosol in den Zellwandraum erfolgt das Wandwachstum durch Lockerung von Bindungen des Polymergerüstes sowie durch nachfolgende verstärkte Synthese und Einbau bzw. Auflagerung neuen Wandmaterials.

Die bisher bekannten Wirkungen von IES in der Pflanze sind jedoch außerordentlich vielfältig (Abb. 11.2). Die Zellteilung und die Kallusbildung an Wundflächen werden durch die IES angeregt, bei Kambien (laterale Bildungsgewebe für sekundäres Dickenwachstum) kann deren Wirksamkeit durch gemeinsame Applikation mit Gibberellinsäure verstärkt werden. Entsprechend dem jahreszeitlichen Wechsel der Kambiumaktivität verändert sich auch der Gehalt an IES. Auch Differenzierungsprozesse sind IES-abhängig. In besonderem Maße gilt das für die Determination von Leitgeweben. Die Ausbildung von Tracheiden und Tracheen kann durch IES ausgelöst werden. In Zellen des Organinneren, bevorzugt im Perizykel, bewirkt eine erhöhte Auxinkonzentration Zellteilungen, und es bilden sich Wurzelanlagen. In der Praxis dienen künstliche Auxine, wie Indolbuttersäure und Naphthylessigsäure, zur Förderung der Stecklingsbewurzelung. Die hemmende Wirkung, welche die Gipfelknospe eines Zweiges auf das Austreiben der darunter liegenden Seitenknospen ausübt, ist Ausdruck der Apikaldominanz und Folge eines von der Gipfelknospe basal gerichteten IES-Stromes. Nach Abschneiden der Endknospe treiben die Seitenknospen aus, was jedoch nicht erfolgt, wenn auf die Schnittfläche IES appliziert wird. An Fruchtbildungsprozessen, einschließlich der Parthenokarpie (Fruchtbildung ohne Samenentwicklung), ist IES sehr wesentlich beteiligt. Bei Paprika, Gurke, Erdbeere, Feige u. a. gelang es, durch IES-Applikation parthenokarpe Früchte zu erzeugen. In bestäubten Blüten übernimmt der sich bildende Embryo die für die Fruchtbildung notwendige IES-Synthese, und das im Blütenstiel polar abwärts strömende Auxin verhindert dessen Abscission (Abtrennung, Abwurf). Die Blattspreite hemmt, ins-besondere wenn sie jung ist, die Abtrennung des Blattstiels.

322

Abschneiden der Blattspreite führt zu beschleunigter Abscission. Da die hemmende Wirkung der Blattspreite durch Auxin (IES) substituiert wird, ist es sehr wahrscheinlich, dass Auxin diesen „Hemmstoff" der Blattabtrennung darstellt.

Die mannigfachen Wirkungen des Auxins zu verschiedenen Zeiten und an verschiedenen Orten einer Pflanze lassen erkennen, dass IES nur als Auslöser wirkt, die Spezifität der Reaktion jedoch vom jeweiligen Differenzierungszustand der Zellen und Gewebe abhängt, d. h. die spezifische Reaktionsbereitschaft am Wirkort entscheidet über die Art der jeweiligen Reaktion. Nach der Dauer der Latenzzeit, das ist die Zeit zwischen der Applikation und dem ersten

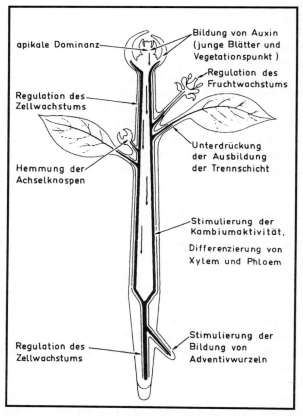

Abb. 11.2: Die multiple Wirkung des Auxins in höheren Pflanzen (MOHR, SCHOPFER, 1992).

Erkennbarwerden der Wirkung, muss man mindestens zwei Gruppen von Auxinwirkungen unterscheiden: die schnellen, die schon nach kurzer Zeit, unter Umständen nach einer Minute oder weniger, zu beobachten sind, und die langfristigen, die in der Regel erst nach mehreren Stunden auftreten. Zu den Kurzzeitwirkungen zählt die Stimulation der im Plasmalemma lokalisierten Protonenpumpe, die bereits sehr bald (< 1 min) nach externer Auxinzugabe zu beobachten ist. Genaktivierung und Steigerung der Proteinsynthese zählen eher zu den Langzeiteffekten.

11.3 Gibberelline

Ihren Namen erhielten die Gibberelline nach einem parasitischen Pilz *Gibberella fujikuroi* (heute als *Fusarium heterosporum* oder *F. moniliforme* bezeichnet), der durch die Abgabe solcher Stoffe bei Reispflanzen ein abnormes Wachstum verursacht. Bei deren Untersuchung wurden 1926 die Gibberelline entdeckt. Später hat sich jedoch gezeigt, dass die Gibberelline auch bei Höheren Pflanzen zur normalen Wuchsstoffausrüstung gehören. Seither sind zahlreiche Vertreter dieser Gruppe isoliert worden, die einander in Struktur und Wirkung meist recht ähnlich sind. Oft kommen in einer Pflanze bzw. in einem Organ mehrere verschiedene Gibberelline vor. Nicht selten liegen die Gibberelline gebunden vor, z. B. als Glucoside.

Die über 80 bekannten Gibberelline (engl.: gibberellic acid), als GA_1, GA_2, GA_3 usw. bezeichnet, besitzen alle das Gibban-Skelett und eine Carboxylgruppe, es sind Gibberellinsäuren (Abb. 11.1). Ihre Synthese erfolgt über das Diterpen Geranylgeranyl-diphosphat. Bildungsorte der Gibberelline in Höheren Pflanzen sind wachsende Spross- und Wurzelspitzen, Samen und Blätter. Die Gibberelline werden meist apolar (Ausnahmen bei manchen Wurzeln) in Parenchymen transportiert, aber auch im Phloem wie Xylem des Leitgewebes. Der Transport durch das Plasmalemma erfolgt mit Hilfe von Translokatoren und ist mit einem Cotransport von Protonen gekoppelt. Die Transportgeschwindigkeiten liegen zwischen 5 und 30 mm · h^{-1}.

Gibberelline fördern das Wachstum. Besonders häufig wird die Achsenstreckung gefördert („Schossen"); das ist bei Rosetten- oder kurzachsigen Pflanzen die Bildung hoher, gestreckter Sprossachsen, die meist zur Blütenbildung führt. Von verschiedenen Pflanzenarten sind Gibberellin-Mangelmutanten bekannt (z. B. Zwergmais), bei anderen Zwergformen ist die Empfindlichkeit gegenüber Gibberellin herabgesetzt (z. B. Zwergerbsen). Ähnlich den Auxinen können Gibberelline auch die Zellteilung im Kambium fördern oder durch Applikation an Blüten Parthenokarpie erzeugen. Mögen insoweit gewisse Ähnlichkeiten zwischen den beiden Phytohormongruppen vorliegen, so trifft dies für andere Gibberellinwirkungen nicht zu, z. B. für die Induktion der Blütenbildung sowie die Aufhebung der Ruhezustände von Knospen und Samen. In Winterknospen nimmt im Spätwinter die Menge freier Gibberelline zu, wodurch die Wirkung der Hemmstoffe in der Knospe überwunden wird, sodass die Knospe treiben kann. Die Förderung der Samenkeimung wurde bei der Gerste genau untersucht. Mit einsetzender Keimung wird vom Embryo Gibberellin gebildet und in die Aleuronzellen transportiert. Dort induziert es die Bildung verschiedener Enzyme, darunter die α-Amylase, die dann ins Endosperm abgegeben wird und dort die Reservestärke abbaut. Nach Entfernen des Embryos hat die Zufuhr von Gibberellin zum embryolosen Gerstenkorn die gleiche Wirkung.

Verschiedene synthetische Wachstumsregulatoren haben sich in ihrer Eigenschaft als Wachstumsverzögerer (Retardantien) als Antagonisten der Gibberellin-Biosynthese erwiesen.

11.4 Cytokinine

Die Cytokinine haben ihren Namen daher, dass sie die Zellteilung (Cytokinese) fördern. Ihr klassischer Vertreter ist das Kinetin (Abb. 11.1), das 1954 erstmals aus DNA-Hydrolysaten tierischen Materials (Heringsperma) isoliert wurde. Als erstes natürliches Cytokinin konnte 1964 aus unreifen Maiskörnern Zeatin (Abb. 11.1) isoliert und identifiziert werden. Inzwischen fand man eine Reihe weiterer Cytokinine. Bei Zeatin, wie auch den meisten anderen in ihrer Struktur aufgeklärten Cytokininen, z. B. Isopentenyladenin (Abb. 11.1), handelt es sich um Derivate des 6-Aminopurins (= Adenin), die in der Pflanze häufig in Verbindung mit Ribose oder Ribosephosphat, d. h. also als Nucleoside oder Nucleotide, aber auch als Glucoside vorliegen. Auch zahlreiche synthetische Cytokinine sind bekannt.

Cytokinine werden vorrangig in Wurzelspitzen synthetisiert, entstehen aber auch in Bildungsgeweben, so in Kambien, in keimenden Samen und im Kallusgewebe. Ihr Transport in den Spross erfolgt vor allem in den Wasserleitungsbahnen (auf dem Xylemweg), darüber hinaus aber auch ungerichtet im Phloem sowie, vermutlich ebenfalls apolar, von Zelle zu Zelle.

Cytokinine fördern die Synthese von Nucleinsäuren und Proteinen und können deren Abbau verzögern. Sie üben damit einen großen Einfluss auf das gesamte Wachstum aus, was sich besonders in der Förderung der Zellteilung äußert. Weiterhin fördern sie die Chloroplastenentwicklung und hemmen den Chlorophyllabbau. Mit Cytokininen versorgte Gewebe oder Organe werden auf Grund des aktivierten Stoffwechsels zu Attraktionszentren für viele im Symplasten transportierte Substanzen. Ein Mangel an diesem Hormon führt zur verringerten Retention (Stoffzurückhaltung) und fördert damit das Altern (Seneszenz). Cytokinine vermögen die Sprossregeneration in Gewebekulturen anzuregen, aber auch das Austreiben ruhender Knospen an intakten Pflanzen. Weiterhin sind fördernde Einflüsse auf die Samenkeimung sowie die Blüten- und Fruchtbildung bekannt. Ähnlich den Gibberellinen und Auxinen rufen also auch die Cytokinine recht verschiedenartige Effekte hervor, und zeigen Wechselwirkungen mit anderen Phytohormonen.

11.5 Abscisine

Sie verdanken ihren Namen der Eigenschaft, schon in geringen Konzentrationen bei Höheren Pflanzen das Abwerfen (Abscission) der Blätter und Früchte auszulösen. Ihr typischer Vertreter ist die Abscisinsäure (ABS, engl.: abscissic acid, ABA), ein Sesquiterpen (C_{15}) (Abb. 11.1). Das Abscisin wurde früher auch als Dormin bezeichnet, da es die Keimung hemmt und Ruheperioden (Dormanz) zu induzieren vermag.

Hauptbildungsorte der ABS sind die ausgewachsene Blätter und reife Samen. Die ABS wird von Zelle zu Zelle, in den Siebröhren und aufwärts auch in den Gefäßen transportiert. Bei Wasserstress wird die in den Wurzeln gebildete ABS als Signal in den Spross transportiert.

Abscisinsäure führt Ruhe- und Alterszustände herbei und wirkt als Wachstumshemmer vielfach antagonistisch zu den bisher behandelten Phytohormonen. In Abhängigkeit von der Konzentration vermag ABS die auxininduzierte Streckung von Koleoptilen zu hemmen, das Abtrennen von Blättern, Blüten und Früchten zu fördern und ist offenbar maßgebend am Eintritt in die Knospen- und Samenruhe (Dormanz) beteiligt. In der letztgenannten Wirkung verhält sich ABS antagonistisch zu Gibberellinen. Tritt durch Wassermangel eine Stresssituation ein, so wird durch den Turgorabfall in den Zellen der Blätter die Neusynthese des Stresshormons ABS ausgelöst mit Erhöhungen der Ausgangskonzentration bis auf das 40fache. Dieser erhöhte ABS-Gehalt ist sodann Anlass zur Erhöhung des Prolingehaltes in den Zellen, einer osmotisch wirksamen Substanz zur Osmoregulation. Weiterhin führt dieser Zustand zum Schluss der Stomata und damit zu einer Drosselung der Transpiration. Entsprechende Reaktionen zur Überwindung von Stressbelastungen mit Hilfe von ABS und Ethylen erfolgen auch bei Stress durch Salz, Hitze, Kälte u. a.

Bei den Schließzellen der Stomata wird durch ABS vermutlich die Protonenpumpe im Plasmalemma blockiert sowie der cytosolische Gehalt an freien Ca^{2+}-Ionen erhöht, wodurch die Kanäle für den Einwärtstransport von K^+-Ionen blockiert werden. Neuerdings häufen sich die Hinweise, dass Einflüsse auf Zellmembranen allgemein zu den ersten Wirkungen der ABS gehören. Die ABS-Wirkungen sind teils schnelle, teils langsame Hormoneffekte. Die schnellen Effekte sind primär auf Ionenpumpen gerichtet, die langsamen vorwiegend auf die RNA- und Proteinsynthese.

11.6 Ethylen (Ethen)

Das gasförmige Ethylen ($H_2C=CH_2$) hat ebenfalls Hormoncharakter. Die ständige Bildung geringer Ethylenmengen scheint für die normale Entwicklung der Höheren Pflanzen notwendig zu sein. Daneben ist die Pflanzenentwicklung gekennzeichnet durch Abschnitte erhöhter Ethylenproduktion. Während der Samenkeimung, der Blütenbildung oder der Abscission (Blattabwurf) werden zumindest in bestimmten Pflanzenteilen erhöhte Ethylenemissionen gemessen. Diesen endogenen Faktoren werden die exogenen Beeinflussungen gegenübergestellt und als „Stress-Ethylen" zusammengefasst. Als gasförmiger Stoff kann Ethylen auch weit entfernt vom Entstehungsort wirken. Sein Transportweg ist das Interzellularsystem. Ethylen kann auch auf andere Pflanzen Einfluss ausüben und somit als Pheromon wirksam sein.

Ausgangssubstanz der Ethylenbiosynthese ist Methionin. Als unmittelbare Vorstufe dient schließlich eine zyklische Aminosäure ungewöhnlicher Struktur (1-Aminocyclopropan-1-carboxylsäure = ACC, Abb. 11.1). ACC wird durch das Enzym ACC-Oxidase unter Sauerstoffverbrauch in Ethylen, Blausäure (HCN) und CO_2 zerlegt. Besonderen Einfluss auf die Ethylenproduktion üben die anderen Phytohormone aus – und hierbei insbesondere die Auxine.

Die physiologischen Wirkungen von Ethylen in der Pflanze sind außerordentlich vielfältig. Als spezifisches Kriterium für eine ethylenabhängige Reaktion gilt die kompetitiv hemmende Wirkung von CO_2. Die physiologische Funktion dieses Hormons betrifft vor allem zwei Bereiche: (1) Beschleunigung der Fruchtreife und anderer Seneszenzprozesse. Bei vielen fleischigen Früchten (z. B. Äpfeln und Tomaten) steigt der Ethylenpegel nach dem Abschluss der Wachstumsphase steil an. Hierdurch werden bestimmte Reifungsprozesse induziert, z. B. der Abbau von Chlorophyll, die Steigerung der Atmung, die enzymatische Auflösung der Zellwände, die Bildung von Zucker, Aromastoffen und Farbstoffen. Die Funktion des Ethylens als Reifungshormon wird bei der Lagerung von Früchten nach der Ernte im großen Stiel technisch ausgenutzt. (2) Auslösung von Stressreaktionen. Eine der ersten Antworten einer Pflanze auf von außen wirkenden Stress ist die erhöhte Freisetzung von Ethylen. Diese Tatsache hat Ethylen als pflanzliches „Stresshormon" bekannt gemacht.

B   Versuche

V 11.1   Auxine

V 11.1.1   Der Einfluss von IES auf das Streckungswachstum

Kurz und knapp:
Der verbreitetste und wichtigste Vertreter der Auxine ist die Indol-3-essigsäure = β-Indolylessigsäure = IES (engl.: indole acetic acid, IAA). Die Effekte der IES sind sehr vielfältig (s. Abschnitt 11.2). Die hervorstechendste Wirkung ist jedoch diejenige auf das Streckungswachstum. Das Wachstum von Pflanzenteilen geht vielfach auf die Zellstreckung zurück, ohne dass Zellteilungen beteiligt sind. Der folgende Versuch soll die fördernde Wirkung von IES auf das Streckungswachstum deutlich machen, sowie Hinweise auf Bildungsort und Transport geben.

Zeitaufwand:
Vorbereitung: 15 min für Herstellung der Pasten, Durchführung: 15 min für Versuchsansatz, 24-48 h Standzeit, 15 min für Auswertung

Material:	7-10 Tage alte Gurkenkeimlinge (*Cucumis sativus*)
Geräte:	2 hochrandige Glasschälchen, 2 Spatel, Messzylinder (10 mL), Wägegläschen, Analysenwaage, 5 Blumentöpfe, Plastikwanne, Dunkelsturz (z. B. Holz- oder Pappkiste)
Chemikalien:	Vermikulit oder Gartenerde, Wollfett (Adeps lanae, erhältlich in Apotheken), Kaliumsalz der IES (Indol-3-essigsäure)

Durchführung:
Anzucht der Pflanzen: Man füllt 5 Blumentöpfe mit Vermikulit (oder Gartenerde), das gut mit Leitungswasser durchtränkt wird. Danach setzt man 1-2 cm unter die Oberfläche des Vermikulits in möglichst großem Abstand voneinander 5 Gurkensamen in jeden Topf und stellt die Ansätze in eine Plastikwanne, die etwa 2 cm hoch mit Leitungswasser gefüllt wird. Innerhalb der Anzuchtszeit werden die Blumentöpfe an einem warmen Ort (bei 20-25°) mit möglichst gleichmäßiger Belichtung von oben platziert (die Lichtquelle darf sich nicht seitlich der Pflanzen befinden), wobei bei Wasserverbrauch der Pflanzen und bei Verdunstung regelmäßig nachgegossen wird. Nach etwa 7 Tagen sind die Gurkenkeimlinge bei guten Anzuchtsbedingungen etwa 4 cm groß und stehen zur Versuchsdurchführung bereit.

Herstellung der Kontroll- und Wuchsstoffpaste: 5 mg IES-Salz (zur Verfügung steht das leicht lösliche Kaliumsalz) in 10 mL Aqua dest. unter guter Durchmischung vollkommen lösen (0,05 %ige Lösung). Die IES-Lösung soll für den Versuch frisch angesetzt werden, da sie nur wenige Tage haltbar ist. Jeweils 2 g Wollfett in zwei hochrandige Glasschälchen einwiegen. Zu der einen Probe Wollfett fügt man schrittweise (z. B. 4 · 0,5 mL) insgesamt 2 mL Aqua dest. (Kontrollpaste), zu der anderen 2 mL IES (Wuchsstoffpaste) hinzu und verrührt die Substanzen gründlich – mindestens 5 Minuten lang – zu einer weißen, geschmeidigen Paste. Die Kontrollpaste darf nicht mit IES verunreinigt werden.

Versuchsreihe 1, Ansätze mit behandelten Hypokotylen: Bei 5 Gurkenkeimlingen eines Blumentopfes wird mit einem Spatel 0,5 cm unterhalb eines Keimblatts einseitig (!) in einem Bereich von einem Zentimeter Wasserpaste aufgetragen; 5 Gurkenpflanzen eines zweiten Blumentopfes werden an entsprechender Stelle und mit der gleichen Menge Wuchsstoffpaste behandelt.

Versuchsreihe 2, Ansätze mit behandelter Keimblatt-Unterseite: 5 Gurkenkeimlinge eines Blumentopfes werden in der mittleren Region eines ihrer Keimblätter auf der Blattunterseite mit IES-Paste bzw. mit Wasserpaste bestrichen, wobei auch hier die Auftragsmenge bei jedem Ansatz etwa dieselbe sein sollte.

Versuchsreihe 3, Ansätze mit einseitig abgeschnittenem Keimblatt: Bei den Gurkenpflanzen des restlichen Blumentopfes dekapitiert man je eines der Keimblätter an ihrem Sprossachsen-Ansatzpunkt.

Um phototropische Reaktionen auszuschließen, werden alle Ansätze unter einen Dunkelsturz gestellt, wo sie für 24-48 Stunden verbleiben.

Zur Erleichterung der Auswertung kann man die Krümmungserscheinungen der Gurkenpflanzen festhalten, indem man sie mit Hilfe eines Diaprojektors als Schattenrisse auf ein an die Wand geheftetes Papier projiziert und die Umrisse des jeweiligen Schattens mit einem Filzschreiber nachfährt. Auf diese Weise kann man den Krümmungsgrad der Sprossachse anhand eines Winkelmessers bestimmen und tabellarisch festhalten (Abb. 11.3).

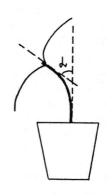

Beobachtung:
Die Pflanzen der Versuchsreihe 1 neigen sich im Bereich und unterhalb des Auftragsortes deutlich in Richtung ihrer unbehandelten Sprossseite; jene der Versuchsreihe 2 an etwa derselben Stelle des Hypokotyls in Richtung des unbehandelten Keimblattes. Auch in der dritten Versuchsreihe sind eindeutige Krümmungen des Hypokotyls zu beobachten, und zwar in Rich-

Abb. 11.3 : Bestimmung des Krümmungswinkels α.

tung des abgeschnittenen Keimblattes. Die Krümmungswinkel der Ansätze aus der Versuchsreihe 3 sind in der Regel etwas kleiner als jene der mit IES behandelten Ansätze.

Die Kontrollen mit Wasserpaste der ersten beiden Versuchsreihen zeigen dagegen keine derartigen außerregulären Sprossneigungen.

Erklärung:
In den Ansätzen der mit Wuchsstoffpaste behandelten Hypokotyle wird eine fördernde Wirkung des Phytohormons auf das Streckungswachstum deutlich. Die Krümmung der Sprosse kommt dadurch zustande, dass eine mit IES versehene Sprossseite eine erhöhte Wachstumsaktivität aufweist, die gegenüberliegende Seite jedoch in normalem Ausmaß an Größe zunimmt.

Das Längenwachstum der Sprosse oder Sprossteile wird durch exogen gebotene IES in weiten Konzentrationsbereichen gefördert. Man erklärt dies damit, dass beim Spross die endogen vorhandenen IES-Konzentrationen weit unter der Optimalkonzentration liegen. Bei dem Vorgang der Zellstreckung bewirkt IES kurzfristig – in sogenannten schnellen Reaktionen – eine Erhöhung der Plastizität („Erweichen") der Zellwand. Eine Reihe von Indizien spricht dafür, dass unter dem Einfluss von IES Protonen aus dem Zellinneren durch das Plasmalemma in die Zellwand übertreten. Die Protonen könnten in der Zellwand entweder direkt die Stärke der Wasserstoffbrückenbindungen mindern oder die Aktivität plastizitätserhöhender Enzyme steigern. Nach dieser Hypothese vom IES-induzierten „Säurewachstum" (engl.: acid growth) würden die Protonen praktisch die Funktion eines sekundären Boten (engl.: messenger) übernehmen. Durch die Erweichung (Erhöhung der plastischen Verformbarkeit) der Zellwand kommt es zu einer Erniedrigung des Druckpotentials der Zelle und damit zu einer osmotischen Wasseraufnahme in die Vakuole (s. Abschnitte 4.4 und 4.5). Die Vergrößerung der Vakuole bewirkt eine entsprechende Dehnung und damit Ausdünnung der Primärwand. Die gedehnte Wand muss verstärkt werden, was in der zweiten Etappe, den sogenannten langsamen Reaktionen, geschieht. Hier kann die IES die erforderliche Transkription von Genen („differentielle Genaktivierung") und Translation aktivieren und damit die Neusynthese von Proteinen und Zellwandmaterial verursachen. An die gedehnte Primärwand werden während der Streckung wiederholt neue Lagen von Cellulose-Fibrillen in Streuungstextur (lat.: textura = Geflecht, Gewebe) aufgetragen.

Weiterhin können anhand der Versuchsergebnisse Schlüsse bezüglich des IES-Transportes gezogen werden. In den beiden ersten Versuchsreihen, besonders deutlich in der zweiten Versuchsreihe, liegt der Wirkungsbereich des Wuchsstoffs unterhalb des Auftragungsortes. Aufgrund der einseitigen Längenzunahme, auf welcher die Hypokotyl-Krümmung basiert, kann man die Möglichkeit eines IES-Quertransports (in horizontaler Richtung) ausschließen; die Beobachtung der zweiten Versuchsreihe belegt die Existenz eines abwärts führenden (basipetalen) Transports von Auxin. In der dritten Versuchsreihe zeigen die Sprosse auf der Seite mit dem verbliebenen Keimblatt eine Steigerung ihres Längenwachstums, welches der Reaktion der mit IES behandelten Pflanzenhälften aus Versuchsreihe 1 und 2 analog ist. Diese Beobachtung lässt die Folgerung zu, dass das junge Blatt zumindest einen von möglichen weiteren IES-Bildungsorten darstellt, wobei der geringere Krümmungswinkel der Sprossachsen auf ein im Vergleich zu der Wuchsstoffpaste niedrigeres IES-Vorkommen in der lebenden Pflanze schließen lässt. Wie in den Ansätzen der mit IES applizierten Blätter ist auch in der Versuchsreihe 3 der Bildungs- und Wirkungsort von IES verschieden – ein Charakteristikum für Hormone schlechthin.

Hauptbildungsorte der IES sind einerseits embryonale Gewebe (z. B. Meristeme) und andererseits photosynthetisierende Organe (z. B. Laubblätter). Die IES kann in der intakten Pflanze entweder im Phloem (zusammen mit den Assimilaten) oder im Parenchym transportiert werden. Im ersten Falle ist der Transport nicht polarisiert, im zweiten aber stark bis strikt polar. In verschiedenen isolierten Teilen des Sprosses (Sprossachse, Blatt- und Fruchtstiel) z. B. bewegt sich von außen zugeführte IES polar basipetal (abwärts strebend); die Schwerkraft hat dabei kaum einen Einfluß. Der Mechanismus dieses polaren, energiebedürftigen Transportes ist noch weitgehend unklar.

Bemerkung:
Beim Ansetzen des Versuchs sollten für jede Paste eigene Rühr- und Auftragsgegenstände verwendet werden, da auch die kleinste Vermischung die Versuchsergebnisse beeinflussen kann.

V 11.1.2   Die Adventivwurzelbildung durch IES

Kurz und knapp:
Grundsätzlich können auch an Sprossachsen und Blättern Wurzeln entstehen, die entsprechend als spross- bzw. blattbürtige Wurzeln bezeichnet werden. Beispiele hierfür sind die Ausläufer und Stecklinge. Wurzeln, die zu ungewöhnlicher Zeit an ungewöhnlichen Orten, etwa infolge von Verletzung oder Wuchsstoffbehandlung, gebildet werden, nennt man Adventivwurzeln.

Der folgende Versuch soll die Wirkung von IES (Indol-3-essigsäure) auf die Bildung von Adventivwurzeln im Internodienbereich des Sprosses bei der Buntnessel aufzeigen.

Zeitaufwand:
Vorbereitung: Siehe V 11.1.1, Durchführung: 10 min für Versuchsansatz, 14 Tage Standzeit, 5 min für Auswertung

Material:	1 Buntnessel-Topfpflanze (*Coleus hybridus*), 2-3 Monate alt
Geräte:	2 Glasschälchen, 2 Spatel, Messzylinder (10 mL), Wägegläschen, Analysenwaage, Blumentopf, Bindfaden
Chemikalien:	Vermikulit oder Gartenerde, Wollfett (Adeps lanae, erhältlich in Apotheken), Kaliumsalz der IES (Indol-3-essigsäure)

Durchführung:
Anzucht der Pflanzen: Buntnesseln können durch Ableger vermehrt werden, indem man diese einige Tage in Leitungswasser stellt und dann bei ausreichender Wurzelbildung in Blumentöpfe mit gut befeuchtetem Vermikulit (oder Gartenerde) pflanzt. Die Töpfe werden in eine Wanne mit einer Wassermenge von etwa 2 cm Füllhöhe an einem hellen, 20-25 °C warmem Ort (z. B. Fensterbank) platziert, wobei die Pflanzen nach 2-3 Monaten bei regelmäßigem Gießen das für den Versuch erforderliche Alter erreicht haben. Für den folgenden Versuch werden 1-2 Buntnessel-Pflanzen benötigt.

Herstellung der Kontroll- und Wuchsstoffpaste: Siehe V 11.1.1.

Versuchsansatz: Man trägt im Bereich zwischen zwei Ansatzstellen der Blätter, dem Internodium (Achsenbereich zwischen den Knoten), dick Wuchsstoffpaste auf; das nächsthöher gelegene Internodium wird mit Kontrollpaste behandelt. An einem zweiten Sprossabschnitt derselben oder einer weiteren Pflanze kann die Auftragsreihenfolge vertauscht werden (hier wird die Kontrolle im Bereich des unteren, die IES-Paste in jenem des oberen Internodiums aufgetragen). Der jeweilige mit IES behandelte Sprossabschnitt sollte mit einem Wollfaden markiert werden. Die Ansätze werden nun bei regelmäßiger Wässerung an einem hellen, warmem Ort (z. B. Fensterbank) für 2-3 Wochen aufgestellt.

Zur abschließenden Versuchsbeobachtung entfernt man mit einem Papiertaschentuch

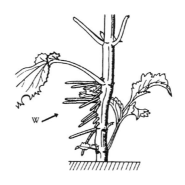

Abb. 11.4: Basale Stängelzone einer Buntnessel mit Bildung von Adventivsprossen (W) nach Aufstreichen einer Wuchsstoffpaste an der linken Stängelseite (STRASBURGER, 1998).

vorsichtig die Reste der Pasten am Spross der Buntnessel.

Beobachtung:
Schon nach etwa einer Woche sind an den mit IES behandelten Stellen der Spross-achsen mehrere knötchenförmige Vorwölbungen zu sehen, die sich nach 2-3 Wochen zu Gebilden entwickelt haben, die Seitenwurzeln gleichen. Die Abschnitte mit Wasserpasten zeigen keine Veränderung im Sprossachsenhabitus.

Erklärung:
Die Bildung von Adventivwurzeln und von Seitenwurzeln geht von bestimmten Zellteilungsnestern aus, die bei der Bildung von Seitenwurzeln am Perizykel (die an die Epidermis der Wurzel innen angrenzende Zellschicht) ansetzen. Die zur Wurzel-bildung führenden Zellteilungen werden von IES stimuliert, wobei die bei vielen Pflanzen vor allem über den Stängelknoten vorhandenen, äußerlich unsichtbaren embryonalen Wurzelanlagen zur Weiterentwicklung angeregt werden oder auch endogene Neubildungen aus Perizykel oder Cambium erfolgen können. Im vorliegenden Fall handelt es sich um die schon vorhandenen meristematischen Wurzelanlagen im Internodienbereich des Sprosses.

Die hier beobachtete Induktion von Adventivwurzeln findet im Gartenbau ihre praktische Anwendung, indem zur Beschleunigung der Stecklingsbewurzelung entweder IES-Präparate oder synthetische Wuchsstoffe hinzugezogen werden.

V 11.1.3   Der Einfluß von IES auf die apikale Dominanz

Kurz und knapp:
Von der Spitze des Hauptsprosses, dem Apex, gehen hemmende Einflüsse auf die Entwicklung der Seitenknospen aus. Das kann man leicht dadurch zeigen, dass man die Spitze des Hauptsprosses entfernt. Denn nun treiben die Seitenknospen aus. Man spricht hier von einer apikalen Dominanz. Die Dominanz der Gipfelknospe geht auf ihre Auxinproduktion und -abgabe zurück: Entfernt man die Gipfelknospe und ersetzt sie durch eine Auxinpaste, so entwickeln sich die Seitenknospen nicht weiter.

Der Versuch soll demonstrieren, dass IES der zentrale Faktor der apikalen Dominanz ist.

Zeitaufwand:
Vorbereitung: Siehe V 11.1.1, Durchführung: 10 min für Versuchsansatz, 4-7 Tage Standzeit, 5 min für Auswertung

Material:	Buschbohnen (*Phaseolus vulgaris*), ca. 8-10 Tage alt
Geräte:	2 Glasschälchen, 2 Spatel, Messzylinder (10 mL), Wägegläschen, Analysenwaage, 2 Blumentöpfe, Plastikwanne, Filterpapier oder Papiertaschentuch
Chemikalien:	Vermikulit, Wollfett (Adeps lanae, erhältlich in Apotheken), Kaliumsalz der IES (Indol-3-essigsäure)

Durchführung:

Anzucht der Pflanzen: Man füllt 2 Blumentöpfe mit Vermikulit (oder Gartenerde), das gut mit Leitungswasser durchtränkt wird. Danach setzt man 1-2 cm unter die Oberfläche des Vermikulits in möglichst großem Abstand voneinander 5 Bohnensamen in jeden Topf und stellt die Ansätze in eine Plastikwanne mit Leitungswasser (Füllhöhe von 2-3 cm). Innerhalb der Anzuchtszeit werden die Blumentöpfe bei 20-25° C an einem hellen Ort (z. B. Fensterbank) platziert, wobei bei Wasserverbrauch der Pflanzen und Verdunstung regelmäßig nachgegossen wird. Nach etwa 10 Tagen stehen die Bohnen, die etwa 8-10 cm groß geworden sind, zur Versuchsdurchführung bereit.

Herstellung der Kontroll- und Wuchsstoffpaste: Siehe V 11.1.1.

Versuchsansatz: Die Sprossspitzen der Bohnenpflanzen eines Blumentopfes werden nacheinander mit einer Rasierklinge 1,5 cm über dem Keimblattknoten dekapitiert, woraufhin die Schnittstellen sofort mit Wasserpaste bestrichen werden. Tritt nach dem Schnitt Xylemsaft aus der Wunde, muss dieser mit Filterpapier oder einem Papiertaschentuch aufgesaugt werden. Auch nach dem Auftragen der Paste darf der Xylemsaft die Pastenhäubchen auf der Sprossspitze nicht zur Seite drücken. Die Bohnenpflanzen des zweiten Blumentopfes werden bei gleicher Vorgehensweise mit IES-Paste bestrichen und mit Hilfe von Wollfäden, Klebeetiketten o. Ä. zur Unterscheidung vom Kontrollansatz gekennzeichnet. Anschließend stellt man beide Versuchsansätze in der Plastikwanne für 4-7 Tage an einen hellen, warmen Ort.

Beobachtung:

Die Keimblätter des Ansatzes mit der IES-Paste vergilben im Laufe der ersten 2-3 Versuchstage und fallen schließlich ab (s. Bemerkung zu V 12.3.2). Bei den Ansätzen, die mit Wasserpaste versehen wurden, haben die Knospen in den Achseln der Kotyledonen deutlich an Größe zugenommen und treiben schließlich aus.

Erklärung:

Die von der Sprossspitze aus in der Hauptachse polar abwärts wandernde IES unterdrückt das Wachstum der Seitenknospen. Der Mechanismus dieser Auxinwirkung ist noch nicht ganz klar. Es sieht so aus, als hemme ein durch die Gipfelknospe hoch gehaltener IES-Gehalt in der Sprossachse die Ausbildung einer Leitbündelbrücke zwischen den Seitenknospen und den Achsenbündeln und drossele damit die Versorgung der Lateralknospen. Nach Dekapitierung wird diese Leitbündelbrücke schnell geschlagen.

Cytokinine fördern das Austreiben von Seitenknospen, vermögen also der Apikaldominanz begrenzt entgegenzuwirken. In den Interaktionen zwischen den beiden Hormonen erweist sich allerdings die IES als der wichtigere Faktor. Dabei muss jedoch eine konzentrationsabhängige Doppelfunktion der IES berücksichtigt werden: Einerseits hemmt sie in höheren Konzentrationen das Austreiben der Knospen, andererseits ist sie in niedrigeren Konzentrationen für das Wachstum der einmal treibenden Seitenknospen unerlässlich.

V 11.1.4   Die Verminderung der Blattabscission durch IES

Kurz und knapp:
Das Abwerfen (Abscission, lat.: abscissio = Abschneiden, Trennung) von Blättern, Blüten und Früchten gehört zum normalen Entwicklungsablauf von Pflanzen. Die Pflanze kann damit zum einen überflüssige oder nicht mehr funktionsfähige Organe beseitigen und zum anderen Samen reifer Früchte ausbreiten.

Dieses Experiment soll demonstrieren, dass IES den Blattfall hemmt. Gute Auxinversorgung des Blattstiels von der Blattspreite verzögert die Seneszenz und verhindert daher die Abscission.

Zeitaufwand:
Vorbereitung: Siehe V 11.1.1, Durchführung: 15 min für Versuchsansatz, 4-5 Tage Standzeit, 5 min für Auswertung

Material:	1 Buntnessel-Topfpflanze (*Coleus hybridus*)
Geräte:	2 Glasschälchen, 2 Spatel, Messzylinder (10 mL), Wägegläschen, Analysenwaage, Blumentopf, Plastikwanne, Wollfäden
Chemikalien:	Vermikulit, Wollfett (Adeps lanae, erhältlich in Apotheken), Kaliumsalz der IES (Indol-3-essigsäure)

Durchführung:
Anzucht der Pflanzen: Siehe V 11.1.2
Herstellung der Kontroll- und Wuchsstoffpaste: Siehe V 11.1.1.
Versuchsansatz: Bei einer Buntnessel werden die Blattspreiten gegenüberliegender Blätter (Blätter, die demselben Knoten entspringen) mit einer Rasierklinge abge-

schnitten, sodass nur noch die Blattstiele an der Sprossachse zurückbleiben. Auf die Schnittfläche eines Blattstiels appliziert man unter Verwendung eines Spatels Wasserpaste, auf die Schnittfläche des gegenüberliegenden Blattstiels IES-Paste. Dabei ist darauf zu achten, dass eventuell aus der Schnittfläche tretender Xylemsaft vor dem Auftragen der Pasten mit einem Papiertaschentuch aufgesaugt wird. Analog verfährt man mit mehreren, an übereinander liegenden Knoten entspringenden Blattstielen, wobei jeweils der IES behandelte Blattstiel zur Kennzeichnung mit einem Bindfaden versehen wird. Während der folgenden Einwirkungszeit der Pasten von etwa 4-5 Tagen wird die Buntnessel an einen hellen, 20-25 °C warmen Ort gestellt.

Beobachtung:

Die mit Wasserpaste behandelten Blattstiele lockern sich nach und nach und fallen schließlich ab. Die Blattstiele mit der IES-Paste dagegen sitzen auch am Ende der Versuchszeit noch fest an der Sprossachse.

Erklärung:

Der Blattfall wird ermöglicht durch die Bildung einer Trennungszone an der Basis des Blattstieles. Sie kommt durch entsprechende Zellteilungen quer durch die Stielbasis zustande. In dieser Trennungszone weichen dann die Zellen voneinander. Das Auseinanderweichen wird dadurch ermöglicht, dass Zellwandkomponenten abgebaut werden. Dadurch wird der Zusammenhalt der Zellen gelockert. Bei mechanischer Beanspruchung trennen sie sich voneinander. Die Prozesse, die zur Abscission führen, werden durch ein kompliziertes hormonelles Wechselspiel korrelativ kontrolliert. In einer Einleitungsphase (Phase 1) des Abscissionsprozesses muss zunächst der Blattstiel durch eine Art Alterung (Seneszenz) in einen Zustand überführt werden, in dem die eigentliche Ablösung erfolgt. Gute Auxinversorgung des Blattstiels von der Spreite verzögert die Seneszenz und verhindert daher die Abscission. Die eigentliche Ablösung in der Phase 2 wird vorwiegend durch Ethylen gefördert, das kaum einen Einfluß auf die Alterung des Blattstieles in Phase 1 hat.

Die hormonelle Steuerung des Fruchtfalls scheint ganz entsprechend der des Blattfalls zu verlaufen.

V 11.2 Gibberelline

V 11.2.1 Die Wirkung von Gibberellinen auf das Längenwachstum bei Zwergerbsen

Kurz und knapp:
Auch die Gibberelline haben, wie die Auxine und die anderen Phytohormone, vielfältige Wirkungen. Teilweise ähneln sie den durch Auxin verursachten Effekten, z. B. der fördernde Einfluss auf das Streckungswachstum und auf die Cambiumtätigkeit. Eine der auffallendsten Wirkungen der Gibberelline, auf der auch die gängigen Testverfahren basieren, ist die Förderung des Längenwachstums bei Zwergmutanten. Pflanzen mit normalem Längenwachstum werden von Gibberellinen sehr viel weniger oder gar nicht beeinflußt.

Im folgenden Versuch wird bei einer Zwergmutante der Erbse das Längenwachstum durch exogen gebotenes Gibberellin gefördert.

Zeitaufwand:
Vorbereitung: 10 min, 24 h Quellungszeit, Durchführung: 10 min für Versuchsansatz, 5 Tage Standzeit, 5-10 min für Auswertung

Material:	trockene Erbsensamen (*Pisum sativum*, Sorte: „Kleine Rheinländerin" oder „Rheinperle", erhältlich in der Samenhandlung)
Geräte:	2 Erlenmeyerkolben (je 100 mL), Messzylinder (50 mL), 4 Blumentöpfe
Chemikalien:	Vermikulit, Gibberellinsäure (GA$_3$)

Durchführung:
Von insgesamt 100 unbeschädigten, trockenen Erbsensamen gibt man 50 in einen mit 50 mL Aqua dest. gefüllten Erlenmeyerkolben, die restlichen 50 Erbsen in einen Kolben mit 50 mL einer 0,02 %igen Gibberellinsäure-Lösung (10 mg GA$_3$ in 50 mL Aqua dest. vollständig lösen). Beide Ansätze werden zur Quellung für etwa 24 h stehen gelassen. Danach pflanzt man die gequollenen Erbsensamen eines jeden Ansatzes in je zwei mit gut befeuchtetem Vermikulit gefüllte Blumentöpfe, die anschließend beschriftet und in eine Wanne gestellt werden, welche Leitungswasser mit einer Füllhöhe von 2-3 cm enthält. Nach 5 Tagen, in denen die Pflanzen an einem 20-25 °C warmen, hellen Ort stehen sollten, kann die Auswertung vorgenommen werden.

Beobachtung:
Die in gibberellinsäurehaltigem Medium gequollenen Zwergerbsen zeigen im Vergleich zur Kontrolle eine etwa dreifach stärkere Längenzunahme ihrer Sprossachse. Die Knoten sind zwar in gleicher Zahl wie bei den Kontrollpflanzen vorhanden, weisen jedoch durch die gestreckten Zwischenknotenstücke (Internodien) eine deutlich größere Entfernung voneinander auf. Die Wurzeln der Kontrollen und der mit Hormon behandelten Ansätze zeigen keine signifikanten Unterschiede.

Erklärung:
Bei Zwergmutanten ist das Längenwachstum genetisch blockiert. Dies hat bei verschiedenen Zwergen verschiedene Ursachen. Bei den meisten ist aber die Empfindlichkeit gegen Gibberellin geringer oder der endogene Gibberellinspiegel gesenkt. Das Längenwachstum solcher genetischer Zwerge kann durch exogen gebotenes Gibberellin konzentrationsabhängig gefördert werden, ein Vorgang, der als spezifischer Biotest für Gibberelline gilt und z. B. von Auxinen nicht ausgelöst werden kann; die einzelnen Gibberelline wirken dabei – wie auch in allen anderen Testverfahren – verschieden stark.

V 11.3   Cytokinine

V 11.3.1   Die Verzögerung der Blattseneszenz durch Cytokinine

Kurz und knapp:
Cytokinine bewirken eine allgemeine Steigerung des Stoffwechsels, vor allem auch der DNA-, RNA- und Proteinsynthese. Dies hat verschiedene Konsequenzen, die auch als Grundlage für biologische Bestimmungsverfahren dienen können. So wird z. B. die Alterung (Seneszenz) von abgeschnittenen Blättern, die äußerlich am Chlorophyllabbau (Vergilbung) zu erkennen ist, durch von außen gebotenes Cytokinin gehemmt. Im folgenden Versuch wird die Seneszenz von Weizenprimärblättern anhand der Blattvergilbung untersucht. Anstelle eines natürlicherweise vorkommenden Cytokinins kommt Kinetin in verschiedenen Konzentrationen zur Anwendung.

Zeitaufwand:
Vorbereitung: 15 min, Durchführung: 25 min für Versuchsansatz, Standzeit bis zu einer Woche, 5 min für Auswertung

Material:	8-10 Tage alte Weizenkeimlinge (*Triticum aestivum*)
Geräte:	4 Blumentöpfe, Plastikwanne, Erlenmeyerkolben (2 L) mit
	passendem Stopfen, Magnetrührer mit Rührfisch, Messzylinder
	(4 x 50 mL), 5 Petrischalen, Pipetten (3 x 10 mL), Rasierklinge,
	Analysenwaage
Chemikalien:	Vermikulit, Kinetin, evtl. Dimethylsulfoxid (DMSO)

Durchführung:

Anzucht der Pflanzen: In 4 Blumentöpfe, die mit gut befeuchtetem Vermikulit gefüllt sind, pflanzt man jeweils etwa 15 Weizenkörner und platziert die Ansätze in einer mit Leitungswasser gefüllten (2-3 cm Füllhöhe) Plastikwanne für 8-10 Tage an einem relativ warmen, hellen Ort. Innerhalb dieser Zeit wird bei Bedarf Wasser nachgefüllt.

Vorbereitung der Lösungen: Zur Herstellung einer 50 mikromolaren (50 μmol · L^{-1}) Kinetin-Stammlösung werden 10,8 mg Kinetin zu 1000 mL (1 L) Aqua dest. gegeben (Molmasse von Kinetin: 215 g). Da sich Kinetin im Wasser nur schlecht löst, lässt man den Lösungsansatz über Nacht (mindestens 8 Stunden) auf einem Magnetrührer mit Rührfisch rühren, wobei der Erlenmeyerkolben mit einem passenden Stopfen verschlossen wird. Die Kinetin-Stammlösung ist im Kühlschrank über mehrere Wochen haltbar. Für den Biotestversuch werden je 20 mL einer 50, 10, 2 und 0,4 mikromolaren (μmol · L^{-1}) Kinetinlösung benötigt. Die verschiedenen Konzentrationen erhält man, indem ausgehend von der Stammlösung, schrittweise im Verhältnis 1:5 (z. B. 10 mL auf 50 mL) verdünnt wird.

Alternativ kann die Kinetin-Stammlösung rasch hergestellt werden, indem man die entsprechende Menge (10,8 mg) an Kinetin zunächst in 1 mL Dimethylsulfoxid (DMSO) löst und danach mit Aqua dest. auf 1000 mL auffüllt. Als Kontrollstammlösung dient eine 0,1 %ige DMSO-Lösung (1 mL DMSO mit Aqua dest. auf 1000 mL bringen).

Biotestansatz: Jeweils 20 mL einer jeden Konzentration füllt man in je eine Petrischale; eine fünfte Petrischale wird mit Aqua dest. beschickt (Wasserkontrolle). Von den jungen Weizenpflanzen werden mit einer Rasierklinge 25 gut aussehende Primärblätter abgetrennt, aus denen man etwa 1 cm unterhalb der Blattspitze ein Segment von ca. 3 cm ausschneidet. Davon werden jeweils 5 Blattstücke in eine der Petrischalen übertragen. Die abgedeckten und gekennzeichneten Petrischalen werden bei ca. 25 °C im Dunkeln etwa eine Woche lang aufgestellt.

Beobachtung:

Je höher die Kinetin-Konzentration der Lösung ist, umso wirksamer wird der Chlorophyllabbau in den Blattstücken verhindert und umso geringer tritt die Vergilbung zutage. Die mit Kinetin behandelten Blattstücke weisen demgemäß entsprechend der Kinetinkonzentration eine Verzögerung der Blattseneszenz auf. Die Blattstücke in der Aqua dest.-Kontrolle zeigen im Gegensatz zu den mit Kinetin behandelten Blättern starke Vergilbungserscheinungen.

Erklärung:

Der Alterungsprozess von Blättern wird sowohl durch äußere als auch innere Faktoren stark beeinflusst. Im Versuch erweisen sich hohe Temperaturen und Dunkelheit als seneszenzbeschleunigend. Cytokinine bewirken eine Hemmung der Seneszenz. Kennzeichen der Seneszenz ist ein sichtbarer Abbau von Chlorophyll, der mit einem Abbau der Proteine in den Blättern einhergeht. Cytokinine bewirken eine allgemeine Stimulation des Stoffwechsels, vor allem der RNA- und Proteinsynthese, verzögern aber auch den RNA- und Proteinabbau. Dadurch wird das Altern der Zellen verlangsamt. Besonders kräftig sind die Cytokinineffekte in den Chloroplasten.

Bemerkung:

Diesen Grundversuch kann man auf verschiedene Weise variieren. Z. B. kann man die eine Hälfte eines Blattes mit Kinetin behandeln, die andere nicht. Dann vergilbt die unbehandelte Spreitenhälfte im Dunkeln, während die behandelte viel länger grün bleibt.

Befindet sich ein mit Kinetin behandeltes Blatt noch am Spross, dann werden Stoffe aus dem Sprosssystem über den Blattstiel in das behandelte Blatt überführt. Die verstärkte biosynthetische Aktivität cytokininreicher Orte macht diese zu Attraktionszentren (Sinks), zu denen sich Aminosäuren, Phosphate u. a. hinbewegen. Aber die einmal eingeströmten Stoffe werden in den kinetinbehandelten Bereichen auch zurückbehalten: Zur Attraktion kommt die Retention.

Im Blumenhandel werden die Cytokinineffekte genutzt, um Schnittblumen länger frisch zu halten. Auch Gemüse und Früchte altern durch Besprühen mit Cytokininen langsamer, jedoch ist ein derartiges Verfahren in vielen Ländern nicht zugelassen.

V 11.3.2   Der Kotyledonen-Biotest

Kurz und knapp:
Cytokinine sind Auxinderivate (s. Abb. 11.1), die in Gewebekulturen in Anwesenheit von Auxin Zellteilungen (Cytokinese) auslösen und in der intakten Pflanze die Blattseneszenz verzögern (s. V 11.3.1). In bestimmten Fällen fördern Cytokinine auch die Zellstreckung. Diese Eigenschaft kann zu einem Biotest benutzt werden, der spezifisch für die Phytohormonklasse der Cytokinine ist.

Zeitaufwand:
Vorbereitung: 15 min, Durchführung: 20 min für Versuchsansatz, 3-5 Tage Standzeit, 10 min für Auswertung

Material:	4 Tage alte, etiolierte Keimlinge der Sonnenblume (*Helianthus annuus*) oder der Gurke (*Cucumis sativus*),
Geräte:	5 Blumentöpfe, Plastikwanne, evtl. Dunkelsturz, Erlenmeyerkolben (2 L) mit passendem Stopfen, Magnetrührer mit Rührfisch, Messzylinder (4 x 50 mL), Pipetten (3 x 10 mL), Rasierklinge, Analysenwaage, Becherglas (200 mL)
Chemikalien:	Vermikulit, Kinetin, evtl. Dimethylsulfoxid (DMSO)

Durchführung:
Anzucht der Keimlinge: In jeden der 5 Blumentöpfe, die zunächst mit gut befeuchtetem Vermikulit (oder Gartenerde) gefüllt werden, pflanzt man 6 intakte Sonnenblumen- oder Gurkensamen. Danach platziert man die Töpfe in eine Plastikwanne mit Wasser (Füllhöhe 2-3 cm) und stülpt einen Dunkelsturz (ca. 40 cm Höhe) in ausreichender Größe über die Ansätze oder stellt die Wanne mit den Töpfen in einen Schrank, der völlig dunkel ist. Nach ca. 4 Tagen stehen die etiolierten Keimlinge für den Versuch zur Verfügung.
Vorbereitung der Lösungen: Die Herstellung der Lösungen erfolgt wie in V 11.3.1 beschrieben.
Biotest: 5 Petrischalen werden jeweils mit 20 mL einer 50, 10, 2 und 0,4 mikromolaren (μmol $\cdot$ L^{-1}) Kinetinlösung bzw. mit Aqua dest. (Wasserkontrolle) beschickt. Von den etiolierten Keimlingen werden mit einer Rasierklinge die Keimblätter an der Blattbasis abgetrennt und in ein mit Leitungswasser hinreichend angefülltes 200 mL-Becherglas überführt. Anschließend bestimmt man jeweils von 5 Keimblättern gemeinsam das Gesamtgewicht, wobei diese mit einem Papiertuch gründlich abgetupft und dann auf ein zuvor austariertes, trockenes Wägegläschen gelegt werden. Nachdem das Gewicht und die Markierung der vorbereiteten Petrischale notiert

wurden, werden die 5 Keimblätter mit genügend Abstand voneinander in die Petrischale gelegt. Wenn jeder Petrischale 5 Keimblätter zugeführt worden sind, setzt man den Schalendeckel auf und lässt die Ansätze 3-5 Tage im Dunkeln. Nach dieser Frist wird wiederum für jeden Petrischalenansatz das Gesamtgewicht der 5 Keimblätter bestimmt und die Gewichtszunahme während der Einlagezeit im Vergleich zum Kontrollansatz berechnet.

Beobachtung:
Mit zunehmender Kinetin-Konzentration findet eine Zunahme des Gewichts und der Größe der Keimblätter statt.

Erklärung:
Das Kotyledonenwachstum wird durch cytokinininduzierte Stimulation der Zellstreckung hervorgebracht, wobei auch eine geringe Zunahme der Zellzahl gemessen wurde.

V 11.4   Abscisinsäure

V 11.4.1   Die Hemmung der Samenkeimung durch Abscisinsäure

Kurz und knapp:
Im Gegensatz zu den Auxinen, Gibberellinen und Cytokininen wirkt die Abscisinsäure (ABS) überwiegend hemmend auf Stoffwechsel und Wachstum und wird deshalb auch als Inhibitor bezeichnet. Die Anhäufung von ABS in Samen ist wegen der Hemmwirkung der Verbindung auf die Keimung ein wesentlicher Faktor für die Samenruhe. Häufig erfolgt die Hemmung der vorzeitigen Samenkeimung in Früchten durch die Anreicherung von ABS im Embryo bei gleichzeitiger Anwesenheit osmotisch wirksamer Substanzen im Fruchtfleisch. Im folgenden Versuch soll die Wirkung der ABS auf die Keimung von Kressesamen untersucht werden.

Zeitaufwand:
Durchführung: 25 min für Versuchsansatz, 2-3 Tage Wartezeit, 10 min für Auswertung

Material:	Kressesamen (*Lepidum sativum*)
Geräte:	2 Messzylinder (100 mL), 1 Pipette (10 mL), 3 Petrischalen,
	Filterpapier, Waage
Chemikalien:	Abscisinsäure, Ethanol (96 %ig)

Durchführung:

Zur Herstellung einer 0,005 %igen ABS-Lösung werden 5 mg ABS zunächst in 1 mL Ethanol gelöst und dann mit Aqua dest. auf 100 mL aufgefüllt; durch Verdünnung mit Aqua dest. im Verhältnis 1:10 (10 mL auf 100 mL) stellt man daraus zusätzlich eine 0,0005 %ige ABS-Lösung her. Drei Petrischalen werden mit je 4 Lagen Filterpapier ausgelegt. Eine Petrischaleneinlage wird mit Wasser gut befeuchtet, während die beiden anderen jeweils mit einer der beiden ABS-Lösungen getränkt werden. In alle drei Petrischalen streut man eine Schicht Kressesamen aus, setzt die Deckel auf und stellt die Ansätze an einem hellen Ort auf.

Die Keimungsrate kann nach zwei Tagen bestimmt werden. Hierbei gelten Samen, bei denen die Testa geplatzt und die Keimwurzelspitze zu sehen ist, als gekeimt.

Beobachtung:

Im Ansatz mit Aqua dest. sind nach zwei Tagen nahezu alle Kressesamen gekeimt; mit einer 0,0005 %igen ABS-Lösung wird bereits eine deutliche und mit einer 0,005 %igen ABS-Lösung eine sehr starke Keimungshemmung sichtbar.

Erklärung:

Abscisinsäure ist an der Auslösung der Knospen- und Samenruhe beteiligt (vgl. Kapitel 12.2), woher auch die ältere Bezeichnung Dormin für dieses Phytohormon rührt. Mutanten ohne ABS erweisen sich als vivipar (keine Keimruhe). In manchen Samen bewirkt Stratifikation (Einwirkung einer Kälteperiode) eine Verringerung des ABS-Gehaltes und fördert auf diese Weise die Keimung. Andererseits kann die Hemmung der Samenkeimung durch ABS in vielen Fällen durch Gibberelline oder Cytokinine aufgehoben werden.

V 11.5   Ethylen

V 11.5.1   Ethylen-Biotest: Dreifach-Reaktion

Kurz und knapp:
Zum Nachweis des gasförmigen Phytohormons Ethylen (Ethen, $CH_2=CH_2$) wird in der Regel auf das Verfahren der Gaschromatographie zurückgegriffen. Neben dieser recht aufwendigen Methode kann auch ein einfacher Biotest zum Nachweis dieses physiologisch wirksamen Gases herangezogen werden. Etiolierte Keimpflanzen reagieren auf geringe Ethylenbegasung mit der sogenannten Dreifach-Reaktion (engl.: triple response): (1) Hemmung des Längenwachstums, (2) Förderung des Dickenwachstums und (3) Verlust des geotropischen Reaktionsvermögens (gebogene Stängel). Licht verhindert oder reduziert die Dreifachreaktion.
　　Als Ethylenquelle verwenden wir im folgenden Versuch Apfelstücke. Alternde oder verwundete Früchte scheiden erhebliche Mengen an Ethylen aus. Dies lässt sich nachweisen, indem man etiolierte Erbsenpflanzen zusammen mit Apfelstücken in einem geschlossenen Einmachglas hält.

Zeitaufwand:
Durchführung: 5 min für Versuchsansatz, 3-4 Tage Wartezeit, 5 min für qualitative Auswertung

Material:	3-4 Tage alte Erbsenkeimlinge (*Pisum sativum*), reifer Apfel
Geräte:	2 Einmachgläser mit Gummidichtung und Verschlussmechanismus, Dunkelsturz (z. B. dicht geschlossene Holz- oder Pappkiste)
Chemikalien:	Vermikulit oder Gartenerde

Durchführung:
Anzucht der Keimpflanzen: Zwei Einmachgläser werden etwa zur Hälfte mit Vermikulit (oder Gartenerde) befüllt, das gründlich befeuchtet wird. Die beiden Gläser werden jeweils mit 5 Erbsensamen bepflanzt, im offenen Zustand für 3-4 Tage dunkel gestellt (Dunkelsturz oder Schrank) und bei Bedarf mit Leitungswasser begossen. Versuchsansatz: Man begießt bei möglichst schwacher Beleuchtung die Erbsenkeimlinge nochmals und legt in eines der beiden Einmachgläser einige Apfelstücke (ca. 2 cm³ groß) zwischen die Keimpflanzen. Danach verschließt man beide Gläser, wobei man zur Abdichtung Gummiring und Verschlussmechanismus benutzt. Nach weiteren 3-4 Tagen unter dem Dunkelsturz kann die Auswertung stattfinden.

Beobachtung:
Die etiolierten Erbsenpflanzen im Glas ohne Apfelstücke nehmen stark an Länge zu und zeigen eine aufrechte (negativ gravitrope, s. Kapitel 13.2) Orientierung ihrer Sprossachse. Die Pflanzen des Ansatzes mit Apfelstücken zeigen im Vergleich zu den Kontrollpflanzen drei auffällige Veränderungen: ein wesentlich geringeres Längenwachstum, eine deutliche Verdickung der Sprossachse und eine Krümmung des Sprosses (agravitropes Verhalten).

Erklärung:
Der hier beschriebene Biotest ist spezifisch für Ethylen und sehr sensitiv. Gaskonzentrationen von > 0,1 µL Ethylen pro Liter lösen bereits eine deutliche Reaktion der etiolierten Keimlinge aus. Bei den drei an den Erbsenpflanzen beobachteten Phänomenen handelt es sich um typische, meist gemeinsam auftretende Auswirkungen, die sich bei einer Pflanze aufgrund erhöhter Ethylenkonzentration bemerkbar machen. Die Hemmung des Längenwachstums basiert vermutlich auf der durch Ethylen bewirkten Verlangsamung der Gibberellin- und IES-Synthese sowie des IES-Transportes. Die Verdickung der Sprossachse ist darauf zurückzuführen, dass unter Ethyleneinwirkung die neu abgelagerten Fibrillen der Zellwand vorwiegend in Richtung der Zelllängsachse ausgerichtet werden, wodurch sich die Zellen vor allem seitlich ausweiten können.

Bemerkung:
Eine einfache Methode zur quantitativen Ethylen-Applikation besteht darin, den offen wachsenden Pflanzen eine flüssige Substanz zuzuführen, die nach Aufnahme über die Wurzel in den Zellen der Pflanze Ethylen freisetzt. Das im Fachhandel vorhandene, zur Beschleunigung der Fruchtreife von Äpfeln und anderen Früchten eingesetzte Präparat „Ethrel" enthält als wirksame Komponente die 2-Chlorethylphosphonsäure (Trivialname: Ethephon). Nach Hydrolyse (+ H_2O) zerfällt diese in die Produkte Ethylen, Phosphat- und Chlorid-Ionen. Durch Verdünnen von Ethrel mit Wasser lässt sich eine Konzentrationsreihe herstellen (z. B. 0, 25, 50, 100, 250, 500 mg Ethephon pro Liter).
Die quantitative Auswertung der Proben kann mit Hilfe eines Lineals bzw. einer Schieblehre erfolgen, wobei die Länge und Breite der Internodien des Epikotyls (s. Kapitel 12.3) gemessen werden. Weiterhin lassen sich mit dem Lichtmikroskop und einem Okularmikrometer an Querschnitten die Zelldimensionen in der Mitte der Internodien ausmessen.

V 11.5.2 Die Förderung des Blattfalls durch Ethylen

Kurz und knapp:
Zu den physiologischen Ethylenwirkungen gehören u. a. die Beschleunigung der Fruchtreife und der Abscission, d. h. die Beschleunigung von Blatt-, Frucht- und Blütenabwurf. Die Abscission ist ein aktiver, durch Umweltfaktoren beeinflußbarer Entwicklungsprozess, der einer komplexen Kontrolle durch Hormone unterliegt und daher auch experimentell durch Hormonbehandlung gesteuert werden kann. Eine besonders wirksame Substanz zur Auslösung der Abscission ist Ethylen, während Indol-3-essigsäure (IES, s. V 11.1.4) und Cytokinine hemmend wirken. Ethylen wird daher häufig zur Erzeugung einer gleichmäßig niedrigen Bruchfestigkeit von Fruchtstielen vor der maschinellen Ernte (z. B. bei Baumwolle) eingesetzt.

Im folgenden Versuch soll die Beschleunigung des Abwurfs von Blüten- und Laubblättern durch Ethylen demonstriert werden, wobei als Ethylenquelle reife Äpfel dienen.

Zeitaufwand:
Durchführung: 10 min für Versuchsansatz, 4-6 Tage Standzeit, 5 min für Auswertung

Material:	2 blühende Rosenzweige (*Rosa* spec.) mit Blättern, 3 reife Äpfel
Geräte:	2 Glasglocken (oder 2 Exsikkatoren), 2 hochrandige Bechergläser oder Blumenvasen, Kunststofftablett
Chemikalien:	Vaseline

Durchführung:
Zwei hochrandige Bechergläser oder Blumenvasen mit Leitungswasser und je einem blühenden Rosenzweig werden nebeneinander auf ein Kunststofftablett gestellt. Zu einem der beiden Ansätze legt man zusätzlich drei reife, in zwei Hälften geschnittene Äpfel. Die beiden Ansätze werden jeweils mit einer Glasglocke bedeckt, deren Kanten zuvor zur Abdichtung dick mit Vaseline eingerieben wurden. Den Versuch lässt man von direkter Sonneneinstrahlung geschützt 4-5 Tage stehen.

Beobachtung:
Nach der Wartezeit sind im Ansatz mit den Apfelhälften alle oder die meisten Blütenblätter der Rose abgefallen, während die Rose im Kontrollansatz, der keine Äpfel hinzugefügt wurden, unversehrt ist. Außerdem fallen die Laubblätter des Zweiges, dem reifes Obst beigelegt war, im Gegensatz zu den Laubblättern des anderen Zweiges wesentlich leichter ab.

Erklärung:
Die Abscission verläuft bei Früchten und Blättern in prinzipiell ähnlicher Weise. In vorgegebenen Organzonen wird ein Trenngewebe gebildet. Dort findet unter dem Einfluss von Ethylen ein Abbau der Zellwände statt. Durch diese Vorgänge entsteht eine Bruchzone, welche einer mechanischen Krafteinwirkung nur noch geringen Widerstand entgegensetzt und daher einen spontanen Abfall erlaubt.

Bemerkung:
Viele Studien zur Aufklärung der Vorgänge bei der Abscission wurden an Primärblättern von jungen Bohnenpflanzen (*Phaseolus vulgaris*) durchgeführt. Im einfachsten Fall führt die Entfernung (oder Seneszenz) der Blattspreite zur Auslösung der Abscission, vermutlich durch die Unterbrechung des von dort ausgehenden Zustroms von IES (s. V 11.1.4). Darüber hinaus reagiert dieses Objekt sehr empfindlich auf alle von außen zugeführten Substanzen mit abscissionsfördernder oder -hemmender Wirksamkeit.
Versuchsbeispiel mit jungen Bohnenpflanzen: Eine Reihe von Testlösungen (je 100 mL in Erlenmeyerkolben) mit 0, 25, 50, 100, 200 mg $\cdot$ L^{-1} Ethephon (Chlorethylphosphonsäure) wird vorbereitet. (Ethephon ist die wirksame Komponente im agrochemischen Präparat Ethrel, die durch Hydrolyse Ethylen bildet; s. Bemerkung von V 11.5.1). Von 25 gleich weit entwickelten 20 Tage alten Bohnenpflanzen werden die Wurzeln abgeschnitten und jeweils 5 Sprosse in eine Testlösung gestellt. Die Ansätze lässt man im Licht bei Zimmertemperatur stehen und registriert in den folgenden 6-8 Tagen die Anzahl der abgefallenen Blätter.

V 11.5.3 Die Förderung der Fruchtreifung durch Ethylen

Kurz und knapp:
Bei vielen fleischigen Früchten kommt es nach Abschluß der Wachstumsphase zu einer vermehrten Produktion von Ethylen. Dieses wird freigesetzt und kann in der Nachbarschaft befindliche Früchte zur schnellen Reifung veranlassen. Der fördernde Einfluss auf die Fruchtreifung ist in der Praxis wichtig. Die Funktion des Ethylens als Reifungshormon wird bei der Lagerung von Früchten nach der Ernte in großem Stil technisch ausgenutzt: Äpfel, Bananen und andere Früchte können in unreifem Zustand in ethylenarmer, kohlendioxid-(CO_2-)reicher Luft lange Zeit gelagert werden. Begasung mit Ethylen führt in wenigen Tagen zur reifen, verkaufsfähigen Frucht.

Zeitaufwand:
Durchführung: 5 min für Versuchsansatz, danach bis zu einer Woche Wartezeit

Material:	4 unreife Bananen oder Tomaten, 2 reife Äpfel
Geräte:	2 Exsikkatoren (oder 2 Glasglocken mit Vaseline zum Abdichten, s. V 11.5.2)

Durchführung:
Zwei unreife Früchte werden zusammen mit zwei reifen Äpfeln in einen Exsikkator (oder unter eine Glasglocke, s. V 11.5.2) gelegt; dieser wird luftdicht verschlossen. Zur Kontrolle werden die reifen Äpfel in einem weiteren Ansatz weggelassen.

Beobachtung:
Die unreifen Bananen oder Tomaten, die zusammen mit den reifen Äpfeln aufbewahrt werden, reifen schneller als die unreifen Früchte aus dem Kontrollansatz.

Erklärung:
Reife Früchte können mit erhöhter Rate Ethylen produzieren und ausscheiden. Das Gas reichert sich im geschlossenen Raum an und induziert in den unreifen Früchten spezifische Reifungsprozesse, z. B. Abbau von Chlorophyll, Steigerung der Atmung, enzymatische Auflösung der Zellwände, Bildung von Zucker und Aromastoffen. Diese Effekte gehen auf die Induktion der Synthese bestimmter „Reifungsenzyme" zurück; man kann daher die Fruchtreifung durch Hemmstoffe der Proteinsynthese blockieren.

Kapitel 12 Same und Samenkeimung

A Theoretische Grundlagen

12.1 Einleitung

Die Samenpflanzen (Abteilung Spermatophyta) bilden mit mehr als 250000 Arten die Hauptmasse der über die Erde verbreiteten Landvegetation, wobei die Bedecktsamer (Angiospermae = Magnoliophytina) die weitaus umfangreichste Entwicklungsgruppe bilden, während die Nacktsamer (Gymnospermae = Coniferophytina und Cycadophytina) nur etwa 800 Arten umfassen. Das Hauptmerkmal dieser größten und wichtigsten Abteilung des Pflanzenreiches ist die Ausbildung von Samen. Der Same dient der Vermehrung, Überdauerung und Verbreitung Höherer Pflanzen. Ursprünglich bildete der Same für sich allein das grundlegende Ausbreitungsorgan der Samenpflanzen. Später in der Evolution der Spermatophyta wurden die Samen allerdings oft mit anderen Organen der Mutterpflanze verbunden; dadurch konnten zusammengesetzte Ausbreitungseinheiten, nämlich Früchte, entstehen. Früchte bestehen aus Blütenteilen, Blüten oder Blütenständen im Zustand der Reifung; sie geben die Samen frei oder fallen mit ihnen ab.

12.2 Bau und Entwicklung der Samen

Der Same ist ein aus einer Samenanlage entstandenes Verbreitungsorgan, das einen vorübergehend ruhenden Embryo enthält, der von einer Samenschale (Testa) umgeben ist und häufig noch ein besonderes Nährgewebe besitzt (Abb. 12.1 und 12.2). Der Embryo ist die aus der befruchteten Eizelle hervorgegangene junge, unentwickelte Pflanze. Diese besteht aus dem Keimstängel (Hypokotyl), dem ein, zwei oder mehrere Keimblätter (Kotyledonen) anliegen. Das Hypokotyl geht unten in die Keimwurzel (Radicula) über und schließt an seinem oberen Ende mit der Sprossknospe (Plumula) ab. Das von der Mutterpflanze mitgelieferte Nährgewebe hat die Funktion, den sich entwickelnden Embryo bis zur Ausbildung des Photosyntheseapparates mit organischen Substanzen und mit Ionen zu versorgen. Das Nährgewebe ist entweder intraembryonal und dann meist in den Keimblättern eingelagert oder ex-

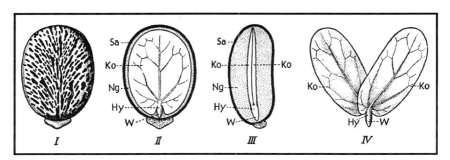

Abb. 12.1: Same und Embryo von *Ricinus communis*. I Same in Außenansicht, II Same (parallel zu den Flachseiten geöffnet) mit Embryo, III Same auf einem senkrecht zu den Flachseiten geführten Längsschnitt, IV Embryo mit ausgebreiteten Keimblättern. Hy Hypokotyl (Keimstängel unterhalb der Kotyledonen), Ko Kotyledo (Keimblatt), Ng Nährgewebe, Sa Samenschale (Testa), W Keimwurzel (Radicula) (TROLL, 1973).

traembryonal als Endosperm (aus Embryosack) oder als Perisperm (aus Nucellus = Gewebekern der Samenanlage) entstanden (Abb. 12.2). Die wichtigsten Speicherstoffe sind Proteine, Kohlenhydrate (vor allem Stärke) und Fette. Daneben dient Phytin (K^+-, Mg^{2+}-, Ca^{2+}-Salz der Phytinsäure) als Phosphat- und Ionenspeicher. Embryo und Nährgewebe sind von einer Schutzhülle umgeben. Diese besteht bei den meisten Samenpflanzen aus der Samenschale (Testa, oft von einer Cuticula überzogen), die aus den Integumenten (Hüllen der Samenanlagen) hervorgegangen ist. Bei Gräsern (Poaceae = Gramineae) und Korbblütlern (Asteraceae = Compositae) ist die Samenschale mit der Fruchtwand (Perikarp) fest verwachsen. Es liegen in diesen Fällen anatomisch betrachtet nicht Samen, sondern Früchte vor (Karyopsen bei Gräsern, Achänen bei Korbblütlern). Die Abbruchstelle des Samens von der Placenta bzw. von dem Funiculus (Stielchen der Samenanlage) heißt Samennabel oder Hilum; sie ist durch eine Korkschicht gekennzeichnet. Gewöhnlich bleibt die Stelle der Mikropyle (Zugang zum Nucellus der Samenanlage) dünner, um das Hervortreten der Wurzelanlage bei der Keimung zu erleichtern.

Von besonders großer ökonomischer Bedeutung sind die Getreidearten Weizen, Reis, Mais, Hirse, Gerste, Hafer und Roggen. Diese zu den Gräsern zählenden Pflanzen gehören in die Gruppe der Monokotyledonen (Einkeimblättrige Bedecktsamer). Getreidekörner (Graskaryopsen) zeigen einen ganz besonderen Bau. Der Embryo des Getreidekorns liegt dem mächtigen Endosperm (Nährgewebe), das vor allem aus Stärke besteht, seitlich an; eine aus Fruchtwand (Perikarp) und Samenschale (Testa) bestehende Schutzhülle umschließt die empfindlichen Gewebe des Getreidekorns (Abb. 12.2 d). Unterhalb der Testa liegt ein aus 2-3 Zelllagen bestehendes proteinreiches Gewebe, die Aleuronschicht. Die Zellen des Embryos und der Aleuronschicht sind lebend, während das Endosperm aus toten, mit Stärkekörnern ausgefüllten Zellen besteht. Der Grasembryo zeigt eine ganz besondere Anatomie

(Abb. 12.2 d). Der Sprossvegetationspunkt (Plumula) ist vom Primärblatt umschlossen; dieses ist wiederum von einem röhrenförmigen, oben verschlossenen Organ, der Koleoptile, umhüllt. Die Radicula ist ebenfalls von einer Hülle, der Koleorrhiza, umschlossen. Zwischen Embryo und Endosperm liegt ein Gewebe, das als Scutellum (Schildchen, Saugorgan) bezeichnet wird. Diese lebenden Zellen absorbieren die bei der Keimung gebildeten Hydrolyseprodukte der Stärke und führen sie dem wachsenden Embryo zu. Das Scutellum hat somit die Funktion, den Embryo zu ernähren und wird daher als das Keimblatt des Grasembryos angesehen.

Meist ist der heranwachsende Embryo von Nährgewebe (Endosperm) umgeben (Abb. 12.2). Bei den Gymnospermen besteht dieses Nährgewebe vor allem aus dem schon vor der Befruchtung gebildeten weiblichen Prothallium: primäres (haploides) Endosperm. Bei den Angiospermen entsteht demgegenüber durch eine sogenannte doppelte Befruchtung ein sekundäres (triploides) Endosperm. Im Pollenschlauch werden zwei Spermazellen gebildet. Bei der Befruchtung dringt der Pollenschlauch durch Narbe, Griffel, Mikropyle und Nucellus in den Embryosack ein. Sobald der Pollenschlauch den Embryosack erreicht hat, entleert er die beiden Spermazellen in den Embryosack. Während die eine Spermazelle mit der Eizelle zur Zygote verschmilzt, wandert die zweite zum diploiden sekundären Embryosackkern und verschmilzt mit diesem zu einem triploiden Endospermkern. Aus diesem und dem Plasma des Embryosacks entwickelt sich dann das triploide Endosperm. In manchen Pflanzen wächst das Endosperm unter Speicherstoffeinlagerung stark heran und wird erst nach der Keimung als Nährgewebe abgebaut (Samen mit Endospermspeicherung: z. B. bei Ricinus, Cocospalme und den Karyopsen der Gräser). Bei den mei-

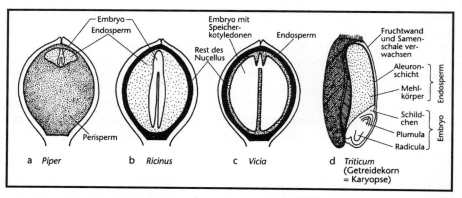

Abb. 12.2: Nährstoffspeicherung bei Samen. (a) im Perisperm, Bsp. Pfeffer (*Piper nigrum*); (b) im Endosperm, Bsp. *Ricinus communis*; (c) in den Kotyledonen, Bsp. Pferdebohne (*Vicia faba*); (d) Getreidekorn (Karyopse) Nährstoffspeicherung im Endosperm; Fruchtwand und Samenschale verwachsen (KULL, 1993).

sten dikotylen Pflanzen üben Endosperm und Nucellus die Funktion als Nährgewebe jedoch nur vorübergehend während der frühen Embryonalentwicklung aus und werden anschließend aufgelöst. In Abwesenheit eines dauerhaften extraembryonalen Nährgewebes erfolgt die Speicherstoffeinlagerung im Embryo selbst, vor allem in den Kotyledonen (z. B. Fabaceen und Brassicaceen). Samen ohne Nährstoffreserven findet man z. B. bei den Orchideen. Sie sind bei der Keimung auf eine Symbiose mit Mykorrhiza-Pilzen angewiesen.

Die Vorgänge zur Bildung des ruhenden Samens lassen sich in eine frühe und späte Phase gliedern. In der frühen Phase entwickelt sich ein vielzelliger Embryo mit Wurzel, Spross und Kotyledonen. Nach Erreichen des Kotyledonenstadiums hören die Zellteilungen auf; von nun an ist das Wachstum der Samenanlagen ausschließlich auf Volumen- und Massenzunahme zurückzuführen. Bei vielen Angiospermen besitzen die Embryonen des Kotyledonenstadiums vollentwickelte Chloroplasten. Die späte Phase der Samen- und Embryonalentwicklung kann weiterhin bei dikotylen Pflanzen in eine Reife-, Postabscissions- und Austrocknungsphase unterteilt werden. Die Phasen unterscheiden sich physiologisch und durch Genexpressionsmuster. Besonders gut sind die Vorgänge bei der Baumwolle untersucht. In der Reifephase erreicht der Embryo seine maximale Größe. Schon in der letzten Hälfte des Kotyledonenstadiums sinkt der Wassergehalt des Embryos. Dieser Wasserverlust setzt sich fort, bis er in der Mitte der Reifephase ein Plateau erreicht. Das Absinken des Wasserpotentials geht mit einem Anstieg des Abscisinsäurespiegels einher (s. Kapitel 11.5). Typisch für die Reifephase ist ferner die massive Synthese von Speicherstoffen. Mit der physikalischen oder zumindest funktionellen Unterbrechung der Verbindung zwischen Samenanlage und Mutterpflanze über den Funiculus endet die Reifephase des Samens und es beginnt die Postabscissionsphase. Bei Angiospermen mit grünen Embryonen wird jetzt das Chlorophyll abgebaut, die Integumente werden braun und beginnen zu verhärten. Die mRNAs für Samenspeicherproteine verschwinden und die Synthese spezifischer hydrophiler Proteine steigt an. Sie spielen eine wichtige Rolle für den Schutz der Zellen gegen schädigende Auswirkungen der Austrocknung. Die Austrocknungsphase ist schließlich die letzte Phase der Samenentwicklung. In der Austrocknungsphase verliert der Same Wasser, bis der maximale Austrocknungsgrad erreicht ist. Seine Genaktivitäten sind nunmehr völlig abgeschaltet, die Stoffwechselaktivität wird auf ein Minimum reduziert und die Samenschale ist ausdifferenziert. Der Embryo tritt in ein Ruhestadium ein und kann lange Zeiträume unbeschadet überstehen, bis die Bedingungen für eine Keimung günstig sind. Den zeitlich befristeten Ruhezustand eines Samens bezeichnet man auch als Dormanz. Primär wird die Dormanz des Embryos durch das Phytohormon Abscisinsäure (s. Kapitel 11.5) in der späten Phase der Samenentwicklung induziert.

Während der Ausbildung der Samen bilden sich die Fruchtblätter, oft auch andere Blütenteile, zur Frucht um. Sie umschließt die Samen wenigstens bis zu deren Reife und kann auch zu deren Verbreitung dienen. Die funktionelle Verbreitungseinheit bezeichnet man als Diaspore; es kann dies der einzelne Same, eine Teilfrucht, die ganze Frucht oder auch ein Fruchtstand sein. Bleibt die Bestäubung aus, werden die Blüten in der Regel abgestoßen; erfolgt sie aber, so welken zwar die Blüten- und Staubblätter, aber die Fruchtentwicklung setzt ein. Für die erste Phase des Fruchtwachstums (Fruchtansatz) genügt in den meisten Fällen bereits die Bestäubung. Der Pollen wirkt über eine Abgabe von Auxin. Man kann deshalb die Wirkung einer Bestäubung vielfach ersetzen durch Applikation von IES (Indol-3-essigsäure) oder ähnlich wirkenden Auxinen auf die Narbe. Bei den meisten Früchten löst die Bestäubung zwar den Fruchtansatz, nicht aber ein fortdauerndes Wachstum der Früchte aus. Dieses setzt erst nach erfolgter Befruchtung ein und wird korrelativ durch Auxinabgabe vonseiten der sich entwickelnden Samenanlagen gesteuert (s. Kapitel 11.2). Diese Koppelung des Fruchtwachstums an die erfolgte Befruchtung und die beginnende Samenentwicklung gewährleistet, dass die oft erhebliche Stoffzufuhr für die weitere Fruchtentwicklung nur dann erfolgt, wenn sie biologisch sinnvoll ist. Auxine sind wie bei anderen Wachstumsvorgängen so auch beim Fruchtwachstum nicht die einzigen wirksamen Hormone. Neben Auxinen geben offenbar die sich entwickelnden Samen auch Gibberelline ab, die zur Fruchtentwicklung beitragen.

12.3 Die Samenkeimung

Die Samenkeimung lässt aus dem Embryo die Keimpflanze entstehen. Wir können hierbei mehrere Phasen unterscheiden:
(1) Reversible Quellung (Imbibition). Der Wassergehalt trockener, reifer Samen liegt im Bereich von etwa 10 %; das Wasserpotential der Zellen (ψ) ist somit sehr niedrig und beträgt in der Regel < - 100 MPa (1 MPa = 10^6 Pa = 10 bar). Diese enorme „Saugkraft" für Wasser kommt durch den Matrixdruck zustande. Der Matrixdruck wird durch Hydratisierung (Wasseraufnahme) der weitgehend entwässerten Proteine und Zellwände des Samens erzeugt. Die resultierende Quellung tritt auch bei toten oder dormanten Samen auf und ist völlig reversibel. Man kann z. B. quellende Rapssamen noch 12 Stunden nach Beginn der Wasseraufnahme wieder eintrocknen, ohne deren Keimfähigkeit (nach erneuter Hydratisierung) zu beeinträchtigen. Die Fähigkeit gequollener Rapssamen, nach Wasserentzug keimfähig zu bleiben, geht allerdings etwa 24 Stunden nach Beginn der Wasseraufnahme ganz verloren. Dies zeigt, dass die Samen zu diesem Zeitpunkt irreversibel Wasser aufnehmen, d. h. das Wachstum des Embryos hat begonnen.
(2) Irreversibles, aktives Wachstum des Embryos. Die sichtbare Keimung der Samen (Auswachsen der Radicula aus der Schutzhülle) zeigt an, dass der Embryo die irreversible Entwicklungsphase erreicht hat. Der Stoffwechsel der Zellen wird durch

Hydratisierung des Protoplasmas aktiviert. Der Übergang von der Quellung zum Wachstum ist durch die Abhängigkeit von der Sauerstoffzufuhr gekennzeichnet; das aktive Wachstum des Embryos ist nur unter aeroben Bedingungen möglich. Die Expansion des keimenden Embryos zu Beginn der Wachstumsphase, insbesondere die Streckung seiner Radicula, beruht auf der Ausdehnung vorhandener Zellen. Man geht von der Vorstellung aus, dass die Keimung primär über Veränderungen in der Zellwanddehnbarkeit reguliert wird. Eine über einen kritischen Schwellenwert hinaus erhöhte Dehnbarkeit führt bei unverändertem Turgordruck zur Wasseraufnahme und damit zur Expansion des Embryos.

(3) Abbau der Speicherstoffe und Übergang von der heterotrophen zur autotrophen Lebensweise. Da der wachsende Embryo sich nur dann zum Keimling weiterentwickeln kann, wenn die von der Mutterpflanze mitgelieferten Speicherstoffe mobilisiert, abgebaut und dem jungen Keimling (über die Keimblätter) zugeführt werden, betrachtet man diese Prozesse als integralen Bestandteil des Keimungsgeschehens. In der Phase 3 sprengt der wachsende Embryo die Testa, d. h. seine Gewebe üben bei der Keimung einen mechanischen Druck auf die Schutzhülle aus. Man bezeichnet diesen vom Embryo ausgeübten Druck als Keimungspotential. Diese Größe lässt sich durch osmotische Hemmung der Wasseraufnahme bestimmen. Allgemein gilt, dass das Keimungspotential der bisher untersuchten Samen repräsentativer Nutzpflanzen im Bereich von 0,8 - 0,15 MPa liegt. Da die Ressourcen des Samens begrenzt sind, muss der Keimling schnellstmöglich autonom werden. Zeitlich versetzt zur Mobilisierung der Speicherstoffe beginnt der junge Keimling mit der Chloroplastendifferenzierung und damit dem Aufbau des Photosyntheseapparates. Die Chloroplastendifferenzierung ist zugleich Bestandteil des übergeordneten Blattentwicklungsprogramms. Mit dem ausgebauten Blatt- und Photosyntheseapparat ist der junge Keimling in der Lage, photoautotroph zu wachsen. Das Stadium der frühen Keimlingsentwicklung ist damit beendet.

Bei der Keimung der Getreidekörner (Getreidekaryopse) lassen sich ebenfalls die drei Phasen der Keimung (Quellung, Wachstum des Embryos, Abbau der Speicherstoffe) voneinander unterscheiden. Nach Ablauf der Phase 1 setzt der Embryo ein Hormonsignal, vermutlich GA (Gibberelline), frei. Etwa zwei Tage nach Beginn der Wasserzugabe (Phase 2) werden im Scutellum sowie in den Aleuronzellen hydrolytische Enzyme (im Wesentlichen Amylase) gebildet und in das Endosperm sezerniert. Der Abbau des Endosperms (Hydrolyse der Stärke) wird eingeleitet. Die Spaltprodukte (lösliche Zucker) sammeln sich im Korn an und werden über das Scutellum dem wachsenden Embryo zugeführt (Phase 3). Die Koleoptile umschließt das Primärblatt und wächst zur Erdoberfläche, während die Wurzel den Keimling im Erdreich verankert und die Wasseraufnahme gewährleistet. Nach Erreichen der Erdoberfläche setzt eine rasche Beschleunigung des Primärblattwachstums ein. Die Spitze der Koleoptile wird an einer präformierten Stelle durchbrochen; dies bewirkt den Wachstumsstop des Organs.

354

Je nach Lage und Funktion der Keimblätter unterscheidet man zwischen der epi-
und hypogäischen Keimung (Abb. 12.3). Bei der epigäischen Samenkeimung wächst
der Achsenabschnitt unterhalb der Kotyledonen (Hypokotyl) durch Zellstreckung in
die Länge, wodurch die Keimblätter aus der Erde herausgehoben werden, ergrünen
und eine gewisse Zeit lang photosynthetisch aktiv sind (Beispiele: Sonnenblume,
Raps, Senf, Ricinus). Im Gegensatz dazu bleiben bei der hypogäischen Keimung die
Kotyledonen in der Erde, ohne sich zu photosynthetisch aktiven Organen weiterzu-
entwickeln. Die Keimblätter sind somit reine Speicherkotyledonen. Das Hypokotyl
wächst bei Pflanzen mit hypogäischer Keimung nicht aus. Der Achsenabschnitt
oberhalb der Kotyledonen (Epikotyl) bildet den Stängel der Keimpflanze. Die am
Apex (Spitze) des Epikotyls lokalisierten Primärblätter ergrünen und leiten somit die
autotrophe Wachstumsphase der Pflanze ein. Beispiele für hypogäische Keimung
sind Gartenerbse (*Pisum sativum*) und Saubohne (*Vicia faba*). Weiterhin keimen

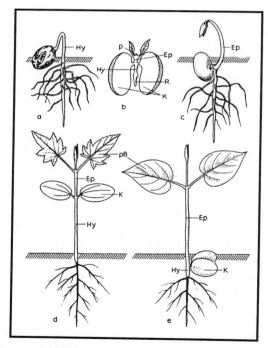

Abb 12.3: Epigäische und hypogäische Keimung. (a) junges, (d) späteres Keimlingsstadium
bei epigäischer Keimung (*Ricinus communis*); (c) junges, (e) späteres Keimlingsstadium bei
hypogäischer Keimung (*Phaseolus coccineus*); (b) Embryo mit Speicherkotyledonen; Ep
Epikotyl, Hy Hypokotyl, K Kotyledonen, P Plumula, pB Primärblätter, R Radicula (JACOB et
al., 1994).

unsere Getreidearten hypogäisch. Das Keimblatt (Scutellum) bleibt unterhalb der Erdoberfläche, während das emporgewachsene Primärblatt im Licht rasch ergrünt und schon nach kurzer Zeit als photoautotrophes Organ der Ernährung des Getreidekeimlings dient.

Der geschilderte Ablauf der Samenkeimung gilt für Samen, die lediglich durch das Fehlen von Wasser, Sauerstoff oder günstiger Temperatur an der Keimung gehindert werden (keimbereite oder quieszente Samen; bei vielen Kulturpflanzen erst durch Züchtung bewirkt). Bei den meisten Wildpflanzen sind die reifen Samen hingegen dormant, d. h. sie benötigen einen zusätzlichen Stimulus, um von der Quellungsphase in die Wachstumsphase überzugehen. Die Dormanz entwickelt sich in der Regel erst gegen Ende der Samenreifung auf der Mutterpflanze. Primär wird die Dormanz des Embryos durch Abscisinsäure induziert. Aufrechterhalten über längere Zeiträume wird die Keimruhe jedoch durch eine Vielfalt zusätzlicher Sperrmechanismen. Für ein Aufbrechen sind häufig Umwelteinflüsse verantwortlich. Wichtige Sperrmechanismen sind vor allem folgende: (1) Da Keimung ohne Wasser- und Sauerstoffaufnahme nicht möglich ist, sind undurchlässige Sperrschichten ein effektiver Weg, eine Keimung zu verhindern. Solche Sperrschichten können sich aus dem Endosperm, dem Nucellus, der Samenschale oder den Fruchtwänden ableiten. Bei Lagerung des Samens im Boden verrotten die Sperrschichten durch die Aktivitäten von Mikroorganismen; der Samen kann keimen. (2) Zusätzlich oder alternativ können auch chemische Keimungsbarrieren eingesetzt werden. Alle Teile des Samens oder der Frucht können solche Inhibitoren enthalten. Als Beispiel sei das Amygdalin, ein Glykosid des Mandelsäurenitrils, genannt. Bei dessen Hydrolyse wird Blausäure freigesetzt, die sich im Embryo anhäuft und den Stoffwechsel (die Atmung) blockiert. Erst wenn das Endosperm, das bei Rosaceen den Embryo als Sperrschicht umgibt, verrottet ist, kann die Blausäure entweichen und die Keimungsbarriere ist aufgehoben. (3) Viele Samen müssen längere Zeit – mehrere Tage bis Wochen – kälteren Temperaturen ausgesetzt werden, bevor sie keimen (Stratifikation). Wirksam sind dabei meist Temperaturen knapp über dem Gefrierpunkt (0-5 °C); nur wenige Arten (z. B. manche Hochgebirgspflanzen) benötigen Frosttemperaturen (Frostkeimer). (4) Bei manchen Samen (häufig kleine Samen mit geringen Nährstoffvorräten) wirkt Licht als dormanzbrechender Faktor. Pflanzen, deren Keimung lichtbedürftig ist, werden als Lichtkeimer den so genannten Dunkelkeimern gegenübergestellt. Der ökologische Vorteil der Samenruhe ist offensichtlich. Pflanzen können so in Form des Samens Perioden mit ungünstigen Bedingungen unbeschadet überstehen. Essentiell für den Erfolg einer Pflanzenspezies ist aber auch, dass sie den Beginn der Keimung den Wettbewerbsbedingungen des Standortes anpaßt. Es überrascht daher nicht, wenn gerade im Bereich der Samenentwicklung und -keimung Pflanzen eine große Vielfalt an Strategien entwickelt haben.

B   Versuche

V 12.1   Bau der Samen

V 12.1.1   Bau der Samen der Feuerbohne

Kurz und knapp:
Samen der Feuerbohne eignen sich aufgrund ihrer Größe besonders gut, den Samenbau zu untersuchen. Die Ablagerung der Reservestoffe erfolgt bei der Feuerbohne, statt in einem Nährgewebe in der Umgebung des Embryos, in diesem selbst, und zwar in den Keimblättern.

Zeitaufwand:
Quellen der Samen: 24 h, Durchführung: 10 min

Material:	Feuerbohnensamen (*Phaseolus coccineus = Ph. multiflorus*)
Geräte:	Becherglas, Pasteurpipette
Chemikalien:	Leitungswasser, 0,25 %ige Iodkaliumiodid-Lösung (s. V1.3.2)

Durchführung:
Man lässt die Samen der Feuerbohne über Nacht quellen. Die Samenschale wird vorsichtig mit dem Fingernagel entfernt und der Same geöffnet. Ein Keimblatt wird abgetrennt, mit dem Fingernagel angekratzt und ein Tropfen Iodkaliumiodid-Lösung darauf gegeben.

Beobachtung und Erklärung:
Nach der Entfernung der Samenschale (lat.: Testa = Schale) kommt ein bleicher Körper zum Vorschein, der das Sameninnere ganz erfüllt und nichts anderes ist als der Embryo (Abb. 12.4 II). Dessen relative Grösse hängt vor allem mit der mächtigen Entwicklung der Keimblätter (Kotyledonen, Einzahl Kotyledo; griech.: kotyledon = Vertiefung, Saugnapf) zusammen, denen gegenüber die anderen Keimorgane stark in den Hintergrund treten. Die Keimachse unterhalb der Kotyledonen (Hypokotyl; griech.: hypo = unter, unterhalb) ist relativ kurz; an ihrer Stelle ist die Wurzel stärker entwickelt als es sonst der Fall ist. Bemerkenswert ist ferner die Anwesenheit einer Sprossknospe, die nach Entfernung eines der beiden Keimblätter zum Vorschein kommt und den Abschluß eines kurzen Achsengliedes bildet, das sich zwischen sie und den Ansatz der Keimblätter einschiebt. Es stellt die Fortset-

zung der Keimachse über die Kotyledonen hinaus dar und wird deshalb als epikotyles Glied (Epikotyl; griech.: epi = über, darüber) bezeichnet (Abb. 12.4 III).

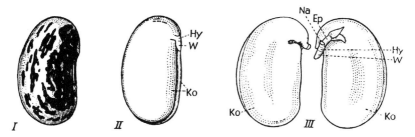

Abb. 12.4: Same der Feuerbohne. I Same total, II Embryo total, III Embryo nach Entfernung eines der beiden Keimblätter. Ko Kotyledo, Hy Hypokotyl, W Radicula, Na die nach Abtrennung eines der beiden Keimblätter entstandene Narbe, Ep Epikotyl mit der von zwei jugendlichen Blättern (Primärblättern) gebildeten Sprossknospe (TROLL, 1973).

Die Iodkaliumiodid-Lösung (Iod-Iodkalium-Lösung) färbt das Keimblatt stark blauviolett. Die Keimblätter stellen das Speicherorgan (Speicherkotyledonen) dar und versorgen den Bohnenkeimling bis zur Ausbildung der grünen, photosynthetisch aktiven Blätter mit Nährstoffen. Sie enthalten neben Proteinen und Fetten vor allem Stärke, die sich durch Iodkaliumiodid-Lösung nachweisen lässt (s. V1.3.2).

Bemerkung:
Man kann auch andere Samen zur morphologischen Betrachtung verwenden. Allerdings ist zu bedenken, dass andere dikotyle Samen (z. B. Erbsen) kleiner sind und bei monokotylen Samen (z. B. Maiskörner) der Embryo weniger Struktur aufweist. Die Feuerbohne ist für eine morphologische Betrachtung sicherlich besonders gut geeignet.
Samen ohne Nährgewebe (Endosperm) begegnen uns bei Stein- und Kernobstgewächsen, Hülsenfrüchtlern (Fabales), den Fagales (z. B. Buche, Eiche, Hasel, Edelkastanie), Roßkastanie und vielen anderen, namentlich dikotylen Pflanzen. Die Ablagerung der Reservestoffe erfolgt hier statt in der Umgebung des Embryos in diesem selbst, und zwar gewöhnlich in den Keimblättern, welche unter dem Einfluß der Speicherfunktion knollige Beschaffenheit annehmen (Speicherkotyledonen). Die Embryonen der Endospermlosen Samen weisen über die Beschaffenheit der Kotyledonen hinaus weitere gemeinsame Merkmale auf: 1. weitgehende Unterdrückung des Hypocotyls, 2. relative Größe der Wurzelanlage, 3. Entwicklung einer Sprossknospe, die bereits im Samen über Blattanlagen verfügt und 4. Ausbildung eines epikotylen Achsengliedes.

V 12.2 Quellung

V 12.2.1 Beobachtung der Quellung bei Kressesamen

Kurz und knapp:
Der Quellungsvorgang lässt sich bei der Gartenkresse am Rand des Samens im Mikroskop beobachten.

Zeitaufwand:
Durchführung: 10 min

Material:	Gartenkressesamen (*Lepidium sativum*)
Geräte:	Mikroskop, Objektträger, Pasteurpipette, Becherglas (50 mL)
Chemikalien:	Leitungswasser

Durchführung:
Man legt einen trockenen Kressesamen auf einen Objektträger und betrachtet ihn unter dem Mikroskop bei kleiner Vergrösserung. Nun gibt man auf den Samen einen Tropfen Wasser und beobachtet den Rand des Samens im Mikroskop.

Beobachtung:
Nach der Wasserzugabe kann man eine Volumenzunahme der Zellen der Samenschale beobachten. Die Außenwände platzen auf und es tritt eine schleimige Flüssigkeit aus.

Erklärung:
Die Volumenzunahme der Zellen der Samenschale ist durch die Einlagerung der Wassermoleküle in quellbare Substanzen zu erklären. Die Wassermoleküle lagern sich an polare Gruppen der Zellwand an und dringen in freie intermicelläre und interfibrilläre Räume ein. Nach der Zugabe von Wasser entsteht eine Schleimhülle, die aus Pektinen besteht. Diese Schleimhülle ermöglicht eine Haftung auf feuchten Substraten.

Bemerkung:
Es empfiehlt sich auf den Objektträger einen weiteren trockenen Kressesamen zu legen, um im Mikroskop trockene und gequollene Kressesamen vergleichend betrachten zu können.

V 12.2.2   Quellung als rein physikalischer Prozess

Kurz und knapp:
Dieses Experiment veranschaulicht die Volumen- und Gewichtszunahme von Erbsensamen bei der Quellung. Weiterhin wird deutlich, dass die Quellung auch bei toten Samen beobachtet werden kann.

Zeitaufwand:
Trocknen: 24 h, Quellung: 24 h, Durchführung: 10 min

Material:	Erbsensamen (*Pisum sativum*)
Geräte:	2 Petrischalen mit Deckeln, Trockenschrank oder Backofen,
	2 Bechergläser, Waage, Papierhandtücher
Chemikalien:	Leitungswasser

Durchführung:
Man wiegt zweimal etwa 10 g (genaues Gewicht notieren) Erbsensamen in Petrischalen ein. Den einen Ansatz stellt man für 24 Stunden bei 100 °C in den Trockenschrank (A), den anderen lässt man bei Zimmertemperatur stehen (B). Am nächsten Tag füllt man die beiden Petrischalen mit Wasser, verschließt sie mit ihren Deckeln und lässt sie bei Zimmertemperatur stehen. Nach weiteren 24 Stunden nimmt man die Erbsen aus dem Wasser, trocknet sie mit Papierhandtüchern etwas ab und bestimmt das Gewicht der beiden Ansätze.

Beobachtung:
Die gequollenen Erbsen beider Ansätze haben im Vergleich mit trockenen Samen deutlich an Volumen zugenommen. Sowohl bei Ansatz A als auch bei Ansatz B kann man in etwa eine Verdopplung des Ausgangsgewichts feststellen. Zwischen Ansatz A und B ist kein signifikanter Unterschied in Bezug auf die Gewichtszunahme festzustellen.

Erklärung:
Die Erbsen des Ansatzes A sind aufgrund der Hitzeeinwirkung getötet worden. Trotzdem ergibt sich bei der Gewichts- und Volumenzunahme kein signifikanter Unterschied zu Ansatz B. Dies zeigt, dass es sich bei der Quellung um einen rein physikalischen Prozess handelt. Bei dem Vorgang der Quellung sind keine Stoffwechselprozesse beteiligt.

Bemerkung:
Lässt man die Erbsensamen der beiden Ansätze in jeweils einer Petrischale (mit Deckel) auf feuchtem Filterpapier für weitere 1-2 Tage stehen, so beobachtet man bei Ansatz B den Durchbruch der Keimwurzel durch die Samenschale. Die Erbsen des Ansatzes A zeigen keine Keimung.

V 12.2.3 Demonstration des Quellungsdrucks

Kurz und knapp:
Bei der Wasseraufnahme der Samen entsteht ein enormer Quellungsdruck, der sich anschaulich durch die Sprengung eines Gipsblocks demonstrieren lässt.

Zeitaufwand:
Vorbereitung: ca. 20 min, Versuchsergebnis: nach 1-2 Tagen

Material:	Erbsensamen (*Pisum sativum*)
Geräte:	schnellbindender Gips (Stuckgips), Margarinedose, Jogurtbecher, Löffel, 2 kleine Quarkschachteln, Spülschüssel
Chemikalien:	Leitungswasser

Durchführung:
Der Gips wird, wie auf der Verpackung vermerkt, in der Margarinedose angerührt. Eine Quarkschachtel wird komplett mit Gips gefüllt. Die zweite Quarkschachtel wird etwa zur Hälfte mit Gips gefüllt. Darauf legt man über Kreuz zwei Doppelreihen Erbsen und bedeckt diese mit dem restlichen Gips. Nach dem Abbinden des Gipses nimmt man die beiden Gipsblöcke aus den Quarkschachteln und legt sie in eine mit Wasser gefüllte Spülschüssel.

Beobachtung:
Der mit den Erbsen gefüllte Gipsblock wird gesprengt, während der andere Gipsblock keine Veränderung zeigt.

Erklärung:
Der Gips nimmt auf kapillarem Wege Wasser auf und so gelangt dieses zu den trockenen Erbsensamen. Die Quellung führt zu einer Volumenzunahme der Erbsensamen. Dem daraus resultierenden Quellungsdruck kann der Gips nur bis zu einem gewissen Maße standhalten, und so wird er schließlich gesprengt.

Bemerkung:
Verwendet man keinen schnell abbindenden Gips, so beginnen die Erbsen bereits bei der Herstellung des Gipsblocks zu quellen. Weiterhin dauert das Abbinden dann einige Stunden.

V 12.3   Keimung

V 12.3.1   Darstellung verschiedener Keimungsstadien

Kurz und knapp:
Im Anschluss an V12.1 lässt sich mit diesem Experiment die Entwicklung des gequollenen Feuerbohnensamens weiter verfolgen.

Zeitaufwand:
Vorbereitung: 10 min, Anzucht: 10-14 Tage

Material:	Feuerbohnensamen (*Phaseolus coccineus* = *Ph. multiflorus*)
Geräte:	Blumentöpfe, Plastikwanne
Chemikalien:	Vermiculit, Leitungswasser

Durchführung:
Alle 2 Tage steckt man 5 Feuerbohnen in einen Blumentopf mit Vermiculit und stellt diesen in eine mit Wasser gefüllte Plastikwanne. Nach 10-14 Tagen werden die Feuerbohnen aus den Blumentöpfen ausgegraben.

Beobachtung und Erklärung:
Der Bau des Embryos von Feuerbohnensamen wird in V 12.1.1 gezeigt. Am Ende der Durchführungszeit sind verschiedene Keimungsstadien der Feuerbohne sichtbar, wie sie in Abb. 12.5 dargestellt werden:

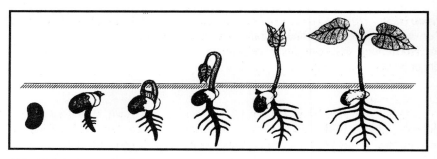

Abb. 12.5: Keimungsstadien der Feuerbohne (GERHARDT et al., 1974).

Die Keimung beginnt mit dem Durchbruch der Keimwurzel (Radicula) durch die Samenschale (Testa). Bei der Keimung wächst diese zur Primärwurzel aus, die sich in die Neben- oder Seitenwurzeln verzweigt. Die Primärwurzel wächst positiv gravitrop nach unten (s. Kapitel 13.2). Die Wurzel verankert den Keimling und versorgt ihn mit Wasser und Nährstoffen. Die beiden Keimblätter (Kotyledonen) verbleiben bei der Feuerbohne im bzw. am Substrat (Boden im Freiland), da hier der Keimstängel unterhalb der Kotyledonen, das Hypokotyl, keine nennenswerte Streckung erfährt (hypogäische Keimung, s. V 12.3.2). Die gebogene Keimachse durchbricht das Substrat, die Primärblätter gelangen ans Licht und ergrünen. Die Keimachse verlängert sich weiter im Bereich zwischen den Keim- und Primärblättern, dem Epikotyl, und richtet sich auf. Der Blatt- und Photosyntheseapparat wird nun ausgebildet und die Pflanze kann photoautotroph wachsen. Damit ist das Stadium der frühen Keimlingsentwicklung beendet.

V 12.3.2 Epigäische und hypogäische Keimung

Kurz und knapp:
Bei der Anzucht von z. B. Ricinus- und Feuerbohnenkeimlingen lassen sich die beiden unterschiedlichen Keimungsarten beobachten.

Zeitaufwand:
Vorbereitung: 5 min, Anzucht: 10-14 Tage

Material:	Ricinussamen (*Ricinus communis*, Wunderbaum), Feuerbohnensamen
	(*Phaseolus coccineus* = *Ph. multiflorus*)
Geräte:	2 Blumentöpfe, Plastikwanne
Chemikalien:	Vermiculit, Leitungswasser

Durchführung:
Man füllt die beiden Blumentöpfe mit Vermiculit und steckt in den einen fünf Ricinussamen und in den anderen fünf Feuerbohnensamen. Die beiden Blumentöpfe werden in eine mit Wasser gefüllte Plastikwanne gestellt und belichtet.

Beobachtung und Erklärung:
Während die Keimung der Ricinussamen epigäisch erfolgt, findet sie bei der Feuerbohne hypogäisch statt (s. Abb. 12.3).

Same und Embryo von *Ricinus communis* werden in Abb. 12.1 dargestellt. Bei der Keimung der Ricinussamen beginnt sich, nach Voranentwicklung der Keimwurzel, die Keimachse unterhalb der Keimblätter im hypokotylen Glied zu strecken und unter Krümmungserscheinungen aufzurichten. Die Keimblätter stecken noch in dem nach Sprengung der Samenschale stark aufgequollenen Nährgewebesack, aus dem sie als haustoriale Organe Nährstoffe für die junge Pflanze beziehen. Schließlich aber treten sie in starkes Flächenwachstum ein, wobei sie sich aus dem Samen befreien, erstarken und ergrünen. Die Kotyledonen sind hier also nacheinander Saug- und Assimilationsorgane. Man bezeichnet diese Art der Keimung, bei der die Keimblätter durch starkes Streckungswachstum des Hypokotyls (Abschnitt der Keimachse unterhalb der Keimblätter) an die Oberfläche gebracht werden und sich dort zu flächigen Assimilationsorganen ausbilden, als epigäische (= überirdische; griech.: epi = über, darüber, gea = Erde) Keimung (s. Abb. 12.3 a und d).

Dieser epigäischen Art der Keimung steht eine hypogäische (= unterirdische; griech.: hypo = unter, unterhalb) gegenüber, die wir bei der Feuerbohne beobachten können. Der Bau der Samen und verschiedene Keimungsstadien der Feuerbohne werden in den Versuchen V 12.1.1 bzw. V 12.3.1 demonstriert. Bei dieser Pflanzenart erfährt bei der Keimung das Hypokotyl keine nennenswerte Streckung; an seiner statt wächst das Epikotyl (Abschnitt der Keimachse zwischen Keimblättern und Primärblättern) stark in die Länge und bringt die sich schon zu dieser Zeit entfaltenden Primärblätter über den Boden (s. Abb. 12.3 c und e). Gleichaltrige Keimpflanzen von *Ricinus* und Feuerbohne unterscheiden sich also in der Ausbildung der Keimblätter und des Achsenkörpers. Dessen Verlängerung beruht bei *Ricinus* auf der Streckung des Hypokotyls, bei der Feuerbohne dagegen auf der Verlängerung des Epikotyls. Die Keimblätter sind bei der Feuerbohne im Ganzen als Speicherorgane festgelegt und zu einer Umbildung in grüne assimilierende Blätter nicht mehr fähig. Bei der Mobilisierung der in ihnen enthaltenen Reservestoffe beginnen sie zu schrumpfen und gehen schließlich in der Form, die sie schon im Samen angenommen hatten, zugrunde.

Bemerkung:
Die epigäische Keimung nach dem Muster von *Ricinus communis* kann man z. B. ebenfalls gut bei Samen von Senf (*Sinapis alba*), Sonnenblume (*Helianthus annuus*) und Buche (*Fagus sylvatica*) zeigen. Zur Demonstration der hypogäischen Keimung eignen sich u. a. Samen von Erbse (*Pisum sativum*), Pferdebohne (*Vicia faba*), Kapuzinerkresse (*Tropaeolum majus*), Roßkastanie (*Aesculus hippocastanum*) und Eiche (*Quercus robur* = Stieleiche, *Quercus petraea* = Traubeneiche).

Bei der Gartenbohnenart *Phaseolus vulgaris* gelangen die Keimblätter durch eine nicht unbedeutende Streckung auch des Hypokotyls zwar ans Licht und ergrünen schwach; es kommt aber zu keiner weiteren Umbildung in ein flächiges Blattorgan.

V 12.3.3 Abhängigkeit der Keimung von der Sauerstoffversorgung

Kurz und knapp:
Dieses Experiment verdeutlicht, dass für die Keimung nicht nur Wasser, sondern auch in ausreichendem Maße Sauerstoff vorhanden sein muss.

Zeitaufwand:
Quellung: 24 h, Vorbereitung: 10 min, Versuchsergebnis nach: 1-2 Tagen

Material:	Erbsensamen (*Pisum sativum*)
Geräte:	Becherglas, 2 Demonstrationsreagenzgläser, Stativ, 2 Klammern mit Muffen, Spülschüssel, Papierhandtücher
Chemikalien:	Leitungswasser

Durchführung:
Einen Tag vor Versuchsbeginn legt man etwa 60 Erbsensamen in ein Becherglas mit Wasser.

In zwei Reagenzgläser legt man jeweils einen über die Mündung hinausragenden Streifen eines Papierhandtuchs. Man füllt die Reagenzgläser mit etwa 30 gequollenen Erbsen. Um ein Herausfallen der Erbsen beim Umdrehen des Reagenzglases zu vermeiden, steckt man jeweils ein Stück Papierhandtuch in die beiden Reagenzgläser. Die Reagenzgläser werden mit der Mündung nach unten an einem Stativ über der wassergefüllten Schüssel befestigt. Dies geschieht so, dass das eine Reagenzglas

(A) mit seiner Mündung ganz ins Wasser eintaucht (partieller Luftabschluss) und beim anderen (B) nur der Papierhandtuchstreifen.

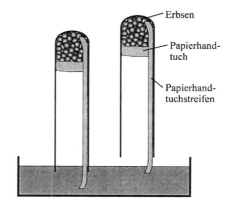

Beobachtung:
Im Reagenzglas B ist eine Keimung der Erbsen zu beobachten. Bei den Erbsen im Reagenzglas A ist kein Durchbruch der Keimwurzel (Radicula) zu erkennen.

Abb. 12.6: Versuchsaufbau.

Erklärung:
Die gequollenen Erbsen gehen nur unter geeigneten Bedingungen zur Keimung über. Die Keimung ist von einer ausreichenden Sauerstoffversorgung des Embryos für die Atmung der Zellen abhängig. Ist bei eigentlich günstigen Bedingungen (Wasser, Raumtemperatur) kein Sauerstoff vorhanden (Ansatz A: partieller Luftabschluss) unterbleibt die Keimung der Erbsen.

Bemerkung:
Beobachtet man die beiden Ansätze über den Zeitraum von einer Woche, so bilden sich im Ansatz B kleine Erbsenpflanzen, während im Ansatz A keine Keimung zu beobachten ist.

V 12.3.4 Abbau von Stärke bei der Keimung

Kurz und knapp:
Dieses Experiment demonstriert am Beispiel von Weizenkörnern, wie Stärke als Reservestoff bei der Keimung in den Betriebsstoff Glucose gespalten wird.

Zeitaufwand:
Vorbereitung: Aussaat 10 min, Keimung 4-5 Tage, Durchführung: 10 min

Material:	Weizenkörner (*Triticum aestivum*)
Geräte:	Petrischale mit Deckel, Filterpapier, Mörser mit Pistill, Becherglas (1000 mL) als Wasserbad, Bunsenbrenner, Ceranplatte mit Vierfuß, Messzylinder (50 mL), Feuerzeug, 2 Bechergläser (150 mL), Glasstab, Waage
Chemikalien:	FEHLING I- und FEHLING II-Lösung (s. V1.2.1), Aqua dest.

Durchführung:
Etwa 4-5 Tage vor Versuchsbeginn werden 4 g Weizenkörner auf feuchtem Filterpapier ausgesät und dunkel gestellt. Am Versuchstag werden 4 g trockene Weizenkörner im Mörser mit einem Pistill zerkleinert und mit 50 mL Aqua dest. in einem Becherglas vermischt. Ebenso verfährt man mit den gekeimten Weizenkörnern. Nachdem sich in beiden Bechergläsern die zerkleinerten Weizenkörner abgesetzt haben, dekantiert man jeweils 4 cm hoch in ein Reagenzglas ab. In jedes der beiden Reagenzgläser gibt man 10 mL frisches Fehlinggemisch (FEHLING I und II in gleichen Teilen, s. V1.2.1) und stellt sie in ein siedendes Wasserbad.

Beobachtung:
Die Lösung der ungekeimten Weizenkörner bleibt blau gefärbt, während sich die der gekeimten Weizenkörner rot färbt.

Erklärung:
Bei der Keimung wird der Reservestoff Stärke mobilisiert. Am hydrolytischen Stärkeabbau im Samen sind die Enzyme α- und β-Amylase sowie ein sogenanntes R-Enzym beteiligt. Die hydrolytische Spaltung der Glykosidbindungen liefert letztlich das Disaccharid Maltose, welches durch Maltase zu freier Glucose gespalten werden kann. Die Glucose reduziert das in FEHLING I vorhandene Cu^{2+} zu Cu^+, wobei sich ein roter Niederschlag von Kupfer(I)oxid (Cu_2O) bildet (. V 1.2.1).

Bemerkung:
Mit Glucoseteststäbchen lässt sich die Glucose als Schlussglied der Reservestoffmobilisierung spezifisch nachweisen (s. V1.2.3).

V 12.4   Sperrmechanismen der Keimung

V 12.4.1   Keimungshemmung durch Sperrschichten und Inhibitoren im Samen

Kurz und knapp:
Mit Apfelkernen lässt sich die keimungshemmende Wirkung von Sperrschichten und der im Samen enthaltenen Inhibitoren demonstrieren.

Zeitaufwand:
Vorbereitung: 10 min, Versuchsergebnis: nach ca. 1 Woche

Material:	Apfelkerne (Apfelsamen)
Geräte:	3 Petrischalen mit Deckel, Filterpapier
Chemikalien:	Leitungswasser

Durchführung:
In drei Petrischalen legt man auf feuchtes Filterpapier unterschiedlich präparierte Apfelkerne:

Petrischale	Apfelkerne
1	Samenschale und Endosperm entfernt
2	Endosperm entfernt
3	unbehandelt

Sowohl die Samenschale als auch das dünne Endosperm (Nährgewebe) lassen sich mit dem Fingernagel ohne Probleme vorsichtig entfernen.

Beobachtung:

Petrischale	Beobachtung
1	Ergrünen der Keimblätter, Ausbildung der Keimwurzel
2	keine Keimung
3	keine Keimung

Erklärung:
In den Embryonen von Rosaceen, vor allem unserer Stein- und Kernobstgewächse, ist Amygdalin als Vorstufe des Inhibitors Blausäure enthalten. Beim Quellen der Samen wird zuerst eine ebenfalls vorhandene β-Glucosidase aktiv und spaltet die

beiden Glucosemoleküle vom Amygdalin ab (Abb. 12.7). Das freigesetzte Aglykon wird dann von Oxynitrilasen in Benzaldehyd und Blausäure zerlegt. Da das Endosperm der betreffenden Arten für Blausäure undurchlässig ist, kann diese nicht entweichen. Sie blockiert im Embryo die Atmung und verhindert somit die Keimung.

Entfernt man das Endosperm, wie es im Versuch geschieht, so entweicht die Blausäure und die Apfelsamen beginnen zu keimen. Im Boden verrottet das Endosperm durch die Aktivität von Mikroorganismen, sodass das Endosperm bis zur Samenkeimung abgebaut ist.

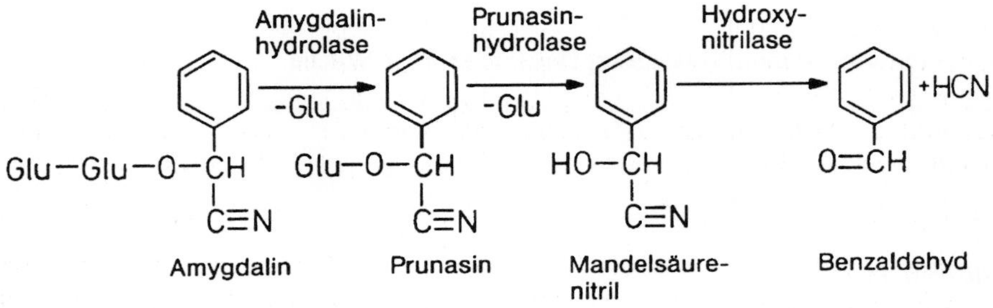

Abb. 12.7: Bildung von Blausäure aus Amygdalin; Glu = Glucose (Heß, 1991).

Bemerkung:
Die Blausäure kann bei Raumtemperatur als Gas entweichen, da sie bereits bei 26 °C siedet.

V 12.4.2 Keimungshemmende Wirkung des Fruchtfleischs

Kurz und knapp:
Dieses Experiment veranschaulicht, wieso die in einer Tomate enthaltenen Samen nicht schon in der Frucht zu keimen beginnen.

Zeitaufwand:
Vorbereitung: 10 min, Versuchsergebnis: nach ca. 1 Woche

Material:	reife Tomatenfrucht
Geräte:	Messer, Petrischalen mit Deckel, Filterpapier
Chemikalien:	Leitungswasser

Durchführung:
Eine Tomate wird in Scheiben geschnitten. Bis auf eine legt man alle Tomatenscheiben, die Samen enthalten, in jeweils eine Petrischale. Aus der verbliebenen Tomatenscheibe entnimmt man die Samen, entfernt das anhaftende Fruchtfleisch und legt
sie auf gut befeuchtetes Filterpapier in eine Petrischale.

Beobachtung:
Die Tomatensamen auf dem feuchten Filterpapier beginnen zu keimen, während die
Samen in den Tomatenscheiben keine Keimung zeigen.

Erklärung:
Im Fruchtfleisch der Tomate sind Hemmstoffe (Inhibitoren, z. B. Kaffeesäure und
Ferulasäure) enthalten, die eine Keimung verhindern. Weiterhin weist das die Samen
umgebende Gewebe ein hohes osmotisches Potential auf, wodurch die Wasseraufnahme gehemmt wird.

Bemerkung:
Man legt mehrere Tomatenscheiben in Petrischalen, um sicherzustellen, dass man
am Ende des Versuchs zumindest eine unverpilzte Tomatenscheibe als Vergleich
hat. Ansonsten kann nämlich der Eindruck entstehen, dass die Keimungshemmung
auf die Einwirkung des Pilzes zurückgeht.
  Alternativ sät man Kressesamen in zwei Petrischalen auf einer Tomatenscheibe
und auf feuchtem Filterpapier aus. Die keimungshemmende Wirkung des Frucht-
fleischs auf die Kressesamen wird nach einem Tag sichtbar.

V 12.4.3   Einfluss ätherischer Öle auf die Keimung

Kurz und knapp:
Dieses Experiment demonstriert die keimungshemmende Wirkung der in Orangen-
bzw. Zitronenschale enthaltenen ätherischen Öle.

Zeitaufwand:
Vorbereitung: 15 min, Versuchsergebnis: nach 2 Tagen

Material:	Gartenkressesamen (*Lepidium sativum*), Orange oder Zitrone
Geräte:	3 Erlenmeyerweithalskolben (200 mL), 3 Stopfen, 3 kurze Draht-
	stücke, Watte, Becherglas (100 mL), Petrischale
Chemikalien:	Ätherische Öle (für Duftlampen): Orange oder Zitrone, Leitungs-
	wasser

Durchführung:

Man fixiert 3 Wattebäusche an je einem kurzen Drahtstück und befestigt sie in den 3 Gummistopfen durch Einstechen. Die Wattebäusche werden nun in Wasser getaucht und in Kressesamen gerollt. Die Samen heften aufgrund der Verschleimung der Testa fest an der Watte (s. V 12.2.1). Nun schält man die Orange oder Zitrone. In den ersten Erlenmeyerkolben legt man die zerkleinerte Schale, in den zweiten gibt man 20 Tropfen ätherisches Öl und verschließt die beiden Kolben <u>sofort</u> mit den präparierten Stopfen. Der dritte Erlenmeyerkolben bleibt ohne Zusatz und wird mit dem präparierten Stopfen verschlossen (Kontrolle).

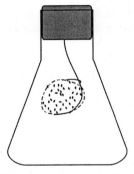

Abb. 12.8: Versuchsaufbau.

Beobachtung:

Die Kressesamen im Kontrollansatz keimen fast ohne Ausnahme, während die Samen in den beiden anderen Ansätzen eine deutlich geringere Keimungsrate aufweisen.

Erklärung:

Ätherische Öle sind in den Schalen von Orangen und Zitronen enthalten. Für Duftlampen gewinnt man die ätherischen Öle durch Wasserdampfdestillation oder Extraktion. Wie ihr Name schon sagt, besitzen die ätherischen (= flüchtigen) Öle einen niedrigen Siedepunkt und entweichen als Gase. Die ätherischen Öle sind gasförmige Inhibitoren, die die Keimung hemmen.

Bemerkung:

Da die für Duftlampen verwendeten ätherischen Öle sehr konzentriert sind, kann bei ihnen die Keimung stärker gehemmt sein als bei Verwendung von Orangen- oder Zitronenschalen.

V 12.5   Der ökologische Vorteil der Samenruhe

V 12.5.1   Temperaturbehandlung von Weizensamen

Kurz und knapp:
Mit diesem Experiment lässt sich zeigen, dass ruhende Samen ungünstige Bedingungen wie Hitze und Frost unbeschadet überstehen können.

Zeitaufwand:
Quellung: 24 h, Temperaturbehandlung: 24 h, Versuchsergebnis: nach 1-2 Tagen

Material:	Weizenkörner (*Triticum aestivum*)
Geräte:	2 Bechergläser (100 mL), Waage, Trockenschrank oder Backofen (80 °C), Kühlschrank mit Gefrierfach (-5 °C bis -10 °C), 4 Petrischalen mit Deckel, Filterpapier
Chemikalien:	Leitungswasser

Durchführung:
In 2 Bechergläser gibt man jeweils 2 g Weizenkörner in ausreichend Wasser zum Quellen. Nach einem Tag legt man die gequollenen Weizenkörner in zwei Petrischalen. Zwei weitere Petrischalen füllt man mit 2 g trockenen Weizenkörnern. Man stellt nun je eine Petrischale mit trockenen und gequollenen Weizenkörnern in den Trockenschrank und ins Gefrierfach. Nach einem Tag legt man die Weizenkörner der vier Petrischalen auf Filterpapier, befeuchtet es und beobachtet die vier Ansätze bei Raumtemperatur.

Beobachtung:
Die zuvor gequollenen Weizenkörner zeigen keine Keimung, während die ursprünglich trockenen Samen keimen.

Erklärung:
Die trockenen, sich in der Samenruhe befindenden Weizenkörner besitzen eine große Resistenz gegenüber Hitze und Frost. Nach der Quellung und Aktivierung des Stoffwechsels ist diese Resistenz aufgehoben. Im Gefrierschrank bilden sich in den gequollenen Weizenkörnern Eiskristalle, die das Gewebe irreversibel schädigen. Bei der Hitzeeinwirkung werden die aktivierten Enzyme denaturiert.

Kapitel 13 Physiologie der Bewegungen

A Theoretische Grundlagen

13.1 Einleitung

Die Bewegung (Motilität) der Organismen ist eine der Grunderscheinungen des Lebendigen. Wir verstehen darunter eine aktive, meist durch ihre Geschwindigkeit auffällige Orts- und Lageveränderung von Organellen, Organen oder Organismen. Sowohl im Tier- wie auch im Pflanzenreich treten uns ganz allgemein zwei Arten von Bewegungen entgegen, nämlich Lokomotionen und Organbewegungen. Unter Lokomotion (Fortbewegung) versteht man einen Ortswechsel des ganzen Organismus, der also in diesem Fall frei beweglich sein muß. Verändern dagegen nur einzelne Organe ihre räumliche Orientierung, so spricht man von Organbewegungen oder, da die Bewegungen meist auf Krümmungen beruhen, von Krümmungsbewegungen. Bei den Tieren überwiegen entschieden die lokomotorischen Bewegungen. Bei den Pflanzen ist dagegen die Lokomotionsfähigkeit im Wesentlichen auf wasserbewohnende, einzellige oder kolonienbildende Algen und auf Fortpflanzungszellen beschränkt. Die Höheren Landpflanzen verfügen jedoch insbesondere über vielfältige Möglichkeiten zur aktiven Bewegung von Organen. Gerade die sessile Lebensweise und die unmittelbare Abhängigkeit von der physikalischen Umwelt macht es notwendig, dass sich manche Organe des Pflanzenkörpers (vor allem Blätter, Blüten, Früchte) nach richtungsvariablen Faktoren der Umwelt orientieren können.

Pflanzliche Bewegungen können entweder ohne äußeren Reizanlaß, also autonom (endogen) erfolgen oder durch Reize von der Umgebung hervorgerufen werden (induzierte Bewegungen). Unter einem Reiz versteht man ein physikalisches oder chemisches Signal, das in der Zelle eine Reaktionsfolge auslöst, deren Energiebedarf aus dem Organismus selbst gedeckt und nicht durch den Reiz zugeführt wird. Der Reizvorgang zeigt demnach den Charakter einer Auslösungserscheinung. Viele pflanzliche Bewegungen sind charakteristische Reizerscheinungen.

Die Wahrnehmung (Perzeption) eines Reizes beginnt mit der Rezeption (Aufnahme) des Signals durch einen Rezeptor, gefolgt von der Transduktion, der Umwandlung des äußeren in ein anderes, inneres Signal. Der Rezeptor ist ein Molekül oder eine Struktur mit der Fähigkeit, spezifische Umweltinformationen aufzunehmen (z. B. ein Pigment zur Aufnahme von Lichtreizen). In vielen, aber nicht in allen Fällen, gehört zur Transduktion eine Erregung. Der erregte Zustand ist ein veränderter Zellzustand, der durch ein elektrisches Aktionspotential charakterisiert wird und zu einer vorübergehenden Phase der Nichtreizbarkeit (Refraktärstadium) führt. Reiz und Reaktion sind durch eine Kausalkette zwischengeschalteter Reaktionen (Signalumwandlungskette) verbunden. Wenn die Rezeption und die Reaktion, wie bei sehr vielen Bewegungen, räumlich getrennt sind, gehört zur Signalumwandlungskette ein Signaltransfer (Signaltransport). Man unterscheidet: Transfer eines physikalischen Signals, nämlich eines Aktionspotentials (sogenannte Erregungsleitung) und Transfer von chemischen Signalen (z.B. von Phytohormon oder spezieller Erregungssubstanz). Um eine Reaktion auslösen zu können, muß die Reizmenge einen bestimmten Schwellenwert überschreiten (Reizschwelle). Allerdings können vielfach auch unterschwellige Reize perzipiert werden und sich summieren, so dass der reaktionsauslösende Schwellenwert erreicht wird. In der Nähe der Reizschwelle kann das Reizmengengesetz gelten, d.h. der Reizerfolg (R) wird bestimmt durch das Produkt aus Reizintensität (I) und Reizdauer (t): $R = I \cdot t$. Erfolgt dagegen bei Überschreiten der Reizschwelle, unabhängig von Stärke und Dauer des Reizes, stets die volle Reaktion (z.b. das Zusammenklappen der Blatthälften bei der Venusfliegenfalle, *Dionaea muscipula*), so spricht man von einer „Alles-oder-Nichts-Reaktion".

13.2   Bewegungen lebender Organe

A. Tropismen. Krümmungsbewegungen, die durch einen gerichteten Reiz induziert und orientiert werden, bezeichnet man als Tropismen. Die Benennung der verschiedenen Tropismen erfolgt nach dem Reiz, der sie verursacht: Phototropismus (lichtinduziert), Gravitropismus oder Geotropismus (schwerkraftinduziert), Thigmotropismus (berührungsinduziert), Chemotropismus (chemisch induziert) usw. Erfolgen die tropistischen Krümmungen zur Reizquelle hin, so spricht man von positiven, im umgekehrten Falle von negativen Tropismen. Beim Plagiotropismus stellt sich das reagierende Organ in einem bestimmten Winkel zur Reizrichtung ein; beträgt er 90°, handelt es sich um Transversaltropismus. Tropismen sind meistens Wachstumsbewegungen. Der Reiz führt zu einer physiologischen Asymmetrie und diese wiederum zu einer Wachstumsasymmetrie. Gewöhnlich sind daher nur wachstumsfähige Organe oder Organteile tropistisch reaktionsfähig. Wenn ein reaktionsfähiges Organ von zwei Reizen aus unterschiedlichen Richtungen getroffen wird, gilt häufig das Resultantengesetz: Bei vektorieller Darstellung der beiden Reize gibt die Resultante im Kräfteparallelogramm die Krümmungsrichtung an (Abb. 13.1).

374

Phototropismus. Da Pflanzen in der Regel auf einen ausreichend hohen Lichtgenuß optimiert sind, zeigen oberirdische Organe einen ausgeprägten positiven Phototropismus. Ein gutes Beispiel bietet das Hypokotyl von Dikotylenkeimlingen. Dabei zeigen die Zellen der Flanke, die dem Licht abgewandt ist, ein verstärktes Wachstum, was die Krümmung zum Licht hin bedingt. Die ausgedehnte Wachstumszone des Hypokotyls bewirkt eine bogenförmige Krümmung. Die Wurzeln verhalten sich normalerweise indifferent oder reagieren negativ phototropisch. Z.B. weisen in Wasserkultur gehaltene Senfkeimlinge (*Sinapis alba*) an der Keimwurzel einen scharfen, dem Licht abgewandten Knick auf, der aus der kurzen Wachstumszone resultiert. Plagiophototrop reagieren viele Seitenzweige. Transversalphototrop orientieren sich viele Laubblätter. Die Blätter vieler Pflanzenarten können einer partiellen Beschattung durch die Schattenfluchtreaktion entweichen.

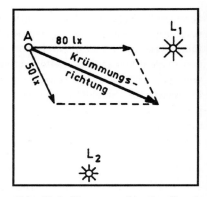

Abb. 13.1: Demonstration des Resultantengesetzes bei phototroper Reaktion auf zwei gleichzeitige Lichtreize. Aufsicht von oben auf das Objekt A (z.B. eine Koleoptile) und zwei Lichtquellen L_1 und L_2. Die Beleuchtungsstärken, die jede der Lichtquellen allein am Objekt erzeugt, sind als Vektoren (80 bzw. 50 Lux) dargestellt (LIBBERT, 1993).

Phototrope Krümmungen kommen in der Regel durch ungleiches Flankenwachstum zustande. Es handelt sich meist um Streckungswachstum, doch können auch Zellteilungen beteiligt sein. Perzipiert wird nicht unmittelbar die Lichtrichtung als Vektor, sondern Beleuchtungsstärkeunterschiede zwischen den verschiedenen Flanken eines einseitig beleuchteten Organs. Für die Stärke der phototropischen Reaktion ist in der Mehrzahl der Fälle innerhalb gewisser Zeit- und Intensitätsbereiche das Reizmengengesetz gültig.

Alle phototropen Reaktionen, die auf differentiellem Wachstum von Licht- und Schattenflanke beruhen, zeigen das gleiche Wirkungsspektrum (Aktionsspektrum), das einen Gipfel im Ultraviolett und drei im Blau besitzt (Abb. 13.2). Dieser Photorezeptor, der im Blau und UV absorbiert, wird allgemein als Cryptochrom bezeichnet. Das Maximum im UV (370 nm) stimmt gut mit dem Absorptionsspektrum des Riboflavins überein; die drei Maxima im Blaubereich lassen dagegen ein Carotinoid als Photorezeptor vermuten. Flavine gelten z.Z. als die wahrscheinlichsten Photorezeptoren. Der Bereich maximaler Lichtempfindlichkeit liegt in der Regel oberhalb (apikal) der Krümmungszone. Da die Krümmung auch erfolgt, wenn nur der Rezeptionsbereich bestrahlt wird, ist ein Signaltransfer erforderlich. Die Transduktionskette des Phototropismus ist allerdings noch weitgehend unbekannt. Die einzige mit Sicherheit nachgewiesene Folgereaktion einer einseitigen Bestrahlung von Organen

Höherer Pflanzen ist eine Auxinasymmetrie (Phytohormon IES = Indol-3-essigsäure, s. Kapitel 11.2), d.h. eine Veränderung des Auxingehaltes von Licht- und Schattenflanke. Durch den polaren Auxintransport kann sich die asymmetrische Auxinverteilung zur Basis fortpflanzen und somit den Signaltransfer vermitteln.

Gravitropismus (Geotropismus). Die Ausrichtung erdgebundener Pflanzen bzw. ihrer Organe unter dem Einfluß der Erdschwerkraft (g = 9,81 m · s^{-2}) bezeichnet man als Gravitropismus (bisher Geotropismus). Pflanzen wachsen in der Regel aufrecht. Die Orientierung erfolgt zur Schwerkraft, nicht etwa senkrecht zum örtlichen Verlauf der

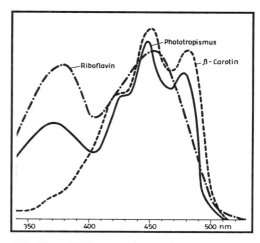

Abb 13.2: Wirkungsspektrum des Phototropismus, Absorptionsspektren von ß-Carotin und Riboflavin. Das Wirkungsspektrum bezieht sich auf die erste positive Krümmung von Hafer-Koleoptilen (LIBBERT, 1993; JACOB et al., 1994).

Erdoberfläche. Bäume an einem Steilhang wachsen z.B. so, dass die Stammlängsachse in der Richtung des Lotes, nicht etwa senkrecht zur lokalen Erdoberfläche steht. Positiv gravitrop, d.h. in Richtung der Schwerkraft wachsen Keim- und Hauptwurzeln, negativ gravitrop die aufrechten Hauptsprosse. Beide Reaktionsweisen erfolgen parallel zur Schwerkraftrichtung; sie werden als Orthogravitropismus zusammengefaßt und der Einstellung schräg zur Schwerkraftrichtung, dem Plagiogravitropismus (z.B. der Seitenwurzeln erster Ordnung) gegenübergestellt. Seitenwurzeln höherer Ordnung sind meist agravitrop.

Daß es sich wirklich um Schwerereize handelt, kann man durch zwei einfache Versuche nachweisen: (1) Durch Querlegen einer Pflanze: Die Hauptwurzel und der Sproß krümmen sich wieder in die Senkrechte und wachsen positiv bzw. negativ orthotrop (griech.: orthos = gerade, aufrecht; Abb. 13.3a). (2) Durch den Klinostaten: Die Pflanze rotiert langsam in der Horizontalen und zeigt keine Reaktionen auf Schwerereize, weil die Erdanziehung unmittelbar nacheinander auf alle Seiten einwirkt und damit ein räumlich gerichteter Reiz aufgehoben ist (Abb. 13.3b).

Wie die phototropischen, kommen auch die gravitropischen Krümmungen durch ein verschieden starkes Flankenwachstum zustande; es reagieren also wieder die wachstumsfähigen Zonen. Für die Stärke der Reaktion gilt innerhalb eines gewissen Bereiches das Reizmengengesetz. Perzipiert wird der gravitrope Reiz bei Wurzeln in der Spitze. Auch bei Koleoptilen (Scheide, die das erste Blatt des Keimlings der

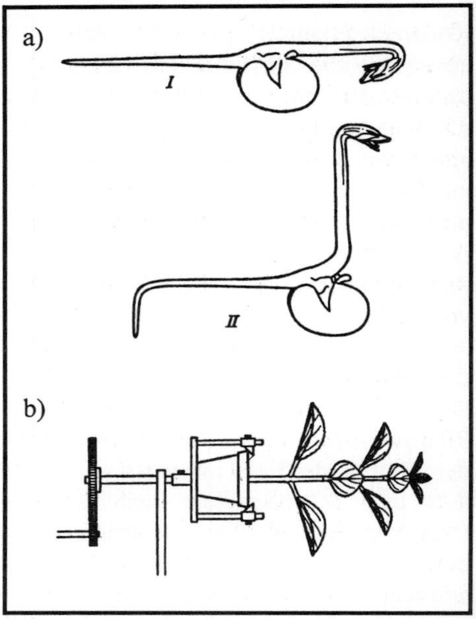

Gräser umgibt) perzipieren die Spitzen, bei Sprossen wahrscheinlich die Strekkungszonen aller noch wachsenden Internodien. Die Perzeption der Erdbeschleunigung ist mit der Verlagerung spezifisch schwerer Partikel (Statolithen) im Cytoplasma verbunden. Vor allem kommen hierfür Amyloplasten („Statolithenstärke") in Betracht, die sich in Zellen (Statocyten) im Zentrum der Wurzelhaube oder in Stärkescheiden der Stengel befinden und sich bei Lageänderungen des Organs rasch auf die physikalische Unterseite verlagern. Ausschlaggebend für die Reizvermittlung könnte bei Höheren Pflanzen die Druckentlastung an den Orten sein, an denen die Statolithen zu Beginn der gravitropen Reizung lagen. Bei Organen Höherer Pflanzen ist ein Folgeeffekt der Graviperzeption und ein Glied in der Kette der gravitropen Reaktionsfolge die laterale Ungleichverteilung des Wuchsstoffs Indol-3-essigsäure (oder von Giberellin): Die physikalischen Unterseiten der Sproßachsen bzw. Wurzeln weisen jeweils eine höhere Konzentration auf. Allerdings ist der Zusammenhang zwischen Statolithenverlagerung, d.h. der Reizperzeption, und der Wuchsstoffverlagerung noch ungeklärt. Es wird weiterhin angenommen, dass an der Regulation der gravitropen Reaktionskette Calciumionen (Ca^{2+}) und das Phytohormon Ethylen beteiligt sind.

Abb. 13.3: (a) Keimpflanze von *Vicia faba* (Saubohne), die aus vertikaler Orientierung in horizontale Lage gebracht wurde und daraufhin in der aus II ersichtlichen Weise mit geotropischen Krümmungen von Sproß und Wurzel reagiert hat. Die Krümmung in der Spitzenregion des Sprosses, an der sich in II gegenüber I nichts geändert hat, ist autonomer Natur. (b) Aufhebung der geotropischen Reaktion auf dem Klinostaten (TROLL, 1973).

Chemotropismus. Chemotrope Krümmungen sind von wachsenden Organen bekannt wie Wurzeln, Pollenschläuchen und Pilzhyphen. Die Reizrichtung wird durch den Gradienten eines Konzentrationsgefälles chemotrop wirkender Substanzen bestimmt. Ein Wachstum in Richtung ansteigender Konzentration wird als positiv chemotrop, zur geringeren als negativ chemotrop bezeichnet.

B. Nastien. Unter Nastien (Sing. Nastie, sprich Nasti, griech.: nastos = festgedrückt) lassen sich die Krümmungsbewegungen zusammenfassen, die durch einen gerichteten oder diffusen Reiz induziert werden und durch die Struktur des reagierenden Organs orientiert (festgelegt) sind. Sie heißen wie Tropismen nach dem Reiz: Seismonastie, Thigmonastie, Chemonastie, Photonastie usw. Nastische Bewegungen sind häufig Turgorbewegungen (Seismonastie, Spaltöffnungsbewegungen) oder Wachstumsbewegungen (Thermonastie, Photonastie, Rankenbewegungen).

Seismonastie. Eine durch Erschütterung ausgelöste pflanzliche Bewegungsreaktion, deren Richtung durch den Bau der reagierenden Teile bestimmt ist, wird als Seismonastie (griech.: seismos = Erschütterung, Erdbeben) bezeichnet. Diese kann durch Schütteln erreicht werden, durch Wind, durch Regen, durch Berührung. Erschütterungsempfindliche Pflanzen sind immer auch berührungsempfindlich. Seismonastische Bewegungen sind an sich bei zahlreichen Pflanzen zu beobachten. Zu größerer Auffälligkeit steigern sie sich aber nur vereinzelt, so etwa in den Blüten von Sauerdorn (*Berberis*) und Zimmerlinde (*Sparmannia*), wo die Staubblätter seismonastisch reagieren. Laubblätter, die ein entsprechendes Verhalten an den Tag legen, besitzt neben der Fliegenfallenpflanze (*Dionaea muscipula*) namentlich die Sinnpflanze (*Mimosa pudica*); bekannt sind dafür außerdem noch die *Biophytum*-Arten, u.a. *B. sensitivum*, dessen Artnamen schon auf die seismonastische Sensitivität der Laubblätter hinweist.

Die seismonastischen Bewegungen sind auffallend schnelle Turgorbewegungen. Bestimmte, sog. motorische Zellen verkleinern sich unter Turgordruckverlust. Wenn das nur an einer Flanke eines Organs geschieht, z.b. eines Blattgelenks, erhalten dadurch die Zellen der Gegenflanke die Möglichkeit zur Ausdehnung, und es kommt zu scharnierartigen Krümmungen.

Die nastischen Bewegungen der Ranken. Besonders auffällig ist die thigmonastische Empfindlichkeit bei den Rankenkletterern, die auf diese Weise Stützen umklammern können. Gegen Erschütterung (seismisch) sind die Ranken unempfindlich. Ranken können physiologisch dorsiventral oder radiär sein. So ergeben sich verschiedene Reaktionstypen: (1) Eine Reizung von Ventral- oder Dorsalseite führt stets zur ventralen Einkrümmung, z.B. bei Kürbisranken (*Cucurbita pepo*) oder bei der Zaunrübe (*Bryonia dioica*). Es handelt sich hier also um eine eindeutig nastische Reaktion. (2) Nach Reizung der Ventralseite, nicht der Dorsalseite, kommt es zur ventralen Einkrümmung, bei gleichzeitiger Reizung beider Seiten erfolgt aber keine Krümmung, z.B. bei den Blattranken der Erbse (*Pisum sativum*). Auch diese Bewegung ist als Thigmonastie zu betrachten. (3) Schließlich gibt es Arten (z.B. *Cissus*-Arten), deren Ranken morphologisch und physiologisch radiär gebaut sind und sich daher nach allen Richtungen krümmen können, wobei stets die jeweils berührte Seite konkav wird. Es handelt sich in diesem Falle demnach um Thigmotropismus.

Die nastischen Bewegungen der Spaltöffnungen. Das Öffnen und Schließen der Spaltöffnungen (Stomata) wird durch nastische Turgorbewegungen der Schließzellen besorgt. Die Öffnungsweite der Stomata hängt stark von Außenfaktoren ab, insbesondere von Licht, Luftfeuchtigkeit, CO_2-Konzentration und Temperatur (s. Kapitel 6.5). Schließlich unterliegen die Öffnungs- und Schließbewegungen der Spaltöffnungen auch einer circadianen Rhythmik, sodass sie insgesamt ein sehr komplexes Phänomen darstellen. Die unmittelbare Ursache der Spaltöffnungsbewegung ist in jedem Falle eine Differenz des Turgors in den Schließzellen und den angrenzenden Epidermiszellen, die auch morphologisch besonders ausgebildet sein können und dann als Nebenzellen bezeichnet werden. Infolge des Zellwandbaues, speziell auch der Anordnung der Mikrofibrillen, führt eine relative Zunahme des Turgors der Schließzellen gegenüber dem der funktionellen Nebenzellen bei allen Spaltöffnungstypen zu einem Öffnen, die umgekehrte Turgoränderung zu einem Schließen der Stomata.

Die Analyse der Lichtwirkungen hat ergeben, dass die photonastischen Bewegungen der Spaltöffnungen über zwei verschiedene Kausalketten gesteuert werden. Da sowohl Rot- als auch Blaulicht wirksam sind, ist eine indirekte Wirkung über die Photosynthese anzunehmen. Die Konzentration des CO_2 in den Interzellularen wird durch seine Fixierung im Photosyntheseprozeß vermindert, was eine Öffnung der Spalten zur Folge hat. Darüber hinaus hat Blaulicht jedoch auch eine direkte Wirkung. Die Erniedrigung der CO_2-Konzentration führt in einer Reaktionsfolge zu einer Erhöhung des osmotischen Potentials. Dabei spielt die Aufnahme von Kaliumionen durch die Schließzellen aus den Nachbarzellen eine entscheidende Rolle (s. Kapitel 6.5). Als Reservoir für das K^+ dienen häufig die funktionellen Nebenzellen, deren Volumen immer viel größer ist als das der Schließzellen. Der Hauptteil des aus elektrochemischen Gründen erforderlichen Ladungsausgleichs in den K^+-akkumulierenden Schließzellen scheint bei den meisten Arten durch eine gleichzeitige Bildung der zweiwertigen Äpfelsäure zu erfolgen.

Wenn das Wasserpotential der Blätter einen bestimmten Schwellenwert (zwischen - 0,7 bis - 1,8 MPa = - 7 bis - 18 bar) unterschreitet, können sich die Stomata auch im Licht schließen. Die hydronastischen Öffnungs- und Schließbewegungen werden über das Wasserpotential Ψ (s. Kapitel 6.3) gesteuert. Sie können passiv durch Turgoränderungen in den benachbarten Epidermiszellen oder aktiv durch Turgoränderungen in den Schließzellen selbst zustande kommen. Von besonderer Bedeutung für die Pflanze ist der hydroaktive Spaltenschluß, der bei Wasserstreß einsetzt und alle anderen Regelmechanismen ausschaltet. Die Hydronastie wird durch das Phytohormon Abscisinsäure (ABS, s. Kapitel 11.5) kontrolliert. ABS verursacht schon in sehr geringen Konzentrationen einen schnellen Spaltenschluß. Die ABS-Konzentration in den Schließzellen ist bei völlig geschlossenen Spaltöffnungen 3 bis 18mal höher als bei offenen. ABS erhöht u.a. den cytosolischen Gehalt an freiem Ca^{2+} in den Schließzellen. Die gesteigerte Ca^{2+}-Konzentration blockiert die K^+-Kanäle für den Einwärtstransport am Plasmalemma (vgl. Kapitel 11.5).

C. Autonome Bewegungen. Manche Pflanzen führen Bewegungen durch, denen keine erkennbare, induzierende Reizung vorausging. Diese autonomen (endogenen) Bewegungen werden durch Wachstums- oder Turgorvorgänge ermöglicht. Ein Teil von ihnen, die circadianen Bewegungen, unterliegen einer 24stündigen Bewegungsrhythmik; sie werden durch die physiologische Uhr gesteuert.

Die tageszeitunabhängigen Pendelbewegungen vieler Keimpflanzen und junger Sproßteile sowie die tagesrhythmischen (circadianen) Pendelbewegungen von Blütenblättern (Blütenöffnung/-schließung) und von jungen Blättern ohne Blattgelenke entstehen durch zeitlich ungleiches Wachstum antagonistischer Flanken der Sproßachse, der Blütenblattbasis oder des Blattstiels. Häufig anzutreffen sind auch kreisende Bewegungen (Circumnutationen). Sie treten bei Keimpflanzen, jungen Ranken und vor allem bei Windepflanzen auf und kommen durch einseitige, die Organachse umkreisende Wachstumsförderung zustande. Bei Windepflanzen ist die Umlaufdauer meist 2-4 Stunden.

Autonome Turgorbewegungen entstehen durch ungleichzeitige Turgordruckänderungen an verschiedenen Flanken eines Gelenks. So pendeln beispielsweise die Blättchen von Rotklee (*Trifolium pratense*) im Dunkeln in zwei- bis vierstündigem Rhythmus auf und ab. Zu den autonomen Turgorbewegungen gehören auch die circadianen sogenannten Schlafbewegungen vieler Leguminosenblätter, z.B. der Robinie und der Bohne (*Robinia pseudoacacia, Phaseolus vulgaris*), die in der Natur mit einem ungefähr 12stündigen Rhythmus entsprechend dem Tag- und Nachtwechsel verlaufen.

D. Turgor-Explosionsbewegungen. Ihnen liegt die Turgeszenz von Zellen oder eine Gewebespannung zugrunde. Von den reversiblen Turgorbewegungen unterscheiden sich die Explosionsbewegungen durch ihre Irreversibilität. Explosionsbewegungen sind die Folge der plötzlichen Beseitigung einer Hemmung, welche dem Ausgleich einer Gewebespannung oder der Ausdehnung von Zellen entgegenstand. Die Bewegungen stehen im Dienste der Sporen-, Pollen- und Samenverbreitung. Sie werden durch Turgoranstieg, Reifeprozesse oder mechanischen Anstoß ausgelöst. Man unterscheidet zwischen Turgorschleudermechanismen (z.B. Springkraut-Arten, *Impatiens*) und Turgorspritzmechanismen (z.B. Spritzgurke, *Ecballium elaterium*).

13.3 Sonstige Bewegungen

Im Pflanzenreich gibt es auch Bewegungsvorgänge, die ihre Ursache in rein physikalischen Prozessen, z.b. Quellungs- und Kohäsionsmechanismen, haben, wobei bestimmte Baueigentümlichkeiten der pflanzlichen Zellwände eine Rolle spielen. In diesen Fällen können Bewegungen auch dann noch zustande kommen, wenn der plasmatische Inhalt der Zellen abgestorben ist. Diese Bewegungen stehen meist im Dienst der Sporen-, Pollen-, Samen- und Fruchtausbreitung.

A. Hygroskopische Bewegungen. Diese weit verbreiteten Bewegungen kommen durch Veränderung des Quellungszustandes von Zellwänden zustande. Da die Mikrofibrillen der Zellwände sich bei der Quellung zwar relativ leicht voneinander entfernen, aber kaum in ihrer Längsausdehnung verändern lassen, kommt es bei paralleler Anordnung der Mikrofibrillen bei Quellung zu einer Dehnung fast ausschließlich senkrecht zur Richtung der Mikrofibrillen (Quellungsanisotropie). Besteht ein Gewebeverband aus zwei Lagen von Zellen, in deren Wänden der Mikrofibrillenverlauf um 90° wechselt, so verläuft die Ausdehnung der beiden Schichten bei Wasseraufnahme in zwei aufeinander senkrecht stehenden Richtungen. Ist die Ausdehnung einer dieser Schichten bevorzugt, kommt es zur Krümmung. Bilden die Fibrillenlängsachsen in den Wänden benachbarter Zellschichten spitze Winkel, so entstehen bei Quellung oder Entquellung Torsionen. Ein Beispiel für eine Quellungsbewegung ist die Öffnung der Peristomzähne der Sporenkapseln von Laubmoosen. Bei Austrocknung werden die Peristomzähne nach außen gebogen, sodass die Sporen bevorzugt bei trockenem Wetter ausgestreut und durch den Wind verbreitet werden. Bei Feuchtigkeitsaufnahme verschließen die Zähne durch Biegung nach innen die Kapselöffnung weitgehend. Die Bewegung kann sich in Abhängigkeit von der Luftfeuchte mehrfach wiederholen. Bei den Zapfen der Kiefergewächse (Pinaceae, z.B. Kiefer, Fichte, Tanne) besitzen die einzelnen Schuppenkomplexe außen eine Zellschicht mit quellbaren Wänden. Die Zapfen schließen sich daher bei Feuchtigkeit und öffnen sich bei Trockenheit. Die Ausschleuderung von Samen aus Streufrüchten kann ebenfalls durch Quellungsbewegungen zustande kommen. In diesen Fällen wird die Bewegung anfänglich durch einen anatomischen Widerstand verhindert, bis die Spannung zu groß wird und dann zu einer plötzlichen Reaktion führt. Samen können dabei fortgeschleudert werden. Diese Quellungs-Explosionsbewegungen sind irreversibel. Ein Beispiel ist die Schleuderfrucht von *Geranium*-Arten; ein anderes sind die Hülsen vieler Hülsenfrüchtler, die dem Torsionsbestreben der Hülsenwand Widerstand leisten bis zum plötzlichen Aufreißen der beiden Nähte und Tordieren der Hülsenhälften.

B. Kohäsionsbewegungen. Diese beruhen auf der Kohäsionskraft des Wassers. Voraussetzung für das Eintreten von Kohäsionsbewegungen ist das Vorliegen von (lebenden) Zellen mit großen Vakuolen oder von toten, wassererfüllten Zellen, die gegen die Umgebung relativ gut abgedichtet sind. Bei einer Wasserabgabe infolge von Verdunstung kommt es dann zu einer Volumenverringerung der Zellen, wenn keine Luft von außen eindringt. Dünne Zellwände werden dadurch nach innen gezogen, verdickte Wände widerstehen dem Zug. Pollensäcke bei Samenpflanzen, Sporenkapseln bei Farnen und Lebermoosen werden durch Kohäsionsbewegungen geöffnet. Die Öffnung der Pollensäcke wird durch die subepidermale Faserschicht, das Endothecium, bewirkt. Membranleisten erhöhen in diesen Zellen die Festigkeit der Innen- und Radialwände, die Außenwände sind unverdickt. Wasserverlust lässt die Antheren durch den tangentialen Zug des Endotheciums aufreißen.

13.4 Bewegungen in den Zellen

Höheren und niederen Zellen gemein sind intrazelluläre Bewegungen. In der Zelle kann, abgesehen von ihrer äußeren Schicht, dem Ektoplasma, das gesamte Protoplasma in Bewegung sein: Protoplasmaströmung. Chloroplasten können ihre Position verändern. Zellkerne bewegen sich meist zu den Orten stärksten Wachstums. Sie finden sich z.B. bei Zellen mit ausgeprägtem Spitzenwachstum (Pollenschläuche, Wurzelhaare) stets nahe der wachsenden Spitze. In allen bisher näher untersuchten Fällen hat sich gezeigt, dass die intrazellulären Bewegungen durch das Actomyosinsystem hervorgerufen werden. Die Bewegungsmechanik folgt im Wesentlichen dem Prinzip der Muskelarbeit durch tierische Zellen, bei der sich ein Komplex der Proteine Actin und Myosin (Actomyosin) unter Nutzung der Energie aus Adenosintriphosphat (ATP) zu verkürzen vermag.

Die Plasmaströmung ist nur z.T. autonomer Natur, z.T. wird sie durch Außenreize ausgelöst oder verstärkt (Kinese). Bei der Photokinese ist im Wesentlichen Blaulicht aktiv (Cryptochrom). Bei der Chemokinese sind Aminosäuren, speziell Histidin (besonders Methylhistidin) oder auch IES (Indol-3-essigsäure) wirksam. Auch Verletzungen und Wärme können effektiv sein. Das Cytoplasma kann in den verschiedenen Zelltypen unterschiedlich strömen (Rotationsströmung, Zirkulationsströmung, Turbulenzströmung); ohne Strömung bleiben z.B. Palisaden- und Drüsenzellen. Die Strömungsgeschwindigkeit beträgt im Durchschnitt etwa 0,2-0,6 mm/min. Nicht in Bewegung ist in jedem Falle die äußerste Plasmaschicht, das Ektoplasma.

In den Zellen vieler Pflanzen finden auffallende Bewegungen der Chloroplasten statt, die sie in die Stellung bzw. an die Orte optimaler Belichtung führen. Im typischen Falle unterscheiden wir eine Schwachlichtstellung, bei der die Chloroplasten sich in einer zur Lichteinfallsrichtung etwa senkrecht stehenden Ebene anordnen, also einen optimalen Lichtgenuss anstreben, und eine Starklichtstellung, in der sie an den zur Lichtrichtung parallel verlaufenden Zellwänden angeordnet sind. Bei der Grünalge *Mougeotia* (Zygnematales) kehrt der plattenförmige Chloroplast der einfallenden Strahlung in schwachem Licht die Fläche, in starkem die Kante zu (vgl. Abb. 13.11). Während bei *Mougeotia* die Absorption der wirksamen Strahlung über das Phytochromsystem (Hellrot/Dunkelrot-System) erfolgt, ist in der Mehrzahl der Fälle nur kurzwellige Strahlung wirksam. Hier deuten die Aktionsspektren auf Flavine als Photorezeptorpigmente hin (Cryptochrom).

13.5 Die freien Ortsbewegungen (Lokomotionen)

Zur freien Ortsbewegung sind von den Pflanzen nur niedere, nicht festgewachsene, überwiegend einzellige, begeißelte oder sonstwie eigenbewegliche Algen (und Pilze) in der Lage, außerdem begeißelte Fortpflanzungszellen (Zoosporen, Gameten, Planozygoten) von Algen (und Pilzen) sowie Spermatozoide bis hinauf zu einigen Gymnospermen (Nacktsamer).

Am verbreitetsten sind Bewegungen von Zellen mit Hilfe von Geißeln (Flagellen). Geißeln sind langgestreckte, aus dem Zellkörper weit herausragende, aber von Plasmalemma umhüllte Fortbewegungsorganellen der Zelle, die ihre Form durch Mikrotubuli erhalten. Ein Querschnitt zeigt im Inneren zwei zentrale Einzeltubuli (Singuletts) und 9 periphere Doppeltubuli (Dupletts; 9·2+2-Bauprinzip der Geißeln aller Eukaryota). Singuletts und Dupletts bilden mit weiteren Proteinen das komplexe Cytoskelett der Flagellen. Die motile Gesamtstruktur, die die Geißel längs durchzieht, wird als Axonema bezeichnet. Die Eukaryotengeißel vermag chemische Energie (zugeführt in Form von ATP) in mechanische Energie (Geißelbewegung) umzuwandeln. Die bewegungsaktive Struktur ist das Axonema.

Gleitbewegungen gibt es bei fädigen Cyanobakterien (Blaualgen), bei Desmidiaceen (Zieralgen) und pennaten Diatomeen (schiffchenförmige Kieselalgen). Fädige Cyanobakterien bewegen sich durch submikroskopische Wellenbewegungen schraubig angeordneter Proteinfibrillen. Als festes Substrat dient der Blaualge oft der ausgeschiedene Schleim, der an festen Gegenständen anhaftet. Desmidiaceen scheiden durch Porenapparate Schleim aus. Dieser klebt fest, quillt und schiebt dadurch den Einzeller voran. Pennate Diatomeen geben Schleim durch die Raphe (spaltförmiger Durchbruch durch die verkieselte Zellwand) ab. Die Bewegung wird wahrscheinlich durch eine wellenförmige Fließbewegung des Plasmalemmas bewirkt, wobei Actinbündel (Bündel von Mikrofilamenten) in der Nähe der Raphe die Fließbewegung der Plasmamembran erzeugen sollen.

Werden die freien Ortsbewegungen in ihrer Richtung durch einen Außenfaktor bestimmt, so spricht man von einer Taxis oder Taxie (sprich Taxi, plur. Taxi-en). Ist die Bewegung zur Reizquelle hin gerichtet, handelt es sich um eine positive Taxis, führt sie von ihr weg, um eine negative Taxis. Erfolgt eine gezielte Bewegung zur Reizquelle hin oder von ihr weg, liegt eine Topotaxis vor. Von Phobotaxis spricht man, wenn der Organismus innerhalb eines Reizfeldes nicht die Richtung des Reizgefälles, sondern die zeitliche Änderung wahrnimmt (neuerdings als phobische Reaktion bezeichnet). Die Phototaxis (stets Phototopotaxis) ist in der Regel positiv. Umschaltung zur negativen gibt es bei starker Beleuchtung. Die Photorezeptoren sind blauabsorbierende Pigmente. Chemotaxis gibt es vor allem bei heterotrophen Organismen zur Auffindung von Nahrungsquellen, bei zellulären Schleimpilzen (Acrasiales) zur Versammlung (Aggregation) zwecks gemeinsamer Fruchtkörperbildung und bei Geschlechtszellen (Gameten) zum Auffinden des Partners.

B   Versuche

V 13.1   Phototropismus

V 13.1.1   Lichtinduzierte Krümmungsbewegungen bei Erbsenkeimlingen

Kurz und knapp:
Versuche mit Licht als krümmungsinduzierendem Faktor bieten sich als Einstieg in
die Thematik der Pflanzenbewegungen an, da hier ein sofort einsichtiger Zusammenhang zwischen der Bewegung der Pflanze und der ökologischen Bedeutung besteht,
d.h. der Notwendigkeit, in den optimalen Lichtgenuss für die Photosynthese zu gelangen.

Zeitaufwand:
Vorbereitung: 5 min, Belichtungsdauer: 3-3,5 h

Material:	zwei Erbsenkeimlinge (Sprossachse ca. 6-7 cm hoch, Anzucht ca. 5 Tage) in separaten Anzuchtgefäßen
Geräte:	Diaprojektor, zwei Dunkelstürze mit und ohne Öffnung

Durchführung:
Ein Erbsenkeimling wird in einen Dunkelsturz mit Öffnung gestellt und mit dem Diaprojektor ca. drei Stunden
belichtet. Dabei sollte der belichtete Bereich des Keimlings die obere Hälfte der Sprossachse umfassen. Der
zweite Erbsenkeimling dient als Kontrolle und verbleibt
im zweiten Dunkelsturz ohne Öffnung.

Beobachtung:
Nach ca. drei Stunden Belichtungszeit hat sich der Erbsenkeimling deutlich positiv phototrop zur Lichtquelle
hin gekrümmt. Der Beginn der Krümmung setzt nach
etwa zwei Stunden Belichtungszeit ein. Die Kontrolle
zeigt keine Krümmungsbewegungen.

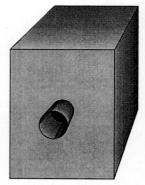

Abb. 13.4: Dunkelsturz aus
einem Schuhkarton.

Erklärung:
Die phototrope Krümmung wird durch ein einseitiges Streckungswachstum der lichtabgewandten Sprossflanke ermöglicht. Sie ist wahrscheinlich die Folge einer durch Helligkeitsunterschiede zwischen Licht- und Schattenseite verursachten Ungleichverteilung (Asymmetrie) von Auxin (Indol-3-essigsäure) im Organ.

Bemerkung:
Einfache Dunkelstürze lassen sich aus Schuhkartons herstellen. Zur effektiveren Vermeidung von Streulicht können diese innen mit schwarzem Papier ausgeschlagen werden. In die Öffnung kann eine innen schwarz angemalte Kartonrolle geschoben werden (Toilettenpapierhülse), um einen gerichteteren Strahlengang zu erreichen. Der Versuch kann auch ohne Diaprojektor und Dunkelsturz an einem Fenster mit hoher Sonneneinstrahlung durchgeführt werden. Allerdings benötigen die Pflanzen bis zum Beginn der Krümmung eine längere Expositionsdauer.

Pflanzenauswahl:
Bei der Auswahl der Pflanzen ist vor allem darauf zu achten, dass die Sprossachsen besonders gerade gewachsen sind. Bei nachfolgenden geo- oder phototropen Krümmungsversuchen ist dies von Vorteil, da die Ergebnisse dann besonders deutlich zu Tage treten. Bei der Senf- und Kresseanzucht sollten die Samen nicht auf ein liegendes feuchtes Papiertuch ausgebracht werden, da die Sprossachsen sich bei der Keimung meist verwinden, bis sie senkrecht nach oben wachsen. Günstiger ist das Platzieren der Samen auf einer senkrecht stehenden Fläche (Glasplatte o. ä.), die mit Küchenpapier bespannt und befeuchtet ist.

V 13.1.2 Phototrope Krümmungsversuche am Klinostaten

Kurz und knapp:
Durch diesen Versuch kann gezeigt werden, dass die lichtinduzierte Krümmung der Sprosse durch eine gleichmäßige Belichtung von allen Seiten unterbunden werden kann.

Zeitaufwand:
Vorbereitung: 15 min, Behandlungsdauer am Klinostaten: ca. 3 h

Material:	2 Senfkeimlinge (Sprossachse 4-5 cm hoch, Anzucht ca. 3 Tage) in separaten Anzuchtgefäßen (s. Bemerkungen)
Geräte:	2 Diaprojektoren, 2 Dunkelstürze, Klinostat (s. Bemerkung)

Durchführung:

Ein Senfkeimling wird aufrecht am Klinostat befestigt (siehe Anweisung zur Herstellung eines Klinostaten) und unter einem Dunkelsturz mit Öffnung (s. V 13.1.1) drei Stunden belichtet. Parallel dazu wird ein weiterer Keimling ohne Klinostat als Kontrolle unter dem zweiten Dunkelsturz mit Öffnung drei Stunden belichtet.

Erklärung:

Die Sprossachse der Pflanze auf dem Klinostat zeigt durch die allseitig gleichmäßige Belichtung keine Krümmung, da keine Seite des Sprosses bevorzugt wird. Die Kontrolle hingegen krümmt sich erwartungsgemäß positiv phototrop.

Bemerkung:

Anweisung zur Herstellung eines Klinostaten: Als simpler Klinostat hat sich das Weckerkarussell bewährt. Von einem nicht mehr benötigten Wecker entfernt man das Sichtglas und biegt den Sekundenzeiger im 90 °-Winkel zum Zifferblatt um. Auf den Zeiger kann nun ein Flaschenkorken aufgespießt werden, der als Plattform für die Versuchsobjekte dient. Die Konstruktion hat allerdings den Nachteil, dass keine schweren Lasten auf den Korken montiert werden können. Falls bei den Schülern Interesse besteht, kann aber auch mit einem eventuell vorhandenen Baukasten (z.B. Lego, Fischer-Technik, Märklin Metall) ein stabilerer Klinostat konstruiert werden, was allerdings einen erhöhten Zeitaufwand zur Vorbereitung mit sich bringt.

Anzuchtshinweise für Klinostatversuche: Als Versuchsobjekte kommen aufgrund ihres geringen Eigengewichtes z.B. Senf- oder Kressekeimlinge in Frage. Diese trocknen allerdings während der Versuchsdauer vor allem unter Bestrahlung leicht aus. Eine Abhilfe schafft hier die Aufzucht der Keimlinge in mit Substrat gefüllten 1,5 mL Plastikreaktionsgefäßen (z.B. Firma Eppendorf), an deren unterem Ende von innen eine Stecknadel durchgestochen wurde. Die Nadel fixiert das Gefäß am Korken des Weckerkarussells. Der Keimling kann zur zusätzlichen Fixierung noch durch den durchbohrten Deckel des Gefäßes geführt werden. Die Aufzucht im Reaktionsgefäß löst neben dem Problem der Austrocknung noch das der Stabilisierung des Keimlings durch die Verwurzelung im Substrat. Als Substrat hat sich Vermikulit bewährt. Nach Befeuchtung quillt dieses auf und verhindert zusätzlich ein Verrutschen und somit Verfälschen der Versuchsergebnisse.

V 13.1.3   Versuche zum Resultantengesetz

Kurz und knapp:
Krümmungsbewegungen können auch durch gleichzeitige Reize aus verschiedenen Richtungen ausgelöst werden. Die Krümmungsrichtung des Pflanzenorgans folgt dann dem Resultantengesetz. Dieser Versuch bietet sich an, da er die Bedingungen in der natürlichen Umgebung der Pflanzen simuliert, in der Bewegungen Reaktionen auf Lichtreize unterschiedlichster Richtung und Intensität sind.

Zeitaufwand:
Vorbereitung: 5-10 min, Belichtungsdauer: 2-3 h

Material:	Erbsenkeimling (Sprossachse 5-6 cm hoch, Anzucht ca. 5-6 Tage) im Anzuchtgefäß
Geräte:	Dunkelsturz mit im rechten Winkel zueinander stehenden Öffnungen

Durchführung:
Der Erbsenkeimling wird so im Dunkelsturz platziert, dass er durch die beiden Öffnungen von zwei Diaprojaktoren im Winkel von 90 ° belichtet wird. Die Diaprojektoren sollen den gleichen Abstand zum Erbsenkeimling und eine gleiche Strahlungsleistung besitzen. Die Belichtung erfolgt über drei Stunden.

Beobachtung:
Nach der Belichtungszeit hat sich der Spross in der Aufsicht in einem Winkel von etwa 45 ° zu den beiden Lichtquellen gekrümmt.

Erklärung:
Wird eine phototrop reaktionsfähige Pflanze gleichzeitig aus zwei verschiedenen Richtungen, die jedoch keinen Winkel von 180 ° miteinander bilden, mit gleicher oder verschiedener Intensität belichtet, so erfolgt zumeist eine Krümmung in die Richtung der Resultante, die man aus einem Kräfteparallelogramm aus Richtung und Reizmenge der beiden Lichtreize bilden kann (Resultantengesetz, s. Abb. 13.1).

Bemerkung:
Um die Wirkung von zwei Reizen mit unterschiedlicher Intensität zu demonstrieren, kann der Versuch auch abgewandelt werden, indem man einen der beiden Diaprojektoren in einem weiteren Abstand vom Keimling plaziert, sodass die auftreffenden Lichtintensitäten verschieden sind. Es wird sich nach der Belichtungszeit von 3 h eine stärkere Krümmung zur näheren Lichtquelle einstellen. Dies zeigt zusätzlich die

Abhängigkeit des lichtinduzierten Streckungswachstums von der Intensität des einstrahlenden Lichtes.

V 13.1.4   Krümmungsversuch an Senfkeimlingen in Wasserkultur

Kurz und knapp:
Die Versuchsanordnung in einer Wasserkultur ermöglicht das gleichzeitige Beobachten der phototropen Reaktionen von Sprossachse und Wurzel.

Zeitaufwand:
Vorbereitung: ca. 10 min, Versuchsergebnis 24 h nach Ansatz

Material:	Senfkeimlinge (Sprossachse ca. 4-5 cm hoch, Anzucht ca. 3 Tage)
Geräte:	Becherglas (500 mL), 2 ca. 5 cm lange Drahtstücke (z.B. aus Büroklammern), Klebeband, 1 Flaschenkorken, Vaseline

Durchführung:
Vom Flaschenkorken wird eine etwa 1 cm dicke Scheibe abgeschnitten und mittig mit einem kleinen Loch (1-2 mm) versehen. Durch dieses schiebt man, mit der Wurzel voraus, vorsichtig den Senfkeimling bis zum Beginn der Sprossachse und richtet ihn senkrecht aus. Zur besseren Fixierung kann etwas Vaseline in das Loch gedrückt werden, damit der Keimling nicht umfällt. Die Drahtstücke steckt man an zwei gegenüberliegenden Stellen in die Korkscheibe. Diese Konstruktion wird schwimmend in das halb mit Wasser gefüllte Becherglas gestellt. Die Drahtstücke biegt man schräg nach außen über den Rand des Becherglases und fixiert deren Enden mit dem Klebeband, damit sich der Korken im Wasser nicht drehen kann und die Pflanze somit fixiert ist. An einem hellen Fenster wird der Keimling belichtet.

Beobachtung:
Die Sprossachse zeigt eine positive, die Wurzel eine negative phototrope Krümmung.

Erklärung:
Die Erklärung bezüglich der Krümmung der Sprossachse folgt den Ausführungen unter Versuch 13.1.1. Bei der negativ phototropen Krümmung der Keimwurzel verhält es sich umgekehrt.

Bemerkung:
Die Senfkeimlinge können auch über längere Zeit (2-3 Tage) in der Wasserkultur belassen werden. Dabei muss gegebenenfalls etwas Wasser nachgefüllt werden, um ein Trockenfallen der Wurzel zu verhindern. Sollten sich Luftblasen an den Wurzelhaaren bilden, welche die Wurzel durch den Auftrieb anheben, so lassen sich diese mit einem Stück Draht vorsichtig abtrennen.

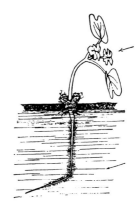

Abb. 13.5: Senfkeimling in Wasserkultur (Strasburger, 1998).

V 13.2   Gravitropismus

V 13.2.1   Gravitrope Krümmungen von Sprossachse und Wurzel

Kurz und knapp:
Neben dem Licht ist die Schwerkraft ein weiterer für Pflanzen wichtiger Reiz, um sich in ihrem Lebensraum zu orientieren. Pflanzen wachsen in der Regel aufrecht. Die Orientierung erfolgt zur Schwerkraft. Positiv gravitrop, d.h. in Richtung der Schwerkraft wachsen Keim- und Hauptwurzeln, negativ gravitrop die Hauptsprosse. Beide Reaktionsweisen erfolgen parallel zur Schwerkraftrichtung (Orthogravitropismus).

Zeitaufwand:
Vorbereitung: 10 min, Verweildauer unter dem Dunkelsturz: 2 Tage

Material:	Erbsenkeimling (Wurzel ca. 5 cm lang, Anzucht ca. 4 Tage)
Geräte:	Dunkelsturz (ohne Öffnung), 2 viereckige 10 cm hohe Anzuchtgefäße aus Kunststoff, Kunststoffpetrischale, Klebeband, Stück Pappe, große Wanne

Durchführung:
Der Erbsenkeimling wird während der Anzucht bis zu einer Wurzellänge von 5 cm in vertikaler Stellung belassen. In eine Seitenwand eines zweiten, viereckigen Anzuchtgefäßes aus Kunststoff wird ein ca. 5 x 5 cm großes Loch hineingeschnitten. Den ebenfalls ausgeschnittenen Boden einer Kunststoffpetrischale befestigt man mit Klebeband von innen vor dieser Öffnung. Direkt an dieses Sichtfenster legt man nun die Wurzel der Erbsenpflanze an und füllt mit Substrat (z.B. Vermikulit) auf. Die Wurzel sollte gut zu sehen sein. Dann wird der Topf um 90 ° gedreht (Sichtfenster seitwärts) und zur Vermeidung lichtinduzierter Bewegungen 2 Tage unter dem Dunkelsturz belassen. Um Austrocknung zu vermeiden, wird das Anzuchtgefäß in eine mit etwas Wasser gefüllte Wanne gelegt. Sollte Anzuchtsubstrat bei der Horizontallage aus dem Anzuchtgefäß herausfallen, kann man die Gefäßöffnung mit einem ausgeschnittenen Stück Pappe verschließen. Die Sprossachse wird durch ein Loch in der Pappe nach außen geführt.

Ergebnis:
Nach 1-2 Tagen hat sich die Sprossachse negativ gravitrop senkrecht nach oben gekrümmt. Die Wurzel zeigt ein positiv gravitropes Verhalten und wächst nach einem scharfen Knick senkrecht nach unten.

Erklärung:
Wie die phototropischen, kommen auch die gravitropischen Krümmungen durch ein verschieden starkes Flankenwachstum zustande. Die Perzeption der Erdbeschleunigung ist mit der Verlagerung von Amyloplasten („Statolithen") verbunden, die sich in Zellen im Zentrum der Wurzelhaube bzw. in Stärkescheiden der Stängel befinden. Ein Glied in der Kette der gravitropen Reaktionsfolge ist die laterale Ungleichverteilung des Phytohormons IES (Indol-3-essigsäure).

Bemerkung:
Wichtig ist, die Wurzel möglichst gerade am Sichtfenster auszurichten, um anschauliche Ergebnisse zu erhalten.
    Eine Abwandlung des Versuches kann durch das Dekapitieren der Wurzelspitze vor der Drehung um 90 ° erreicht werden. Da die Reizperzeption an der Wurzelspitze geschieht, unterbleibt die Krümmung der Wurzel nach der Lageveränderung.

V 13.2.2 Gravitropische Krümmungsversuche am Klinostaten

Kurz und knapp:
Mit dem Einsatz eines Klinostaten kann die Wirkung der Schwerkraft auf Pflanzen

aufgehoben werden.

Zeitaufwand:
Vorbereitung: ca. 10 min, Behandlungsdauer auf dem Klinostaten: ca. 2-3 h

Material:	Senfkeimlinge (Anzucht ca. 2 Tage)
Geräte:	Klinostat (siehe Versuch V13.1.2), Dunkelsturz

Durchführung:
Ein Senfkeimling wird auf dem Weckerkarussell befestigt. Danach dreht man das Weckerkarussell um 90 °, sodass der Keimling in eine horizontale Lage gelangt. In dieser Position soll sich die Pflanze unter dem Dunkelsturz mit etwa einer Umdrehung pro Minute drehen. Ein weiterer Senfkeimling wird ebenfalls in horizontaler Lage ohne Drehung als Kontrolle unter dem Dunkelsturz aufgestellt.

Beobachtung:
Der Senfkeimling auf dem Weckerkarussell zeigt kein Krümmungsverhalten, er behält seine gestreckte Form bei, während die Kontrollpflanze negativ gravitrop wächst.

Erklärung:
Die Pflanze auf dem rotierenden Klinostaten zeigt keine Reaktion auf den Schwerereiz, da dieser durch die Drehung unmittelbar nacheinander auf alle Seiten des Pflanzenkörpers einwirkt und damit ein räumlich gerichteter Reiz aufgehoben ist.

V 13.3   Chemotropismus

V 13.3.1   Chemisch induzierte Krümmungsbewegung

Kurz und knapp:
Pflanzen reagieren auch auf chemische Reize aus ihrer Umwelt. Durch diesen Versuch wird deutlich, dass die Pflanzen zwecks Nährstoffaufnahme mit ihren Wurzeln im Boden gerichtete Bewegungen vollziehen können.

Zeitaufwand:
Vorbereitung: ca. 25 min, Versuchsergebnis 2 Tage nach Ansatz

Material:	4 Senfkeimlinge (mit 5 cm langen Wurzeln, Anzucht ca. 2 Tage)
Geräte:	hohes Becherglas (300 mL), Dunkelsturz, Reagenzglas, Metallsonde, Trichter, große Pinzette
Chemikalien:	0,3 mol/L Kaliumchlorid-Lösung (KCl), Haushaltsgelatine

Durchführung:
Mit der nach Gebrauchsanweisung angesetzten Gelatine wird das Becherglas zu dreiviertel gefüllt. In die noch flüssige Gelatine taucht man das Reagenzglas halb ein, sodass es sich mittig im Becherglas befindet (die Pinzette legt man quer über die Öffnung des Becherglases und klemmt das Reagenzglas in der gewünschten Höhe zwischen den beiden Pinzettenarmen ein). Nach dem Erstarren füllt man etwas warmes Wasser in das Reagenzglas, um es aus der Gelatine zu lösen und zieht es vorsichtig heraus. Das entstehende Loch füllt man mit der KCl-Lösung auf. In 1-1,5 cm Abstand von dem Loch sticht man mit der Metallsonde parallel zur KCL-Lösung 4 cm tiefe Kanäle ein, in die je ein Senfkeimling mit der Wurzel voran eingeschoben wird. Die Versuchsanordnung verbleibt zwei Tage unter dem Dunkelsturz.

Beobachtung:
Nach der Versuchsdauer zeigen die Wurzeln ein positiv chemotropes Krümmungsverhalten in Richtung der KCl-Lösung.

Erklärung:
Die Wurzeln der Senfkeimlinge können offenbar über Rezeptoren die Nährstoffkonzentration in der Gelatine ermitteln. Die KCl-Lösung verursacht durch Diffusion in dem Gelatinekörper einen Konzentrationsgradienten, der zur Becherglaswand hin abfällt. Dies kann von den Wurzeln registriert werden. Die Wachstumsrichtung ergibt sich durch einseitiges Streckungswachstum zur Nährstoffquelle hin.

Bemerkung:
Da die Gelatine bei ihrer Herstellung aufgekocht werden muss, dauert es lange, bis sie erstarrt ist. Auch im Kühlschrank vergeht fast eine Stunde. Durch Kühlung in Eis kann man die Zeit verkürzen. Es empfielt sich daher die Gelatine im Becherglas mit dem Reagenzglas schon am Vortag anzusetzen und über Nacht zu kühlen. Die Wurzeln lassen sich am besten mit einer Pinzette in die Kanäle einführen, wobei man sie mit der Pinzette der Länge nach umfasst und einschiebt. Dadurch bleiben die Wurzeln zunächst gerade ausgerichtet, was die sich später einstellende Krümmung anschaulicher verdeutlicht.

V 13.4 Nastien

V 13.4.1 Nastische Bewegungen bei Tulpenblüten (Thermonastie)

Kurz und knapp:
Die Bewegung von Tulpenblütenblättern bietet einen anschaulichen Einstieg in die nastischen Bewegungsvorgänge. Die Reversibilität solcher Bewegungen kann bei diesem Versuch in relativ kurzer Zeit verdeutlicht werden.

Zeitaufwand:
Vorbereitung: 5 min, Durchführung: 20 min

Material:	Tulpenblüten (frisch von der Gärtnerei)
Geräte:	2 Bechergläser (500 mL), Stecknadel, Styroporscheibe (∅ 5 cm)

Durchführung:
Eine Tulpenblüte wird mit der Stecknadel von oben durchstochen, aufrecht auf der Styroporscheibe befestigt und in das Becherglas mit zunächst heißem Wasser (60-70 °C) gegeben. Nach 10 Minuten stellt man die Tulpenblüte in ein Becherglas mit möglichst kaltem Wasser (5-10 °C), wo sie weitere 10 Minuten verbleibt.

Beobachtung:
Die Tulpenblüte öffnet sich innerhalb von 10 Minuten im Becherglas mit heißem Wasser. Beim Wechsel in das Becherglas mit kälterem Wasser beginnt sie sich wieder zu schließen.

Erklärung:
Der Öffnungsmechanismus der Tulpenblüte ist temperaturabhängig. Diese Thermonastie geht auf die unterschiedliche Beeinflussung des Wachstums der Ober- und Unterseite an der Blütenblattbasis zurück. Das Temperaturoptimum für das Streckungswachstum der Oberseite liegt höher als das der Unterseite. Auf eine Temperaturerhöhung reagieren daher die Zellen an der Blütenblattoberseite mit einem verstärkten Wachstum, was zu einem Öffnen der Blüte führt. Die Temperaturabnahme bedingt ein Wachstum der Zellen an der Blütenblattunterseite, die Blüte schließt sich.

Bemerkung:
Das Wasser im ersten Becherglas sollte nicht zu heiß sein, da die Blüte sonst geschädigt wird und der Versuch misslingt.
Die Blütenblätter sind wiederholt reaktionsfähig und verlängern sich z.B. bei der Tulpe während einer einzigen thermonastischen Bewegung um 7 %, sodass im Verlauf der ganzen Blütezeit durch wiederholte thermonastische Bewegungen ein Gesamtzuwachs von über 100 % zustande kommen kann.

V 13.4.2 Nastische Bewegungen bei der Sinnpflanze *Mimosa pudica* (Seismonastie)

Kurz und knapp:
Die Sinnpflanze *Mimosa pudica* ist vor allem aufgrund der zu beobachtenden Geschwindigkeit der Bewegung eines der beeindruckendsten Beispiele der Pflanzenmotilität.

Zeitaufwand:
Durchführung: 30 min

Material:	Sinnpflanze (*Mimosa pudica*), erhältlich in Gärtnereien
Geräte:	Holzstab, Stoppuhr, Lineal

Durchführung:
Die Sinnpflanze wird mit dem Holzstab an der Spitze eines Fiederstrahles angeschlagen. Mit der Stoppuhr kann die Zeit gemessen werden, die die Erregungsleitung benötigt, um weitere Fiederstrahlen zum Schließen zu bewegen.

Beobachtung:
Die Laubblätter von *Mimosa pudica* weisen eine doppelte Fiederung auf. Die Fiedern erster Ordnung (Primanfiedern, Fiederstrahlen) entspringen zu Vieren am oberen Ende des verlängerten Blattstieles und bringen selbst in großer Zahl Fiedern zweiter Ordnung (Sekundanfiedern, Fiederblättchen) hervor (Abb. 13.6 I).

Das Anschlagen einer Primanfiederspitze führt zum paarweisen Zusammenklappen der Fiederblättchen. Die Einfaltung schreitet in basipetaler Richtung weiter und greift schließlich auf die benachbarten Primanfiedern über. Dabei nähern sich die Primanfiedern durch Verringerung ihres seitlichen Abstandes einander merklich. Weiterhin wird noch das Gesamtblatt durch eine Krümmung im Blattstielgelenk nach unten in die Reaktion einbezogen. Bei kräftiger Reizung

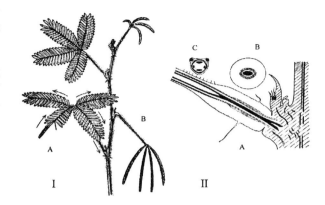

Abb. 13.8: I Habitus und Reizvorgang von *Mimosa pudica*, A Verlauf des Reizvorganges, B Blatt nach erfolgter seismonastischer Reaktion. II Blattstielgelenk von *Mimosa pudica*, A Längsschnitt mit Verlauf der Leitbündel (schwarz), B Querschnitt durch das Gelenk bei A, C Querschnitt durch den Blattstiel links (TROLL, 1973, STRASBURGER, 1998).

kann sich die Erregung sogar auf- und abwärts zu den benachbarten Blättern fortpflanzen, die daraufhin ebenfalls mit den geschilderten Bewegungen antworten. Unterbleibt eine weitere Reizung, so erholt sich die Pflanze innerhalb von 15-20 Minuten völlig, wobei alle Teile wieder ihre Ausgangslage einnehmen.

Die Geschwindigkeit der Erregungsleitung kann mittels Stoppuhr und Lineal bestimmt werden, was einen Vergleich mit tierischen Erregungsleitungen ermöglicht.

Erklärung:
Sämtliche Blattabschnitte sind mit Gelenken ausgestattet. Diese bestehen aus zartwandigen, unterseits meist etwas größeren Parenchymzellen, während der im Stiel peripher angeordnete Leitbündelkranz zu einem zentralen Strang zusammentritt (Abb. 13.6 II), der einer Bewegung einen viel geringeren Widerstand entgegensetzt. Eine der ersten Auswirkungen des Reizes dürfte eine Beeinflussung der Membranpermeabilität in bestimmten („motorischen") Zellen der Bewegungsgewebe sein, in denen die Erregung zu einem plötzlichen Zusammenbruch des Turgors führt, wobei der Zellsaft in den Apoplasten (Zellwand + Interzellularen) übertritt. Wenn dies nur an einer Flanke eines Blattgelenkes geschieht (beim primären Blattgelenk z.B. an der Unterseite), erhalten dadurch die gegenüberliegenden Zellen der Gegenflanke eine Druckentlastung und damit die Möglichkeit zur Wasseraufnahme aus dem Apoplasten, was zur stärkeren Ausdehnung und zu scharnierartigen Krümmungen führt. Bei der Restitution muss in den motorischen Zellen die ursprüngliche Membranperme-

bilität wiederhergestellt und das osmotische Potential durch Aufnahme oder Neubildung osmotisch wirksamer Substanzen regeneriert werden; dies ist ein energieabhängiger Vorgang. Während der Erholungsphase herrscht ein Refraktärstadium.

Bei *Mimosa pudica* kann die Geschwindigkeit der Erregungsleitung an der schrittweisen Reaktion der einzelnen Gelenke leicht abgelesen werden; sie beträgt bei Erschütterung je nach Temperatur etwa 4 bis 30 mm $\cdot$ s^{-1}. Man kann hierbei eine chemische und eine elektrische Erregungsleitung unterscheiden. Bei der chemischen Erregungsleitung wird von den gereizten Zellen eine (oder mehrere) Erregungssubstanz abgegeben, die durch Phloem und Parenchym transportiert wird und auch Gelenke und selbst totes Gewebe passieren kann. Bei der elektrischen Erregungsleitung schreitet das Aktionspotential mit einer Geschwindigkeit von 2 bis 5 cm $\cdot$ s^{-1} fort. Diese Erregung kann kein totes Gewebe passieren und pflanzt sich über Gelenke nur dadurch fort, dass hier der elektrische Reiz in Erregungssubstanz umgesetzt wird, die jenseits des Gelenkes wieder ein fortschreitendes Aktionspotential auslöst.

Die Blätter reagieren in erster Linie auf Stoß oder Erschütterung. Aber auch Verwundung, Erhitzung, chemische (z.B. Ammoniakdämpfe) oder elektrische Reizung kann bei *Mimosa pudica* die nastische Reaktion auslösen (Traumato-, Thermo-, Chemo-, Elektronastie). Bei natürlicher Reizung der Pflanzen durch vorbeistreifende oder grasende Tiere erfolgt eine spontane Gesamtreaktion.

Bemerkung:
Die Veränderungen der Gelenke des Mimosenblattes werden auch durch den Umweltfaktor Licht gesteuert. Sie schließen sich am Ende der Belichtung ganz ähnlich wie nach einer Erschütterung und öffnen sich wieder bei Beginn der Belichtung (photonastische Reaktion). Allerdings sind diese „Schlafbewegungen" sehr viel langsamer als die Seismonastien (Dauer 10 bis 20 Minuten). Die Fähigkeit zur Absorption der wirksamen Strahlung ist auf die Gelenke beschränkt und wird offenbar durch Phytochrom vermittelt (Hellrot/Dunkelrot absorbierendes Pigmentsystem, das Entwicklungs- und Bewegungsvorgänge steuert). Zwischen den Gelenken eines Blattes besteht – im Gegensatz zum seismonastischen Steuersystem – keine Kommunikation bezüglich des photonastischen Signals.

V 13.4.3 Thigmonastische Bewegungen der Blätter von *Dionaea* (Venusfliegenfalle)

Kurz und knapp:
Die Venusfliegenfalle gedeiht in mineralstoffarmen Biotopen. Man findet sie in den

Torfmooren im Südosten Nordamerikas. Mit den aus der Beute gewonnenen Stickstoff-, Phosphor- und Schwefelverbindungen erhält die Pflanze wichtige mineralische Supplemente für den eigenen Stoffwechsel. Ähnlich wie bei *Mimosa pudica* trifft man bei dieser Pflanze auf eine bemerkenswerte Geschwindigkeit, mit der die Bewegungsvorgänge ablaufen.

Zeitaufwand:
Vorbereitung: 2 min, Versuchsergebnis nach 4-5 Stunden

Abb. 13.7: Habitus von *Dionaea* (KUHN et al., 1980).

Material:	Venusfliegenfalle (*Dionaea* spec.), erhältlich in Gärtnereien
Geräte:	kleines Stück Käse, kleiner Stein, Holzstab

Durchführung:
Die Blätter der Venusfliegenfalle besitzen am Ende ihres Stieles eine zweiteilige Spreite. In die Mitte eines solchen Blattes legt man ein Stück Käse, in ein anderes einen Stein, ein weiteres Blatt reizt man mit dem Holzstab durch Überstreichen der Spreitenoberfläche. Man protokolliere die Reaktionen der einzelnen Blätter über die Versuchsdauer.

Beobachtung:
Die Blätter von *Dionaea* zeigen beim Auflegen von Käse und Stein ein sofortiges Zusammenklappen der beiden Seiten der Spreite. Ebenso verhält sich das mit dem Holzstab gereizte Blatt. Nach vier bis fünf Stunden haben sich Blätter, die mit einem Steinchen belegt bzw. mit dem Holzstab gereizt wurden, wieder in ihre Ausgangslage zurück bewegt. Das mit Käse belegte Blatt bleibt verschlossen.

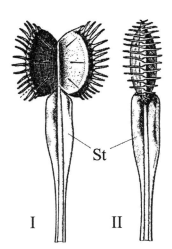

Abb. 13.8: Blätter von *Dionaea muscipula*, I Spreite geöffnet, mit je drei Fühlborsten in den beiden Hälften, II Spreitenflügel geschlossen, St verbreiteter Blattstiel (TROLL, 1973).

Erklärung:
Die zweigeteilte Spreite der Venusfliegenfalle ist zu nastischen Bewegungen befähigt. In Ruhestellung bilden beide Hälften einen annähernd rechten Winkel zueinander (Abb. 13.8 I). Lässt sich ein Insekt auf der Oberfläche nieder, so klappen die Spreitenflügel zusammen (Abb. 13.8 II). Die Geschwindigkeit dieser Klappbewegung beträgt unter Optimalbedingungen 0,01-0,02 Sekunden. Die Reizperzeption erfolgt über borstenförmige Emergenzen (Fühlborsten), von denen jeweils drei auf einer Spreitenhälfte zu finden sind. Werden sie durch Berührung gereizt, leiten sie die Erregung an die Mittelrippe des Blattes weiter, die mit einem Scharniergelenk zu vergleichen ist. Die Erregung verändert die Permeabilität der Zellen an der Oberseite des Gelenks, was zu einer Abnahme des Turgors durch Wasserausstrom aus diesem Gewebe führt. Die Zellen der Gelenkunterseite erfahren gleichzeitig durch Wassereinstrom eine Turgor-Erhöhung, was die Klappbewegung auslöst.

Das gefangene Insekt wird von abgesonderten Verdauungssekreten aufgelöst, um die verwertbaren Substanzen resorbieren zu können. Zur Optimierung des Verdauungs- und Resorptionsprozesses schließt sich der nastischen Fangbewegung eine langsame Verengungsbewegung an, die die beiden Spreitenseiten noch enger zusammenführt und die Kontaktfläche mit dem Insektenkörper vergrößert. Nach einigen Wochen öffnet sich die Falle, entlässt den Rest der Insektenleiche und steht daraufhin noch ein- bis zweimal zum Fang zur Verfügung.

V 13.4.4   Rankenbewegungen bei Erbsenkeimlingen (Thigmonastie)

Kurz und knapp:
Das Ausbilden von Ranken verhilft Pflanzen, sich an geeigneten Stützen festzuhalten und daran emporzuwachsen, um in einen höheren Lichtgenuss zu gelangen.

Zeitaufwand:
Vorbereitung: 5 min, Versuchsergebnis nach 2 h

Material:	Erbsenpflanzen (*Pisum sativum*; 10-15 cm hoch) mit ausgebildeten Blattranken
Geräte:	Holzstab, Glasstab

Durchführung:
Eine Ranke wird mit dem Holzstab, eine andere mit dem Glasstab mehrmals der Länge nach an der Ventralseite bestrichen.

Beobachtung:

Bei den Blattranken der Erbse kommt es nach Reizung der Ventralseite zu ventralen Einkrümmungen (Thigmonastie). Die mit dem Holzstab bestrichene Ranke hat sich nach zwei Stunden von der Spitze ab eingerollt. Die mit dem Glasstab bestrichene Ranke zeigt keine Reaktion.

Erklärung:

Am berührungsempfindlichsten ist gewöhnlich das erste Drittel der Ranke. Der Reiz darf nicht in einem gleichmäßigen Druck, sondern muss in einem Reibungs- oder Kitzelreiz bestehen. Empfunden wird demnach nicht einfach ein Druck, sondern zeitliche oder örtliche Druckdifferenzen. Die Reizung erfolgt daher nur durch die rauhe Oberfläche des Holzstabes, während sie mit dem glatten Glasstab unterbleibt.

Die Wachstumszone der Ranken befindet sich nicht in dem berührungsempfindlichen Teil, sondern an der Basis. Sie vollbringt durch Circumnutationen (die Organachse zyklisch umlaufende Wachstumsförderung) die kreisende Bewegung des freien Endes. Es kommt zur Berührung einer festen Stütze, zu einem durch die

Abb. 13.9: Blattranken einer Erbsenpflanze (JAKOB et al., 1994).

Reizung erfolgenden Turgorverlust der Zellen auf der berührten Ventralseite und zum schnellen Einkrümmen der Ranke. Gleichzeitig nimmt der Turgor der Zellen auf der Dorsalseite zu, und es beginnt dort ein Wachstum, das auch auf die Ventralseite übergreift. Das Umschlingen der Stütze führt zu immer erneuten Reizungs- und Einkrümmungsprozessen. Bei nur vorübergehender Reizung streckt sich die Ranke wieder.

Bemerkung:

Die Pflanzen sollten während der Anzucht und beim Versuchsaufbau möglichst nicht berührt werden, um vorzeitige Rankenbewegungen auszuschließen.

400

V 13.5 Quellungsbewegungen (hygroskopische Bewegungen)

V 13.5.1 Quellungsbewegungen bei Kiefernzapfen

Kurz und knapp:
Quellungsbewegungen (hygroskopische Bewegungen) werden durch quellfähige Substanzen (Pektin, Cellulose) in der Zellwand ermöglicht. Durch ihre spezifische Anordnung und Texturierung können bei Wassereinlagerung (Quellung) Krümmungen verursacht werden. Es sind reversible Prozesse, zumeist in Wänden toter Zellen.

Zeitaufwand:
Vorbereitung: 15 min, Durchführung: 10 min

Material:	Kiefernzapfen (oder andere Coniferenzapfen)
Geräte:	Feuerfeste Schale, Stativ, Klemmen, Muffe, Becherglas für Wasserbad

Durchführung:
Die Kiefernzapfen werden in einer schwach erhitzten feuerfesten Schale getrocknet, bis sie geöffnet sind. Nach dem Trocknen positioniert man die Zapfen mit dem Stativ und den Klemmen für 10 Minuten über ein siedendes Wasserbad.

Beobachtung:
Die Zapfen schließen sich über dem Wasserbad innerhalb von 10 Minuten.

Erklärung:
Bei den Zapfen der Kieferngewächse (Pinaceae: z.B. Kiefer, Fichte, Tanne) besitzen die einzelnen Schuppenkomplexe außen eine Zellschicht mit quellbaren Wänden. Die Zapfen schließen sich daher bei Feuchtigkeit und öffnen sich bei Trockenheit.

Bemerkung:
Der Versuch lässt sich mehrmals wiederholen, um die Reversibilität zu demonstrieren. Alternativ kann der Versuch auch mit Strohblumenblüten durchgeführt werden.

Abb. 13.10: Kiefernzapfen (TROLL, 1973).

V 13.6 Bewegungen in den Zellen

V 13.6.1 Chloroplastenbewegung bei *Mougeotia*

Kurz und knapp:
In den Zellen vieler Pflanzen finden auffallende Bewegungen der Chloroplasten statt, die sie in die Stellung bzw. an die Orte günstiger Belichtung führen. Die Grünalge *Mougeotia* spec. bietet sich an, da sie in ihren Zellen einen einzelnen, plattenförmigen Chloroplasten besitzt, dessen Bewegungen unter dem Mikroskop gut zu beobachten sind.

Zeitaufwand:
Vorbereitung: 10 min, Durchführung: 30 min

Material:	*Mougeotia* spec. (Zygnemataceae)
Geräte:	Mikroskop, Objektträger, Deckglas

Durchführung:
Die Algenfäden werden mit einer Pinzette entwirrt, sodass nicht zu viele übereinander liegen und die Betrachtung erschweren. Im Präparat wird nach einem einzelnen Algenfaden gesucht, in dem eine Zelle einen Chloroplasten in Flächenstellung besitzt. Dieser wird in die Mitte des Bildausschnittes gerückt und mit der Blende eingegrenzt. Dann erhöht man die Lichtintensität auf das Maximum und beobachtet.

Beobachtung:
Nach einer 30-minütigen Bestrahlung mit Starklicht hat sich der Chloroplast von der Flächen- in die Kantenstellung gedreht (Abb 13.11).

Erklärung:
Durch die Bestrahlung mit Starklicht wird der Chloroplast einem Strahlungsstress

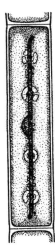

Abb. 13.11: Flächen- und Kantenstellung des Chloroplasten bei *Mougeotia* (TROLL, 1973).

402

ausgesetzt. Durch die Drehung präsentiert der Chloroplast der Lichtquelle eine geringere Oberfläche und verhindert somit mögliche Strahlungsschäden wie z.B. die Zerstörung von Pigmenten und Membranen. Aktinfilamente (Mikrofilamente), die von den Chloroplastenkanten zum Plasmalemma führen, sind am Zustandekommen der Bewegung beteiligt; sie wird z.b. durch Cytochalasin (ein Pilzgift) gehemmt. Als Photorezeptormolekül ist bei *Mougeotia* Phytochrom beteiligt.

Bemerkung:
Mougeotia findet sich meist in Vergesellschaftung mit *Spirogyra*, einer in Tümpeln und Seen häufig vorkommenden Fadenalge. Beide zählen zur Ordnung der Jochalgen (Zygnematales). Bei der Suche sollte man auf wattenartige, kräftig grüne Algenfäden achten, die man leicht voneinander trennen kann, da Faden-Jochalgen eine unverzweigt trichale Organisationsform besitzen. Ein weiteres leicht zu ertastendes Merkmal ist die glatte Schleimschicht, die die Fäden umgibt; sie fühlen sich glitschig an. In Einmachgläsern mit etwas Teichwasser können die Proben zur mikroskopischen Vorsichtung transportiert werden. Es sollten immer mehrere Proben von unterschiedlichen Stellen des Tümpels genommen werden, um die Wahrscheinlichkeit, auf *Mougeotia* zu treffen, zu erhöhen.

V 13.6.2   Moosblättchen

Kurz und knapp:
Die Photosyntheseleistung ist von einer ausreichenden Versorgung mit Lichtquanten abhängig. Die einfallende Strahlung darf aber durch zu hohe Intensität Biomoleküle und Strukturen nicht schädigen. Aus diesem Grund haben die Pflanzen Mechanismen entwickelt, die Chloroplastenorientierung innerhalb der Zelle den jeweiligen Lichtverhältnissen anzupassen.

Zeitaufwand:
Vorbereitung: 30 min, Versuchsergebnis nach 30 min

Material:	Moosblättchen (z.B. Wetter-Drehmoos = *Funaria hygrometrica*)
Geräte:	Mikroskop, Objektträger, Deckglas

Durchführung:
Ein Moosblättchen wird auf dem Objektträger mit einem Tropfen Wasser flächig ausgebreitet, mit dem Deckglas bedeckt und unter dem Mikroskop bei sehr schwa-

cher Beleuchtung 30 Minuten aufbewahrt. Anschließend wird die Stellung der Chloroplasten innerhalb der Moosblättchenzellen gezeichnet. Danach erhöht man die Strahlungsleistung der Mikroskoplampe für weitere 30 Minuten auf das Maximum und zeichnet erneut die Chloroplastenstellung.

Beobachtung:
Unter Schwachlichtbedingungen befinden sich die Chloroplasten fast ausschließlich an den Zellwänden, die parallel zur Oberfläche, also senkrecht zum Lichteinfall orientiert sind (Abb. 13.12 a). Nach der Starklichtphase haben sie sich an den zur Lichteinfallsrichtung parallel verlaufenden Zellwänden angeordnet (Abb. 13.12 b).

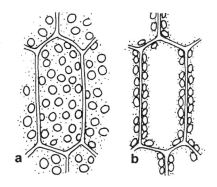

Erklärung:
Die Orientierung in einer zur Lichteinfallsrichtung senkrechten Ebene im Schwachlicht erklärt sich aus der Notwendigkeit, möglichst viele Chloroplasten dem Licht darbieten zu können, um eine optimale Photosyntheseleistung zu erreichen. Die Starklichtstellung soll mögliche Schädigungen der Pigment-

Abb. 13.12: Chloroplastenstellung in Zellen eines Moosblättchens.

moleküle und Membranen verhindern. Die Bewegung der Chloroplasten wird durch den dynamischen Auf- und Abbau von Aktinfilamenten (Mikrofilamente) ermöglicht.

404

Literatur

BANNWARTH, H., KREMER, B.P., MASSING, D.: Stoffe und Stoffwechsel, Quelle und Meyer, Wiesbaden 1996

BUKATSCH, F.: BRAUNER und BUKATSCH, Das kleine pflanzenphysiologische Praktikum, Gustav Fischer, Stuttgart 1980

CAMPBELL, N.A.: Biologie, Spektrum, Heidelberg 1997.

DEMMER, G., THIES, M.: Stoffwechsel. In: Knoll, J. (Hrsg.): Biologie Oberstufe, Westermann, Braunschweig 1994

ESCHENHAGEN, D., KATTMANN, U., RODI, D.: Fachdidaktik Biologie, Aulis, Köln 1998

FELLENBERG, G.: Praktische Einführung in die Entwicklungsphysiologie der Pflanzen, Quelle und Meyer, Heidelberg 1980

FREYER, M., KEIL, G.: Geschichte des medizinisch-naturkundlichen Unterrichts, Filander, Fürth 1997

GISI, U.: Bodenökologie, Thieme, Stuttgart 1997

HÄUSLER, K., RAMPF, H., REICHELT, R. : Experimente für den Chemieunterricht, Oldenbourg, München 1995

HELDT, H.W.: Pflanzenbiochemie, Spektrum Akademischer Verlag, Heidelberg 1996

HEß, D.: Pflanzenphysiologie, Ulmer, Stuttgart 1999

JACOB, F., JÄGER, E.J., OHMANN, E.: Botanik, Gustav Fischer, Jena 1994

KILLERMANN, W.: Biologieunterricht heute, Ludwig Auer, Donauwörth 1995

Kitzinger Weinbuch, Paul Arauner GmbH & Co. KG, Kitzingen 1996

KLAUTKE, S.: Das biologische Experiment – Didaktik und Praxis der Lehrerausbildung. In: KILLERMANN, W., KLAUTKE, S. (Hrsg.): Fachdidaktisches Studium in der Lehrerfortbildung, Biologie, Oldenbourg, München 1978

KREMER, B.P., KEIL, M.: Experimente aus der Biologie, VCH, Weinheim 1993

KRÜGER, W.: Stoffwechselphysiologische Versuche mit Pflanzen, Quelle und Meyer, Heidelberg 1974

KUHN, K., PROBST, W.: Biologisches Grundpraktikum Bd II, Gustav Fischer, Stuttgart 1980

KUHN, K., PROBST, W.: Biologisches Grundpraktikum Bd I, Gustav Fischer, Stuttgart 1983

KULL, U.: Grundriss der Allgemeinen Botanik, Gustav Fischer, Stuttgart 1993

KUTSCHERA, U.: Kurzes Lehrbuch der Pflanzenphysiologie, Quelle und Meyer, Wiesbaden 1995

KUTSCHERA, U.: Grundpraktikum zur Pflanzenphysiologie, Quelle und Meyer, Wiesbaden 1998

LEHNINGER, R.A., NELSON, D., COX, M.: Prinzipien der Biochemie, Spektrum, Heidelberg 1994

LIBBERT, E.: Lehrbuch der Pflanzenphysiologie, Gustav Fischer, Jena 1993

LICHTENTHALER, H., PFISTER, K.: Praktikum der Photosynthese, Quelle und Meyer, Heidelberg 1978

METZNER, H.: Pflanzenphysiologische Versuche, Gustav Fischer, Stuttgart 1982

MOHR, H., SCHOPFER, P.: Pflanzenphysiologie, Springer, Heidelberg 1992.

NACHTIGALL, W.: Einführung in biologisches Denken und Arbeiten, Quelle und Meyer, Heidelberg 1978

NULTSCH, W.: Mikroskopisch-Botanisches Praktikum, Thieme, Stuttgart 1995

NULTSCH, W.: Allgemeine Botanik, Thieme, Stuttgart 1996

PUTHZ, V.: Experiment oder Beobachtung? UB 12, H. 132, 11-13, 1988

Rahmenplan des Verbandes Deutscher Biologen für das Schulfach Biologie (1973; 1987). Mitt. d. VDBiol., Nr. 192, 923-930; Neubearbeitung: Bremen: VDBiol.

REISS, J.: Biotechnologie im Unterricht, Aulis, Köln 1989

RICHTER, G.: Biochemie der Pflanzen, Thieme, Stuttgart 1996

RICHTER, G.: Stoffwechselphysiologie der Pflanzen, Thieme, Stuttgart 1998

SCHOPFER, P.: Experimentelle Pflanzenphysiologie Bd. 1: Einführung in die Methoden, Springer, Berlin 1986

SCHOPFER, P.: Experimentelle Pflanzenphysiologie Bd. 2: Einführung in die Anwendungen, Springer, Berlin 1989

SITTE, P., ZIEGLER, H., EHRENDORFER, F., BRESINSKY, A.: STRASBURGER, Lehrbuch der Botanik, Gustav Fischer, Stuttgart 1998

STAECK, L.: Zeitgemäßer Biologieunterricht, Metzler, Stuttgart 1995

TROLL, W., HÖHN, K.: Allgemeine Botanik, Ferdinand Enke, Stuttgart 1973

URBACH, W., RUPP, W., STURM, H.: Praktikum zur Stoffwechselphysiologie der Pflanzen, Thieme, Stuttgart 1983

WILD, A., BALL, R.: Photosynthetic unit and photosystems, Backhuys Publishers, Leiden, 1997

Index

408